U0299349

中国工程院重大咨询项目

中国养殖业可持续发展战略研究

养殖产品加工与食品安全卷

中国养殖业可持续发展战略研究项目组

中国农业出版社

内容简介

本书是中国工程院重大咨询项目中国养殖业可持续发展战略研究之课题——养殖产品（本书养殖产品加工仅限定畜产品加工，不包括水产品加工）加工与动物源食品安全战略研究的成果。该课题由中国工程院庞国芳院士任组长，南京农业大学校长周光宏教授任副组长，数十位专家参加，经过2009年4月到2012年1月两年多的紧张工作，形成了畜产品加工产业发展现状与趋势分析、肉品加工技术与质量安全控制、乳品加工技术与质量安全控制、蛋品加工技术与质量安全控制、畜禽副产物加工与质量安全控制、动物源食品安全管理与共性技术六个专题报告和一个综合报告，并在此基础上凝练成本书。本书从我国畜产品加工业发展与动物源食品安全的现状和问题、发达国家畜产品加工业发展与动物源食品安全控制的经验和启示等方面进行深入客观地分析，提出了我国的养殖产品加工与动物源食品安全控制发展战略和具体对策建议，阐明了“应强化加工与安全控制在现代畜牧养殖业中的重要产业地位”等观点，为我国畜牧养殖业调整优化产业结构、加快发展方式转变、实现现代化指明了方向，提供了有力的论据。

本书对畜产品加工与动物源食品安全控制相关的各级政府部门具有重要参考价值，同时可供科技界、教育界、企业界及社会公众等参考使用。

中国养殖业可持续发展战略研究
项目组主要成员

顾　问	徐匡迪	第十届全国政协副主席，中国工程院主席团名誉主席、原院长、院士
	周　济	中国工程院院长、院士
	孙政才	中共中央政治局委员、重庆市委书记，农业部原部长
	潘云鹤	中国工程院副院长、院士
	牛　盾	农业部副部长
	沈国舫	中国工程院原副院长、院士
组　长	旭日干	中国工程院副院长、院士
副组长	张桃林	农业部副部长
	管华诗	中国海洋大学，中国工程院院士
	李　宁	中国农业大学，中国工程院院士，兼项目综合组组长
	陈焕春	华中农业大学，中国工程院院士
成　员	任继周	甘肃省草原生态研究所，中国工程院院士
	刘守仁	新疆农垦科学院，中国工程院院士
	张福绥	中国科学院海洋研究所，中国工程院院士
	李文华	中国科学院地理科学与资源研究所，中国工程院院士
	赵法箴	中国水产科学研究院黄海水产研究所，中国工程院院士
	贾幼陵	农业部原国家首席兽医师
	雷霁霖	中国水产科学研究院黄海水产研究所，中国工程院院士
	陈伟生	农业部畜牧业司巡视员，畜禽养殖组组长
	熊远著	华中农业大学，中国工程院院士，畜禽养殖组副组长
	夏咸柱	军事医学科学院军事兽医研究所，中国工程院院士，动物疫病防控组组长

唐启升　中国水产科学研究院黄海水产研究所，中国工程院院士，水产养殖组组长

向仲怀　西南大学，中国工程院院士，特种养殖组组长

庞国芳　中国检验检疫科学研究院，中国工程院院士，养殖产品加工与食品安全组组长

金鉴明　环境保护部，中国工程院院士，环境污染防治组组长

时建忠　中国动物疫病预防控制中心副主任、研究员，畜禽养殖组副组长

刘秀梵　扬州大学，中国工程院院士，动物疫病防控组副组长

于康震　农业部国家首席兽医师，动物疫病防控组副组长

李金祥　中国农业科学院副院长，动物疫病防控组副组长

张仲秋　农业部兽医局局长，动物疫病防控组副组长

冯忠武　中国兽医药品监察所所长，动物疫病防控组副组长

李健华　农业部财务司司长、原渔业局局长，水产养殖组副组长

林浩然　中山大学，中国工程院院士，水产养殖组副组长

高中琪　中国工程院二局副局长，水产养殖组副组长

杨福合　中国农业科学院特产研究所所长、研究员，特种养殖组副组长

白玉良　中国工程院秘书长、教授，特种养殖组副组长

周光宏　南京农业大学校长、教授，养殖产品加工与食品安全组副组长

韩永伟　中国环境科学研究院生态环境研究所研究员，环境污染防治组副组长

梅旭荣　中国农业科学院农业环境与可持续发展研究所所长、研究员，环境污染防治组副组长

石立英　中国工程科技战略研究院副院长、教授，综合组副组长

王衍亮　农业部农业生态与资源保护总站站长、科技教育司副司长，综合组副组长

项目办公室

主　任	王振海	中国工程院一局副局长
副主任	寇建平	农业部科技教育司转基因生物安全管理与知识产权处处长
	安耀辉	中国工程院三局副局长
成　员	方　放	农业部科技教育司能源生态处调研员
	宗玉生	中国工程院办公厅调研员
	张文韬	中国工程院办公厅副处长
	杨　波	中国工程院咨询服务中心副处长
	陈　磊	中国工程院咨询服务中心工程师

中国养殖产品加工与动物源食品安全战略研究课题组主要成员

课题组组长	庞国芳	中国检验检疫科学研究院，中国工程院院士
副　组　长	周光宏	南京农业大学教授、校长
成　　　员	徐幸莲	南京农业大学教授、副院长
	孙京新	青岛农业大学教授
	胡　浩	南京农业大学教授
	张兰威	哈尔滨工业大学教授、院长
	马美湖	华中农业大学教授、副院长
	蒋爱民	华南农业大学教授
	唐书泽	暨南大学教授、院长
	范春林	中国检验检疫科学研究院研究员
	刘登勇	渤海大学副教授
	李春保	南京农业大学副教授、副院长
	陈志锋	国家质量监督检验检疫总局副研究员
	罗　欣	山东农业大学教授
	赵改名	河南农业大学教授
	邵俊花	渤海大学讲师
	黄　明	南京农业大学副教授
	郭善广	华南农业大学副教授
	黄　茜	华中农业大学副教授
	杜　明	哈尔滨工业大学副教授
	苗　齐	南京农业大学副教授

丛书序言

改革开放以来，我国养殖业持续高速发展，取得举世瞩目的成就，为保障国家食物安全、提升国民营养与健康水平、促进农民增收、加快农业现代化建设等方面做出巨大贡献。未来较长一段时间内，我国主要养殖产品需求仍呈刚性增长，但面临资源日益短缺、环境生态压力加大、食品安全事件频发等诸多挑战。如何实现我国养殖业可持续发展，将是我国必须面对并解决的一个重大问题。

2009年4月，中国工程院在前期调研和反复酝酿的基础上，启动了“中国养殖业可持续发展战略研究”重大咨询项目。项目由中国工程院副院长旭日干院士任组长，第十届全国政协副主席、中国工程院时任院长徐匡迪院士和农业部时任部长孙政才同志等任项目顾问，22位院士和220多位专家共同参与研究，成立了六个课题组及项目综合组：畜禽养殖业可持续发展战略研究、水产养殖业可持续发展战略研究、特种养殖业可持续发展战略研究、动物疫病预防与控制战略研究、养殖产品加工与动物源食品安全战略研究、养殖业环境污染防治战略研究、项目综合组。

经过两年多的紧张工作，院士、专家们在实地调研、资料分析、反复研讨和多次修改的基础上，于2012年1月形成了项目综合报告、六个课题研究报告和若干个专题研究报告，取得了许多新的认识和重要研究成果。

项目在各课题和专题研究成果基础上，系统分析了我国养殖业发展现状、可持续发展所面临的挑战，充分研究了国际上各种成功养殖模式的经验与不足，形成对我国养殖业可持续发展形势的基本判断：一是在需求刚性增长、资源短缺、环境污染等多重压力下，中国养殖业必须走可持续发展道路，到2030年我国养殖业仍将处于转变发展方式的重大战略转型期；二是到2030年，养殖业将成为我国农业中的第一大产业和战略主导产业，养殖业产值规模将超越种植业，在农业中率先实现发展方式转变和现代化，促使种植业和养殖业更加协调发展，促进农业结构积极调整和发展方式加快转变；三是加强科技支撑和推进养殖规模化是解决我国养殖业可持续发展所面临挑战的根本途径。

基于上述基本判断，项目研究提出了中国特色养殖业可持续发展的战略思路、战略目标、战略重点及保障措施，以及重点实施“规模化推进战略、科技进步促进战略、饲料资源保障战略、食品安全保障战略、环境生态保育战略、重大疫病防控战略、新兴产业培育战略及重点产业提升战略”八项战略，共同推进养殖业结构调整和经济发展方式转变，走出一条具有中国特色的、“高效、安全、健康、绿色”的养殖业可持续发展道路。同时，提出了加快推进中国养殖业可持续发展的三个重大建议：一是充分认识养殖业战略产业地位，明确养殖业在现代农业中的战略主导地位，以养殖业为核心加快农业经济结构调整，尽快出台以养殖业可持续发展为主题的“中央一号文件”等指导性文件；二是实施“标准化规模养殖推进计划”，以大型龙头企业为引领，以养殖合作组织为纽带，依托龙头企业的科技、人才、信息、资金等优势，带动养殖适度规模化、标准化和产业化，使适度规模养殖成为我国养殖业的主体；三是实施“养殖业科技创新重大工程”，大幅度提升我国养殖业科技创新能力，持续攻克关键科技瓶颈，为我国养殖业的可持续发展提供持续动力。

回良玉副总理对该项目研究成果高度重视，认为项目研究取得了许多新的认识和重要研究成果，并批示农业部要主动会商中农办、国家发改委、科技部和财政部予以研究，要更好引领传统养殖业向现代养殖业的转变，为保障国家食物安全做出更大贡献。

为了系统地总结我国畜牧、水产和特种养殖业发展历程和巨大成就，分析当前动物疫病防控与环境污染防治工作的现状和存在的问题，借鉴养殖业发达国家的政策法规、科技成果及管理经验，使养殖业可持续发展的观念、意识更广泛、深入地为广大人民群众所接受，中国工程院组织专家在修改和完善项目研究报告的基础上，编撰了《中国养殖业可持续发展战略研究》丛书。

本套丛书包括项目综合卷和六个课题分卷，以项目综合报告、课题报告和专题报告三个层次，提供相关领域的研究背景、涵盖内容和主要论点。综合卷包括项目综合报告和各课题综合报告，每个课题分卷则包括各课题综合报告及各专题报告。项目综合报告主要凝聚和总结了各课题和专题中达成共识的一些主要观点和结论，各课题形成的一些独特观点则主要在课题分卷中体现。考虑到数据准确性、统一性等因素，本套丛书以2010年及以前的数据为基础，重点分析和预测2011—2030年我国养殖业可持续发展的前景和趋势。另外，由于引用的数据来源不同，有些数据可能不完全一致，请读者予以理解。

希望本丛书的出版，对实现我国养殖业可持续发展战略转型，提高畜牧、水产、特种养殖业的社会效益和经济效益，应对资源短缺、环境压力加大等挑战起到战略性的、积极的推动作用。

中国养殖业可持续发展战略研究项目组

2013年1月8日

前 言

中国畜产品加工业正在步入社会化、规模化、标准化的新发展阶段。中、小型企业各自占有自己的市场份额，行业整合高峰尚未来到。肉品加工企业主要分布在原料相对集中的省份，肉品加工业集中度呈上升态势，大型龙头企业在主产区的行业整合有巨大的发展空间。乳品加工业与奶牛产业同步发展，北方乳源基地是乳品加工业的集中发展地区，我国乳业发展有较大潜力。最近这些年，食品工业的高速发展与食品安全事件的频繁发生，形成了强烈而鲜明的反差。国际国内对于食品安全管理，正逐渐从“危机应对”走向“风险预防”，管理水平会有一个大的提升。

畜产品是指通过畜牧生产获得的产品，如肉、乳、蛋及其副产物等。畜产品加工是指对畜产品进行加工处理的过程。随着人类社会的快速发展和人们对畜产品需求的不断增加，畜产品加工日益社会化，加工技术不断改进，逐步形成了现代规模化生产的畜产品加工业。畜产品加工业已成为我国国民经济的重要支柱产业。动物源食品安全是指肉、乳、蛋、可食性副产物、水产品、蜂蜜等及其制品被食用后，对人体健康不产生任何直接的或间接的、急性的或慢性的危害。动物源食品安全控制体系包括为确保动物源食品的食用安全性而建立实施的体制、法规、标准，以及检测、监督、召回、溯源等技术。

改革开放以来，在政策扶持、科技进步、企业主导、市场需求等因素的共同影响下，我国畜产品加工业取得了举世瞩目的成就。畜产品加工的原料供给数量和质量得到了基本保证，畜产品加工的规模化、集约化、标准化及深加工程度不断提高，加工制品质量逐步改善，结构渐趋合理，产业经济地位日益重要。与此同时，我国畜产品加工业可持续发展与动物源食品安全面临巨大挑战，产业结构不合理，整体生产效率低下，原料供给日益紧缺，产品质量问题突出，食品安全事件频发，发展造成的环境污染问题严重，与健康的关系尚未明确。如何以科学发展观指导我国畜产品加工业可持续发展，保证动物源食品安全，既满足当代人对畜产食品的需求，又不影响畜产品加工业的可持续发展，是亟待研究的战略问题。

因此，对我国畜产品加工业发展与动物源食品安全现状进行客观分析，借鉴发达国家畜产品加工业发展与动物源食品安全控制的经验，选择对我国畜产品加工业发展与动物源食品安全控制具有指导意义的发展战略，并分析战略地位，提出中长期的战略目标、战略重点、对策建议，具有重要的现实意义。

目 录

综合报告

ZONGHE BAOGAO

一、我国畜产品加工业发展现状

我国畜产品加工业是新中国成立后逐步发展起来的新兴产业，经过60余年的变迁，取得了巨大的成就，在国计民生中占有重要地位，对促进畜牧生产、发展农村经济、繁荣稳定城乡市场、满足人民生活需要、保证经济建设与改革的顺利进行，发挥着重要作用。但由于起步晚，发展时间短，该产业也存在不少问题。

（一）主要成就

1. 生产、加工、消费持续增长

总体上，我国畜产品生产总量逐年增加，深加工率逐年提高，加工制品种类不断丰富，消费市场呈现多元化，消费结构趋于合理，产业国际地位逐渐提高。

（1）生产总量逐年增加　2010年我国原料肉、蛋、乳产量分别比1980年提高了4.6倍、8.8倍、25.4倍，年均增长率约为6.5%、8.2%和11.7%（图0-1）。

（2）深加工率逐年提高　我国原料肉深加工率逐年提高。2010年，肉制品产量约为1 323.6万吨，原料肉深加工率已达16.7%，是2002年的2.3倍，年均增长率为11.1%；2010年，我国乳制品产量合计2 106.5万吨，原料乳深加工率已达82.7%；加工用蛋129.8万吨，原料蛋深加工率为4.7%。我国畜禽副产物深加工率为5.9%。

（3）加工制品种类不断丰富　目前，我国肉制品共分10大类，约500多种。近几年中式肉制品比重有所提升，2010年，中、西式肉制品结构为45.0∶55.0。在西式肉制品中，高温制品约占40.0%，低温制品约占60.0%；

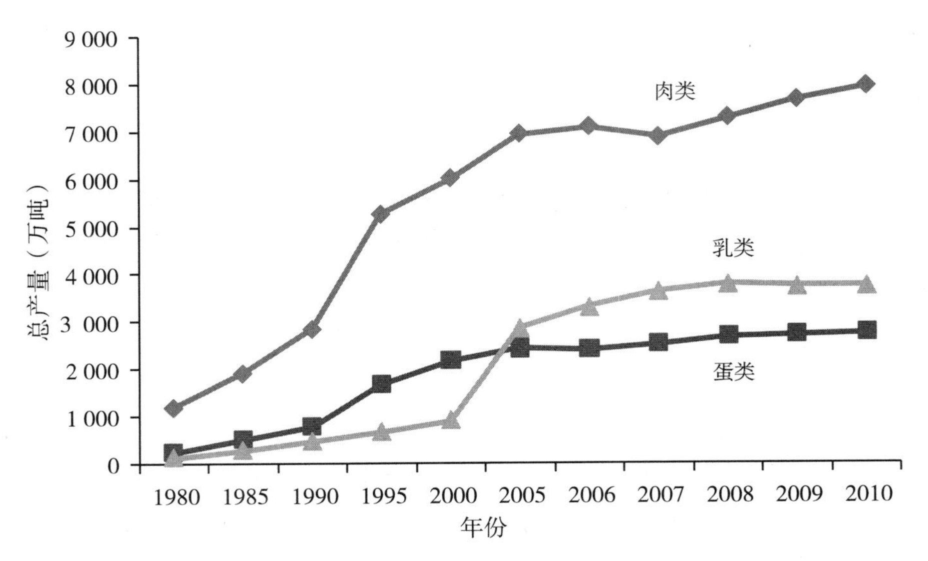

图 0-1　主要畜产品产量变化

（资料来源：《中国统计年鉴　2011》、《中国统计年鉴　2005》、《中国统计年鉴　1999》、《中国统计年鉴　1996》）

低温肉制品中调理肉制品发展迅速，高档发酵肉制品逐渐兴起。近年来，冷却肉在生鲜肉品中发展非常快，其生产量呈上升趋势。

我国乳制品共分 7 大类，200 多种。2008 年，液态乳类和乳粉类总量占乳制品 80%以上，其结构约为 50.0∶50.0（按折算成原料乳计）。液态乳类中巴氏杀菌乳约占 33.0%，超高温瞬时灭菌（UHT）乳占 45.4%，酸乳约占 18.6%，其他乳占 3.0%。总体上，适应市场需求的具有长保质期的 UHT 乳和具有保健价值的发酵酸乳发展较快。

我国蛋制品共分 14 大类，60 多种。虽然加工量少，但却是世界上蛋制品品种比较丰富的国家。我国禽蛋加工品种以松花蛋、咸蛋、糟蛋等为主，占蛋制品加工量的 80.0%以上。我国城乡蛋品的消费种类以鲜蛋为主。

另外，我国畜禽副产物加工品共分 6 大类，100 多种。各种畜禽副产物制品加工越来越精细化、多样化。

（4）消费市场呈现多元化　随着冷链物流体系的建立与逐步完善，国内大中型畜产品加工企业的市场销售渠道发生了很大变化，超市、卖场和专卖店等现代零售业态的销售比重大于传统的农贸市场。可以预计，随着我国城市化步伐的加快，居民消费意识的提升，以及“农改超、农加超”等政策的有效实施，卖场、超市、专卖店、便利店等现代零售业态的畜产加工制品销售比重将逐年上升。

（5）消费结构趋于合理　2010 年，我国猪肉、禽肉、牛肉、羊肉的结构比重向世界原料肉种类结构靠近。全国人均原料肉占有量达到59.2千克，其中猪肉、禽肉、牛肉、羊肉人均占有量分别为38.7千克、12.7千克、4.9千克、2.9千克。畜产品结构的调整，更好地满足了消费者日益增长的多层次需求。

（6）产业国际地位逐渐提高　世界畜产品生产主要是肉、乳、蛋。2010年我国原料肉产量占世界总产量的27.6%，已连续21年稳居世界首位；原料蛋产量占世界40.6%，连续26年居世界第1位；原料乳产量占世界总产量的5.7%，已连续4年居世界第3位。2010年，世界人均原料肉占有量为42.7千克，而中国人均原料肉占有量超过世界人均水平，达59.2千克。世界人均原料蛋占有量超过10.0千克，中国为20.7千克；世界人均原料乳占有量达105.1千克，中国为28.0千克。

2. 产业规模与成熟度明显提高

近年来，畜产品加工业规模不断扩大，成熟度逐渐提高，企业经济效益得到改善，优势区域分布日趋合理。

（1）肉品加工业　中国肉类协会资料显示，2009年全国国有及规模以上屠宰及肉品加工企业（销售收入500万元以上的）占屠宰及肉品加工企业总数的17.8%，比2005年占比增加9.6个百分点；国有及规模以上屠宰及肉品加工企业达3 696个，比2005年增加了1 230个；国有及规模以上屠宰及肉品加工企业工业资产总额达到2 256.0亿元，销售总收入达到5 167.4亿元。与2005年相比，2009年全国国有及规模以上屠宰及肉品加工企业呈现快速发展的态势（表0-1）。

表0-1　全国国有及规模以上屠宰及肉品加工企业增长情况

年　份	2005	2006	2007	2008	2009
企业个数（个）	2 466	2 686	2 847	3 096	3 696
工业资产总额（亿元）	1 143.9	1 302.2	1 500.0	1 813.7	2 256.0
销售总收入（亿元）	2 255.6	2 701.4	3 400.0	4 242.3	5 167.4
实现利润总额（亿元）	78.4	105.3	135.0	168.4	205.9

资料来源：《中国肉类年鉴　2009—2010》。

2005年肉品加工销售额100亿元以上的企业已有2个，销售额10亿元以上的企业有33个。从销售额上看，屠宰及肉品加工业CR4（前4位大企业销售收入占整个行业销售收入）为20.0%，CR8为30.0%。2010年屠宰及肉品加工业销售额在100亿元以上的企业有4个，销售额达2 077.1亿元，CR4达到28.3%；前8位企业销售额达到2 891.8亿元，CR8达到39.4%。比较2005年和2010年的变化趋势可看出，屠宰及肉品加工业集中度总体呈上升态势。

我国规模以上屠宰及肉品加工企业按利润总额分布见表0-2。

表0-2　2009年全国规模以上屠宰及肉品加工企业按利润总额分布

省　份		利润总额（亿元）	占全国规模以上企业利润总额（%）
第一梯度	河南、山东、四川、江苏、辽宁、内蒙古、安徽、河北、黑龙江、广西	174.7	84.8
第二梯度	湖北、湖南、陕西、广东、福建、江西、浙江、吉林、重庆、上海	28.4	13.8
第三梯度	山西、北京、新疆、贵州、甘肃、云南、海南、青海、西藏、宁夏、天津	2.8	1.4

资料来源：《中国肉类年鉴　2009—2010》。

根据中国肉类协会（2011）06号公告，79个中国肉类食品行业强势企业按省（自治区、直辖市）分布情况可更清晰地说明我国屠宰及肉品加工业的区域分布相对比较集中，山东省、河南省、北京市、江苏省强势企业个数分别为16、8、8、8。

另外，中国屠宰及肉品加工企业地区分布与畜禽年末存栏量区域分布，与企业投资、销售收入、利润分布具有一定的相似性。其中，山东、河南、江苏的生猪、家禽存栏量及加工企业投资、销售收入、利润分布均位于第一梯度，表明屠宰及肉品加工企业大都集中在原料相对集中的省份。

（2）乳品加工业　2005年，全国规模以上乳品加工企业有690个。2009年，我国有乳品加工企业1 500余个，规模以上乳品加工企业有773个。2009年，中小型企业占乳品加工企业的90.0%。2010年全国乳品加工规模以上企业已达800余家，CR4为35.4%，CR10为47.2%。

由表0-3可知，我国乳品加工业近十年来发展迅猛，总资产持续增长，且增长速度逐渐加快，由1998年的149.5亿元增加到2007年的832.9亿元，增加了近3.6倍，销售收入增加了8.0倍，利润总额增加了近320倍。

我国乳业发展仍有较大空间。在现代农业国家的畜产品结构中，原料肉和乳产量的比例为1.0∶2.0，而我国仅为1.0∶0.4。因此，我国乳业正处于成长期，渐趋成熟。

表 0-3 1998—2007 年中国乳品加工业总体规模（亿元）

指标	1998 年	1999 年	2000 年	2001 年	2002 年	2003 年	2004 年	2005 年	2006 年	2007 年
资产	149.5	160.4	185.9	245.1	330.5	437.4	533.3	647.0	719.5	832.9
销售收入	118.3	148.7	193.5	271.9	347.5	433.1	625.2	862.6	1 041.4	1 188.7
利润总额	0.2	3.6	8.4	17.1	23.7	30.1	33.8	49.2	55.0	64.4

注：统计口径是国有企业及产品销售收入 500 万元以上的非国有企业。

资料来源：《中国奶业年鉴　2008》。

中国乳品加工业分布具有明显的地域特征。由于原料乳体积大、不耐贮藏、难以长途运输，一般就近加工，因此，乳制品加工厂主要分布在原料乳生产地区，即中国北方地区尤其是大型乳源基地。

据《中国奶业年鉴　2008》统计数据显示，2007 年乳品加工业产值前 5 位的省份为：内蒙古、河北、黑龙江、山东、广东。销售收入前 5 位的省份为：内蒙古、河北、黑龙江、山东、上海。利润总额前 5 位的省份为：内蒙古、广东、黑龙江、河北、上海。

（3）蛋品加工业　2004 年，我国蛋品加工规模企业 CR4 为 9.2%，CR10 为 16.9%。2010 年，注册蛋品加工企业 1 800 个左右，但大多数年销售收入在 1 000 万元以下；规模企业 170 余个，CR4 为 13.1%。蛋制品品种比较丰富，由于技术和装备的引进，蛋加工制品在不断增加，洁蛋、液体蛋、方便蛋制品、蛋品饮料、蛋品罐头、蛋调味品、蛋肠类、蛋黄酱、调理蛋制品，以及溶菌酶、免疫球蛋白、蛋黄卵磷脂等产品开始工业化生产，供应国内市场，但加工量少。

我国原料蛋产量以河北、山东、辽宁、湖北等省份位于前列。据 2010 年统计，湖北省的蛋品加工企业最多，近 200 家。我国蛋品加工企业经营状况不断好转，企业盈利能力增加，企业的规模在盈利中发展。截至 2010 年，已有国家级农业产业化重点龙头企业 9 个，省级农业产业化重点龙头企业 20 多个，获得中国驰名商标 4 个。我国现有蛋品加工机械、包装材料生产企业 5 个，蛋品加工机械与包装业正在起步。

（4）畜禽副产物加工业　2010 年，我国畜禽骨达 2 487.1 万吨。对畜禽骨进行深加工（骨粉等）主要集中在河南、河北、北京、上海等地。以畜禽骨为原料的调味料，主要集中在上海、北京、广东、山东等地。2010 年，我国畜禽血液产量为 491.8 万吨。中国肉类产业前 3 位企业的畜禽血液产量均逐年增加。肠衣加工业是我国传统的脏器加工业，目前，我国肠衣出口量已占世界总出口量的1/3左右，为世界肠衣出口量第一大国。全世界近六成的肠衣在中国加工，全国仅在欧盟注册的肠衣加工出口企业就超过100家。

3. 加工技术与装备水平显著提升

我国畜产品中肉品和乳品加工工艺技术总体水平显著提升，机械设备和成套生产线国产化率不断提高，但部分关键设备依赖进口，禽蛋、畜禽副产物加工技术与装备相对落后。

（1）肉品加工产业　新中国成立以来，我国畜禽屠宰加工业发生了翻天覆地的变化，从成立初期的“一把刀杀猪、一口锅烫毛、一杆秤卖肉”的传统模式逐渐发展为“规模化养殖、机械化屠宰、精细化分割、冷链流通、连锁销售”的现代肉品生产经营模式。20世纪90年代，在肉品专家的呼吁和政府的支持下，一批有实力的大型肉品企业如双汇集团、雨润集团等开始以冷却肉加工和流通为突破口，引进了国外先进的畜禽屠宰分割生产线，按国际工艺技术标准建设了现代化的屠宰、分割基地，在引进和消化国外先进技术的基础上，屠宰工艺技术水平得到迅速提升。

冷却肉生产是我国肉品加工业取得的巨大成就之一，是我国生鲜肉生产的技术革命。国家“十五”科技攻关重大专项对冷却肉生产关键技术进行了专题研究。通过技术推广与示范，我国冷却肉生产逐渐全面发展起来。

20世纪80年代末，我国肉品企业引进西式高温火腿肠加工生产线及其配套技术获得极大成功；之后，相继引进了火腿肠生产线，我国肉制品加工业从此进入高温肉制品快速发展阶段。以火腿肠为代表的高温肉制品生产技术装备的引进与消化吸收，有力推动了我国肉制品加工技术和整个产业的迅猛发展，成为我国肉品发展史上的里程碑，催生了一批大型肉品加工企业。90年代初，随着肉品加工业快速发展，我国冷链体系逐渐建立并完善起来，发展低温肉制品的条件逐渐成熟，引进国外先进技术（如盐水注射技术、滚揉腌制技术）从事低温肉制品加工的企业得到了较快发展。“十一五”期间，国家科技支撑计划重大专项支持低温肉制品加工关键技术深入研究，进一步提升和发展了低温肉制品加工技术，初步形成了具有自主知识产权的技术体系。

我国传统肉制品千百年来由于其一直采用传统技术进行手工作坊式生产，不适应大规模标准化工业生产需求，产品质量不稳定，安全没有保障。为保存和发扬我国传统肉制品加工技术，“十五”和“十一五”期间，我国“863”、“十五”科技攻关和“十一五”科技支撑等计划先后针对传统肉制品现代化改造技术立项支持。近年来，通过项目支持，完成干腌火腿、板鸭、风鹅、盐水鸭、卤肉等传统肉制品的加工理论、现代化工艺技术与装备的研究与开发，在企业建立了传统肉制品工业化生产线，有力推动了我国传统肉制品加工的技术进步。

我国机械装备国产化率不断提高。在引进肉品技术装备的过程中，通过合资合作、测绘仿制、自行研发，我国肉品加工机械行业迅速崛起。2009年，国内具有一定规模和品牌的肉品机械制造企业达到50余家，肉品加工企业肉品机械国产化比例不断提高。2008年国产设备市场占有率已达60.0%。我国大型屠宰加工企业的常规设备一般为国产，关键设备依赖进口，个别企业整体进口；中等规模企业95.0%以上的常规设备以国产为主，部分关键设备依赖进口。其中，斩拌机、自动灌肠机、连续包装机、封口打卡机、烟熏炉等设备已实现国产化，虽设备性能上与国外同类设备还有一定差距，但成本优势相当明显。

（2）乳品加工业　自1998年以来，我国乳业由于消费增长的拉动逐步进入快速发展的轨道。其特征是乳业发展由产、加、销脱节向一体化、集团化发展，乳业产业化的进程加速，一批产前、产中、产后为一体的新型乳品加工企业在发展中壮大，并开始创出自己的名牌。乳制品生产规模、技术装备不断提高。在“十五”科技攻关和“十一五”科技支撑等计划之后，在乳品加工技术方面，共轭亚油酸牛乳加工技术和牛乳去乳糖技术的研究成果在整体上处于世界领先水平，已经推广到企业，并已投入商业化生产。其他成果包括：获得了乳酸菌乳粉生产关键技术，建立了干酪制品及益生菌高端制品，建立了乳制品安全检测技术体系，开发了免疫乳、新型乳饮料等新产品。

我国乳品加工设备大约60%依赖进口。我国乳品加工设备80%处于20世纪80年代世界平均水平，15%处于20世纪90年代世界平均水平，5%达到国际先进水平。到2010年年底，我国约30%的企业拥有进口设备，主要包括砖型纸盒无菌包装UHT乳生产线、塑料袋软包装乳生产线、屋型纸盒包装灌装设备、杯装酸乳灌装设备、乳粉和甜炼乳生产设备。

（3）蛋品加工业　改革开放后，我国不仅从日本、丹麦、荷兰、美国、法国等国引进了一批具有国际先进水平的蛋制品加工技术和专用设备，还自主研发了洁蛋、液体蛋、蛋粉及传统蛋制品的加工技术与成套装备。在传统蛋制品方面，实现了质量安全控制、加工工艺、现代装备等关键技术综合性突破，如建立“无铅工艺”技术，采用涂膜保鲜或真空包装，有效代替了长期包泥裹糠的传统方法；创建了皮蛋清料生产法，有利于实现机械化生产；推广了腌制料液循环利用模式与技术；研制成功皮蛋生产成套机械设备，原料鸭蛋清洗消毒、烘干、计量、分级一体机，以及出缸后再洗、杀菌、涂膜机电一体化成套生产线等，改变了原始的作坊式手工生产的现状，有效提升了我国传统蛋品行业现代化生产水平，使传统蛋品行业开始迈向现代化生产。在鲜蛋方面，研发推广了洁蛋生产技术，研制成功鲜蛋安全高效清洁除菌剂。在新产品研发方面，形成液体蛋生产的工艺与技术，实现了液体蛋在我国的工业化生产；形成溶菌酶工业化生产技术，研制了具有自主知识产权的生产装备，实现了工业化生产。在蛋品加工机械与装备方面，研发了禽蛋品质的无损检测和蛋品加工机电一体化装备，攻克了禽蛋个体形状不规则、蛋壳易碎、品质表征复杂等特异性给机械加工带来的技术难题。我国在皮蛋加工、鲜蛋贮藏保鲜、新蛋品饮料的开发及营养保健蛋研究等方面也取得突破性进展，各种类型新产品不断得到开发，正在有效提升我国蛋品加工业水平。

（4）畜禽副产物加工业　虽然我国对畜禽副产物的深加工利用技术的开发刚刚起步，但超细鲜骨粉工艺技术研究及其产品开发、畜禽血液应用挤压膨化加工转化为动物性蛋白饲料（血粉）、猪血红蛋白生物活性肽制备、猪小肠肝素钠及猪骨中硫酸软骨素的提取、胶原蛋白的提取与人工胶原蛋白肠衣制备、骨调味料萃取等方面的加工技术与装备研究已具有一定的基础。“十一五”科技支撑计划项目“畜禽屠宰加工设备与骨血产品开发及产业化示范”，针对我国屠宰加工业和骨血的利用现状及国际发展趋势，开展了畜禽骨血的加工关键技术研究与产业化开发，开发了具有自主知识产权的屠宰设备及同步接续式真空采血装置。通过研究超细粉碎技术及冷冻、挤压、冲撞粉碎等技术，制备超细鲜骨粉和骨泥，生产速溶全骨复合物、超细鲜骨粉多肽和氨基酸营养液、营养料包和系列调味产品。同时，研究了各类畜禽血连续抗凝和分离技术，确定低温连续分离工艺技术，改进和完善分离条件，提高了血液的分离效果。

4. 科技支撑体系初步形成

（1）公益性行业平台建设　改革开放以来，尤其是“十五”以后，我国畜产品加工与质量安全控制科技平台的建设得到高度重视。我国相继立项建设了国家、省部级工程技术研发中心和实验室，为加快畜产品加工与质量安全控制技术研发，促进科技成果的转化等提供了重要平台。这些公益性行业平台主要有中国肉类食品综合研究中心暨国家肉类加工工程技术研究中心、国家肉品质量安全控制工程技术研究中心、国家乳品工程技术研究中心、国家蛋品工程技术研究中心、食品科学与技术国家重点实验室及中美食品质量安全联合研究中心。

另外，科学技术部近年还在重点企业开展了国家重点实验室的建设试点工作，如雨润集团肉品加工与质量控制国家重点实验室、银祥集团肉食品质量与安全控制国家重点实验室、光明乳业集团乳业生物技术国家重点实验室等。

（2）科技创新模式、体系

①研发组织创新模式　中国畜产品加工相关领域的研发组织创新模式分为政府资助系统（“政府主导型”），大学、科研院所科研（“学研拉动型”）、企业独立研发（“企业主导型”）和产前研发联盟四种。

政府主导的研发组织创新模式基本上可以分为三类：政府通过科技攻关资助企业独立研发、通过“863”计划和专项基金等资助企业与大学联合研发、通过“973”计划与自然科学基金等资助主要大学和科研院所进行源头创新。

②科技创新体系　主要有现代农业产业技术体系和产业技术创新战略联盟。

现代农业产业技术体系以农产品为单元，以产业为主线，建设从产地到餐桌、从生产到消费、从研发到市场的一支服务国家目标的基本研发队伍。迄今为止，涉及畜产品加工与安全的产业体系有生猪、肉牛、肉鸡、奶牛、肉羊、蛋鸡等技术体系，并设立了相应的科学家岗位。

产业技术创新战略联盟是指在自愿前提下，联合行业骨干企业、重点院校、科研院所组建的一种科技创新体系。肉类加工产业技术创新战略联盟、乳业技术创新战略联盟均于2009年建立。

（3）科研立项　自“九五”以来，国家先后在科技攻关、重大专项、支撑计划、“863”计划、跨越计划、“948”项目、公益性行业（农业）专项等科技项目和国家自然科学基金中设立了畜产品加工重大产品开发、共性关键技术和装备、质量安全控制技术方面的课题，通过产学研紧密合作，取得了系列成果，引领了行业科技发展。

在战略研究方面，实施了“中国农产品加工跨越式发展战略研究”和“畜产品加工重大关键技术筛选”等课题。在系统调研基础上，根据国外畜产品加工业发展趋势，结合中国特色，分析和筛选出制约我国畜产品加工业发展的关键技术，按“引进技术、攻关技术、推广技术”进行分类规划，为我国“十一五”国家科技计划制订奠定了基础，项目的实施带动了我国畜产品加工业的技术进步和产业的升级。

我国研究与开发（R&D）经费投入（主要包括政府和企业）自“九五”后逐年增多（图0－2）。目前，政府（国家层面）在畜产品加工与质量安全控制领域的研究与开发经费总投入为1.4亿～1.5亿元，平均每年投入1 000万元，企业自身平均每年投入3 000万～4 000万元。

（4）公益性行业组织　我国畜产品加工与质量安全控制领域的公益性行业

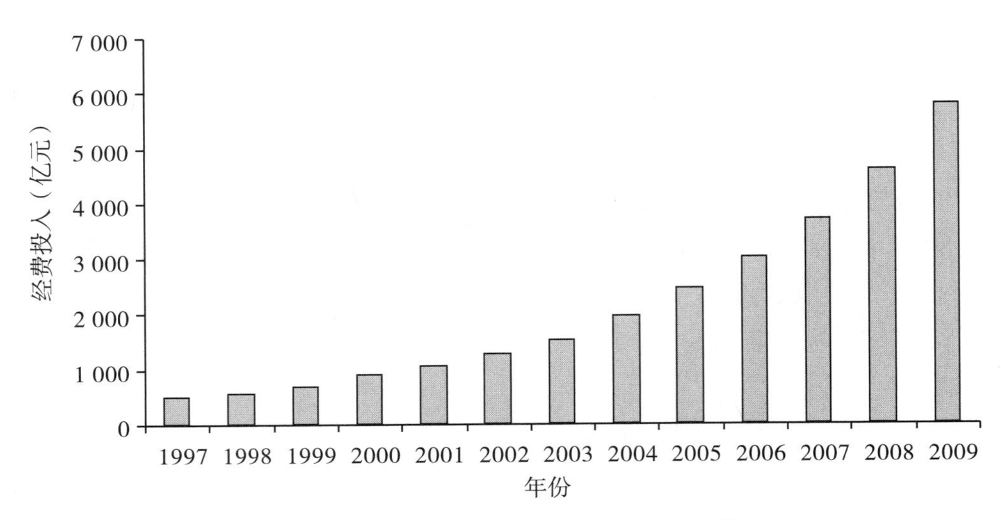

图 0－2　1997—2009 年我国研究与开发经费投入
（资料来源：《中国科技统计年鉴　2010》）

组织正逐渐健全，国际化交流活动活跃，影响力越来越大，并对畜产品加工业的发展起到了越来越大的推动和促进作用。目前，国内主要有中国畜产品加工研究会（CAAPPR）、中国肉类协会（CMA）、中国乳制品工业协会（CDIA）等。

此外，相关的组织还有中国奶业协会（DAC）、中国食品工业协会（CNFIA）、中国畜牧业协会（CAAA）、中国畜牧兽医学会（CAAV）、中国食品科学技术学会（CIFST）、中国食品添加剂和配料协会（CFAIA）等。国际交流组织有世界肉类组织（IMS）、国际乳品联合会（IDF）、国际食品科技大会（ICFST）等。

另外，还有由这些组织主办或承办的各种业界交流活动（包括学术和商业）。如中国肉类科技大会、中国乳品科技大会、中国蛋品科技大会、中国乳业大会、中国畜牧科技大会、中国国际肉类工业展览会、世界猪肉大会、世界乳业大会、上海国际食品添加剂和配料展览会等。

（二）存在问题

1. 深加工不足

目前，我国畜产品深加工不足，产品结构不合理。就肉制品而言，我国生鲜肉品比重过大，中式和西式深加工肉制品比重仍偏低（图 0－3）。生鲜肉品中热鲜肉和冷冻肉比重高，符合未来消费方向的冷却肉比重却偏低，而国外生鲜冷却肉却在向经过更加精细加工的调理制品发展。从加工温度而言，深加工肉制品中高温制品比重偏高，低温制品比重偏低。2010 年，我国原料肉深加工率仅为 16.7%；相比之下，发达国家原料肉深加工率已经达到 50%以上。因此，我国深加工肉制品的发展空间很大，应更注重新技术的应用，以适应不断变化的市场。

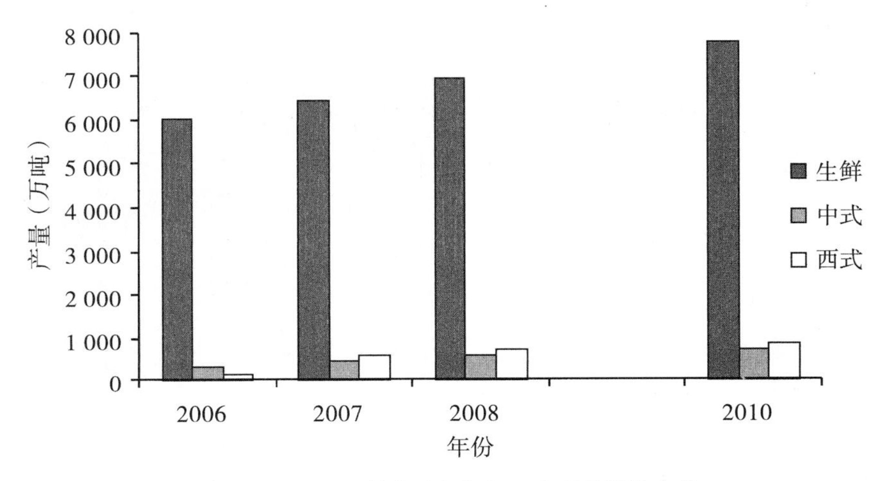

图 0-3　我国生鲜肉品与深加工肉制品结构变化

（资料来源：《中国肉类年鉴　2009—2010》）

目前，我国乳制品结构不太合理，品种相对单一。液态乳制品中 UHT 乳、巴氏杀菌乳比重偏大，而发酵乳比重小；乳粉类制品中全脂乳粉比重偏大，配方乳粉比重偏小。经深加工的功能性乳制品、干酪、乳油、炼乳等制品少，乳中生物活性物质开发薄弱，高新技术在乳品加工中的应用还有待于进一步普及。

蛋品加工主要表现为技术含量低、生产率低、规模化小的产品多，高技术含量、高附加值、高生产率、规模化生产的产品少；中式蛋制品（传统制品）量多，西式蛋制品（洁蛋、液态蛋、蛋黄酱、方便蛋）量少。

畜禽副产物深加工不足，呈现出“企业多而小，产品杂而不精，技术缺乏创新”的特点，主要表现为分离提取技术薄弱、产品得率低、副产物综合利用率不高等。

2010 年我国食品工业增加值与农业增加值比值约为 0.5，远远低于美国 2006 年的 1.3 和日本 2007 年的 2.2。这说明我国畜产品加工程度尚很低，落后于以日本和美国为代表的发达国家。与国际先进水平相比，目前我国畜产品加工业的集中程度仍然比较低，导致企业规模偏小，效益低。根据美国的低集中度标准（CR4≤35%，CR8≤45%），日本的低集中度标准（CR10≤50%）衡量，2010年我国屠宰及肉品加工业CR4为28.3%；而2007年，美国前4家肉品加工企业生猪屠宰总体市场份额已达65.8%。2010年，我国乳品加工业CR4为35.4%，我国蛋品加工业CR4为13.1%。

2. 产品质量不高

肉制品质量不高主要表现在：产品安全危害因子如残留物、微生物、添加剂含量等经常超标，包装材料不合格而发生有害物质迁移，非法添加《食品添加剂使用卫生标准》（GB 2760—2007）未允许添加的物质或超量添加非肉组分或异肉组分，产品出水、出油、氧化、口感差、保质期内胀袋腐败，包装不符合《中华人民共和国食品安全法》或相关技术法规、标准规定等。

乳制品质量不高主要表现在：高品质产品所占市场份额小、液态乳制品保质期短、UHT乳市场份额较大而巴氏杀菌乳市场份额较小、酸乳制品后酸化问题、干酪生产量极少且品种单调、乳饮料产品过多（蛋白含量低）、添加剂滥用、农药残留、抗生素残留或/和微生物超标等。

蛋制品质量不高主要表现在：传统蛋制品产品质量不稳定或质量差，如有些企业仍使用氧化铅等非法添加物质导致皮蛋的铅含量过高、包泥的产品卫生差、咸鸭蛋加色素染色等。

3. 工程化技术不足

我国畜产品加工领域技术成果以单项的居多，不仅集成程度低，更未很好地实现工程化。长期以来，我国科研单位以取得成果为目标，企业则热衷于引进，导致未能通过工程化技术与集成有效解决装备“从无到有，从有到优”的问题，与欧美国家仍存在很大的差距（表0-4，以肉品加工为例）。具体表现为高新技术应用少，新材料、新工艺推广缓慢；大型设备的性能指标难以保证。技术水平低的因素是多方面的，主要是设备性能低、技术含量低、自动化程度低、市场适应能力低、设计水平和制造水平低等。

表0-4 肉品加工与质量安全控制技术国内外对比

内容		国外水平	国内进展
原料肉	检测技术	检测技术日益趋向于高技术集成、构建系列化平台	单项技术较多，工程化技术与集成不足
	跟踪追溯系统	已建立食品及其污染物溯源体系	刚刚起步

（续）

	内容	国外水平	国内进展
原料肉	屠宰技术	自动化程度高，实现在线检测	自动化程度低，关键工序落后
	异质肉控制技术	减少应激技术集成化，重视动物福利	单项技术较多，工程化技术与集成不足
肉制品	减菌技术	利用生物防腐、辐射、超高压、天然防腐等技术，更注重致病菌控制	化学防腐偏多，限于腐败菌控制
	低温肉制品	成熟的注射、滚揉、斩拌、乳化等技术	组装集成不够
	发酵肉制品	发酵剂浓缩技术已充分商业化	菌种制备刚起步，急需工程化
	干腌制品	控温控湿	传统
	熏烤制品	控温、控烟（液熏）	传统
产品	腐败微生物预测模型	澳大利亚、美国等已工程化应用	刚起步
	控制体系	已建立以 GMP、HACCP 为基础的安全控制技术体系	参差不齐
	冷链系统	比较完善	不够完善

资料来源：本课题调研数据。

乳制品加工设备“三化”（机械化、自动化、智能化）程度低、配套性差，尤其是通用关键机械方面与国外差距大，而且品种少，性能差。挤乳机是乳业生产中的重要设备之一，由于工程化技术不足，技术集成不够，我国在挤乳机方面主要还是依赖进口；我国广泛生产和使用高压均质机，但设备稳定性与国外的设备还有一定的差距；发达国家多采用先进的闪蒸设备，在我国仅有几家大型乳品企业采用这种设备；我国使用的无菌生产线基本上都是引进的全套生产线，虽然有些企业研究开发无菌生产设备，但质量和性能与国外产品均有差距，而且我国缺少无菌成套生产设备的研发。在乳粉生产中，发达国家广泛采用多效蒸发器进行牛乳的浓缩，而我国仍采用双效蒸发器，二次干燥设备和速溶喷雾设备与国际水平有较大差距，影响产品的速溶性能。我国对酸乳发酵剂已进行了多年的基础和技术研究，但由于菌种冻干及活性保护等工程化技术不足，直投式菌种的产业化进展较慢，该市场一直被国外公司垄断。

我国在蛋品加工研究领域，对工程化技术较为忽略，在新设备研发方面以引进消化为主，很少形成具有我国自主知识产权的科技成果。尽管我国开始了液态蛋和蛋粉的研究，并且有相应的产品，但在防止蛋白变性、消除腥味、专用蛋粉等方面未能实现技术突破；在蛋品功能因子如溶菌酶、卵磷脂、特异性抗体因子的分离提取等方面进行了相关研究，但未形成成熟的开发技术；研发的蛋品自动分级机因与蛋品清洗、消毒、包装设备脱节而未能有效应用到企业生产中。加工关键技术缺乏和技术关联度低成为我国蛋品加工业发展的瓶颈。

4. 科技投入少

我国畜产品科技起步于20世纪90年代，已取得了很大的发展。但仍存在科技投入不足、技术成果相对较少、科技成果转化率低等问题。原因主要来自于几个方面：①政府和企业研究与开发经费投入不足；②研究与开发经费投入方向不合理；③科技成果与生产之间的衔接不紧。此外，对科研理念、饮食习惯、市场、品牌等方面的认识不够，以及消费观念跟不上等因素也是影响我国畜产品科技成果转化的关键因素。

据《中国科技统计年鉴　2010》，2009年我国全年研究与开发经费投入5 802.1亿元，占国内生产总值的1.7%，低于2007年日本的3.4%、德国的2.5%、美国的2.7%、法国的2.1%、韩国的3.5%、加拿大的1.9%和英国的1.8%。我国科技总投入中政府、企业及其他来源分别占23.4%、71.7%、4.9%。美国、英国、法国、德国、澳大利亚、加拿大等国家政府科技投入占全国科技总投入比重分别为27.0%、31.0%、39.0%、28.0%、37.0%和32.0%，显著高于我国政府科技投入比重。2009年我国基础研究经费占4.7%，应用研究经费占12.6%，试验发展经费则占到82.7%，而发达国家基础研究经费比重一般在20%左右，应用研究经费比重则在20%以上（图0-4）。我国研究与开发经费投入按来源所占比例计算，我国政府科技投入强度（0.4%）与企业研发投入强度（1.1%）均相对较低。20世纪80年代中期以来，随着企业界研发投入主导地位的形成，美国、德国、法国、英国政府研究与开发经费投入占GDP的比例虽总体呈下降趋势，但仍在0.5%～0.8%。在基础研究和应用研究领域投入不足，严重制约着我国自主创新能力特别是原始创新能力的提升。

我国政府研究与开发经费投向大学与研究机构偏少，投向产业界偏多。作为我国畜产品加工业发展的主体，加工企业在畜产品科技发展方面应起到以下作用：提出技术需求，带动科技研发；转化技术成果，促进技术升级；重视技术储备，强化技术创新。但实际上大部分企业科技投入主要用于购买技术装备，提升企业形象，以获取更多的外部资金支持，仅少数大型企业利用科研投

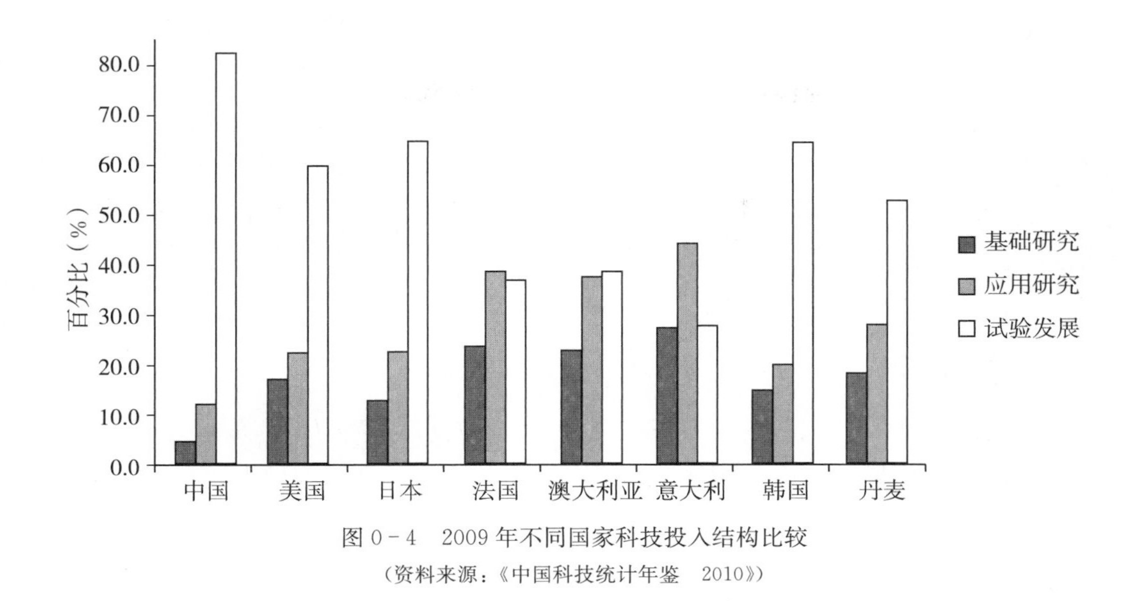

图 0－4　2009 年不同国家科技投入结构比较

（资料来源：《中国科技统计年鉴　2010》）

入进行新产品研发，提高生产效率和产品档次，增加企业效益。目前，一个比较普遍的现象是，即使部分企业投入较高的成本购置或引进先进的技术装备，但这些设备并没有得到很好的应用。

我国虽然重视应用研究和试验发展研究（图 0－5），但科技成果转化率不高。一种情况是一部分高新技术虽已研发出来，但技术成果缺乏成熟性、稳定性和安全性，降低了产品的市场竞争力；另一种情况是科技成果商品化进程缓慢，相关科研单位研发出来的研究成果不能及时投入使用。此外，科技成果相互模仿、低水平重复建设问题突出；大量的中小企业技术落后，没有独立的研发能力，对引进国外先进设备消化吸收和自主创新不够，科技成果改进和创新步伐停滞不前。

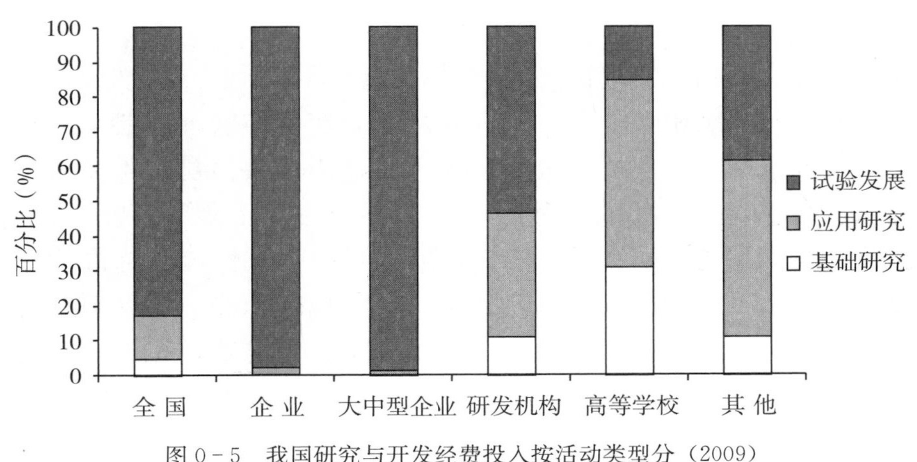

图 0－5　我国研究与开发经费投入按活动类型分（2009）

（资料来源：《中国科技统计年鉴　2010》）

二、我国动物源食品安全现状

（一）主要成就

1. 法律、法规、标准体系初步形成

新中国成立以来，特别是改革开放以来，有关中国食品安全的法律法规先后出台约920部。这些法律法规构成了中国食品安全基本法律框架。2009年6月1日正式施行了《中华人民共和国食品安全法》，该法是食品安全领域的“宪法”。目前，我国形成了以《中华人民共和国食品安全法》、《中华人民共和国农产品质量安全法》、《中华人民共和国产品质量法》、《中华人民共和国农业法》、《中华人民共和国标准化法》、《中华人民共和国进出口商品检验法》、《中华人民共和国进出境动植物检疫法》、《中华人民共和国动物防疫法》、《农药管理条例》和《兽药管理条例》等法律法规为基础，以涉及动物源食品安全要求的技术标准为主体，以各省及地方政府关于动物源食品安全的规章为补充的食品法律、法规、标准体系。

我国动物源食品相关标准由国家标准、行业标准、地方标准、企业标准等四级标准构成，各标准相互配套，基本满足安全控制与管理的要求。食品安全标准涉及乳与乳制品、肉禽蛋及制品、水产品、调味品、婴幼儿食品等可食用农产品和加工食品，基本涵盖了从食品生产、加工、流通到消费的各个环节。已发布涉及食品安全的国家标准1 800余项（其中强制性国家标准600余项），行业标准2 900余项。按性质分，包括食品安全基础标准、食品中有毒有害物质限量标准、食品接触材料卫生标准、食品安全控制与管理标准、食品安全检测检验方法标准、食品标签标识标准、特定食品产品标准。

2. 监管体制与机制逐步建立

我国食品安全监管责任由中央、省级及地方政府共同承担。在中央一级，负责食品安全监管的主要机构包括卫生部、国家质量监督检验检疫总局（简称国家质检总局）、农业部、国家工商行政管理总局（简称国家工商总局）、商务部等，大多数省、地区和县设有食品安全监管机构。2008 年，经国务院批准，卫生部成立了食品安全综合协调与卫生监督局，农业部成立了农产品质量安全监管局，国家食品药品监督管理局成立了食品安全监管司，国家工商总局成立了食品流通监督管理司，国家质检总局成立了食品生产监管司。2010 年 2 月，国务院联合 14 个国家部委，成立了食品安全最高层次的议事协调机构——国务院食品安全委员会。《中华人民共和国食品安全法》进一步调整和明确了食品安全政府管理部门的监管职责，将食品安全综合监督职责划归卫生部统一管理，成立的食品安全委员会对全国食品安全监管工作进行总协调，实施“地方政府负总责，行业部门各负其责”的综合食品安全监管体制，“分段监管为主，分类监管为辅”的食品安全监管主流模式。除了加强政府食品安全监管职能部门的建设外，我国还加强了畜产品相关的质检体系建设。农业部系统和国家质检总局系统均设有相应的质检机构。此外，在省级、地方也都有相应的食品检测中心或质检站，对畜产品质量安全进行监测。为了保证我国食品质量安全，农业部、卫生部、国家质检总局、商务部等部委还启动了一系列食品质量安全监测监管行动计划。

3. 控制技术水平明显提升

我国在动物源食品安全风险评估方面已经迈出步伐。近几年，根据动物源食品安全工作的需要，卫生部委托中国疾病预防控制中心（CCDC）营养与食品安全所对部分食品安全热点问题开展风险评估，包括食品中非法添加苏丹红、油炸食品中的丙烯酰胺残留等，为政府发挥食品安全管理职能和消费者了解食品安全状况发挥了一定作用。在 2008 年婴幼儿乳粉事件中，提供的风险评估结果为政府出台乳品中三聚氰胺临时管理限量值提供了重要依据，说明我国已经能够按照国际通用的原则和方法开展食品安全风险评估工作。

改革开放以来，我国动物源食品安全检测技术得到了快速发展。特别是最近 10 年，我国以提高食品质量水平，保障人民身体健康，提高农业和食品工业的市场竞争力为最终目标，先后启动了“十五”国家重大科技专项和“十一五”国家科技支撑计划——食品安全关键技术研究。项目的实施取得了许多阶段性成果：初步构建了覆盖全国 16 个省份的食品污染物监测网和 21 个省份的食源性疾病监测网，建立了进出口食品安全监测与预警网，初步形成了食品安全检测体系，形成了 10 个食品安全示范区。目前，我国动物源食品安全检测技术及设备主要有：已在实验室广泛推广的国家、行业标准检测方法，以各种试纸、试剂为主的现场快速检测方法，以及具有国内先进水平的检测设备，如快速检测用移动食品安全监测车等。我国开发了拥有自主知识产权的$β_2$-受体激动剂和氯霉素等抗生素的快速检测方法和试剂盒，并实现了产业化；建立了动物源食品中多种抗生素及兽药残留检测的液相色谱法或液相色谱/质谱联用法等检测方法。同时，在重要有机污染物的痕量与超痕量及生物毒素检测技术方面也取得较大进展。

在动物源食品安全跟踪与溯源技术方面，我国自 2001 年开始实行动物免疫标识制度，2005 年又开始在四川、重庆、北京、上海四省（直辖市）进行防疫标识溯源试点工作，推进标识溯源管理信息化。2006 年制定《畜禽标识和养殖档案管理办法》。目前，动物标识及追溯体系建设正在全国范围内开展，并在动物及动物产品追溯管理和重大动物疫病防控工作中发挥作用。如北京市从保障奥运动物源食品安全需要出发，启动了“奥运动物产品安全可追溯系统建设”项目，以猪、牛、羊、禽定点屠宰加工企业为核心，对养殖、检疫、屠宰、销售等环节信息进行链接和整合，建立了从养殖到消费的全程可追溯管理系统，为保障北京奥运会食品安全发挥了重要作用。

（二）存在问题

通过对我国动物源食品产业链安全风险进行实地调研分析，发现我国动物

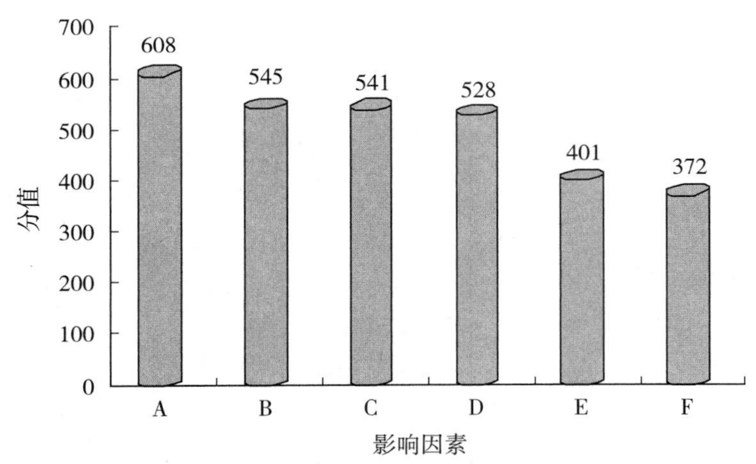

图 0－6　乳牛养殖环节质量安全影响因素排序

A. 饲料及饲料添加剂溯源管理　B. 优质育种技术和乳牛品种　C. 疫病预防技术与监测网络的构建

D. 饲料质量安全检测技术　E. 产地环境认证与 GAP 认证管理　F. 乳牛性能测试

（资料来源：本课题调研数据）

源食品质量安全存在诸多隐患。以乳品产业链为例，在乳牛养殖、原料乳收购、乳品加工、乳品流通等环节，对影响乳制品质量安全的因素排序见图0－6

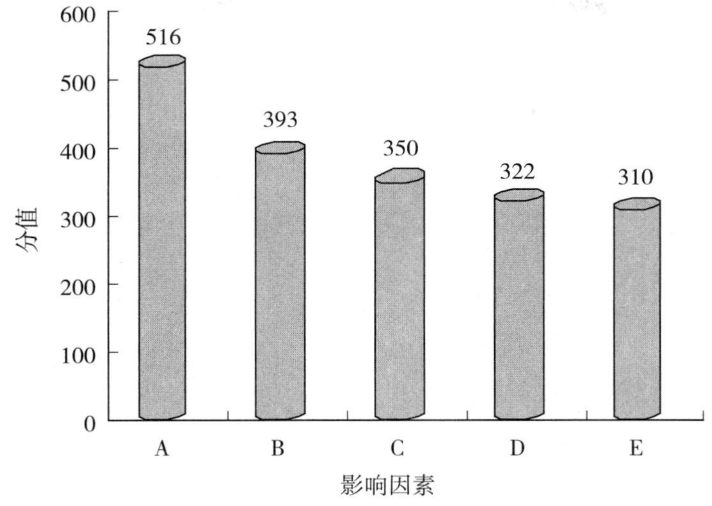

图0－7 原料乳收购环节质量安全影响因素排序

A. 挤乳过程控制（消毒、防止掺假、防止病牛牛乳混入） B. 原料乳质量安全检测与评价技术
C. 原料乳收购、储存、运输管理规定、规程及标准化 D. 原料乳储存、运输中存在的问题
E. 原料乳收购人员素质（了解法律法规情况、专业知识水平）
（资料来源：本课题调研数据）

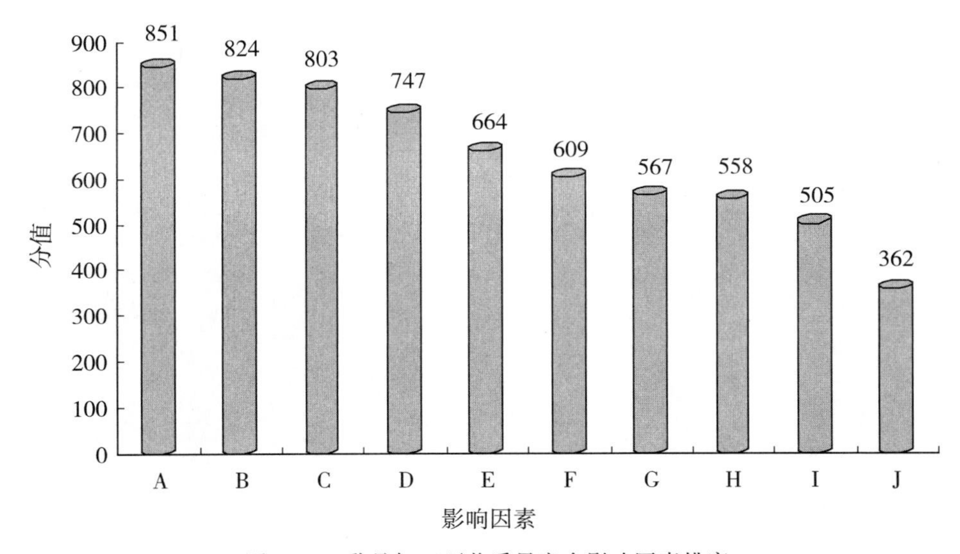

图0－8 乳品加工环节质量安全影响因素排序

A. 原料乳与添加剂等质量安全检测技术 B. 原料乳及添加剂等进货检验程序溯源
C. 乳品加工设备与技术（含灭菌等各类有害物在线控制） D. 乳品生产标准
E. 乳品加工人员素质（技术培训） F. 质量安全管理体系认证（GMP、HACCP等） G. 乳品包装迁移物检测技术
H. 乳品出厂合格评定检测技术与设备 I. 乳品溯源、标签管理与召回管理 J. 突发性事件应急预案
（资料来源：本课题调研数据）

至图 0－9。涉及乳品供应链的危害物预防与控制技术、乳品技术标准、涉及乳品供应链的检测监测技术、涉及乳品供应链的法律法规、乳品追踪与溯源技术是影响乳品全程质量安全的最重要因素（图 0－10）。

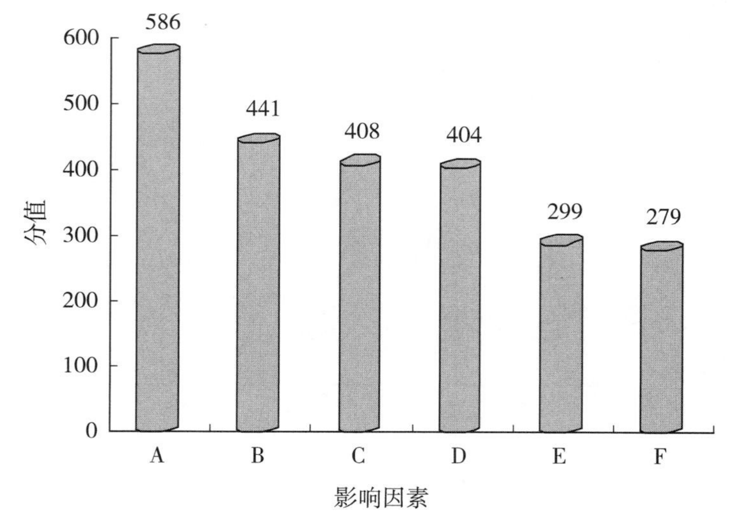

图 0－9　乳品流通环节质量安全影响因素排序

A. 乳品储存技术与储运管理及标准化　B. 冷链控制技术　C. 储运人员素质（技术能力）
D. 乳品原产地识别与评价技术　E. 乳品销售记录制度　F. 突发性事件应急预案
（资料来源：本课题调研数据）

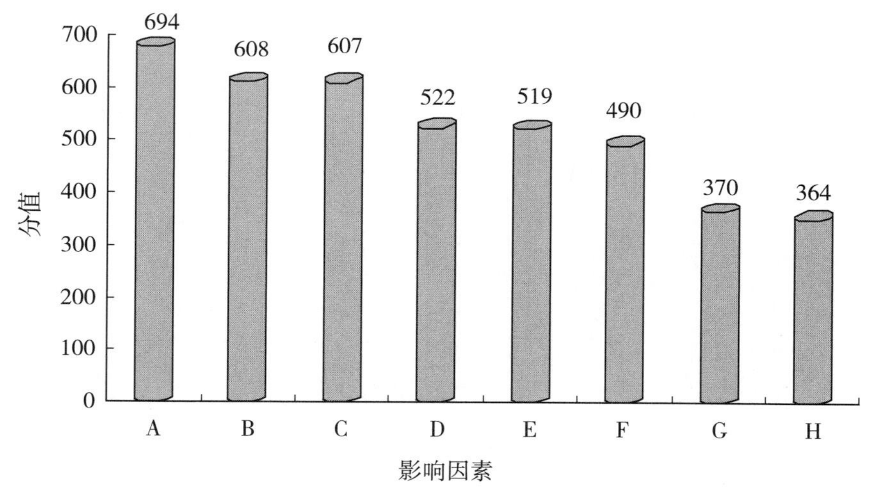

图 0－10　乳品全程质量安全影响因素排序

A. 涉及乳品供应链的危害物预防与控制技术　B. 乳品技术标准　C. 涉及乳品供应链的检测监测技术
D. 涉及乳品供应链的法律法规　E. 乳品追踪与溯源技术　F. 涉及乳品供应链的质量评价技术
G. 涉及乳品供应链的应急预案　H. 涉及乳品供应链的认证认可
（资料来源：本课题调研数据）

以上述案例为基础，结合我国现实状况分析归纳，我国动物源食品安全存在的主要问题如下。

1. 法律法规标准体系滞后

（1）法律法规体系　我国现行的动物源食品安全法律法规体系存在一定的缺陷，表现如下。

①我国动物源食品安全法律的系统性与协调性不够　例如，对市场上发现的没有经过检疫的猪肉，按照《中华人民共和国食品安全法》第五十三条规定，已出售的应立即召回，已召回和未出售的猪肉应销毁；而《中华人民共和国动物防疫法》第四十九条规定，经营依法应当检疫而没有检疫证明的动物和动物产品，由动物防疫监督机构责令停止经营，没收违法所得，对未出售的动物和动物产品应依法补检。可见，两种法律文本，两种不同规定，必然给执法带来困难。

②缺乏动物源食品安全的专门性法律　由于动物源食品的特殊性和重要性，美国、欧盟等发达国家都制定了针对性法律或法规。如发达国家都制定了专门的关于屠宰的法律，实行畜禽"集中屠宰，就近屠宰"，不准活畜禽远距离运输；小部分即使流通，其运输半径也被严格限制，而且逐年削减屠宰场数量。美国对州与州之间的活畜禽运输都严格限制。我国尽管有《生猪屠宰管理条例》，各省市有《畜禽屠宰管理条例》，但均未上升到法律层次并涉及上述专门性规定。

③法规缺乏操作性　我国动物源食品安全法规过于笼统，操作性不强。而美国，即使是某一类动物源食品的安全监管法律也都十分具体。

（2）标准体系　动物源食品标准体系虽已初步建立，但由于种种原因，在标准方面仍存在不少问题。

①标准总量少、覆盖范围小　在已制定的动物源食品标准中，大多集中于生产和加工领域，而在动物养殖、流通领域保障其质量安全的标准严重不足。发达国家一般都制定有比较完善的农、兽药残留限量标准和检验方法标准，由国家专门的立法机构制定，而且一种产品只有一个标准，清晰明确，有利于标准的贯彻执行。

②食品标准矛盾、交叉问题突出　由于我国标准的制定缺乏有效的协调机制，国家标准、行业标准、地方标准之间存在着政出多门、互相矛盾、交叉重复、指标不统一等情况，各政府食品监管部门执行标准不一致，给企业具体操作带来诸多不便。

③食品标准技术指标不高，国际标准采标率较低　虽然我国在食品安全方

面制定了大量的标准，但是标准未细化，分类欠科学，指标偏低。某些方面仍出现了不少法律盲区。在采用国际标准方面，早在20世纪80年代初，英、法、德等国家采用国际标准已达80.0%，日本国家标准有90.0%以上采用国际标准。目前，发达国家采用国际标准的面更广，某些标准甚至高于现行的国际食品法典委员会（CAC）标准水平。截至2009年年底，CAC共发布315项食品标准，我国等同或等效采用CAC标准47项，总体采标率仅为14.9%；国际标准化组织（ISO）共发布食品类标准757项，我国等同或等效采用264项，总体采标率仅为34.9%。

④食品标准执行不到位　目前，我国在标准执行方面也存在诸多问题，如食品添加剂不符合标准规定，成分含量不符合要求，卫生指标不合格，包装类食品标签不规范等，甚至强制标准也未得到很好的实施。

⑤食品安全标准所需的基础性资料欠缺　缺乏食品安全标准制定所需的系统监测与评价背景资料，主要表现在我国食品中的许多污染情况“家底不清”。一些对健康危害大而贸易中又十分敏感的污染物，如二噁英（dioxin）及其类似物的污染状况及对健康的影响尚不清楚。食源性（生物性与化学性）危害是目前我国食品安全的主要因素。我国在一些重要污染物（农药、兽药、重金属、真菌毒素等）方面仅开展了一些零星工作，缺乏系统监测数据。

2. 管理体制运行不畅

（1）动物源食品安全依然多头管理，职能交叉　我国“分段监管为主，分类监管为辅”的食品安全监管主流模式没有因《中华人民共和国食品安全法》的出台而发生根本性的改变，这就不可避免在分段监管接口上存在监管真空、监管交叉等职责不清的现象，因此，对各食品安全监管部门之间的协调和配合提出了很高的要求。我国以前在食品安全监管方面比较欠缺的就是食品安全主管部门之间的协调与配合，导致监管交叉和监管真空现象时有出现，“三鹿婴幼儿乳粉事件”充分说明了类似问题。为此，今后中国食品安全监管体制的“多部门监管”应趋向于集中，监管部门数量应逐步减少，遵循统一监管原则，逐步建立起职能清晰明确、监管分工协作有致、政策标准统一、部门行动协调的食品安全综合监管体制。

（2）动物源食品安全生产过程监督不力　在动物饲养的过程中对造成动物源食品安全问题相关因素的可控手段不到位，监督力度不够。从兽药所致的安全问题分析，主要环节在药品质量是否可靠、饲料中药物添加是否合理、兽药使用行为谁去控制三方面。对兽药质量的管理，还没有从终产品的监督抽检过

附　三鹿婴幼儿乳粉事件

2008年9月，三鹿婴幼儿乳粉中三聚氰胺严重超标，最高达2 563.0毫克/千克，之后全国有22家婴幼儿配方乳粉生产企业的69批次产品被检出三聚氰胺。

三聚氰胺是一种重要的氮杂环有机化工原料，分子式为$C_3N_3(NH_2)_3$，分子量为126.1，其广泛运用于木材、塑料、涂料等行业，毒性轻微，婴幼儿长期摄入三聚氰胺会造成生殖、泌尿系统的损害，膀胱、肾部结石，并可进一步诱发膀胱癌。三聚氰胺为何在食品中出现，究其原因，主要有几点：一是国家规定乳粉中的蛋白质含量为15.0%～20.0%，奶农们因屡次交乳检验氮含量低而不合格被拒收，造成一定的经济损失，从而导致向原料乳中添加三聚氰胺；二是通用的蛋白质测试方法“凯氏定氮法”是通过测出含氮量来估算蛋白质含量，不能区分蛋白氮和非蛋白氮，而添加三聚氰胺会使得食品的蛋白质测试含量偏高；三是三聚氰胺作为一种白色结晶粉末，没有什么气味和味道，掺杂后不易被发现。

引发事件爆发的背景是复杂的，原因是多方面的。这涉及政府监管、行业自律、乳企社会责任、收乳经营模式、企业的发展模式、市场经济的成熟程度等方面。三鹿婴幼儿乳粉事件的教训告诉我们，必须从问题的根源抓起，第一，要规范农产品初级原料生产者——农户的生产行为，提高他们的思想素质、受教育水平及生产技能，给予他们政策上的扶持；第二，完善我国的食品安全法律法规体系，使其具体化、规范化，覆盖食品安全供应链的整个过程；第三，加大投入，建设我国食品安全监测预警体系，从检测技术、标准制定等基础工作做起，建立食品安全信息共享体系，加强宏观管理的宏观预警和风险评估的微观预警体系建设，做到防患于未然；第四，加强我国农产品原料生产基地的标准化、规模化建设，完善农产品加工产业链的利益分配长效机制，促进产业纵向一体化发展；第五，借鉴美国等发达国家食品安全管理经验，将食品监管体系从多头监管转变为集中统一监管，针对整条食品产业链展开全面监管，并通过加强食品监管部门之间的协调，实现从“农田到餐桌”的全过程监管。

三鹿婴幼儿乳粉事件是一面镜子，让我们看到乳业中存在的诸多问题，也使我们深刻反省。要实现食品安全，根本出路在于原料、加工、储存、物流等各个环节都达到规模化、规范化、现代化。

渡到实施GMP的过程控制；对兽药的使用，尚未实行兽药的处方与非处方药划分；对涉及加药的饲料，在药物加入的一些环节上监控手段还不到位；对行使处方权的兽医师尚未实行兽医师行医注册制度。这样，运行当中政府的监督控制力就显得不足。

3. 安全监测与风险评估不完善，跟踪溯源体系尚未完全形成

（1）安全监测　我国与发达国家在食品安全监测方面存在较大差距，主要表现在以下几方面。

①缺乏食品安全系统监测与评价的背景资料　目前，我国对食品中农药残留、兽药残留及生物毒素等的污染状况缺乏长期、系统的监测和评价，对一些重要的环境污染物，特别是持久性的或典型的环境污染物的污染状况不明，对有关的规律和机理缺乏研究。

②尚未全面建立覆盖所有地区、根据产品特性而建立的国家食品安全监测体系　我国的监控体系虽然已经实行了多年，但主要是针对大规模的出口动物产品相关企业的控制。污染物监测品种只占农药、兽药使用品种中的一小部分，一些地区的监测能力明显不足。地区、产品和监测项目的范围等均需要进一步扩大。还没有建立覆盖全国各省（自治区、直辖市）、市、县并延伸到农村的食品安全风险监测网络。

③对食源性疾病的调查与报告水平需要提高　我国对食源性疾病的调查没有发挥医疗服务框架作用，报告系统存在缺陷，对食源性疾病的流行病学调查能力也需要进一步提高。

（2）风险评估　虽然我国近几年已经开展了一些如食品中添加苏丹红、油炸食品中丙烯酰胺残留等食品安全风险评估工作，但是，由于缺乏统一的机制，以及受经费支持力度、可利用信息资源的限制，风险评估尚处于起步阶段，只能被动应付，不具备主动进行风险评估的能力，还没有采用与国际接轨的风险评估程序和技术，主要表现在：

①没有采用与国际接轨的风险评估程序　近年来，我国很多新型食品在没有经过风险评估的前提下，就已经在市场上大量销售，大大增加了食品安全风险。如转基因技术的安全性并不确定，这给食品安全带来了前所未有的挑战。

②没有搭建起与国际接轨的食品安全风险评估技术平台　我国风险评估尚缺乏具备专门知识的专业人员和科学信息作为支撑。国家食品安全风险评估工作还没有长远的规划和计划。风险评估的资料数据不够，信息来源不统一。缺乏为风险评估提供足够技术能力的实验室网络、信息采集和分析网络及流行病

学调查报告网络。

（3）跟踪溯源体系　与发达国家相比，我国在建立适合自己国情的动物源食品溯源体系上，还存在一些问题需要解决。

①我国动物的饲养生产模式，制约了国家动物源食品溯源体系的全面实施　我国的畜禽养殖模式相对落后，个体散养比例还很高，散养畜禽养殖条件落后，动物卫生水平低。而且，饲养人员和基层兽医工作人员普遍存在文化素质偏低、畜牧兽医知识陈旧和网络信息处理能力差的问题，因此，他们大多不具备履行溯源系统工作要求的能力。另外，对猪、牛、羊、鸡等产品进行跟踪与追溯，会增加农民的负担，开展这项工作涉及众多行业的管理部门，并且需要建立相应的法律法规。因此，全面开展动物及动物源食品的跟踪溯源还有一定的难度。

②我国的溯源体系虽然已经实行了多年，但还主要是分段建立的溯源体系　这与我国动物产品生产过程涉及多部门的分段管理模式有关，分段建立的追溯体系还不能有效对接，无法实现对饲养—屠宰—加工—销售—消费的全程质量安全溯源管理。

③跟踪溯源体系建设的主要目标就是应对我国动物大流通造成的疫病和食品安全隐患　目前，我国仅在相互隔离的地区建立点状分布的可追溯系统，那么动物流入或者流出该区域，都无法实现有效的追溯，因此，急需扩大实施区域，建成国家级和省级的跟踪溯源体系。从动物种类看，现有的政策和技术主要针对猪、牛、羊等家畜，对于家禽的跟踪溯源体系相对欠缺，不能很好地适应家禽产品安全追溯的需要。

4. 诚信体系尚未建立

近年来，在政府大力推动和全社会积极参与下，我国畜产品加工企业不断探索实践，企业诚信体系建设具备了一定的基础，取得了一定的成效。在食品行业内开展诚信体系建设工作已经被写入《中华人民共和国食品安全法》，被认为是食品行业健康发展的基础。但是应当看到，畜产品加工企业诚信体系建设尚未建立，还存在着缺乏政府统一指导，推动机制形成滞后，企业积极性不高；诚信管理资源分散，工作尚未形成合力；企业诚信基础薄弱，诚信制度不完善，违约、违规、违法等行为未有效遏制；诚信社会监督机制尚未形成等问题。特别是重大动物源食品安全事件时有发生，一些畜产品加工企业面对市场诱惑和利益驱动，违背食品安全和社会诚信原则，违法制售假冒伪劣产品，给人民群众身体健康造成严重伤害，损害了我国畜产品加工行业的声誉和形象。

三、发达国家经验借鉴

（一）畜产品加工

发达国家畜产品加工业起步早，历程长，积累了丰富和宝贵的可供借鉴的经验。概括起来主要是：通过科技引领，走企业主导之路，强化政府与协会保障。

1. 科技引领

（1）科技发展历程　发达国家畜产品加工业的发展以科技为基础，以市场为导向，以变革创新和产业化运作为动力，不断增强核心竞争力。

19 世纪技术的进步，引领了畜产品加工业的重大变革。发达国家轨道系统、家畜市场和加工业的集中化（1865）、机械制冷（1901）、冷链运输系统（1908）、家用冰箱（1916）等的规模运用推动着世界畜产品生产与消费的迅速扩展。畜产品加工作为食品科学与工程学科的先导，在美国和英国兴起。

20 世纪 20 年代，美国开设肉品科学课程的大学达到了 20 所。1966 年，英国肉品科学家 Lawrie R A 出版了《肉品科学》一书，标志着肉品科学作为一门新的学科诞生了。随后，发达国家对动物福利及肉品成熟、凝胶、发色等机理的研究，极大地推动了现代屠宰与西式肉制品深加工、质量安全控制技术与装备的进步。无论是德国先进的西式肉制品加工设备、西班牙传统火腿的现代化改造、美国科学的牛肉分级标准、丹麦现代化的猪肉加工技术，还是澳大利亚和新西兰特色的牛、羊肉质量保障体系，各国优势的形成与发展历程都充分证明，科技是世界发达国家加工业领先发展的核心。肉品科技的发展经历了几次飞跃。第一次飞跃：由食生肉、茹毛饮血发展到用火烧烤肉类，食肉由生变熟；第二次飞跃：肉的自然风干保存，出现肉品简陋加工设备；第三次飞跃：由品种单一的初级加工逐渐发展到技术初步集成的深加工；第四次飞跃：高新技术在肉品加工业中的应用，促进了其迅速发展。

乳粉工业化生产始于1855年英国人哥瑞姆威特发明的乳饼式乳粉干燥法。1872年波希研究出了乳粉的喷雾干燥法，使乳粉生产发生了革命性的变化。发酵酸乳的工厂化生产始于1908年。20世纪初俄国著名科学家梅契尼柯夫及格尔基叶报道了发酵酸乳制品的医疗保健特性，极大地促进了酸乳制品的研究和普及。传统的巴氏杀菌消毒法自19世纪中期以来一直被视为食品科学的一项重要突破，而超高温瞬时（UHT）灭菌加工技术和包装在20世纪40年代的出现，为食品科学带来又一次革命。

早在1865年，蛋粉干燥技术就是美国的专利，美国人开始制作干燥蛋白制品和加盐腌制湿蛋黄制品，并装在200.0千克木桶中运送到汉堡市、伦敦和旧金山使用，逐渐形成了蛋品加工业。1890年，发明了蛋品冷冻技术。1938年，在欧洲，低温消毒的液态蛋加工技术就已完全具备应用于商品化生产的能力。液态蛋、冰冻蛋、专用干燥蛋粉等成熟加工技术在欧美国家比较普及。清洗、消毒、分级的包装洁蛋，早在半个世纪前的美国、加拿大及一些欧洲国家就出现了，目前市场上几乎全部是包装洁蛋。

（2）科技引领案例

①基于科学　发达国家畜产品科学的研究主要集中在大学。每个大学都有自己的研究特色，以教授为核心的研究小组或团队，都有自己明确的研究方向，这些特色与研究方向都是紧密结合本国的产业优势的。如美国大学侧重于牛肉，英国大学侧重于牛乳的基础研究；瑞典、丹麦、荷兰等国的大学则以猪肉为主要研究对象，澳大利亚大学集中在羊肉、牛肉方面。另外，有的研究小组围绕畜产品品质的形成机理开展工作，有的则以畜产品安全为主。大学中畜产品科学研究之所以活跃，始于政府和中介组织公益性研究经费的充足投入，大学的使命和发展需求，以及源源不断的具有创新思维的年轻学生。发达国家公众长期以来形成的“基于科学”的社会主流理念深深地影响着社会生活的方方面面，包括技术的开发、标准的制定、管理的创新等。

目前，发达国家对畜禽宰后肉的成熟嫩化机理、乳品化学及保健因子等都有了更清晰的认识。生物信息学和纳米技术的出现，为理解和控制畜产品的食用品质和营养品质提供了新的方法。一些新的技术（如电子鼻分析）可以更好地帮助我们认识畜产品感官品质的形成机理。随着对DNA特性和基因作用方式认识的不断深入，人们可鉴别出畜产品的种类，揭示异质畜产品的形成机理，多组分分析微生物毒性等。随着个体代谢生化研究方法的完善，畜产品对人类生活不可或缺的重要性将会得到进一步验证。

德国学者莱斯特（Leistner L.）在长期研究的基础上率先提出“栅栏效应”（hurdles effect）理论。这种理论认为，食品要达到可贮存性和卫生安全性，其内部必须存在能阻止残留的致腐菌和病原菌生长繁殖的因子，这些因子即是加工防腐方法，又称为栅栏因子（hurdles）。栅栏因子及其协同效应决定了食品微生物的稳定性，这就是栅栏效应。栅栏效应是食品保藏的根本所在。对一种可贮存而且卫生安全的食品，其中的栅栏因子的复杂交互作用控制着微生物腐败、产毒或有益发酵。基于这一里程碑式的科学理论，利用栅栏因子协同效应开发出了针对畜产品的联合防腐技术，称为栅栏技术（hurdle technology）。直到目前，这一理论还被整个食品界广泛地应用于新保藏技术的开发。

②成于技术　发达国家积累的雄厚的现代畜产品科学基础，极大地带动了其畜产品加工技术特别是高新技术的领先发展，这其中的主要影响因素是发达国家大学的社会活动除前面论述的进行畜产品科学研究外，也非常重视应用技术研究、开发和推广。此外，其他的公益性或企业的研究所/研究中心，主要是技术研发的担当者。

在美国，大学和研究机构特别重视企业技术需求和现实问题，而企业则愿意与大学结合，加大投入，有针对性地进行新产品研发、技术装备开发与市场推广。科学最终需通过技术和工程装备等而转化为生产力，实现其价值。美国大学和研究机构的研究经费70.0%来自协会和企业，持续而充足，这种合作共赢的模式加快了技术创新和成果转化的速度和效率，是美国加工产业保持持续核心竞争力的源泉。英国最早在大学建立了肉品科学学科，但肉品产业诸多新技术与装备的发明应用（如电刺激、牛肉分级、二阶段快速冷却）却发生在美国及丹麦等国家。在畜产品加工技术和装备创新与提升的未来方向上，世界发达国家如美国、德国、丹麦、澳大利亚、瑞典的大学与研究机构、企业、政府非常重视全球化的市场需求和相应的科技发展趋势，纷纷投入人力、物力、财力，紧紧围绕动物福利、畜产品安全与健康、环境友好与能源节约、资源利用与增值、信息与自动化等热点开展研究，超前开发相应高新技术和装备，并及时应用于产业，或作为下一代的技术贮备。国外加工企业均拥有强大的研发机构或研发团队，他们开展信息搜集、会议和博览会交流、技术研发、工程设计、项目合作、教育培训、市场预测等工作，形成了高效的研发组织和机制。

2. 企业主导

（1）主导思路　发达国家畜产品加工技术与装备，以“企业主导型”研发发展机制为特征，实践结果证明具有可持续性，主要代表是美国、日本、德国等国家。所谓“企业主导型”研发发展机制是指具有自主经营、自负盈亏和自我治理能力的畜产品加工企业，在应用研究、技术开发、技术改造、技术引进、成果转让及研发经费配置使用和负担中均居于主导地位。具体表现为：一是畜产品研发发展的动力和压力主要来源于企业内部对利润最大化的不懈追求和企业外部激烈的市场竞争；二是畜产品研发发展的资源（资金）主要由企业在市场机制牵引下来分散配置和使用；三是畜产品研发发展的成本费用主要由企业从其销售收入中来自我分摊，政府承担的研发发展成本成为对企业的有效补充，并为企业研发发展创造良好的外部环境；四是畜产品研发的主力军主要分布在企业。通过“企业主导型”研发发展机制，发达国家的科技成果转化率普遍超过 50.0%。

（2）成功模式　发达国家畜产品加工企业依托本国畜产品产业和相关产业的基础以及企业外部环境，均以“企业主导型”研发发展机制支撑产业可持续发展，突出优势，形成特色，创造了令世界同行公认的成功模式。

①加工智能化模式　丹麦的养猪技术和屠宰加工业都处于世界领先地位。通过启动猪肉工业大型屠宰厂自动化项目，形成了丹麦生猪屠宰加工智能化模式。这种模式的特征是企业主导新技术研发与成果转化。丹麦肉类研究所（DMRI）在自动化技术研究方面总研发费用预算超过 40.0 亿欧元，开发自动化屠宰线、自动化分割和自动化剔骨设备、信息通信技术（ICT）系统、胴体分级在线测量系统、在线追溯体系及在线加工控制系统。丹麦思夫科公司（SFK－Danfotech）与丹麦肉类研究所合作，研发了一系列精密机器人技术，用于家畜的自动化屠宰线和自动化分割线。机器人技术系列的每一部分被作为单独的标准组件加工，每个机器人技术都有单独的水压设置和可编程逻辑控制（PLC）。另外，还合作研制了比较成熟的胴体分级中心系统和超声波胴体自动分级系统等。1998 年，屠宰线上自动化机器还很少，基本以人工为主；2009 年，屠宰线上共安装 11 台机器，操作人员大大减少（图 0－11），而且更先进设备还在持续开发中。自动化最大的好处是改善了工作环境和提高了卫生条件。丹麦通过生猪屠宰加工智能化模式，形成了丹麦皇冠（Danish Crown）和提坎（Tican）两家公司，包揽了全国屠宰量的 97.0%，促进了本国生猪屠宰的规模化。更重要的是，极大地提高了其生猪屠宰加工智能化设备在国际市场上的竞争力。我国 2009 年新建大型肉品企业生猪屠宰设备大部分从丹麦引进。丹麦养殖生猪数量远低于中国，但其猪肉及制品出口量却居世界第一，与其加工智能化模式的带动密切有关，除此之外，还有诸多其他因素。

②加工技术工程化与集成模式　德国等发达国家在西式肉制品精深加工、

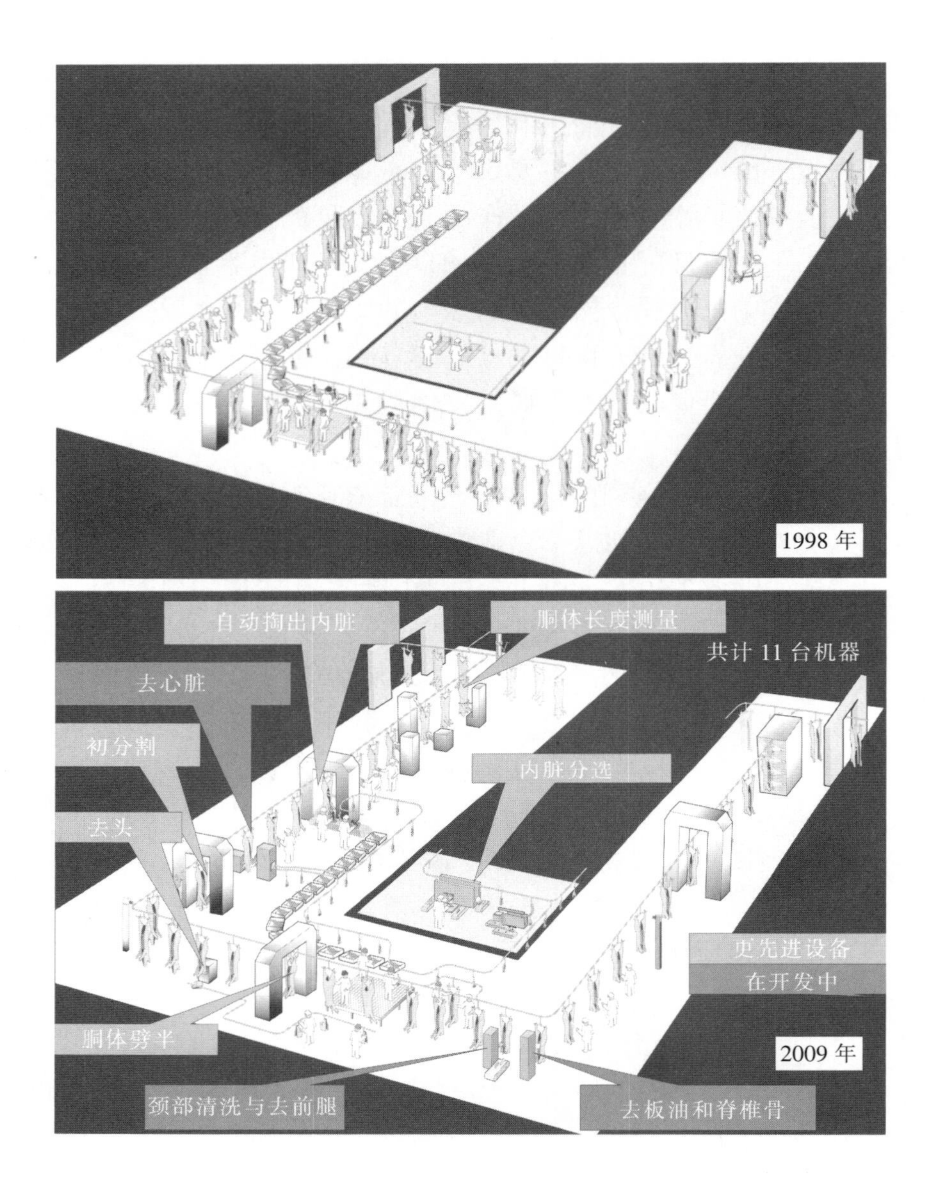

图 0－11　丹麦自动化清洁屠宰线示意图（每小时 360～400 头猪）
（资料来源：丹麦 SFK-Danfotech 提供）

保鲜技术和设备方面的总体水平处于领先地位，形成了具有鲜明特色和优势的加工技术工程化与集成模式。这些国家不断提出、完善和运用新的加工技术，根据新的基础理论成果设计出更好的加工设备，结合所加工肉品的范围、种类、花色，开发了系列化、自动化的生产设备或生产线。目前，德国在肉品精深加工及保鲜设备上的研发正向多品种、自动化的方向发展。德国西式肉制品加工的主要成套设备包括盐水注射机、滚揉机、斩拌机、灌装包装机、烟熏炉

附　丹麦为什么成为猪肉出口大国

丹麦是个小国，却是世界猪肉出口第一大国。丹麦养猪在科学饲养、合作组织、加工智能化、食品安全、咨询服务等方面，都有一套成熟做法，值得我国借鉴。

（一）产品好

猪种好：丹麦依靠现代基因生物技术，精心培育世界一流猪种，健康系数高，瘦肉率高达60.0%以上。

生产效率高，成本控制好：丹麦猪饲养综合成本低，饲料转换率高。

饲料安全：1998年2月，丹麦猪肉行业宣布对生长肥育猪（重量超过35.0千克的猪）停止使用一切含抗生素助长剂（antimicrobial growth promoters，AGPs），使整个丹麦的养殖业成为绿色、健康、高效的代名词。

（二）体制、机制好

丹麦合作社使养猪业形成高度组织化的生产体系、高度专业化的加工体系和高度一体化的服务体系，提高了农民进入市场的组织化程度和谈判能力，有效保护了农民利益。合作社机制推动了市场销售与生产、加工的一体化，同时也强化了分工，使农户专注于养猪、屠宰厂专注于加工、合作社专注于市场销售及其他功能。

（三）加工智能化

如文中所言，丹麦生猪屠宰因其高度的加工智能化模式，大大有利于生产效率和产业集中度的提高，降低了人工成本，保障了肉品卫生和质量安全。

（四）食品安全监管严

丹麦猪肉行业已达到世界最高卫生标准，欧洲屡次食品卫生事件均未波及丹麦。其成功关键在：①丹麦完善的食品监管体系，保障了猪肉的高质量。②操作性强的法律法规消除了猪体内的疾病因子与有害物质残留。③政府部门指派的专职卫生检验人员保证了屠宰环节严格的卫生要求。④完整、可靠的可追溯链条系统，保障了加工环节的有效性和安全性。⑤动物福利措施扩大了食品的消费群体。

（五）咨询服务完善

完善高效的咨询服务使农民及时得到最新科研成果与经营管理技术，并将遇到的问题及时反馈。

等，这些设备可单体使用，也可配套成生产线，性能可靠、经久耐用、卫生安全、高效准确。多年来，德国肉制品加工设备出口量居世界第一。

③加工标准化模式　目前，肉类质量分级体系以美国、日本、澳大利亚、加拿大为主要代表。各个体系所采用的评价方法基本相同，只是在等级划分和评价指标上略有差异。

美国早在1916年就完成了肉牛胴体分级标准，1925年制订了联邦肉品评级标准，1927年首次建立了政府评级制度。1997年由美国联邦政府推荐的美国农业部（USDA）牛胴体品质分级体系由活体分级、胴体分级、犊牛分级三部分组成。美国的牛肉分级标准包括牛肉质量等级标准和牛胴体产量等级标准两部分。牛肉的分级由美国农业部指派的独立牛肉评定员，通过综合上述两个等级标准来判定，并使用不同的等级标志（图0-12）。

本着自愿、付费、分级员评定三原则，美国推行牛肉分级标准取得了明显的效果：牛肉分级率由初期的0.5%发展到目前的95.0%；尽管肉牛品种由5个增加到100个，遗传变异增大，但牛肉质量由遍布8级到集中在前3级，产品趋向一致，优质牛肉比重大大提高。因此，美国牛肉加工标准化模式促进了美国肉牛业的发展，增强了产品市场竞争力。

图0-12　美国农业部牛肉分级标准标志

（资料来源：美国农业部）

肉品分级对于降低肉品交易成本、提高流通效率作用明显，实现了肉品生产的商品化，使得不同养殖场、不同品种的畜禽肉，形成了等级内质量一致、等级间质量差异明显的可流通商品。借助肉品分级标志，肉品的质量得到了保证，肉品生产者、加工者、销售商和消费者所面对的不确定性降低，信息搜集成本减少。另外，分级还避免了私人标准之间的不协调，促进了肉品的跨区域流通，尤其帮助小规模分散化生产的农户进行生产决策，提高利润水平。

④传统制品现代化改造模式　从 20 世纪 60 年代开始，西班牙、意大利、法国等先后对干腌火腿的传统工艺和品质进行了较为系统的研究，在此基础上完成了传统工艺的现代化改造，基本实现了机械化、自动化生产，大大提高了生产规模和效率；在基本保留了干腌火腿的传统风味特色的同时，使其更加适应现代肉品卫生、低盐、美味、方便的消费理念。通过这种传统制品现代化改造模式，西班牙索拉娜（Serrano）和伊比利亚（Iberian）传统火腿、意大利帕尔玛（Parma）和圣丹尼尔（San Daniele）传统火腿经现代化工艺技术改造后的产品已得到国内外消费者的高度认同，并得到欧盟原产地命名保护许可，而且传统火腿现代化改造生产线已占领了世界市场，创造了肉品发展史上传统与现代完美结合的成功典范。经现代化工艺改造的工厂生产规模，从 20 世纪 90 年代的 10.0 万～20.0 万条/年发展到目前的 100.0 万～200.0 万条/年，最大已达到 300.0 万条/年。因此，传统制品现代化改造模式显著提高了传统肉制品的生产效率、经济效益和安全品质。事实上，干腌火腿本起源于中国著名的金华火腿，13 世纪末由马可·波罗传入意大利，可至今金华火腿仍主要采用手工作坊式加工。在传统制品现代化改造模式的成功带动下，采用新技术结合新工艺，开发适合不同传统肉制品大规模自动化生产的智能化控制成套新装备和新产品已成为国际传统肉制品的发展方向。

⑤包装技术、材料、装备一体化环保模式　瑞典政府基于本国木材丰富的国情，特别发展了纸包装产业。目前，纸包装废弃后不仅可降解，而且造纸的木材是能够减少温室气体（碳）排放的。作为世界最大的液态乳无菌加工与纸包装设备与材料的供应商，该国利乐（Tetra）公司致力确保食品安全，不断追求科技创新，创造了巨大的经济及社会效益，其首创的 UHT 灭菌及无菌包装技术是一场划时代的变革。采用无菌包装的乳品由于无需冷藏，保质期长，解决了长途运输对产品保质期的挑战，避免了浪费；同时，由于生产、运输、零售、存储、消费的整个过程中不需要冷藏车、冷藏销售柜、冰箱等冷链设备，自然有利于节能减排，无论对保护社会的大环境，还是减少个人生活的“碳足迹”，都具有积极意义。此外，利乐砖型无菌包装的方砖型设计便于最大限度地利用空间，提高了物流效率，更进一步降低了能耗。经过不断的技术革新，目前利乐砖中纸板的使用量已经减少了 18.0％，铝箔厚度则减少 30.0％，原材料使用量的降低有助于保护环境，节约资源。另外，新推出的利乐 A3/Flex 整合包装，在待机状态下节省能耗 75.0％，最高节水节能可达 50.0％。利乐的业

务运营始终坚持 4R 环保原则：可再生（renewing）：采用可再生资源，这是可持续发展的关键所在。减量化（reducing）：通过技术革新减少原料使用，降低碳排放，减轻对环境的影响。可循环（recycling）：支持包装再生利用产业链的可持续健康发展，这是环保的具体表现。负责任（responsibility）：全方位实践企业社会责任，增强长期竞争力。

⑥“资源化利用”模式　美国和加拿大每年从动物副产物综合利用中获得巨大利益。美国将动物副产物看成是含有 15.0%～20.0%粗蛋白质和 15.0%～20.0%脂肪的优质资源，成立了动物蛋白及油脂提炼协会，开展了畜禽副产物加工利用安全、产品、技术和装备等方面的系统研究，领域涉及整个产业链，形成了近百亿美元的“动物蛋白及油脂产品加工业”。这种“畜禽副产物资源化利用”的“美国模式”对制订我国畜禽副产物综合利用发展规划有很好的借鉴和启发作用。

此外，还有利用高新技术进行综合开发的英国乳清加工利用模式［英国约瑟夫·海勒公司（Joseph Heler）］，产学研结合的血液蛋白开发模式［美国蛋白质公司（APC）］等。

3. 政府与协会保障

（1）政府保障

①科技政策保障

美国：美国政府将研发投入集中于基础研究（30.0%～40.0%），鼓励私人企业成为技术创新活动的主体，非常注重促使研发投资保持持续增长。2005 年，联邦研发预算达 1 322.0 亿美元，比 2004 年增加 60.0 亿美元，增长率为 4.8%，高于同期国内生产总值增长速度。美国目前的科技发展战略主要包括促进科学研究、投资于技术创新、保障国家安全、保护环境、改善健康、培养人才 6 个方面。

日本：日本以“科技立国”为指导思想，加强对基础研究和经济前沿领域的研究，重点支持带有创造性的、与开拓新领域相关的战略性研究。近年来，日本全国研发投入一直占国内生产总值的 3%左右，稳居几个主要发达国家之首。日本政府通过国会特别拨款及补助预算等，大规模地改善国立研究机构的设施和实验条件。日本的国立研究机构获得了日本政府研发预算的 45.0%，占其年投入的 99.4%。日本政府为支持高新技术研究与开发活动制定了《增加试验费税额扣除》、《促进基础技术开发税制》等税收政策。研发的管理采取“官民分立”和“部门分管”的体制。

德国：为了实现国内总研发费用在 2010 年占国内生产总值 3.0%的目标，

德国联邦政府不断提高研发经费的总量。联邦教研部在2005年的经费增加了3.0亿欧元，达100.0亿欧元。联邦政府2006年2月决定，在2006—2009年追加研发经费60.0亿欧元。研发经费的总体协调由联邦教研部负责，划分为3个重点：一是资助尖端技术和高新技术领域的研发，如信息技术、生物技术、纳米技术、航天技术，以及这些技术成果向能源、安全、环保和健康等应用领域的转化；二是促进中小企业技术创新能力的提高；三是提高德国高校和独立科研机构的科研能力。德国政府制定了对科技扶持的政策，对需要重点发展的高科技领域研究开发或实际应用所需的固定资产、企业用于研究开发的固定资产实行特别的折旧制度。

发达国家政府科技支撑政策与投入的特点：A. 政府研发投入总额呈上升趋势。发达国家非常重视加大科技投入的力度。美国强大的科技实力是以巨额的研究与开发经费投入为保障的。近50年来，美国研究与开发经费投入占GDP的比例一直为2.2%～2.8%。庞大的研究与开发经费投入保证了美国强大的研发实力。1971—2000年，美国联邦政府研发经费增加了3.6倍，日本、法国、英国政府研发经费投入分别增加了6.0～7.0倍（按本国货币计算）。B. 政府研发经费投入主要投向政府研究机构和大学。投向产业界的资金呈下降趋势，投向大学的资金增速最快。20世纪80年代中期以来，随着企业界研发投入主导地位的形成，美国、德国、法国、英国政府研发经费投入占GDP的比例呈现总体下降趋势，为0.5%～0.8%。C. 政策支持力度大，投入机制灵活。发达国家在财政政策方面为科技投入提供了许多支持，如给予优惠和减免税政策、推动高新技术产业上市融资等。发达国家科技投入的机制及取向都具有较大的灵活性。

②经济政策保障　发达国家政府对社会各业的领导与保障方式以经济政策为主，畜产品加工业也是如此。

价格补贴和收入支持政策：价格补贴和收入支持政策是发达国家政府产业保障政策的核心，其基本目标是，通过对根据政府计划削减生产的产业主体提供最低保证价格，保证该主体取得比较稳定的、可以与其他行业投资者相比拟的利润率，以便达到既控制生产又增加产业主体收入和稳定产业经济的目的。政府补贴的高低取决于对下一年度市场供求关系的估计。如果估计市场需求大，政府补贴就低些，以吸引产业主体把较多的资源用于生产；如果估计市场需求不足，政府补贴就定得高些，以鼓励产业主体停用更多的资源，使下一年度的产量少些。产业主体则根据政府补贴的高低，决定是否参加政府计划。政府通过生产控制，使价格维持在一定的水平上，既可以使产业主体取得合理的利润，又可以防止因畜产品或加工制品的价格过高而损害消费者的利益。为此，各国政府还建立了自己的畜产品储备，以调剂供求关系和价格。

信贷支持政策：随着畜牧业产业化和现代化的发展，畜产品加工业逐步由劳动密集型向资本密集型转变，因此，需要越来越多的资金，用于产业链经营与运作，购买诸如机器设备、畜牧业生产资料等。与此同时，在现代条件下，畜牧业产业链经营不稳定，收入偏低，因此，产业主体往往由于资金不足而影响产业链的正常进行。政府产业信贷政策的目的是要组织合作社和私人的借贷资本及时地为产业主体提供支持，发展产业化经济。

税收保护政策：对于畜牧业产业化企业，政府实际税率低于从事其他行业者，财产税、投资税上也给予优惠。不仅畜牧业税赋很轻或没有，国家对畜牧业产业化企业的财政投入也比较大，从而增加企业收入，提高他们对畜牧业或产业化投资的积极性。

出口补贴政策：政府采取了一系列的干预办法，以保证农产品出口。主要通过：出口补贴降低农产品出口价格，以提高竞争力，争夺国际农产品市场；向国外赠予农产品，主要是剩余的农产品，实际是政府借友好、慈善的名义，花钱买农产品做广告宣传，扩大农产品国外市场；向进口国提供财政信贷援助，以扩大国外对农产品的需求。

保险措施：政府保证因受灾害而引起产业价格波动的畜牧业产业化经营主体获得稳定收入的政策措施。政府通过对保险品种的选定及保费赔付率的调整，传达市场供求的信息，同时引导畜产品加工业。

采购与储备政策：畜产品出现供大于求时，政府制订采购计划（大多是采购加工后的成型产品），采购后组织出口或储备。另一种形式是政府向产业主体发放贷款，使之暂时储备畜产品，待市场价格有利时再销售。在畜产品价格低于贷款利率时，产业主体就将产品交给畜产品信贷公司抵债，产品由此成为政府储备。此外，产业主体也可视情况在市场采购剩余畜产品储备，运用这些储备产品，通过吞吐，调节市场，控制价格。

发展期货市场：政府扶持期货市场的健全、发展和完善，鼓励畜牧业产业化经营主体进入期货市场交易。期货交易的预期性为产业主体规避市场风险提供了重要的参照物，同时，大的产业化龙头企业直接参与期货交易，能够在可能的情况下有效地规避市场风险。

（2）协会保障　除了官方管理外，在发达国家发展进程中，在畜产品加工各相关环节还成立了不少行业协会，对促进、规范、保障其畜产品加工业的发展起到了不可或缺的作用，如加强行业自律、提供信息平台、多向沟通协调、扶持企业发展等。这些行业协会一般是非营利性民间组织，受到政府的免税支持，不是政府的附属机构，相反对政府的管理有非常大的影响，包括协助立法和决策、提供咨询、争取行业权利、制定和推行行业技术法规或标准、扩大信息交流等。

发达国家行业协会有许多成功的经验和做法，对我国具有一定的启示：注重行业协会的独立性和自主性，注重行业协会的经济属性，注重行业协会的桥梁纽带功能，注重行业协会的服务功能，注重行业协会的自律功能。

美国政府在2002年启动了“发展社会事业”的国家战略，探索通过发展行业协会、基金组织、自愿组织等多种模式的社会企业，创造更加宽松的社会环境，吸引更多国际智力和资本，进而实现社会发展目标。这项战略的提出，是美国在经济社会高度发展阶段的又一轮创新。这种探索积极引导行业协会等社会组织形成有序参与社会管理的体制与机制。

（二）动物源食品安全

针对动物源食品安全过去的严峻形势和未来的巨大挑战，发达国家一向重视动物源食品安全控制，如美国对肉类行业的管理力度仅次于核工业。发达国家动物源食品安全控制的历程基本上是制定、改革和完善相关法律法规体系，加强监管，推进标准化，以及不断采用先进控制技术的过程。

概括起来，发达国家动物源食品安全控制可供借鉴的经验如下。

1. 完善的法律法规体系

美国动物源食品质量安全方面已经形成一套完整的法律、法规体系，主要包括《联邦食品、药品和化妆品管理法》、《联邦肉类检验法》、《禽肉产品检验法》、《食品质量保护法》等。美国动物源食品安全法律法规的主要特征：适时完善，时效性强；可操作性强；预防性强。

欧盟与动物源食品安全有关的法律法规包括：①综合性法律法规。主要有《欧盟食品安全白皮书》、《欧盟食品基本法》及2003、2004、2006年修订的《欧盟食品卫生条例》、新生效的《食品中污染物限量》。②动物源食品安全法律法规。主要有《动物源食品的特定卫生要求》、《动物源食品的官方控制特定要求》，以及与动物健康和疾病控制有关的指令、专门针对沙门氏菌和其他特定食源性病原的指令等。欧盟食品安全法律法规主要特征：在统一的战略框架下制定食品安全法律法规；基于动物源食品产业链制定食品安全法律法规；注重动物源食品安全法律法规的修订与配套。

日本与动物源食品安全有关的法律法规包括：①综合性法律法规。主要有《食品卫生法》、《食品安全基本法》和《食品残留农业化学品肯定列表制度》。

②相关或针对性法律法规。日本与动物源食品安全有关的法律法规体系的主要特征：涉及动物源食品安全的法律法规日趋严格；动物源食品安全法律法规更新加快，并注重与国际接轨。

澳大利亚、新西兰与动物源食品安全有关的法律法规包括：《澳大利亚、新西兰食品标准法》、《澳大利亚、新西兰食品标准法规》及澳大利亚《食品法规协议》。澳大利亚、新西兰动物源食品安全法律法规的特征是：注重法规的原则性与灵活性；注重法规内容及其执行的协调性。

2. 注重管理体制与机制

美国负责动物产品检验检疫和食品安全的组织机构非常健全，各司其职、积极合作。涉及的部门主要有农业部、卫生部、环境保护局、商务部和司法部。总统食品安全管理委员会统一协调对食品安全工作的一体化管理。美国动物源食品安全监管体系的主要特征："六位一体"，统一管理；动态调整动物源食品安全管理机制；风险管理，预防为主。

欧盟委员会成立的欧盟食品安全局，统一管理欧盟所有与食品安全有关的事务，负责与消费者就食品安全问题直接对话，建立成员国食品卫生和科研机构的合作网络。在欧盟食品安全局督导下，一些欧盟成员国也对原有的监管体制进行了调整，将食品安全监管职能集中到一个部门。欧盟在动物源食品安全管理方面重点抓了以下四个问题：产地环境管理、投入品管理、生产中的质量安全管理及加工中的质量安全管理。欧盟动物源食品安全监管体系的主要特征：源头抓起，全程监管；质量认证，追根溯源；加强检测，市场召回。

附　有机食品在美国市场的发展

在欧美等国家，标签为"有机"（Organic）的食品如雨后春笋，市场份额持续增长，"有机"加工肉制品也已成为增长最为迅速的食品之一。

美国的有机生产是指依据1990年《有机食品生产法案》（简称OFPA）和《联邦法典》第205部分第7节的法规条文建立的一整套生产系统，目的是根据各地条件，综合运用文化的、生物的、人工（机械）的措施，达到促进资源循环、保持生态平衡、维护生物多样性的目标。

自2002年美国全面实施国家有机标准计划（NOP）以来，美国有机产品销售额曾创造了连续5年20.0%的年增长率，美国也成为全球有机食品生产量最大的国家。从1997年到2008年，美国市场上有机食品的销售总额共增加了170.0亿美元，即使在经济危机期间，仍然有40.0%的消费者坚持购买有机食品。今天，在美国各地都可以找到有机食品专卖店。健全食品便利店（Whole Foods Market），是美国的一家有机食品专营店，在2009年已有291家店铺，并且在英国和加拿大也开设了分店。特雷德·乔便利店（Trader Joe's），是美国市场上另外一家颇受欢迎的有机食品专卖店，在1958年刚刚开始营业的时候只是一家小型便利店，到2005年已经有200家分店遍布美国，2009年增加到338家。

消费者钟爱有机食品，源于对传统加工食品中的转基因修饰、化学合成添加剂、抗生素、杀虫剂、农药残留、激素等的担忧。尽管科学研究尚未证实有机食品比传统加工食品更安全，但消费者却坚信这种经过有机认证，每件食品标签上都标出产地、生产和加工过程的食品更安全、更健康。

伴随着有机食品的销售热潮，美国的肉品加工业也加快了生产有机肉制品的步伐。美国最大的肉制品生产商泰森食品股份有限公司（Tyson Foods Inc.），也已经计划将一条纯天然鸡块生产线投入生产，经该生产线生产出的产品不含任何化学防腐剂和人工合成添加剂。

日本负责食品安全的监管部门主要有日本食品安全委员会、厚生劳动省、农林水产省。农林水产省和厚生劳动省在职能上既有分工，又有合作，各有侧重。日本食品安全委员会是在2003年7月设立的，是主要承担食品安全风险评估和协调职能的直属内阁机构。韩国成立了由国务总理主持的国家食品安全政策委员会，负责制定食品安全管理的方针政策、部门间的组织协调、食品卫生事故的组织处理。食品质量安全管理涉及农林部、海洋渔业部和食品药品安全厅三家。日本、韩国动物源食品安全监管体系的主要特征：分工明确，韩国食品安全技术协调体系分为技术法规和标准两类，两者分工明确，属性不同；监督体系完善，保障监督和规范生产。

澳大利亚联邦政府负责对进出口食品进行管理。国内食品由各州和地区政府负责管理。联邦政府中负责食品的部门主要有两个：卫生部属下的澳大利亚、新西兰食品管理局（ANZFA），农业、渔业和林业部属下的澳大利亚检疫检验局（AQIS）。新西兰政府在2002年7月合并成立了新西兰食品安全局（NZFSA）。该局拥有新西兰国内食品安全、食品进出口和食品相关产品的监管权，其管理职责覆盖国内市场食品销售、动物产品的初加工及由政府出具的相关出口证明、农产品的出口、食品进口、兽药的管理、行政管理规定的制定。澳大利亚和新西兰在动物源食品质量安全管理方面，有一些共同的做法：注重通过品系选育和改良来提高产品质量；建立了完善的饲草饲料生产体系、饲养管理体系、分级及监测体系、疫病防治体系和技术推广与市场调控体系，从根本上对动物源食品的质量安全进行全方位控制和监测，有力地提高了产品质量；澳大利亚、新西兰对所有的动物源食品均采取严格的按质论价。

3. 重视标准制定与实施

美国推行的是民间标准优先的标准化政策，鼓励政府部门参与民间团体的标准化活动。自愿性和分散性是美国标准体系的两大特点，也是美国食品安全标准的特点。美国的食品安全标准主要包括检验检测方法标准和产品的质量等级标准两大类。这些标准的制定机构主要是美国国家标准学会（ANSI）认可的有关行业协会、标准化技术委员会和政府部门三类。在美国，食品行业中超过80%的标准是国际通用的标准。违反这些标准会受到严惩。美国推行 HACCP 质量标准体系，强调从过去最终产品的检验和测试阶段转换到对食品生产的全过程实施危害预防性控制的新阶段。美国动物源食品安全标准体系的主要特征：技术法规与标准的内容重点突出；技术法规和标准的范围明确；高度重视动物源食品安全标准的研究与制定工作。现行的国际通用标准中超过 80%的食品行业标准是美国制定的，在世界上处于领先地位。

欧盟食品安全协调标准由欧盟标准化委员会（CEN）制定，主要以食品中各种有毒有害物质的测定方法为主。目前，欧盟针对各种进口产品制定的详细技术标准达 10 多万个，适于不同层面执行使用。欧盟动物源食品安全标准体系的主要特征：强调以预防为主，贯彻风险分析为基础的原则，对“从农田到餐桌”整个食品链的全过程进行控制；食品安全技术法规与标准分工明确，相互协调配合；食品安全技术法规和标准体系严密，具体技术标准详细。

日本食品质量安全标准分两大类：一是食品质量标准，二是安全卫生标准，包括动植物疫病、有毒有害物质残留等。日本厚生劳动省颁布了 2 000 多个农产品质量标准和 1 000 多个农药残留限量标准。农林水产省颁布了 351 种农产品品质规格。日本实施的《食品残留农业化学品肯定列表制度》，禁止含有未设定最大残留限量标准的农业化学品且其含量超过统一标准的食品的流通。对没有制定残留限量标准的农兽药设定的“统一标准”数值非常低，仅为 0.01 毫克/千克。这实际上就是禁止尚未制定农兽药残留限量标准的食品进入日本。

澳大利亚、新西兰设有专门的机构——澳大利亚、新西兰食品标准局（FSANZ），是一个独立的、非政府部门的机构，负责制定食品标准。澳大利亚、新西兰动物源食品安全标准体系的主要特征：专门机构，三环互动；食品安全标准易于操作，为出口服务。

4. 依托先进控制技术

（1）风险分析　风险分析在国际上被广泛作为加强食品安全管理、预防食源性疾病的系统方法。风险分析的技术基础是风险评估。国际上将食品安全风险评估作为食品安全监管的基本制度，该制度包括食品安全风险评估的原则、承担机构、评估技术规范和程序、开展评估工作的资料要求等。《国际食品法典》是以风险评估为基础制定的，其所采用的标准、准则和建议，主要依赖于相关领域独立的专家委员会［包括联合国粮农组织和世界卫生组织食品添加剂联合专家委员会（JECFA）和农药残留专家联席会议（JMPR）］提供的咨询信息。JECFA 自 1956 年成立至今，已对 1 300 多种食品添加剂的安全性、25 种食品中的污染物和自然产生的有毒物质、约 80 种兽药残留物进行了评价，同时还为食品中化学物质的安全性评估制订了若干原则。目前，许多发达国家为了充分发挥风险评估的作用，分别以独立的风险评估机构或专门的风险评估委员会方式承担食品安全风险评估。

（2）监测检测技术　在监测技术方面，美国、欧盟和日本建立了先进、完整的监测技术体系。美国在食品安全控制方面建立"自动扣留"制度，日本、澳大利亚等形成了比较完整的食品安全监测和监控体系、预警系统及进口食品预确认（注册）制度。发达国家在食品安全卫生监测控制方面体现出了安全卫生指标限量值逐步降低、监测控制品种越来越多的特征。目前，发达国家对于一些公认的主要食源性危害物的检测要求极高，如二噁英及其类似物的检测技术属于超痕量水平，而"瘦肉精"和激素等农兽药残留、氯丙醇的分析技术为痕量水平。如果没有相应检测技术，则无法开展污染调查并"摸清家底"。在进出口贸易中，日本对猪肉的检测项目有 428 项，而且要求的最高残留限量大多为目前先进检测方法的检测低限。

鉴于检测技术是左右食品安全工作水平的关键，各国的食品安全控制系统无不把检测机构的设置、先进检测方法的建立、分析质量保证体系的建立和专业技术人员培养放在优先地位。目前，食品检测技术以高科技为基础，日益呈现出速测化、系列化、精确化和标准化的特征。食品的基质复杂，检测对象多，这就需要采用高超的样品前处理技术，需要采用具有高选择性、高灵敏度的多残留检测技术来完成。

（3）溯源技术　目前，国外已经建立了较完整的动物产品溯源体系并且开发了一些溯源技术。在溯源体系方面，自 1986 年英国确诊疯牛病以后，欧盟率先进行了肉牛和犊牛的可追溯性研究，欧盟各国均建立了牛及牛肉标识追溯系统。加拿大、美国和日本也在本国发生疯牛病后，纷纷引入了肉牛全程标识追溯系统。加拿大将实施畜禽标识管理作为“品牌加拿大”农业发展战略的重要内容，2008年实现了对全国80.0%畜禽及畜禽产品的可追溯管理。美国在2003年发生第一例疯牛病以后，开始建立全国牛的标识溯源系统，于2009年在全国强制实施，确保一旦发生疫情，能在48小时内追踪到相关动物。日本国会于2006年6月制定《牛肉生产履历法》，确定建立国家动物溯源信息系统，后来，又将此溯源体系推广到猪、鸡、水产养殖等产业。一些发达国家已经开始将虹膜识别技术应用于大型动物标识鉴别体系中。另外，国外已经开始采用DNA溯源技术进行肉制品溯源。

5. 强化战略预警与应急

对突发公共事件或行业危机（如畜产品质量安全、供应价格波动等），一些发达国家政府建立了较为完善的预警与应急机制，如美国、日本等的预警与应急机制对于我国有着重要的借鉴意义，促使我国变目前的被动防控为主动防控。

美国预警与应急机制的建立，重点体现在它所设置的一系列机构上。州一级处理突发公共事件的机构称“突发公共事件管理办公室”，下设总部、突发公共事件处置中心和若干个分部，分别承担不同的职能和任务。美国地方政府预警与应急机制的建立具体分三个部分：①预警机制人事方面的建设。美国联邦法律通过人事管理来影响公共安全管理者。②系统性的危机应对机构。美国大部分的地方政府都有适当的应急反应计划，以处理突发公共事件。③专业性的危机应对机构。根据不同性质和种类的危机，又可设置不同职能的机构。

日本预警与应急机制建立的具体步骤是：①在预警方面：由多部门联合建立了统一的预警与应急体制。发现异常情况，由相关负责部门汇总报告给国家决策机构，再由其统一预报和发布信息，发出警报。②在预案方面：日本重视“危机防御中心”的建立及公众社区的危机自救体系的完善。建立“危机防御中心”，使危机防御训练制度化，发挥着平时培训基地和居民科普教育基地的作用，极大地提高了全民的危机防御意识和协作精神。日本的危机自救体系的建立，是通过各种危机防御训练制度化来实现的。如各地都建立危机防御应急动员制度。

四、我国畜产品加工与动物源食品安全可持续发展战略

（一）战略地位

1. 打造国民经济支柱产业

（1）产业经济地位日益重要　以规模以上企业畜产食品工业产值计，我国畜产食品工业产值占畜牧业总产值比重基本呈逐年增加趋势（表0－5）。2010年，我国肉、乳、蛋及副产物原料总产值约达14 500.0亿元（原料肉产值为11 000.0亿元，原料乳产值为1 100.0亿元，原料蛋产值为1 700.0亿元，其他700.0亿元），占当年国内生产总值（GDP＝401 202.0亿元）的3.6%左右。

2010年，全国国有及规模以上屠宰及肉品加工企业销售总收入达到7 339.6亿元，规模以上乳品加工企业共实现工业产值1 962.0亿元，规模以上蛋品加工产值160.0亿元，三者共计9 461.6亿元，约占当年畜牧业总产值的45.4%，约占当年规模以上企业食品工业产值的15.0%。2010年，规模以上企业肉品加工产值占原料肉总产值的66.7%，乳品加工产值占原料乳总产值的178.4%，蛋品加工产值占原料蛋总产值的9.4%。

近年来，我国畜产品加工业随着畜牧业和食品工业的发展而快速发展。实际上，与发达国家的产业地位相比，我国畜产品加工业还有相当大的发展空间。可以预测的是，由于畜产品加工业关系国计民生，其经济地位会日益重要。

（2）对养殖业发挥“蓄水池”作用　畜产品通过加工，可包装成半成品或成品，其保存期大大延长，适于贮藏、流通、销售，不受季节和地域限制，因此，国家或地方宏观上可以有效调剂供需平衡，稳定物价，对养殖业可以很好地发挥战略性“蓄水池”作用，防止养殖业大起大落。如生猪养殖在我国养殖

表0-5 2000—2010年我国规模以上企业畜产食品工业产值、规模以上企业食品工业产值、畜牧业总产值及农业总产值比较

年份	规模以上企业畜产食品（肉、乳、蛋）工业产值①（亿元）	同比增长速度（%）	规模以上企业食品工业产值②（亿元）	同比增长速度（%）	农业总产值③（亿元）	同比增长速度（%）	畜牧业总产值④（亿元）	同比增长速度（%）	①/②*	①/④*	②/③*	④/③*
2000	1 009.5	14.1	8 434.0	7.7	24 915.8	1.6	7 393.1	5.7	0.12	0.14	0.34	0.30
2001	1 117.0	12.1	9 370.2	12.6	26 179.6	4.3	7 963.1	6.9	0.12	0.14	0.36	0.30
2002	1 439.7	31.8	10 803.8	17.9	27 390.8	5.5	8 454.6	7.0	0.13	0.17	0.39	0.31
2003	1 716.6	16.6	12 707.8	15.0	29 691.8	7.1	9 538.8	11.5	0.14	0.18	0.43	0.32
2004	2 311.2	31.6	16 038.5	23.4	36 239.0	17.5	12 173.8	22.8	0.14	0.19	0.44	0.34
2005	3 203.2	30.6	20 344.8	19.6	39 450.9	6.9	13 310.8	7.4	0.16	0.24	0.52	0.34
2006	3 834.6	16.2	25 227.5	20.4	40 810.8	1.9	12 083.9	−10.6	0.15	0.32	0.62	0.30
2007	4 687.7	18.6	32 382.4	24.5	48 893.0	14.3	16 124.9	27.3	0.15	0.29	0.66	0.33
2008	5 947.8	18.7	42 373.2	22.4	58 002.2	12.0	20 583.6	20.5	0.14	0.29	0.73	0.36
2009	6 973.9	17.3	48 825.6	15.2	60 361.0	4.1	19 468.0	−5.4	0.14	0.36	0.81	0.32
2010	9 461.6	39.3	63 079.9	29.2	69 319.8	14.8	20 825.7	7.0	0.15	0.45	0.91	0.30

注：表中规模以上企业食品工业产值、畜牧业总产值和农业总产值是当年价格计算；计算同比增长速度时，为了消除价格上涨因素的影响，用2000年不变价格对食品工业、畜牧业和农业总产值进行了相应调整；规模以上企业畜产食品工业产值由肉、乳、蛋三者加工业产值之和计算；标*列数据为区别之见保留两位有效数字。

资料来源：《中国统计年鉴 2011》、《中国食品工业年鉴 2010》、《中国肉类年鉴 2009—2010》、《中国奶业年鉴 2010》、中国统计局网站。

业中占有重要的基础地位，多年来，生猪价格常常由于种种因素而剧烈波动，以致大大影响我国居民消费价格指数（CPI）变化，导致经济运行不稳。另外，乳牛养殖规模近年发展迅猛，而且未来还有相当大的发展空间，原料乳若不经加工则非常不易贮存，养殖户会面临巨大的风险，最终必然挫伤整个乳牛养殖业的积极性。究其原因，一个重要的方面是国家没有从战略角度重视畜产品加

工业的“蓄水池”作用。解决上述矛盾的有效对策是大力发展畜产品加工业，建设战略性重要畜产制品储备库。如生猪经过屠宰加工成胴体或分割肉，原料乳可加工成乳粉，可以通过国家或地方政府支持建设或改造的冷库或物流仓储中心大量储备，等生猪或原料乳价格预警上涨时，及时投放市场；预警下降时，可回笼待机缓冲。

2. 提高国民健康水平

（1）保障动物源食品消费安全　保持和提高消费者健康水平是提高公众福利的基本要求，而动物源食品安全则是消费者健康的基础。不安全动物源食品造成的食源性疾病，一直威胁着公众的健康与福利。随着公众对动物源食品中危害因素的认识水平不断提高，加上现代信息传播技术，任何一个动物源食品消费安全问题，都很容易受到消费者的关心，甚至国际化。各个国家都集中力量，制定严格的动物源食品安全技术法规和标准，对进口动物源食品的质量安全提出了越来越高的要求。长期以来，我国动物源食品供应体系主要是围绕解决其供给量问题而建立起来的，对安全的关注度不够。

目前，由于供应链正变得越来越复杂，动物源食品风险很容易被放大。卫生部门近年的监测结果表明，从食品种类看，动物源食品是造成我国居民食物中毒的重要食品之一，中毒和食源性疾病导致疾病人群增加，造成了巨大的直接经济损失。安全问题直接制约着我国动物源食品出口，影响其国际竞争力的提高。政府通过加快加工业发展，鼓励龙头企业的壮大，可使企业有能力对动物源食品原料进行入厂严格检验，标准化深加工，这样就可大大减少不安全动物源食品的流通和消费。

（2）促进消费者营养与保健　在日常饮食中，动物源食品消费比重的增加，标志着一个国家居民生活水平的提高和改善。根据中国营养学会提供的中国居民平衡膳食宝塔，每人每天需要畜禽肉类 50.0～75.0 克，奶类及奶制品 300.0 克，蛋类 25.0～50.0 克，鱼虾类 50.0～100.0 克。目前，我国城镇居民动物源食品平均消费与平衡膳食宝塔结构还有较大差距。因此，在未来 10～20 年，还要进一步加快养殖业特别是畜牧业及畜产品加工业可持续发展，才能满足和促进我国消费者的营养与保健需求。

与植物源食品蛋白相比，动物源食品蛋白品质更优，含有人体必需的氨基酸，其氨基酸组成更适合人体需要。根据中国居民平衡膳食宝塔，动物蛋白消费应占居民（每人每天平均 80.0～100.0 克）总蛋白消费的 30.0%～50.0%。另外，动物源食品也是脂溶性维生素、不饱和脂肪酸和矿物质的良好来源。红肉（猪肉、牛肉、羊肉、马肉、驴肉等）可提供肌红蛋白、血红素（有机铁）和促进铁吸收的半胱氨酸，能改善缺铁性贫血。在中医中，肉有凉性、热性之分，如禽肉中鸭肉呈凉性，羊肉、驴肉等则呈热性，通过研究其机理，明确其功能因子，可以针对不同体质的人开发不同的功能性食品。牛乳、鸡蛋及加工制品也是非常理想的、具有丰富营养和极高保健价值的动物源食品，除了给人体提供优质蛋白质外，还富含矿物质（如牛乳中的钙）和卵磷脂（如鸡蛋等）。最新研究表明，动物源食品中蛋白质已不仅仅如传统营养学所认为的优于植物源食品蛋白的营养价值，更重要的是其在体内外降解生成的活性肽所具有的潜在保健价值。对动物源食品原料进行加工重组，可以确保动物源食品的保健、方便、安全甚至营养、美味，引导、促进并提供消费者多样化的食品需求。

3. 促进“三农”问题的有效解决

（1）促进就业和带动农民增收　促进就业和带动农民增收是我国各级政府和企业重要的发展目标和政治责任。就业问题是我们这样的一个人口大国全面建设小康社会所面临的重大课题，是民生之本，也是当前我国经济社会发展中突出的矛盾。畜产品加工业是国民经济的重要产业，不仅要为拉动内需、推动经济增长作出贡献，更要为促进就业和带动农民增收作出贡献。畜产品加工业具有明显的促进就业优势：①畜产品加工业是一个联系畜牧业、现代工业、服务业，产业关联度高、拉动力强的产业，其外延和领域在不断扩展。②畜产品加工业是劳动密集型和资金、技术密集型相统一的产业。也就是说，畜产品加工业可以广泛利用各种资本、知识和技术开发新兴业态，可以广泛吸纳不同层次劳动力就业。③畜产品加工业是兼具经济功能和社会功能的产业。所谓社会功能，主要是指畜产品加工业在促进就业、促进农民增收、致富等方面的作用日趋明显。这些特点决定了畜产品加工业是拉动和促进就业的优势产业。因此，通过大力发展各种畜产食品，基本建立较为完善的畜产品加工产业体系，实现以工业促就业，以工业增值支持农业增产、农村增效和农民增收。

随着乳品加工业的发展，直接就业人数逐年增加，2010 年达到约 21.6 万人。2010 年畜产品加工行业规模企业直接吸纳就业人数计 105.4 万人，加上规模以下企业直接吸纳就业人数 73.8 万人，共计 179.2 万人。畜产品加工业还可带动养殖农民约 1.0 亿人就业（其中包括饲料工业就业人数约 59.7 万人，以上数据根据《中国统计年鉴　2011》估算）。

（2）有利于农业产业结构调整和新农村建设　实现建设社会主义新农村的宏伟目标，农业产业结构调整是关键。在发达国家，农业产业结构调整主要表现在：一是农业份额下降，二是农业现代化，三是农业劳动力持续非农化。农业产业结构升级包括农业产业结构的高度化和农业产业结构的合理化，主要通过需求拉动、科技带动、制度推动而实现，而畜产品加工和动物源食品安全控制的科技创新和农业产业化龙头企业的带动是推动我国农业产业结构调整和演进升级的根本力量。科技创新可从新产品、新技术、新市场、新生产要素、新生产组织方式等方面推动和影响农业产业的调整与升级。一种新产品的推出并被市场接受，可以造成新需求，当这种需求达到一定规模时即可促进新产品和相关产业的成长与发展。如西式肉制品面世时，它作为部分替代中式肉制品的新产品而受到了市场的欢迎，很快达到了一定规模，极大地促进了肉品加工业和集约化畜牧业的发展。如滚揉、乳化、包装、调理等新技术的创新和广泛使用，极大地促进了西式肉制品加工业的发展，也带动了农业产业结构的升级。

发展畜产品加工业，要以市场需求为导向，以发展农业产业化为契机，依托工业生产，反哺农业生产，通过延长产业链，提升产业层次，加快结构调整，提升行业整体水平，促进饲料加工、畜牧养殖、冷链物流、批发零售等相关产业的跨越式发展，丰富城乡市场，提高人民生活水平，促进社会主义新农村建设。

（二）战略目标

1. 保障供给

保障供给是畜产品加工与动物源食品安全战略的一个基本目标。通过支持企业重组或兼并，大大提高畜产品加工业规模化、集约化和标准化程度，加快向新型工业化道路转型，为保障畜产加工品内需市场和参与国际竞争创造条件，缩小畜产品加工业整体发展水平与世界畜产品加工业强国的差距。

（1）产业集中度和规模化程度　2020 年，全国屠宰及肉品加工业集中度（CR4）达到 47.6%，2030 年达到 69.8%。2020 年，乳品加工业集中度（CR4）达到 80.7%，2030 年达到 100.0%。2020 年，蛋品加工业集中度（CR4）达到 21.7%，2030 年达到 31.8%（图 0－13）。

（2）工业化屠宰、挤乳、洁蛋率　2020 年，畜禽综合工业化屠宰率达到 73.5%，2030 年达到 100.0%。2020 年，乳牛自动机械化挤乳率达到 67.3%，2030 年达到 100.0%。2020 年，洁蛋率达到 8.1%，2030 年达到 13.7%（图 0－14）。

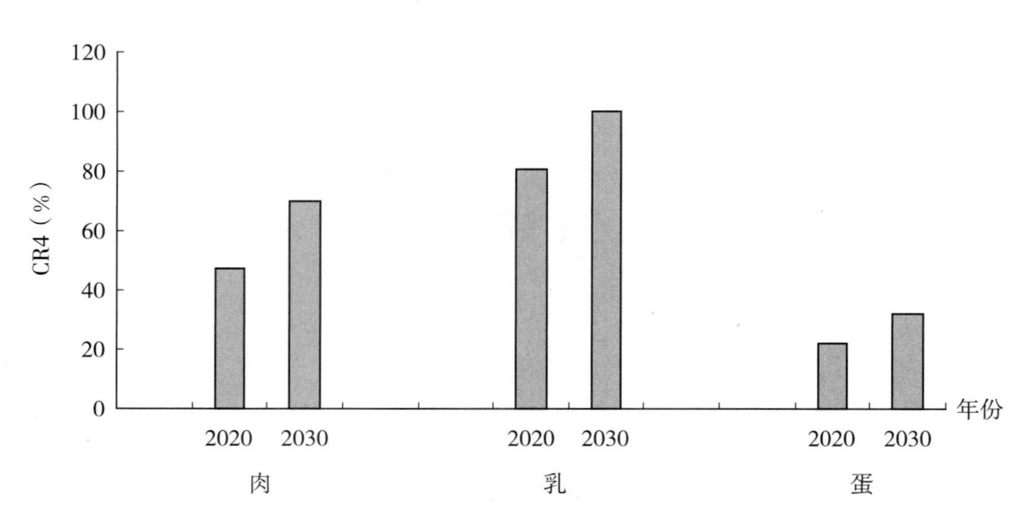

图 0-13 肉、乳、蛋加工业集中度（CR4）战略目标
[资料来源：根据日本居民收入（同我国居民当前收入）不同阶段的消费经验并结合我国当前实际推算]

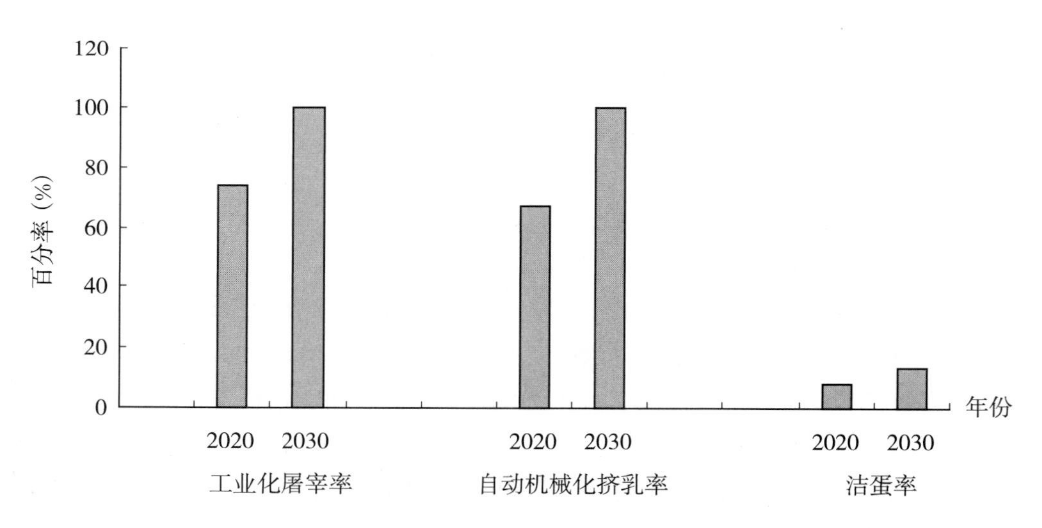

图 0-14 畜禽综合工业化屠宰率、乳牛自动机械化挤乳率、洁蛋率战略目标
[资料来源：根据日本居民收入（同我国居民当前收入）不同阶段的消费经验并结合我国当前实际推算]

（3）产品结构 提高畜产品深加工率 2020 年和 2030 年，原料肉深加工率分别达到 27.7%和 40.6%；原料乳深加工率分别达到 100.0%和 100.0%；原料蛋深加工率分别达到 10.8%和 18.2%；畜禽副产物深加工率分别达到 13.5%和 22.8%（图 0-15）。

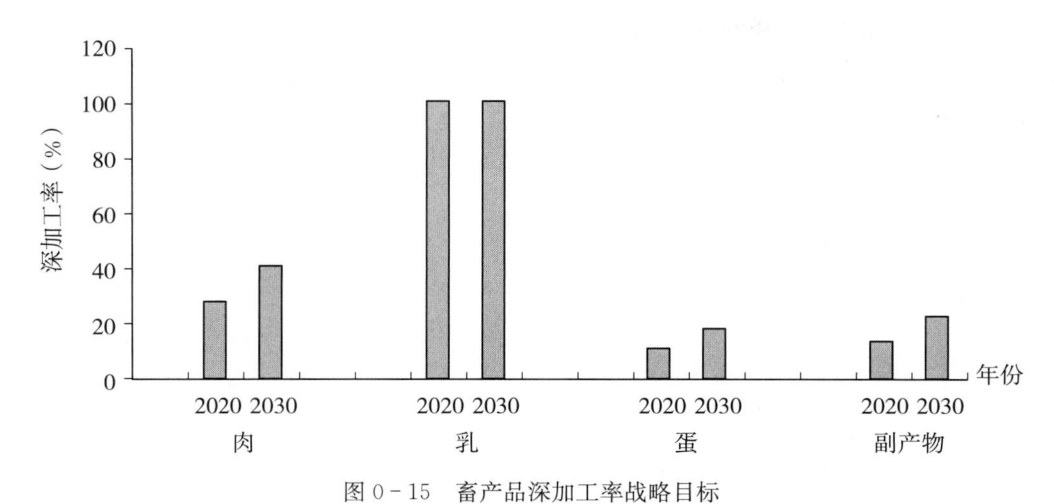

图 0-15 畜产品深加工率战略目标

［资料来源：根据日本居民收入（同我国居民当前收入）不同阶段的消费经验并结合我国当前实际推算］

2. 保护公众健康

保护公众健康是动物源食品安全战略的另一个基本目标。目前，由于动物源食品的供应链正变得越来越复杂，食品风险很容易被放大。因此，必须高度关注动物源食品的安全性对公众健康的影响。保障公众动物源食品安全，就必须使食品供应链中的每个环节都要足够安全、卫生、牢固。通过动物源食品安全控制，可满足消费者未来对动物源食品安全及动物源食品对促进自身健康的需求。到 2020 年，基本建立动物源食品安全保障体系，有效防控动物源食品安全事件的发生。到 2030 年，食品安全水平总体达到中等发达国家水平，满足全面建设小康社会的要求。

3. 增强产业核心竞争力

增强产业核心竞争力是保证畜产品加工业可持续发展与实现动物源食品安全控制的关键目标。首先，必须完善科技创新与推广体系，建立国家、省、企业等多层次重点实验室和工程技术中心，形成多类型的综合科技创新和转化平台。到 2020 年，畜产品加工业和动物源食品安全控制科技创新与推广体系初步完善，科技成果转化率显著提高，科技进步贡献率达到 62.2%；2030 年科技成果转化率大幅提高，科技进步贡献率达 83.5%（图 0-16）。畜产品加工与动物源食品质量安全控制重大关键技术取得突破，科技支撑作用显著增强。其次，加强产学研结合，通过科技引领、企业主导、政府和协会保障等措施，围绕动物福利、畜产品安全与健康、环境友好与能源节约、资源利用与增值、信息与自动化等关键技术开展研究，促进科技创新与升级；开发相应高新技术和装备，注重产品质量、结构与效益，完善产品质量安全控制和保障体系，增强产业核心竞争力。

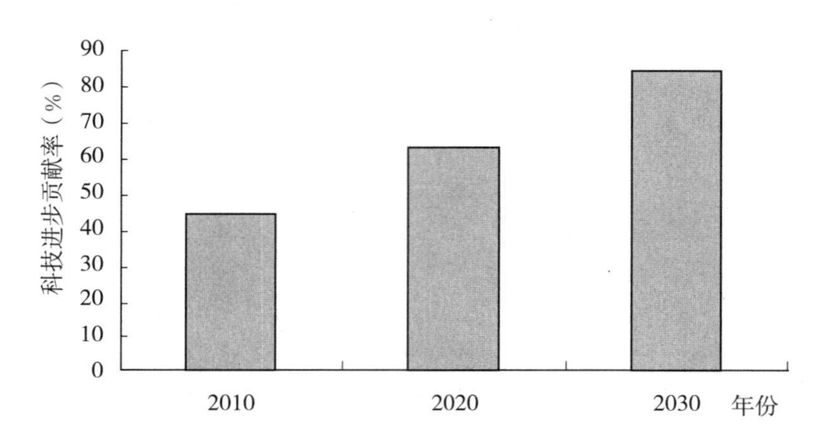

图 0-16 我国科技进步贡献率战略目标

［资料来源：参考《国家中长期科学和技术发展规划纲要（2006—2020年）》，适当调整］

（三）战略重点

1. 加强畜产品加工关键技术及装备研究

针对我国畜产品加工程度低、重大关键技术研究不深入、创新性不足、先进高端技术引进消化吸收慢、适用性受限、工程化技术集成不够、装备性能差等产业化问题，面对新形势下发达国家注重的动物福利、环境保护、节能降耗、质量安全等新要求，需要进一步加强与畜产品加工有关的关键技术及装备研究，达到国产化并尽快实现产业化转化，以改变畜产品加工技术与装备依赖进口的局面。

2. 注重动物源食品质量安全管理与技术创新

动物源食品安全仍将是未来各国政府、企业、消费者关注的焦点及国际研究的热点。基本理念是突破质量安全关键技术瓶颈，改变过去只重视加工而忽视安全，只重视数量而忽视质量的战略思路，提倡深度加工与微度加工并举，实现从源头到餐桌的全程控制，涉及管理监督体系、技术支持与实施体系等。管理监督体系包括建立统一协调的法律法规体系，建立政府各监管机构之间分工明确、协调一致的安全管理体制与机制，建立健全食品安全应急反应机制；

技术支持与实施体系包括提高食品安全科技水平，完善食品安全标准体系，建立统一、权威、高效的食品安全监测体系，完善我国食品认证认可体系。保证以上体系实现的核心是科技与管理创新。

3. 促进高新技术的研究与应用

高新技术在世界发达国家畜产品加工与动物源食品安全控制中的广泛应用是未来发展的趋势。目前，我国畜产品加工与动物源食品安全控制中还存在诸多困扰可持续发展的瓶颈：生物技术方面，如高档发酵制品核心关键技术生物发酵剂主要依赖进口，生物防腐剂的研究与应用也刚刚起步，基因诊断与生物传感技术用于质量安全控制还不多见；信息化技术方面，如智能化、无损检测技术及软件开发、计算机可视化或虚拟技术等研究还比较落后，产业应用更遥不可及；能源技术方面，节能环保技术、低碳技术等研究和应用还几乎是空白，其在未来有广泛的应用空间，几乎涉及加工与安全控制的各个环节，欧洲国家已开始在食品包装上加贴“碳排放”标签以强化食品认证的要求。因此，我国应促进高新技术的研究与应用。

(四) 需要突破的关键科学与工程技术问题

1. 重大基础科学问题研究

（1）畜产品品质形成机理及加工过程中的变化规律　研究适于加工的畜产品原料品质形成的生物化学规律、影响因素及与品质形成的关系，研究畜产品加工过程中加工工艺与条件对品质的影响及变化规律，研究传统畜产加工制品品质（如风味、质地、色泽等）形成机理。

（2）畜产品加工过程中有害因子形成、消长、控制的理论基础　研究畜产品加工过程中化学有害物生成、衍化、迁移、残留的规律，研究畜产品加工过程中重要腐败和致病微生物有害因子生成、残留的规律。

（3）畜产品消费与人类健康的关系研究　研究畜产品对人类免疫系统及其形成的影响，研究畜产品的生理调节作用，研究畜产品胆固醇消化、吸收及代谢调控机制，研究畜产品摄食与现代疾病的关系，研究 38℃环境下禽蛋抑劣防腐机制与抗菌体系激活机制。

（4）传统发酵畜产食品开发及其从作坊式向工业化生产转型的基础研究　研究传统发酵畜产食品微生态系统的保护与开发（生物多样性研究），研究传统发酵畜产食品中微生物（乳酸菌、酵母、微球菌、霉菌等）之间相互作用机制及其对产品品质的影响，研究传统发酵畜产食品适应工业化生产的快速发酵机理。

2. 重大关键工程技术问题研究

（1）畜产品加工过程中新型加工工程技术的开发与应用　研究生物工程技术在畜产品加工过程中的应用。包括：高档发酵制品核心技术生物发酵剂的制备与应用工艺，开发发酵剂制备和产品发酵关键设备；研究通过基因工程、酶工程等手段改良与优化发酵剂性能和功能的技术；研究生物防腐剂生物工程制造技术及畜产食品保鲜技术；研究畜禽加工制品品质和功能改善的酶工程技术，开发新型或功能性食品。

研究畜产品加工过程中智能化分级、在线检测、无损检测、虚拟现实等信息化技术，开发相关软件与设备；研究非热加工技术，如超高压、辐射、脉冲光、高压静电场、等离子体、超声波等在畜产品加工中的应用和效果；研究畜产品加工过程中的节能、环保、低碳新技术，如真空冷却技术、静电场辅助解冻技术、高效干燥技术等；研究畜产品中功能性成分无损与联产提取技术。

（2）重大产品加工关键技术及装备研究与产业化

①冷却肉加工关键技术及装备研究与产业化　研究宰前动物福利管理技术、宰杀技术和宰后技术等对主要畜禽胴体品质的影响，优化冷却工艺与开发相应新型设备；研究与开发畜禽屠宰加工新型或自动化设备、高效节能技术与装备；研究胴体在线检测与分级技术，开发相应系统和设备；研究冷却肉保鲜加工新技术及设备；建立主要畜禽冷却肉加工生产线及产业化示范基地。

②肉制品加工关键技术及重大装备研究与产业化　研究西式低温肉制品重要工序加工与保鲜新工艺，开发相关关键设备，解决其出油出水、质地差、货架期短等问题；研究中式传统肉制品的科学加工工艺参数，加强快速成熟工艺研究，开发自动化或智能化设备；研究与开发亚硝胺、多环芳烃和杂环胺等有害物质控制技术；研究调理肉制品加工关键技术的集成及相应设备的研制与组装。

③原料乳质量保证关键控制技术与装备开发　原料乳质量主要包括两个层面：一是因为奶牛本身疾病（注射抗生素残留、饲料中农药及抗生素残留、乳房炎等疾病），以及挤乳、运输等环节卫生条件不过关引起的质量问题。二是人为掺假导致的质量安全隐患。开展奶牛群体改良（又称奶牛生产性能测定，DHI）计划及可追溯系统的研究，综合应用生物技术、信息技术、自动化和智能化技术等高新技术，并开发相应的关键装备。

④发酵乳制品关键生产技术及装备研究与产业化　筛选特异性菌株，研制

高效发酵剂，开发差异化的发酵乳制品。如专用乳酸菌发酵剂制备技术，干酪快速成熟技术，风味特异酸乳和功能性益生菌发酵乳制品生产技术。开发乳酸菌高生物量制备及发酵乳制品生产的专用装备。

⑤禽蛋高效清洁消毒、分级、保鲜关键技术与装备研究　开展经蛋传播禽流感等人兽共患传染病调查与控制技术研究，开发禽蛋内外传染病病原快速检测技术与方法，研究禽蛋内外携带传染病病原体的生存环境与控制条件。研究纯天然清洗剂和清洗消毒技术，研制洁蛋清洗、消毒、干燥等一体化工艺技术，以及先进的鲜蛋涂膜剂与涂膜技术。研究鲜蛋有效的检选与分级技术，制定有关标准，研制适合我国国情、具有自主知识产权的洁蛋成套加工生产线。

⑥传统蛋制品现代化加工技术及装备研究　研究生物源碱性剂、生物源纳米促渗剂、超强固体催化剂、咸味香精等绿色辅料，协同微波预处理、超声技术、高频脉冲电场技术，开发传统蛋制品的高效绿色加工技术及现代高新技术装备。开发低盐咸蛋、低碱度低异味皮蛋、营养强化皮咸蛋、功能型皮咸蛋等数种健康型再制蛋。

⑦以畜禽副产物为原料的中式调味料环境友好型加工技术及装备研究　研究以畜禽副产物为原料，利用酶解、美拉德反应、低温浓缩和微胶囊包埋等现代环境友好型加工技术和装备，实现传统调味料生产的现代化。鼓励和支持具有中华民族传统特色的产品的加工技术和专用装备的国际专利申报。

⑧以畜禽副产物为原料的生物柴油环境友好型加工技术及装备研究　为防止畜禽副产物直接排放造成严重的环境污染，克服现有生物柴油化学法合成工艺与设备的缺点，应该加强酯交换法（包括液相反应酯交换法、固相反应酯交换法、高温高压酯交换法和脂肪酶催化酯交换法）合成生物柴油研究，缩短工艺时间、减少排放、提高效率。进一步研究开发新技术，以克服酯交换反应的缺点，主要应用高效催化剂、生物酶和超临界流体、多相催化、微乳体系等进行生物柴油生产技术的改进和提高，同时研发相应的可规模化生产的设备。

（3）动物源食品安全隐患入侵预警和控制工程技术研究　研究动物源食品中的化学残留、致病或腐败微生物等生物传感器快速检测及污染表征确认技术；研究动物源食品全程冷链物流安全控制技术，如微生物预报技术；研究裂解气相色谱质谱在线检测致病或腐败微生物技术；研究动物源食品产业链质量安全控制全程跟踪与追溯（“物联网”）关键技术，建立“从农田到餐桌”射频识别（RFID）跟踪与溯源系统，实现动物饲养、卫生防疫、收购、屠宰、加工、存储、运输和销售过程中的信息化，选择大宗动物源食品进行物联网工程化示范与应用推广。

（4）畜产品加工质量安全控制标准体系研究与示范　基于广泛的调查和研

究，在基准数据基础上，参考发达国家标准，建立适于我国动物源食品企业的良好加工规范（GMP）、卫生标准操作程序（SSOP）、危害分析与关键控制点（HACCP）食品安全管理体系和食用品质保证关键控制点（PACCP）体系。优化与创新畜产品细化的分级标准。进一步系统研究我国的动物源食品质量安全标准体系，建立基于科学基础的标准或增加标准的国际采标率。

（五）对策与建议

1. 进一步增加科技投入

虽然近些年政府投入有所增加，但资金投入的数量还远远满足不了实际的需要。针对过去投入资金分散、浪费现象严重，资金投向不合理（如投向重大建设项目）等问题，政府必须进一步加大畜产品加工与动物源食品安全控制的科技投入，特别是针对关键技术与装备研究、产业化和推广的基础性和公益性投入，保障实用和先进技术的推广应用，加强人员培训与教育投入。与此同时，未来我国还应该完善投入管理体制，提高投资效率。应增加有关畜产品加工与动物源食品安全的专门预算，特别是应建立与食品安全有关的财政应急反应机制，编制应急预算，并纳入法制化轨道。政府应积极鼓励其他相关部门、企业和个人等社会力量或民间资本对畜产品加工与动物源食品安全的投入，在财政和金融上进行支持，出台相关的优惠政策，在科技开发、贷款等方面给予积极的倾斜。

2. 加强技术创新，推动产学研结合

建立和完善畜产品产业技术体系和产业技术创新战略联盟，发挥国家级中心、重点实验室等平台的作用，推动产学研结合，促进畜产品加工和动物源食品安全技术创新与升级；同时引导龙头企业加大技术研发投入，逐步推动其成为畜产品加工业科技创新主体，从而大大提高科技进步贡献率。由此，切实解决制约我国畜产品加工和动物源食品质量安全关键技术问题，支撑行业的健康与可持续发展。

3. 完善标准与法规体系

参考世界贸易组织/技术性贸易措施协定（WTO/TBT）或《实施卫生与动植物检疫措施协议》（SPS 协议）规定，借鉴发达国家畜产品加工与动物源食品安全标准和法规体系的特点和建设经验，逐一分析具体标准和法规内容，

结合我国实际情况，重新系统构建或完善畜产品加工与动物源食品安全标准及法规体系。法规要基于标准，标准要尽量与国际接轨。

建议国家及时制定限制活畜禽运输和交易的相关法规，完善和强化定点和就近屠宰法规；建议加大力度制定涉及动物源食品安全的专门法律法规及其实施条例；建议细化和完善畜产品产业链可追溯法规，制定动物福利相关法规；建议完善畜产品及制品中有害微生物限量标准；建议进行畜产品消费“碳排放”标签标注或认证。

4. 加强政府功能

借鉴欧洲“统一监管”、美国“分块监管”的成功经验，根据中国具体国情，进一步改革我国国家监管体制，完善目前多部门、分段监管食品安全的体制。建议监管机构合并，改变政出多门、结构繁杂的状况，形成权威统一、权责分明、独立行动、权力制衡、运转高效的监管机制。从总的趋势看，食品特别是动物源食品的安全监管在行政管理体制上越来越垂直，主要趋势是兼并、统一、集中，强化源头和全程管制。要加大执法和处罚力度，大大提高违法成本，这是发达国家的重要经验。

除此之外，政府还需进一步强化和完善服务功能。鼓励推进标准化生产，推进企业诚信体系建设，动态完善食品风险分析制度和食品召回制度，建立突发事件战略预警和应急管理机制，支持行业协会、合作社、认证机构、第三方公证（检验）机构等各种中介组织的发展并加强管理。

5. 支持龙头企业，带动产业发展

通过采取积极的财政、金融、税收、科技等政策扶持措施，培育畜产品加工产业化龙头企业，促进向全产业链发展，提高产业集中度、产品深加工程度及集约化效率，发挥龙头辐射带动作用，引导行业和相关产业可持续发展，带动“三农”问题的解决；同时，鼓励龙头企业积极参与国际竞争，促进畜产品出口，扩大产业发展空间，树立优质安全的国际形象，提高畜产品加工业国际竞争力。

建议国家参考取消农业税的惠农政策，未来考虑取消或减免“农”字号加工企业的税收，通过支持畜产品加工企业发展，以带动养殖业可持续发展。建议国家加强畜产品加工业的宏观调控，建立畜产品代储制度与期货市场，鼓励企业扩大生产规模、建设重要畜产品战略储备库、建立快速配送体系，以保障重要畜产品（如猪肉、禽蛋）的市场稳定供给。

参考文献

车文毅．2002. 食品安全控制体系——HACCP［M］．北京：中国农业科学技术出版社．

陈坤杰，孙鑫，陆秋琰．2009. 基于计算机视觉和神经网络的牛肉颜色自动分级［J］．农业机械学报，40（4）：173－178.

陈锡文，邓楠．2004. 中国食品安全战略研究［M］．北京：化学工业出版社．

邓兴照，许尚忠，张莉，等．2007. 澳大利亚肉牛业发展特点以及对我国肉牛业的启示［J］．中国畜牧杂志，43（24）：21－23.

邓云．2008. 冷冻食品质量控制与品质优化［M］．北京：化学工业出版社．

郭波莉，魏益民，潘家荣．2009. 牛肉产地溯源技术研究［M］．北京：科学出版社．

孔凡真．2007. 澳大利亚的牛羊加工业［J］．中国牧业通讯（14）：65.

励建荣．2009. 意大利和西班牙火腿生产技术与金华火腿之对比及其启发［J］．中国调味品，34（2）：36－39.

李硕．2009. 发达国家政府科技投入的经验及借鉴［J］．河南财政税务高等专科学校学报，23（1）：7－9.

刘成果．2008. 中国奶业年鉴 2008［M］．北京：中国农业出版社．

刘成果．2010. 中国奶业年鉴 2010［M］．北京：中国农业出版社．

刘丹鹤．2008. 世界肉鸡产业发展模式及比较研究［J］．世界农业（4）：9－13.

刘文献．2009. 美国促进科技进步提升创新能力的启示与思考［J］．科技创业月刊（4）：22－24.

卢洪友．2004－02－13. 建立“企业主导型”科技发展机制［N］．光明日报．

沈振宁，高峰，李春保，等．2008. 基于计算机视觉的牛肉分级技术研究进展［J］．食品工业科技（6）：304－309.

魏益民．2009. 食品安全学导论［M］．北京：科学出版社．

魏益民，刘为军，潘家荣．2008. 中国食品安全控制研究［M］．北京：科学出版社．

吴永宁．2005. 现代食品安全科学［M］．北京：化学工业出版社．

余梅，毛华明，黄必志．2007. 牛肉品质的评定指标及影响牛肉品质的因素［J］．中国畜牧兽医，34（2）：33－35.

张会娟，胡志超，吴峰，等．2008. 我国奶牛挤奶设备概况与发展［J］．农机化研究（5）：236－239.

张铭，陈立祥．2009. 营养与肉品质的研究进展以及肉品质的检测指标与方法［J］．江西饲料（1）：17－21.

张楠，周光宏，徐幸莲．2005. 国内外猪胴体分级标准体系的现状与发展趋势［J］．食品与发酵工业，31（7）：86－89.
张仁峰 . 2005. 美国行业协会考察与借鉴［J］. 宏观经济管理（9）：56－57.
中国奶业年鉴编辑部 . 2009. 中国奶业统计资料 2009［M］. 北京：中国农业出版社 .
中国肉类协会 . 2011. 中国肉类年鉴 2009—2010［M］. 北京：中国商业出版社 .
中国食品工业协会 . 2006－05－19. 2006—2016 年食品行业科技发展纲要［EB/OL］. http：//news. aweb. com. cn/2006/5/19/8581463. htm .
中国食品工业协会 . 2011. 中国食品工业年鉴 2010［M］. 北京：中华书局 .
中华人民共和国国家发展和改革委员会 . 2008－11－13. 国家粮食安全中长期规划纲要（2008—2020 年）［EB/OL］. http：//www. gov. cn/jrzg/2008－11/13/content _ 1148414. htm .
中华人民共和国国家发展和改革委员会，科学技术部，农业部 . 2006－10－19. 全国食品工业“十一五”发展纲要［EB/OL］. http：//www. fdi. gov. cn/pub/FDI/zcfg/tzxd/cyxd/t2006－111766238. jsp.
中华人民共和国国家统计局 . 1996. 中国统计年鉴 1996［M］. 北京：中国统计出版社 .
中华人民共和国国家统计局 . 1999. 中国统计年鉴 1999［M］. 北京：中国统计出版社 .
中华人民共和国国家统计局 . 2005. 中国统计年鉴 2005［M］. 北京：中国统计出版社 .
中华人民共和国国家统计局 . 2009. 中国统计年鉴 2009［M］. 北京：中国统计出版社 .
中华人民共和国国家统计局 . 2010. 中国统计年鉴 2010［M］. 北京：中国统计出版社 .
中华人民共和国国家统计局 . 2011. 中国统计年鉴 2011［M］. 北京：中国统计出版社 .
中华人民共和国国家统计局，科学技术部 . 2010. 中国科技统计年鉴 2010［M］. 北京：中国统计出版社 .
中华人民共和国国务院 . 2006－02－09. 国家中长期科学和技术发展规划纲要（2006—2020 年）［EB/OL］. http：//www. gov. cn/jrzg/2006－02/09/content _ 183787. htm.
中华人民共和国国务院 . 2006－03－16. 中华人民共和国国民经济和社会发展第十一个五年规划纲要（2006—2010 年）［EB/OL］. http：//news. xinhuanet. com/misc/2006－03/16/- content 4309517. htm.
中华人民共和国国务院新闻办公室 . 2007－08－17. 中国的食品质量安全状况白皮书［EB/OL］. http：//www. scio. gov. cn/gzdt/ldhd/200708/t123722. htm.
中华人民共和国农业部 . 2006－06－26. 全国农业和农村经济发展第十一个五年规划（2006—2010 年）［EB/OL］. http：//www. moa. gov. cn/govpublic/FZJHS/201006/t201006－06 1533135. htm.
中华人民共和国农业部 . 2006－12－20. 农产品加工业“十一五”发展规划［EB/OL］. http：//www. moa. gov. cn/zwllm/ghjh/200803/t20080304 _ 1029952. htm.
《中华人民共和国食品安全法》编写小组 . 2009. 中华人民共和国食品安全法释义及适用指南［M］. 北京：中国市场出版社 .

竺尚武.2004. 西班牙的伊比利亚火腿[J].广州食品工业科技，20（4）：131-134.

Beermann D H. 2009. ASAS Centennial Paper：A century of pioneers and progress in meat science in the United States leads to new frontiers [J]. Journal of Animal Science，87：1192-1198.

Food and Agriculture Organization of the United Nations. 2012. FAO statistical yearbook 2012：world food and agriculture [M]. Rome：Food and Agriculture Organization.

Food and Agriculture Organization of the United Nations. 2012. FAOSTAT [EB/OL]. http：//faostat3. fao. org/home/index. html.

专题组成员

组　长　庞国芳　中国工程院院士　中国检验检疫科学研究院

副组长　周光宏　校长、教授　南京农业大学

执笔人　徐幸莲　教授　南京农业大学

孙京新　教授　青岛农业大学

成　员　胡　浩　教授　南京农业大学

张兰威　教授　哈尔滨工业大学

马美湖　教授　华中农业大学

蒋爱民　教授　华南农业大学

唐书泽　教授　暨南大学

范春林　研究员　中国检验检疫科学研究院

李春保　副教授　南京农业大学

赵改名　教授　河南农业大学

陈志锋　副研究员　国家质量监督检验检疫总局

罗　欣　教授　山东农业大学

徐宝才　副总裁　江苏雨润食品产业集团有限公司

刘登勇　副教授　渤海大学

邵俊花　讲师　渤海大学

黄　明　副教授　南京农业大学

畜产品加工产业发展现状与趋势分析

一、中国与发达国家畜产品加工业现状分析

（一）中国畜产品加工业发展与现状分析

畜产品加工业是对肉、蛋、乳等多项产品加工形成的庞大产业。中国畜产品加工业是新中国成立后发展起来的新兴产业，在国计民生中占有重要地位，对促进畜产品生产、发展农村经济、繁荣稳定城乡市场、满足人民生活需要、保证经济建设与改革的顺利进行，发挥着重要作用。

1. 概述

（1）肉品加工业发展现状

①肉品原料供给为肉品加工业的发展奠定了坚实的基础。2010 年，中国肉品生产达到 7 925.8 万吨，占世界肉品总产量的 27.1%，居世界之首。其中猪肉总产量为 5 071.2 万吨，约占世界猪肉总产量的 46.4%；牛肉产量为 653.1 万吨，羊肉产量达到 398.9 万吨，禽肉产量为 1 656.1 万吨。

②肉品加工企业数量增加、规模扩大。2009 年全国国有及规模以上屠宰及肉品加工企业为 3 696 家，比上年增加 600 家；工业资产总额达到 2 256.0 亿元，比上年同期增长 24.4%（表 1－1）。其中，肉品屠宰加工形成资产额为1 154.4亿元，增长 20.1%；肉禽制品加工资产总额为 1 101.6 亿元，增长 29.2%。

③品牌效应显现，企业利润上升。截至 2008 年，肉品行业历来获得中国名牌产品共 49 个，40 家企业获中国驰名商标品牌 37 个，有 13 家优秀企业上市。优良品牌是企业可持续发展的综合体现，对推动地方经济和引导规范市场行为起到了积极作用，企业的利润水平上升。2009 年全国国有及规模以上屠宰及肉

品加工业销售总收入达到 5 167.4 亿元，比上年增长 21.8%；利润总额达到 205.9 亿元，比上年增长 22.3%；屠宰及肉品加工综合投入与产出比为1：2.3，比上年下降 0.02 个百分点。

表 1-1　全国国有及规模以上屠宰及肉品加工企业增长情况

年份	2005	2006	2007	2008	2009
企业个数（个）	2 466	2 686	2847	3 096	3 696
工业资产总额（亿元）	1 143.9	1 302.2	1 500.0	1 813.7	2 256.0
销售总收入（亿元）	2 255.6	2 701.4	3 400.0	4 242.3	5 167.4
实现利润总额（亿元）	78.4	105.3	135.0	168.4	205.9

资料来源：《中国肉类年鉴　2009—2010》。

（2）乳品加工业发展现状

①奶牛养殖业快速发展，为乳品加工业的发展奠定了坚实的基础。从 1978 年到 2010 年的 32 年间，中国奶牛存栏量和乳品总产量增长迅速。1978 年中国奶牛存栏量和乳品总产量分别是 47.5 万头和 97.1 万吨，2010 年分别增长到 1 420.1万头和 3 748.0 万吨，分别是 1978 年的 29.9 倍和 38.6 倍。奶牛养殖业的快速发展为乳品加工业的发展提供了充足的原料来源。

②乳品加工业发展迅速，成为食品工业中发展最快的产业。主要表现为：一是乳品企业经济总量大幅增长。2009 年，规模以上企业共实现工业产值 1 668.1亿元，是 1998 年的 12.5 倍。二是企业规模不断扩大。2007 年，中国乳品企业日处理鲜奶能力平均超过 100 吨，而 1982 年日处理能力平均仅为 8 吨，前者是后者的 12.5 倍多。三是资本结构逐步多元化。国有乳品企业在规模乳品企业中所占的比重大幅下降，而股份制企业、民营企业、三资企业的数量不断增加。四是乳制品产量持续增长，产品结构逐步优化。2009 年中国干乳制品产量 293.5 万吨，为 1978 年的 63.1 倍，年递增率为 14.3%，液态乳产量 1 641.6 万吨，为 2000 年的 12.3 倍，年递增率为 32.1%。

③乳品企业装备工艺水平和自主创新能力逐步提高。改革开放以来，许多乳品企业相继引进了国外先进适用设备、管理和营销方法，缩小了同国外乳品企业的差距，特别是一些大中型企业，乳品加工设备和工艺已经达到了国际水平。

④流通渠道的现代化水平提高。改革开放以来，具有客流量大、运输效率高、信息反馈迅速和拥有冷链设备等优势的流通渠道，已经取代传统的渠道占据主导地位，并促进了全国统一的乳制品市场的形成。网络技术、软件技术等

现代技术在流通环节的广泛使用，节约了企业成本，提高了企业效率。

（3）蛋品加工业发展现状

①禽蛋生产与消费两旺。自1985年以来，中国禽蛋总产量一直稳居世界第一位。2010年中国禽蛋总产量已达2 762.7万吨，占世界总产量的40.1%，年人均占有量达到20.6千克以上。

②蛋品加工业基础薄弱，禽蛋加工程度低。截至2010年，中国蛋品加工业科技水平不高，禽蛋社会商品量中的绝大部分是鲜蛋品的初级产品。据统计，中国禽蛋加工量每年为10亿～12亿个，折合鲜蛋8万吨左右，不到禽蛋社会商品量（1 000万吨）的1%。即使加上其他食品加工所消费的蛋品，其总量仍不足禽蛋总产量的2%，与发达国家的高达20%～25%的比例，相差甚远。

③禽蛋产品质量不高，蛋品的出口比例低。20世纪70年代，中国曾经是蛋品出口大国，最高时期年出口折合鲜蛋量曾达到10万吨以上。80年代也还保持在8万吨左右；90年代后，出口量徘徊不前，乃至下滑。中国蛋品出口少的原因是中国蛋鸡产品质量不高，并且各进口国对禽蛋产品质量把关甚严，使得中国的蛋品很难进入国际市场。

2. 加工程度分析

（1）产业集中度分析　截至2010年，中国畜产品加工业的规模不断扩大，但其产业集中度还不高。以屠宰及肉品加工行业为例，2005年中国屠宰及肉品加工业销售额在100亿元以上的生产企业有2家，销售额在10亿元以上的企业有33家。从销售额上看，屠宰及肉品加工业CR4（前4位大企业的销售收入占整个行业销售收入）为20.0%，CR8为30.0%；2010年中国屠宰及肉品加工业销售额在100亿元以上的企业有4家，销售额达2 077.1亿元，CR4达到28.3%；前8位企业销售额达到2 891.8亿元，CR8达到39.4%。

比较2005年和2010年的变化趋势，发现屠宰及肉品加工业集中度总体呈上升态势，然而企业生产集中度增长并不大，市场份额向大企业集中趋势不明显。参照赫芬达尔—赫希曼指数（HHI），行业集中度属于竞争型，说明中国畜产品加工业前几位厂商的市场占有份额还不是很大，中、小型企业在市场中还具有相当的市场势力。目前，行业整合高峰尚未来到，行业龙头企业在行业整合过程中的发展空间将十分巨大。

（2）产业关联分析

①畜产品加工业直接消耗系数和完全消耗系数分析　畜产品加工业的生产过程需要消耗种植业、畜牧业、渔业等部门的产品，而本部门的产品也要被别的部门所消耗，从而形成了部门与部门之间的相互关联关系。通常可以用直接

消耗系数和完全消耗系数来分析产业间这种相互提供产品的关联关系。

直接消耗系数，也称为投入系数，是指第 j 产业生产一个单位产品所直接消耗第 i 产业产品的数量，用公式表示为：

$$a_{ij}=\frac{x_{ij}}{X_j}\qquad (i,j=1,2\cdots n)$$

其中：x_{ij} 是指第 j 产业对第 i 产业产品的直接消耗量；X_j 是指第 j 产业的总投入。由于 $x_{ij}\geqslant 0$，$X_j>x_{ij}$，故价值型直接消耗系数 a_{ij} 的取值范围为：$0\leqslant a_{ij}<1$。

各产业部门之间除了有直接消耗之外，还因互相提供中间产品而存在多层次的间接消耗，直接消耗与间接消耗构成了完全消耗。完全消耗系数比直接消耗系数更能揭示部门之间的相互联系。完全消耗系数是指第 j 产品部门每提供一个单位最终产品时，对第 i 产品部门货物或服务的直接消耗和间接消耗之和。完全消耗系数是依据直接消耗系数推导而来的，用公式表示为：

$$B=(I-A)^{-1}-I$$

式中：B 为完全消耗系数矩阵；A 为直接消耗系数矩阵；I 为 $n\times n$ 的单位矩阵。因此，通过分析畜产品加工业的完全消耗系数，可以把握其对国民经济其他行业的完全依赖关系。

表 1-2 显示，屠宰及肉品加工业直接消耗系数中最大的三个产业是畜牧业、商务居民服务住宿业、第三产业，屠宰及肉品加工业每增加一个产值需要这三个部门分别投入 0.582、0.034、0.031 个产值，表明屠宰及肉品加工业的发展不仅需要畜牧业的发展，而且还依赖于商务居民服务住宿业和第三产业的发展。完全消耗系数最大的前三个部门是畜牧业、第二产业和农业，屠宰及肉品加工业每增加一个产值需要完全（直接和间接）消耗三部门产品分别是 0.713、0.342 和 0.238 个产值，表明屠宰及肉品加工业的发展需要畜牧业、第二产业和农业提供较多的产品支持。

表 1-2　中国畜产品加工业（以屠宰及肉品加工业为例）直接消耗系数和完全消耗系数

	屠宰及肉品加工业		
	直接消耗系数①	完全消耗系数②	②/①
农业	0.006	0.238	39.7
畜牧业	0.582	0.713	1.2
渔业	0.002	0.016	0.8
粮油饲料加工业	0.021	0.236	11.3
设备制造业	0.005	0.079	15.8
第二产业	0.022	0.342	15.5

（续）

	屠宰及肉品加工业		
	直接消耗系数①	完全消耗系数②	②/①
餐饮业	0.002	0.010	5.0
商务居民服务住宿业	0.034	0.097	2.9
第三产业	0.031	0.133	4.3

注：本表是依据2007年中国投入产出表中数据计算而得，为了分析的方便，本文将135个部门合并为15个部门。其中，第二产业不包括农产品加工业、设备制造业；商务居民服务住宿业包括商务服务业、居民服务和其他服务业、住宿业、批发和零售贸易业。第三产业不包括餐饮业、商务和居民服务业、住宿业。

资料来源：依据2007年中国投入产出表计算而得。

值得注意的是，直接消耗系数和完全消耗系数差别较大，如屠宰及肉品加工业中，农业、设备制造业和第二产业完全消耗系数分别是直接消耗系数的39.7倍、15.8倍及15.5倍。屠宰及肉品加工业对这些产业的间接消耗远远大于直接消耗，表明除了关注畜产品加工业与其上游产业间产品直接消耗关系外，还应该关注产业间通过其他产业而发生的间接消耗关系。如屠宰及肉品加工业对农业的直接消耗系数不大，但是通过畜牧业这种间接关系使屠宰及肉品加工业对农业的完全消耗关系提高了38.7倍。

②畜产品加工业影响力、感应度分析　在投入产出分析方法中，影响力系数反映一个产业影响其他产业的波及程度；感应度系数反映一个产业受其他产业的波及程度。一般来说，影响力系数较大的产业部门对其他产业具有较大的辐射能力，而感应度系数较大的产业部门对经济发展起着较大的制约作用，尤其是经济增长过快时，这些产业部门将先受到社会需求的巨大压力，造成供不应求的局面。当一个产业部门的影响力系数和感应度系数都较大时，则该产业部门在经济发展中具有举足轻重的地位。

畜产品加工业影响力反映了该行业生产一个单位最终产品时，对国民经济所有部门所产生的生产需求波及与拉动的绝对水平；影响力系数反映畜产品加工业增加一个单位最终产品时，对国民经济各部门所产生的需求波及和拉动程度。其计算公式如下：

$$\alpha_i = \frac{\sum_{i=1}^{n} \overline{b}_{ij}}{\frac{1}{n}\sum_{i=1}^{n}\sum_{j=1}^{n}\overline{b}_{ij}} \qquad (i,\ j=1,\ 2\cdots n)$$

其中，$\sum_{i=1}^{n}\overline{b}_{ij}$ 是列昂惕夫逆矩阵 $\overline{B}=(\overline{b}_{ij})_{n\times n}$ 的各行和，表示第 i 部门的影响

力，α_i 表示影响力系数。

表 1－3 表明，屠宰及肉品与蛋品加工业、皮革毛皮羽绒及其制品业的影响力分别是 3.1、3.6，表示这两个产业各增加一个单位产值，分别将带动国民经济其他产业增加 2.1、2.6 个单位产值（除去本部门的一个单位产值）；这两个产业的影响力系数分别是 1.0、1.2，皮革毛皮羽绒及其制品业的影响力系数大于 1.0，表明这个部门的生产对其他部门所产生的波及影响程度超过了社会平均影响水平，影响力系数较大，说明其对国民经济发展拉动力较强。

畜产品加工业感应度反映了当国民经济各部门均生产一个单位最终产品时，对畜产品加工部门所产生的生产需求拉动的绝对水平；感应度系数反映当国民经济各部门均增加一个单位最终产品时，畜产品加工部门由此而受到的需求感应程度，也就是该部门为满足其他部门生产的需求而提供的产出量。其计算公式如下：

$$\beta_i = \frac{\sum_{j=1}^{n} \overline{b}_{ij}}{\frac{1}{n}\sum_{i=1}^{n}\sum_{j=1}^{n} \overline{b}_{ij}} \qquad (i,\ j=1,\ 2\cdots n)$$

其中，$\sum_{j=1}^{n} \overline{b}_{ij}$ 是列昂惕夫逆矩阵 $\overline{B} = (\overline{b}_{ij})_{n\times n}$ 的各列和，表示第 i 部门的感应度，β_i 表示感应度系数。

如表 1－3 所示，屠宰及肉品与蛋品加工业、皮革毛皮羽绒及其制品业的感应度分别是 1.9、2.1，表示当国民经济其他各产业均增加一个单位产值，对这两个产业的产品需求分别是 0.8、1.1 个单位产值（除去本部门的一个单位产值）。这两个产业相应的感应度系数分别是 0.6、0.7，感应度系数均小于 1.0，表明国民经济其他部门发展对这两个部门的产品需求作用较弱，其对国民经济发展的制约作用较小。

表 1－3 中国畜产品加工业影响力、感应度及系数

项目	影响力	影响力系数	感应度	感应度系数
屠宰及肉品与蛋品加工业	3.1	1.0	1.9	0.6
皮革毛皮羽绒及其制品业	3.6	1.2	2.1	0.7

资料来源：依据 2007 年中国投入产出表计算而得。

畜产品加工业的影响力系数大于感应度系数，说明畜产品加工业对国民经济其他产业的拉动作用远大于国民经济其他产业的发展对畜产品加工业的推动作用。在中国内需不足的条件下，畜产品加工业的发展能够直接拉动国民经济

其他产业的发展。屠宰及肉品与蛋品加工业、皮革毛皮羽绒及其制品业等畜产品加工业每增加一个产值，就会通过直接和间接消耗对农业、畜牧业、第二产业、商业、居住服务业等产业起较强的带动作用，同时畜产品加工业的发展作为农业、畜牧业、饲料加工业等相关产业链的延长，能促进产业附加值的增加，符合产业深化的客观规律。

3. 区域布局分析

（1）畜产品区域分布情况　由于畜产品的生产直接关系到畜产品加工业的原料供给，因此，本节简要分析中国畜产品的生产布局，以便于与畜产品加工业的布局进行比较。

2010 年，中国生猪存栏量为 46 460.0 万头，比上年同期减少 536 万头，下降 1.1％。按生猪存栏数量计算，前 10 位的省份有四川、河南、湖南、云南、山东、湖北、广西、广东、河北、江苏，合计存栏量 29 912.1 万头，占总存栏量的 64.4％；第二梯度的 10 个省份是贵州、辽宁、重庆、江西、安徽、黑龙江、福建、浙江、吉林、陕西，合计 13 477.8 万头，占总存栏量的 29.0％：其余地区合计为 3 070.1 万头，占总存栏量仅为 6.6％。

2010 年，牛存栏量为 10 626.4 万头，比上年同期减少 100 万头，下降 0.9％。存栏量前 10 位的省份分别是河南、四川、云南、内蒙古、西藏、贵州、黑龙江、山东、吉林、青海，合计 6 473.2 万头，占总存栏量的 60.9％；第二梯度的 10 个省份是广西、湖南、甘肃、河北、辽宁、新疆、湖北、江西、广东、陕西，合计 3 418.9 万头，占总存栏量的 32.2％；其余地区合计为 734.3 万头，占总存栏量的 6.9％。

2010 年，羊存栏量为 28 087.9 万只，比上年同期减少 364.3 万只，下降 1.3％。存栏量前 10 位的省份是内蒙古、新疆、山东、河南、甘肃、四川、西藏、青海、河北、黑龙江，合计存栏量 21 195.7 万只，占总存栏量的 75.5％；第二梯度的 10 个省份是云南、山西、辽宁、陕西、安徽、湖南、宁夏、江苏、湖北、吉林，合计 5 766.1 万只，占总存栏量的 20.5％；其余地区合计量为 1 126.1万只，仅占总存栏量的 4.0％。在羊存栏量中，山羊为 14 203.9 万只，比上年同期减少 846.2 万只，下降 5.6％；绵羊为 13 884.0 万只，比上年同期增加 481.9 万只，增加 3.6％。羊存栏量中，山羊比重为 50.6％，绵羊为 49.4％。

2009 年，家禽（含鸡、鸭、鹅等）存栏量为 533 031.9 万只，比上年同期增加 4 834.5 万只，增长 0.9％。家禽存栏量前 10 位的省份分别是河南、山东、四川、辽宁、广东、河北、江苏、广西、湖北、湖南，其合计量为 379 044.4

万只，占存栏总量的71.1%；第二梯度的10个省份是安徽、江西、吉林、黑龙江、浙江、云南、重庆、福建、贵州、山西，其合计量为125 865.5万只，占存栏总量的23.6%；其余地区合计量为28 122.0万只，仅占总存栏量的5.3%。

（2）畜产品加工业区域分布情况

①肉品加工业区域分布情况　2009年中国肉品加工业经济区域已形成三类梯度态势：一是从资产投入总量来看，以山东、河南、四川、辽宁、吉林、江苏、安徽、内蒙古、黑龙江、河北10个省份为第一梯度，2009年形成资产量为1 741.0亿元，占全国规模以上肉品加工企业资产总量的77.2%；以福建、北京、湖北、湖南、广东、浙江、上海、山西、重庆、天津10个省份为第二梯度，资产量为412.3亿元，占资产总量的18.3%；以江西、陕西、广西、云南、新疆、甘肃、贵州、青海、宁夏、西藏等省份为第三梯度，资产量为102.7亿元，仅占资产总量的4.5%。

二是从产品销售额来看，山东、河南、四川、辽宁、内蒙古、吉林、江苏、河北、北京、黑龙江10个省份为第一梯度，2009年销售额为4 275.5亿元，占全国规模以上肉品加工企业总销售额的82.7%；以安徽、湖南、湖北、广东、重庆、福建、浙江、江西、上海、陕西10个省份为第二梯度，销售额为753.5亿元，占总销售额的14.6%；以山西、天津、广西、云南、贵州、新疆、甘肃、青海、宁夏、西藏、海南等省份为第三梯度，销售额为138.4亿元，仅占总销售额的2.7%。

三是从规模效益企业利润额来看，以河南、山东、四川、江苏、辽宁、内蒙古、安徽、河北、黑龙江、广西10个省份为第一梯度，2009年实现利润174.7亿元，占全国规模以上肉品加工企业利润总额的84.8%；以湖北、湖南、陕西、广东、福建、江西、浙江、吉林、重庆、上海10个省份为第二梯度，实现利润28.4亿元，占利润总额的13.8%；以山西、北京、新疆、贵州、甘肃、云南、海南、青海、西藏、宁夏、天津等省份为第三梯度，实现利润2.8亿元，仅占利润总额的1.4%。

②乳品加工业区域分布情况　2009年中国乳制品总产量达1 935.1万吨，同比增长12.9%，其中液态乳制品产量1 641.6万吨，同比增长13.5%；乳制品产量居前5位的省份是：内蒙古379.5万吨，同比增长5.9%，占全国的19.6%；山东省202.9万吨，同比增长38.1%，占全国的10.5%；河北省196.6万吨，同比增长3.8%，占全国的10.2%；黑龙江省176.8万吨，同比增长4.7%，占全国的9.1%；陕西省117.2万吨，同比增长5.1%，占全国的6.1%。5个省份乳制品产量占全国的55.5%。

2009年中国原料乳总产量是3 732.6万吨，比上年减少1.3%。乳制品产量前5位的省份原料乳产量及占全国总产量的百分比分别是：内蒙古934.0万吨，25.0%；山东258.1万吨，6.9%；河北461.0万吨，12.4%；黑龙江534.7万吨，14.3%；陕西158.8万吨，45.0%。5个省份原料乳产量占全国总产量的63.6%，表明与肉品工业相似，中国乳制品产量大都接近原料产地。

（二）发达国家和地区畜产品加工业发展与现状分析

进入21世纪以来，全世界农畜产品及食品加工业的销售额已超过2万亿美元，居各行业之首，是世界制造业中的第一大产业。发达国家食品工业的增加值已经是农业增加值的2～3倍，吸纳就业人数也远远高于农业。随着人们生活水平的提高、膳食结构的改善、消费市场的扩大，畜产品加工业已经完成了向资本密集型行业转移的阶段，并成为各国特别是发达国家国民经济的重要产业。

1. 美国

美国畜牧业规模化、集约化的发展为畜产品加工业的建设和发展奠定了重要的经济基础。随着市场对畜产品加工品需求的增加和生产技术水平的进步，美国在实现畜牧业和加工业区域化、专业化、社会化的基础上，大大提高了畜牧业的劳动生产率和投入产出效益，为畜产品加工业提供了可靠保障。

由于生猪价格的波动等原因，美国的生猪饲养经历了饲养户减少而饲养规模扩大的过程（表1-4），带来了生猪饲养技术水平的提高。同时，快速冷冻技术的发明、运输费用的下降、冷藏铁路货车的出现及肉品包装业的发展加快了美国猪肉生产的区域化和专业化，也为畜产品加工业的发展提供了安全优质的原料。

表1-4　美国不同规模生猪饲养户的推移（户）

年份	1～99头	100～499头	500～999头	1000～1 999头	2 000～4 999头	5 000头以上	合计
1997	69 460	28 095	11 670	6 755	4 355	1 825	122 160
2000	47 560	17 695	7 745	5 870	4 795	2 095	85 760
2002	42 725	13 479	6 489	5 435	4 964	2 258	75 350
2007	40 144	9 263	4 339	4 122	5 234	2 538	65 640
2008	50 680	6 740	3 490	3 950	5 370	2 920	73 150

（续）

年份	1～99头	100～499头	500～999头	1000～1 999头	2 000～4 999头	5 000头以上	合计
2009	50 400	6 100	3 200	3 550	5 250	2 950	71 450
2010	49 000	5 200	2 800	3 650	5 350	3 100	69 100

资料来源：Agricultural Statistics Annual 1999—2011。

生猪饲养规模的扩大及技术水平的提高为生猪产业一体化经营提供了可能。各种形式的合同生产与合同销售应运而生，标准化生产得到推行，产品质量得到进一步提高。表1-5表明，美国生猪的合同销售份额已达82.5%，这种销售方式给加工企业提供了稳定优质的原材料。

表1-5 美国出栏肉猪的销售去向（%）

	1997	1999	2000	2001
市场以外	56.6	64.2	74.3	82.7
（1）合同销售	50.4	62	72.6	82.5
（2）企业所有	6.1	2.3	1.7	0.2
家畜市场	43.4	35.8	25.7	17.3

资料来源：アメリカ食肉産業と新世代農協。

一体化经营的发展带来了企业间激烈的竞争，为了扩大市场份额，获取超额利润，企业规模不断扩大，市场集中度也在不断提高。表1-6清晰地说明了屠宰行业的规模与相对成本的关系，规模经济的存在使行业内企业间的并购重组不断发生，企业规模扩大。截至2010年，美国肉牛屠宰行业中前4家企业的市场份额已经超过80%，生猪及肉鸡屠宰行业的CR4也超过了60%（表1-7）。

表1-6 美国不同规模屠宰企业的相对成本比较

品种	年处理头数（万头）	屠宰及分割相对成本	总相对成本
生猪	40	117.5	104.5
	100	100	100
	200	84.6	94.1
	400	74.5	93.5

（续）

品种	年处理头数（万头）	屠宰及分割相对成本	总相对成本
肉牛	17.5	130.7	104.3
	42.5	100	100
	85	85	97.9
	135	78.6	97

注：①生猪屠宰行业以100万头规模的企业相对成本为100，肉牛屠宰行业以42.5万头规模的企业相对成本为100；②屠宰及分割相对成本为总成本减去生猪（肉牛）的购买相对成本。

资料来源：アメリカ食肉産業と新世代農協。

表1-7　美国屠宰企业以销售额统计的CR4的推移（%）

年份	肉牛	生猪	肉羊
1980	36	34	56
1990	72	40	70
2005	80	64	79
2010	85	65	65

资料来源：Packers and stockyards statistical report 2006；Packers and stockyards program annual report 2011。

2. 日本

日本畜产品加工业特点主要有两点：一是以大企业为主，实现集中化、规模化生产；二是比较注重与农村经济发展相结合。

表1-8显示了1960—2000年的日本畜产品加工业增加值占全制造业的比重。2000年日本畜产品加工业的企业数占全制造业的0.5%，但其使用原材料却占全制造业的1.9%，产出的增加值占全制造业的1.6%，表明日本畜产品加工业的平均规模大于制造业的平均水平。

1960—2000年，日本肉禽制品和乳制品在畜产品加工业中结构变化趋势明显。肉禽制品加工业的企业数量、从业人数、原材料使用额、产值在日本畜产品加工业中均处于增加趋势。以企业数量为例，1960年肉禽制品加工企业数量约占畜产品加工企业数量的11.0%，而到2000年已经升高到42.3%。不同于肉禽制品加工业，乳制品加工业的企业数量、从业人数、原材料使用额、产值在畜产品加工业中的比值则不断下降。1960年乳制品加工企业数量占畜产品加工业的89.0%，2000年仅占26.4%，下降速度较快。但乳制品加工业的原材料使用额及产值均超过肉禽制品加工业。这说明了乳制品加工业的企业规模更大，市场集中度更高（表1-9）。

表1-8 日本畜产品加工业增加值占全制造业的比重

年度	使用原材料（百万日元）			增加值（百万日元）		
	制造业合计（e）	畜产品加工业（f）	比重（f/e,%）	制造业合计（g）	畜产品加工业（h）	比重（h/g,%）
1960	—	—	—	15 578 621	135 154	0.9
1970	42 177 971	701 457	1.7	69 034 785	937 403	1.4
1980	138 486 790	2 665 661	1.9	214 699 798	3 543 197	1.7
1990	190 539 613	3 571 539	1.9	327 093 093	4 921 509	1.5
2000	170 945 409	3 285 585	1.9	303 582 415	4 841 726	1.6

资料来源：食品産業統計年報。

表1-9 日本畜产品加工业的结构

	年份	畜产品加工业合计（a）	肉禽制品加工业（b）	比重（b/a,%）	乳制品加工业（c）	比重（c/a,%）	其他（d）	比重（d/a,%）
企业数（个）	1960	2 295	252	10.98	2 043	89.02	0	0
	1970	2 507	318	12.68	1 843	73.51	346	13.80
	1980	2 781	686	24.66	1 128	40.56	967	34.77
	1990	3 142	1 155	36.76	917	29.19	1 070	34.05
	2000	3 080	1 302	42.27	812	26.36	966	31.36
从业人数（人）	1960	48 535	9 891	20.37	38 644	79.62	0	0
	1970	100 814	28 219	27.99	62 566	62.06	10 029	9.95
	1980	126 505	43 704	34.54	51 053	40.36	31 748	25.10
	1990	140 124	55 865	39.87	45 352	32.37	38 907	27.77
	2000	139 503	62 672	44.93	428 36	30.71	33 995	24.37
原材料使用额（百万日元）	1960	—	—	—	—	—	0	0
	1970	701 457	170 976	24.37	477 938	68.14	52 543	7.49
	1980	2 665 661	1 025 105	38.46	1 232 729	46.24	407 827	15.30
	1990	3 571 539	1 607 460	45.01	1 478 580	41.40	485 500	13.59
	2000	3 285 585	1 397 267	42.53	1 488 761	45.31	399 557	12.16

（续）

	年份	畜产品加工业合计（a）	肉禽制品加工业（b）	比重（b/a,%）	乳制品加工业（c）	比重（c/a,%）	其他（d）	比重（d/a,%）
产值（百万日元）	1960	135 154	25 964	19.21	109 190	80.79	0	0
	1970	937 403	228 905	24.42	645 963	68.91	62 535	6.67
	1980	3 543 197	1 313 727	37.08	1 717 550	48.47	511 921	14.45
	1990	4 921 509	2 089 659	42.46	2 162 359	43.94	669 490	13.60
	2000	4 841 726	1 930 481	39.87	2 324 451	48.01	586 794	12.12

资料来源：食品產業統計年報。

由于畜产品加工业包含在食品工业中，下面重点分析食品工业与其他产业的关系，可以表明食品工业在国民经济中的地位和作用。

表 1－10 反映了日本食品工业增加值占制造业增加值的比重。可以看出，食品工业增加值占制造业增加值的比重历年来没有发生太大的变化，约占制造业增加值的 10%左右，日本食品工业发展相对稳定。

表 1－10　日本食品工业、制造业增加值及其比重（亿美元）

项目	1990 年	2000 年	2001 年	2004 年
制造业增加值	8 102.3	10 327.4	8 658.1	9 619.3
食品工业增加值	729.2	1 136.0	1 039.0	865.7
所占比重（%）	9.0	11.0	12.0	9.0

资料来源：国民經濟計算年報。

3. 产业关联分析

（1）数据来源和处理　由于日本在消费习惯、饮食结构及资源禀赋等方面与中国有一定的相似性，同时其畜产品加工业的发展领先于中国，对其进行分析，对中国食品加工业发展具有重要的指导意义。畜产品加工业在食品加工业中具有重要地位，分析日本食品加工业与其他产业的关联关系，可以在一定程度上把握其畜产品加工业与其他产业的经济关系。本文采用的数据来自日本 2000 年 104 个部门投入产出表。为了分析方便，进行适当的合并和规整，得到 4 个产业部门，即农业、食品加工业、第二产业（除去食品加工业）和第三产业的数据，从而使日本的国民经济形成了 4 个部门的经济结构。

（2）投入产出效应分析

①直接消耗系数和完全消耗系数分析　2000 年日本 4 部门直接消耗系数见表 1－11。从表中可以看出，食品加工业对农业的直接消耗系数达 0.259 4，大于农业对自身的直接消耗系数，并分别远远大于第二产业、第三产业对农业的直接消耗系数 0.005 3、0.002 4；食品加工业对第三产业和自身的直接消耗系数分别是 0.201 4、0.167 8，对第二产业的直接消耗系数最弱是 0.068 8。由日本 4 部门直接消耗系数表可以判断，食品加工业对农业的直接带动作用最强，大于农业对自身的直接带动作用和第二产业、第三产业对农业的带动作用。食品加工业每增加一个产值，需要农业直接投入最多，其次是第三产业、食品加工业，而需要第二产业直接投入最少，表明食品加工业与农业具有较强的直接关联关系。

表 1－11　2000 年日本 4 部门产业直接消耗系数

	农业	食品加工业	第二产业	第三产业
农业	0.108 5	0.259 4	0.005 3	0.002 4
食品加工业	0.009 6	0.167 8	0.002 5	0.007 8
第二产业（除去食品加工业）	0.167 0	0.068 8	0.416 9	0.088 0
第三产业	0.153 0	0.201 4	0.215 2	0.244 7

注：行数据表示其他（包括本身）部门产业对该行对应部门产业的直接消耗系数；列数据表示该列对应部门产业对其他（包括本身）部门产业的直接消耗系数。

资料来源：依据 2000 年日本投入产出表计算而得。

然而，要完整地分析食品加工业与国民经济各产业的依存关系，除了考虑产业间直接关联关系外，还需要考虑产业间的间接关联关系。从 2000 年日本各部门的完全消耗系数（表 1－12）可知，食品加工业对农业的完全消耗系数是 0.355 7，大于农业自身对农业的完全消耗系数 0.129 8、第二产业对农业的完全消耗系数 0.015 1、第三产业对农业的完全消耗系数 0.009 0。表明考虑到产业间的间接消耗关系，食品加工业对农业的关联关系是非常大的。食品加工业对第三产业、农业、第二产业的完全消耗系数分别是 0.485 5、0.355 7、0.318 0，对自身的完全消耗系数最弱是 0.211 3。

这说明，在考虑食品加工业与国民经济各部门的间接消耗关系后，日本食品加工业对第三产业的关联关系最强，农业位居第二位。表明了日本食品加工业每增加一个产值需要第三产业、农业提供较多的服务或支持产品。

表 1－12　2000 年日本 4 部门产业完全消耗系数

	农业	食品加工业	第二产业	第三产业
农业	0.129 8	0.355 7	0.015 1	0.009 0
食品加工业	0.017 4	0.211 3	0.010 5	0.013 9
第二产业	0.377 1	0.318 0	0.798 7	0.214 0
第三产业	0.340 9	0.485 5	0.518 2	0.390 4

注：行数据表示其他（包括本身）部门产业对该行对应部门产业的完全消耗系数；列数据表示该列对应部门产业对其他（包括本身）部门产业的完全消耗系数。

资料来源：依据 2000 年日本投入产出表计算而得。

②日本食品加工业的波及效应分析　从 2000 年日本 4 部门的影响力系数测算结果可知，食品加工业的影响力为 1.370 5，影响力系数为 1.303 5，在 4 个产业中最大，表明食品加工业每增加 1 单位需求，将带动总产出增加 1.370 5 单位（表 1－13）。食品加工业影响力系数大于 1，表明其生产过程对其他部门波及影响程度大于社会平均水平。日本第二产业的影响力及系数也较大，而农业及第三产业的影响力及系数均小于 1，说明其对国民经济的影响程度均较小，这是由其产业性质决定的。

感应度系数是反映了为满足国民经济各部门生产而需要该部门提供的产出量。日本食品加工业感应度和感应度系数分别为 0.674 1 和 0.543 4，低于农业和第二产业，但高于第三产业（表 1－13）。从感应度和感应度系数可知，国民经济各部门均增加一个产值时，对食品加工业的产品需求不强，并且低于对社会各部门的平均需求。这是由于食品加工业提供的产品多是供居民消费的，并且其对国民经济各部门的产品依赖度较大，因此，只有国民经济发展到一定水平、居民的收入达到一定程度后，食品加工业的发展才会进入快车道。

表 1－13　2000 年日本 4 部门影响力和感应度及系数

	影响力	影响力系数	感应度	感应度系数
农业	0.865 2	0.823 0	1.688 2	1.605 7
食品加工业	1.370 5	1.303 5	0.674 1	0.543 4
第二产业	1.342 5	1.276 9	2.619 3	2.491 3
第三产业	0.627 3	0.596 6	0.223 9	0.164 1

资料来源：依据 2000 年日本投入产出表计算而得。

4. 产业支持政策

为了促进畜产品加工业的发展，提高畜产品的经济价值，推动养殖业进程，增加国民经济收入，发达国家先后制订了畜产品加工业发展规划，采取了一系列的政策措施，推动畜产品加工业的建设和发展。

（1）资金支持政策　在畜产品加工企业建设投入上，日本建立了“高度化资金贷款制度”，支持中小农产品加工企业，特别设立了“研究费补助金制度”，促进加工技术的开发研究。法国投资重点立足于公立科研单位，而对加工业投资不足，影响企业发展和产品的市场。澳大利亚、墨西哥等国的加工业发展主要依赖于引入外资。

（2）价格与税收政策　20 世纪 80 年代，法国为了解决西欧乳制品市场疲软现象，制订乳制品的保护价格，并控制产品生产加工、销售的等级，推迟投资，成立共同调节机构购买和储存过剩产品，当市场需求时组织销售。为了鼓励加工产品出口，制订了价格补贴费，这一措施不仅扩大了出口，同时也保证了畜产品及其加工品的持续增长。澳大利亚、新加坡对畜产品及其加工品出口采取减免税措施。日本对从事农产品加工的中小企业，采取减税措施。

（3）低税率和半补助偿还政策　日本地方上采取免特别土地所有税、事业所得税等减税措施，保护和促进了农产品加工业的发展。为了保护本国畜产品加工业，日本对畜产品及其加工品采取商品限制进口措施，主要限制的畜产品及其加工品有鲜冻牛肉及牛肉，以及鲜乳、加工乳、奶油、炼乳和干酪等。

（4）质量技术政策　美国通过建立畜产品加工商品质量技术机构，检查和监督农畜产品加工企业的经济活动：一是监督和检查食品加工设备，保证符合《食品卫生法》；二是制定统一的等级和标准，畜产品及其加工品直接由农业部检疫和划分等级；三是制定有关食品说明书的规定。荷兰、丹麦对于畜产品的加工、运输、贮存已建立起国家范围内比较高水平的标准化、现代化系统和管理体制。

（三）中国与发达国家和地区畜产品加工业的比较

1. 食品加工业与其他产业关联关系的比较

从表 1-14 可以看出，中国和日本食品加工业对农业的直接消耗系数最大，分别是 0.371 6 和 0.259 4。这一方面说明，中国食品加工业对农业依赖程度较高；另一方面也说明了中国的农业部门从食品加工增值过程中获得的利益不断增加。

表 1－14　食品加工业直接消耗系数和完全消耗系数比较

产业类别	直接消耗系数		完全消耗系数	
	日本	中国	日本	中国
农业	0.259 4	0.371 6	0.355 7	0.572 2
食品加工业	0.167 8	0.289 6	0.211 3	0.417 9
第二产业	0.068 8	0.296 3	0.318 0	0.787 2
第三产业	0.201 4	0.352 9	0.485 5	1.403 9

注：中国数据不包括港澳台地区。

资料来源：依据中国 2007 年、日本 2000 年投入产出表计算而得。

从食品加工业完全消耗系数可知，中国食品加工业对第三产业的完全依赖程度最强，完全消耗系数为 1.403 9，对自身的完全依赖程度最弱，系数仅为 0.417 9。就日本而言，日本食品加工业对第三产业的完全依赖程度最强，该系数达 0.485 5，对农业的依赖次之为 0.355 7，对自身的完全消耗系数最小。这说明，中国和日本食品加工业的发展都需要较多的第三产业和农业的投入要素，而中国还要求较多的第二产业投入要素。由此表明，与日本相比，中国食品加工业的发展仍处于以物质要素投入为主的粗放型扩张阶段。

2. 畜产品加工业的比较

总的来说，中国畜产品加工业发展迅速，加工企业规模不断扩大，能够带动农业、畜牧业、饲料工业发展，并且畜产品加工业紧密结合了各地区的资源优势。但从产业集中度和产业关联角度可以概括为以下几点。

（1）肉禽制品、乳制品产量增加迅速，但禽蛋加工量低　2009 年，中国肉禽制品及副产品加工品产量约为 1 109 万吨，肉禽制品占肉品总产量的比重已达 14.7%；干乳制品产量为 293.5 万吨，液态乳产量为 1 641.6 万吨，中国乳制品产量合计 1 935.1 万吨，占世界年产量的 2.8%；禽蛋加工量折合鲜蛋 8 万吨左右，不到禽蛋总量的 2%，远远低于发达国家的高达 20%～25%的比例。

（2）畜产品加工企业规模不断扩大，但其产业集中度不高　从肉品销售额来看，2010 年屠宰及肉品加工业销售额在百亿元以上的企业已突破 4 家，销售额达到 2 077.1 亿元，CR4 为 28.3%；前 8 位企业销售额为 2 890.8 亿元，CR8 为 39.4%。从行业集中度指标来看，畜产品加工行业属于竞争型，市场份额集中度不高，向大企业集中趋势不明显。

（3）畜产品加工业对国民经济其他部门的带动作用大　畜产品加工业对国

民经济其他产业的拉动作用远大于国民经济其他产业的发展对畜产品加工业的推动作用。如屠宰及肉品、蛋品加工业每增加一个产值，不仅能够通过直接和间接消耗带动农业、商业、居住服务业等产业的发展，还能够延长畜牧业、种植业等相关产业链，增加产业的附加值，符合产业深化的客观规律。

（4）畜产品加工业与畜牧业的区域布局基本一致　中国肉禽制品和乳制品加工业地区分布与畜产品区域分布一致，充分发挥了各地区的资源优势。山东、河南、四川的生猪、家禽存栏量与肉品加工业企业投资、销售收入在全国各省份中均位于前列，表明肉品加工企业大都集中在原料相对集中的省份，体现了比较优势。

二、中国畜产品加工业发展的约束条件分析

中国畜产品加工业基本形成了加工体系完整、产品结构丰富、供应能力充裕的格局。加工产品价格稳定，种类繁多，反映了稳定的行业发展态势。鉴于本行业可持续发展的约束条件，除了在微观层面需要解决企业规模、技术装备水平、管理机制等一般性问题以外，尤其需要从宏观层面加强食品安全体系建设，以及顺应国际化市场化的要求，全面提高本行业的国际竞争力。因此，本文以畜产品加工品需求为出发点，主要从畜产品加工业自身、行业管理体系、开放贸易策略等方面分析其主要的约束条件，以期明确促进行业发展的政策取向。

(一) 自身的约束

1. 畜产品质量安全隐患难以消除

随着经济发展和生活水平的提高，人们对畜产品的需求从数量开始向质量安全转变，畜产品质量安全引起全社会的广泛关注。生产优质、安全、绿色无污染的畜产品成为中国畜产品加工业实现可持续发展的必由之路。但是当前养殖行业的质量安全隐患远未消除，在规范养殖技术和动物疫病防治方面任重道远。从养殖业源头控制畜产品的质量，是实现畜产品加工品质量安全的第一步。但是，由于多数畜产品加工企业未建立专用养殖加工原料供应基地，需从市场购入加工原料，大大增加了质量控制的难度。

在中国养殖业快速发展的同时，规模化生产不断扩大，国家也在推动规模化养殖，以提高养殖技术水平，增强动物疫病防疫、检测和诊断能力，促使畜产品质量得到了很大程度的提升。养殖方式也正在经历从以家庭分散养殖为主

向规模化养殖的转变。但是畜产品的质量隐患仍然难以消除，除了突发性的疫病以外，养殖安全问题主要在于饲料的质量好坏和添加剂的使用规范与否。

目前影响中国饲料质量的原因主要有以下三个方面：

一是饲料原料的农药残留超标。农业生产中为提高产量大量使用农药和化肥，致使饲料原料所含农药残留超标，之后通过食物链的积累作用致使畜产品内的农药残留量严重超标。

二是饲料添加剂使用不规范。饲料生产企业违规添加违禁物质，如加大微量元素和抗生素使用剂量，甚至添加人用药物。养殖户或养殖企业购买这类添加了违禁物质的饲料会导致畜产品中残留过量的安眠药、性激素、抗生素、铜、锌、砷等物质，使畜产品内药物残留超标，极大地危害了消费者的健康。

三是饲料管理不当造成饲料变质。由于缺乏饲料贮藏方面的专业知识，存放饲料的场所条件差，饲料容易变质，而养殖户为了减少损失仍会使用已经变质或部分变质的饲料，使得畜产品内的有毒物质残留增加，大大降低了畜产品的质量安全。

2. 劳动和资金成本上涨压力逐渐凸显

畜产品加工业的劳动密集度比较高，工资占总成本的比重较大。由于中国经济增长、工资刚性、劳动保障制度等原因，推动城乡劳动力工资不断上涨。2000—2010 年，中国城镇居民人均工资性收入从 4 480.5 元增加到 13 707.7 元，上涨 3.1 倍，而同期农村居民人均工资性收入从 702.3 元增加到 2 431.1 元，上涨 3.5 倍，两者均高于同期 GDP 的增幅，这造成了畜产品加工业较大的成本压力。

融资成本同样有增加的趋势。融资渠道窄，融资能力弱，成为限制畜产品加工企业发展的因素。首先，从资金周转的特点来看：加工企业进行全年生产，但是加工原料收购时间却比较集中；加工原料收购资金一次性投入大；库存原料占用资金数量大，时间长，周转速度慢；此外，大型的加工设备也占用较大数额的资金。这就使得企业流动资金不足，加上大多数畜产品加工企业位置偏远，不动资产价值低，变现困难，获得贷款的难度较大。其次，从融资环境来看：一是中国畜产品加工企业以中小型企业为主，自有资金不足，自我积累能力差，管理水平低，经营风险大，受到金融机构的歧视，并且大多数企业分布在偏远地区，得到国有商业银行支持的困难较大；二是中国畜产品加工企业多以民营企业为主，按照现行的政策，不能满足向国家农业发展银行申请贷款的要求；三是其他贷款机构如国家开发银行、农村信用合作社能够提供的贷款金额有限，解决不了企业对资金的需求。

3. 畜产品加工业技术支撑体系亟待提高

中国畜产品加工业起步较晚，目前整个行业的基本状态是加工技术落后、加工产品品种单一、加工包装设备差、缺乏高科技的质量检测手段等。主要原因是科学研究的基础薄弱，产品加工的应用基础研究、高新技术应用研究、新产品的开发研究及产品卫生营养标准研究等处于起步阶段。在国外，肉品学、乳品学和蛋品学已经发展成为畜牧科学与食品科学相结合的相对独立的学科，对肉、蛋、乳的理化特性、微生物学特性、保鲜贮藏技术、加工工艺与新产品开发、产品营养与卫生标准的制定与监督形成了广泛坚实的基础。

目前中国畜产品加工业的主要技术问题在于：

一是加工关键技术和装备的研发相对滞后，自主创新能力亟待提高。近年来中国通过合资合作、测绘仿制、自行研发，国产化加工机械日益增多，市场份额不断扩大。许多原来依赖进口的技术装备，现在中国国内企业均已能够生产。又如乳制品加工技术方面，共轭亚油酸牛奶加工技术和牛奶去乳糖技术等研究成果在整体上处于世界领先水平，并已经推广到企业，投入到商业性生产。尽管中国在畜产品加工技术研发领域取得了一定的成绩，但是由于中国畜产品加工行业中大多数企业属于中小企业，基本上不具备自主研发能力；科研院所和高等院校的科研经费不足，实验条件比较差。这种情况的长期存在导致中国畜产品加工业关键领域对外依赖程度高，不少高技术含量和高附加值产品主要依赖进口，部分重大产业核心技术与装备基本依赖进口。

二是加工技术水平低和装备性能差，表现为技术含量低、生产率低的产品多，高技术附加值、高生产率的大型产品少；高新技术应用少，新材料、新工艺推广缓慢；大型设备的性能指标难以保证。技术水平低的因素是多方面的，主要是设备性能低、技术含量低、自动化程度低、市场适应能力低、设计水平和制造水平低等。截至 2010 年年底，中国猪、牛、禽屠宰线已达 1 700 余条，机械化程度较高，但肉制品加工机械相对落后，如嫩化设备、真空斩拌设备、盐水注射设备、熟制设备等，大多数都是小型设备，加工生产能力不够大。乳制品加工设备的主要差距表现在液态乳设备上，近几年来主要是进口设备占领中国乳制品加工设备市场。

三是行业的技术进步率低，科技成果转化率不高。技术进步在中国畜产品加工品行业的贡献率远远低于国外水平。中国科技成果转化率不高，主要有两种情况：一种情况是一部分新技术和尖端技术虽然已经研发出来，但是缺乏严谨的实验条件就直接投入生产，技术成果缺乏成熟性、稳定性和安全性，降低了产品的市场竞争力；另一种情况是科技成果商品化进程缓慢，相关科研单位研发出来的研究成果不能及时投入使用。此外，科技成果相互模仿、低水平重复建设问题突出。大量的中小企业技术落后，没有独立的研发能力，对引进国外先进设备消化吸收和自主创新不够，致使科技成果改进和创新步伐停滞不前。

4. 标准化体系建设滞后

截至2010年年底，畜产品加工业发达国家已普遍接受了SSOP、GMP、HACCP、ISO9000和ISO14000等质量管理与控制体系及标准，而中国在原料标准化体系、安全生产及危害评估体系、全程质量控制体系建设和实施方面，与畜产品加工业发达国家相比还有较大差距。质量标准体系、检验监测体系、食品安全体系及质量认证体系建设相对滞后，相关标准不能与国际标准及主要畜产品进口国的认证标准接轨等，皆导致了出口不畅及贸易壁垒。

以畜产品安全与质量标准为例，中国畜产品安全与质量标准体系不仅存在畜产品质量评定分类分级标准短缺的现象，而且存在安全与质量监控管理标准短缺的问题。首先，畜产品加工品方面的SSOP、GMP、HACCP、ISO9000和ISO14000等产品质量监控管理标准还未制定完备。其次，在已颁布实施的标准中，同类标准缺乏统一性和系统性。第三，畜产品标准系统配套性差，不仅表现在单个标准的个体之间，更表现在有关畜产品生产、加工、流通、运输和销售环节的品质标准、生产标准、产品加工标准、加工产品的质量安全标准不能有效地衔接起来，不能形成统一的从生产、加工、流通、运输到销售的标准体系。

截至2009年7月，中国畜牧业的国家标准和农业行业标准有468项，其中有关品种资源标准有57项，饲养标准有5项，生产管理技术要求有59项，畜产品加工技术和设计要求有24项，畜产品质量、等级和规格要求有71项，安全限量及检测方法有114项，畜牧生产环境标准有18项，器械及设备标准有25项，包装标识、贮藏、运输标准有5项，草业标准有60项，其他标准有30项。2000年之前制定的占10.0%；2000—2004年制定的占35.0%；2005年至2009年7月制定的占54.9%。虽然中国畜牧业的国家标准和农业行业标准已经改变了以往那种标准过时、标龄过高的局面，在质量等级标准建设上也有了新的突破，但是在标准数量和内容，以及标准制定的合理性等方面又存在着新的问题。

（1）中国现行的食品标准体系与国际食品法典委员会（CAC）、国际标准化组织（ISO）的标准体系相比，加工原料和产品的质量标准和分级标准比较匮乏，无法实现对产品质量和等级进行认证，包装标识、贮藏与运输标准不能满足产品贮藏流通需要。截至2009年7月，中国制定的畜牧业的国家标准和行业标准中包装标识、贮藏、运输标准只有5项，都是在近几年内制定的，在满足畜产品贮藏、运输环节的需求方面仍存在较大的缺口。

（2）标准合理性和可操作性有待提高。有些标准在制定时仅考虑了人体健康单一因素，较少考虑中国畜产品加工业的技术水平、加工企业的发展和养殖加工品国际贸易需要。有些产品的安全卫生指标比国际标准和国外发达国家标准规定的还要高，给中国加工企业造成了很大的技术障碍，影响了中国畜产品加工品的生产和出口贸易。

（3）同一类产品国际标准、国家标准、行业标准和企业标准重复、不统一的情况比较突出。对同一类产品没有必要制定众多标准，对同一类产品既制定国家标准又制定行业标准，结果存在国标和行标的内容不一致，如检验方法不同、含量限度不同，不仅给实际操作带来困难，而且也给产品的生产及市场监管带来不必要的困扰。应该尽快统一标准，这样既有利于企业按照统一的标准去遵守和执行，也有利于有关部门进行监督管理。

（4）标准的技术内容与相关法律不一致，致使执法部门在执法时难以界定违法行为。

5. 加工企业市场行为问题突出

随着中国食品科学的发展和国家对畜产品加工技术的大力支持，畜产品加工业逐渐涌现出了一批拥有先进技术的代表性企业。但是，从行业总体水平上看，中国畜产品加工行业仍然处于先进技术与传统落后技术并存的低水平、不平衡状态，特别是大多数中小型企业在技术水平、产品加工质量和企业管理水平方面的问题尤为突出。畜产品加工企业之间缺乏联合、协作，行业内部无序低水平恶性竞争现象比较严重，同时，畜产品加工企业热衷于产品和技术的模仿，技术创新动机弱，不利于整个行业的技术进步。

畜产品加工企业应该按照市场需求和资源优化配置的原则，调整产品结构和区域布局。北京、上海、南京等中心消费城市，对畜产品深加工制品的需求较高，中西部欠发达地区对初加工制品的需求量较大，加工企业应该依据各地区对不同加工层次产品的需求量，调整不同层次加工产品的生产数量，以提高有效供给。现阶段中国畜产品加工企业区域发展不平衡，55％以上的加工企业集中在东部沿海地区。这种分布格局与中西部地区丰富的资源优势不对称，不仅制约着中西部地区畜产品资源的开发，影响该地区资源优势的发挥，而且造成畜产品原料耗费大、运输费用高，导致加工产品的原材料成本上升。如宁夏、新疆、甘肃等西北羊肉主产区缺乏大型的羊肉加工企业，而东部沿海地区畜产品加工企业分布密度高，企业数量多、规模小，产品相似度高，企业间低水平竞争、重复建设现象严重。畜产品加工行业应该从整体上做一项长期的区域规划，遵循因地制宜、最大限度发挥区域优势的原则，调整现有的畜产品加工企业布局。

（二）产业政策与制度环境

国以民为本，民以食为天，食以安为先。畜产品加工品直接关系到消费者的健康安全，仅依靠加工企业的自律无从保证食品安全。中国虽然在食品安全监管体系建设中已经取得了一定成效，但为了提高安全消费水平，降低食品安全事件的发生频率，仍需要进一步梳理现行政策制度存在的缺陷和冲突，以期改进。

1. 质量安全行政管理体制

中国食品安全监管体制经历了从卫生部门一家监管到各个部门实施分段监管的变化。2004 年，国务院出台了《国务院关于进一步加强食品安全工作的决定》，明确了分段监管为主、品种监管为辅的食品安全监管体制。具体提出："农业部门负责初级畜产品生产环节的监管；质监部门负责食品生产加工环节的监管，将由卫生部门承担的食品生产加工环节的卫生监管职责划归质检部门；工商部门负责食品流通环节的监管；卫生部门负责餐饮业和食堂等消费环节的监管；食品药品监督管理部门负责对食品安全的综合监督、组织协调和依法组织查处重大事故。"在 2008 年国务院机构改革的过程中，卫生行政部门与食品药品监管部门在食品安全工作中职责对调，分段监管的食品安全监管体制仍然延续。

中国食品安全行政管理体系存在的问题主要表现在以下两个方面：

（1）管理主体职责与权限不对应　国家质量监督检验检疫总局、农业部、商务部、卫生部、国家工商行政管理总局等多个部门分别负责食品生产、流通的不同环节，均对食品安全负有职责。由此也形成了"多头分散，齐抓共管"而"无人负责"的局面，缺乏一个强有力的对各有关监管部门进行协调、指导的专门协调机构。2008 年国务院机构调整，国家食品药品监督管理局并入卫生部，由卫生部负责食品安全综合协调。2009 年颁布的《中华人民共和国食品安全法》进一步明确了卫生部的综合协调职责，并进一步明确了国务院质量监督、工商行政管理和国家食品药品监督管理部门分别对食品生产、食品流通、餐饮服务活动实施监督管理的职责，这在一定程度上有助于改善分段监管管理不顺的局面。但是卫生部作为一个部级单位，在协调众多同级单位、部门的过程中，仍有诸多局限性。

（2）中央与地方的关系有待进一步理顺　中国目前食品安全监管工作由国家和地方的多级管理机构共同负责。中央政府的食品安全管理工作主要由卫生部、农业部、国家质量监督检验检疫总局等部门共同负责，这些部门则向国务院报告工作。这几个机构都自成体系，在省、市、县级都分别设立相应的延伸机构，每个机构的具体结构和管理范围都很复杂。一般情况下，各级地方食品安全管理机构除了同上一级的同类机构保持一致，接受其行政上的领导和技术上的指导外，同时也要对当地的地方政府负责。这种体制下的弊病在于地方保护主义的出现。

2. 质量安全法律法规体系

无论与发达国家的食品质量安全法律法规体系相比较，还是就中国食品质量安全管理的现状和任务来看，中国食品安全的法制化管理与国际先进水平还有不小的差距，食品安全法律法规体系还存在着不少的问题，突出表现在：

（1）部分法律条款比较笼统，多年不修订，滞后于监管形势的要求　由于现在的食品安全法律法规没有把食品安全建立在全部食品产业链基础上，因此，食品安全法律体系的广度不够，安全标准和法规也不够协调和系统。有的法律法规的规定很宽泛，缺乏清晰准确的定义和限制。如《中华人民共和国刑法》第一百四十条对于生产假冒伪劣产品金额5万元以上的有相对明确的处理措施，而对于生产销售金额5万元以下的甚至4.99万元的算不算犯罪就没有明确界定；有的条款只定性不定量，或者法律概念有歧义；有些条款多年不修订，如有些地区的“注水肉”的检测还是依据几十年前制定的标准；有些条款已经不能适应变化了的新情况，甚至完全过时，对当前复杂的市场经济条件下的实际问题约束力较低，操作性不强，如涉及罚金问题，罚金标准是以制定法律时的物价水平为参照的，但执法依据依然只能是法律当时规定的标准，故有些因生产有毒有害食品被罚没的款项相对于其攫取的高额暴利来讲微不足道。

（2）现有食品安全法律法规的兼容性问题较为突出　虽然中国目前有关食品安全的法律法规较多，但主要是部门法规。而且，《中华人民共和国农业法》、《中华人民共和国产品质量法》等法律实际上是由部门法规上升为国家法律的，在制定法律过程中，部门之间的协调和沟通不够，因此，各个法律法规在内容上难以避免地存在矛盾和冲突。在具体实践中，时常会出现对适用法律的误解，或法律适用范围的使用不当的现象。例如，对市场上发现的没有经过检疫的猪肉，按《中华人民共和国动物检疫法》第四十九条规定："已出售的没收违法所得；未出售的，首先依法补检，合格后可继续销售；不合格的，予以销毁。"国务院《生猪屠宰管理条例》第十五条规定："未经定点、擅自屠宰生猪的，由市、县人民政府商品流通行政主管部门予以取缔，并由市、县人民政府商品流通主管部门会同其他有关部门没收非法屠宰的生猪产品和违法所得，可以并处违法经营额3倍以下罚款。"两个法律文本、两种规定、两种不同的惩罚措施，必然给执法带来困难。

（3）相关法律的罚则较轻，威慑力不够，有待改善　在欧美国家，食品质量安全的违法者不仅要承担对于受害者的民事赔偿责任，而且还要受到行政乃至刑事制裁。这些制裁措施除罚款外，主要还有没收和销毁违法产品、责令停产停业和吊销营业执照等，违法情节严重的，还可能被判处监禁。食品安全法律法规的惩罚措施十分严厉，足以震慑违法者。例如，美国法律规定，无论金额大小，只要制假售假，均属有罪，需处以25万美元以上100万美元以下的罚款，并处以5年以上的监禁，如有假冒前科，罚款额可达500万美元。

中国现行法律法规对违法生产加工行为本身重视还不够，对制假售假行为惩罚较轻。例如，《中华人民共和国食品安全法》第八十五条规定："对本法所禁止生产经营的食品的行为，要由有关主管部门按照各自的职责分工，没收违法所得、违法生产经营的食品和用于违法生产经营的工具、设备、原料等物品；违法生产经营的食品货值金额不足一万元的，并处二千元以上五万元以下罚款；货值金额一万元以上的，并处货值金额五倍以上十倍以下罚款；情节严重的，吊销许可证。"可见，对违法生产经营导致食品质量安全问题的惩罚是比较轻的。

3. 现行执法体系

（1）执法部门立法、执法、判罚三位一体，影响法律的普遍适用性和公正性　有些法律法规或者是在计划经济条件下制定的，或者受立法环境、立法技术等多种因素的制约，执法部门既是法律法规的起草者，又是执法和判罚者。由于立法角度不同，各项法律之间的冲突在所难免。由于执法部门现行的执法和判罚合一的体制，在立法和执法中涉及权利责任关系时，会不可避免地渗入执法部门的利益，从而既影响立法的公正性，也影响了判罚的公正性。

（2）执法部门以罚代管，以罚代刑，影响了法律的严肃性　政府在市场化日益推进的过程中，一些职能日渐交给市场处理，但有些执法部门职能转变不彻底，有的甚至存在"执法就是罚款、管理就是收费"的以罚代管、以罚代刑现象。再加之有些执法人员素质较差，在执法过程中存在着执法不公、失职渎职、利用法律中的自由裁量权以权谋私等问题，对制售假毒食品行为不彻底清除，严重损害了法律的严肃性和执法力度。

（3）多头执法，影响监管效果 对于食品质量安全监管，现行的法律赋予许多部门执法权力。如《中华人民共和国产品质量法》第八条规定，工商行政管理部门和质量监督部门都是执法主体，《中华人民共和国食品安全法》第四条规定，工商、卫生、质检等行政管理部门都承担食品安全监督管理任务。由于食品质量安全监督管理涉及部门多，部门之间分段执法，各执一法，多头执法，不能相互协作，形不成合力，监管工作难以落到实处。

（4）执法过程缺乏规范化和持续性 中国食品安全执法部门经常以“严打”、“专项整治”等非常规方式开展监管工作，在打击假冒伪劣食品生产加工、促进食品安全的执法过程中缺乏规范化和连续性。往往是出现了重大食品安全事件后，由上级行政机关发布条文，进行突击式的检查、处理。当事件过后，打击假冒伪劣食品的行动偃旗息鼓，假冒伪劣食品生产加工便会再度泛滥。这种缺乏规范化和连续性的打击假冒伪劣商品的过程，使得中国的食品安全问题难以摆脱“食品安全问题泛滥—打击—安全问题暂时缓解—再度猖獗—再打击”这样的怪圈，无法从根本上解决食品安全的问题。

4. 质量安全技术支撑体系

（1）质量安全标准体系存在的问题 食品质量安全标准是确保食品安全的重要技术规范，是食品生产加工企业进行生产加工的技术要求，是食品安全检验检测的依据，也是相关法律法规有效实施的基础。不少发达国家十分重视食品标准的制定，尤其重视参与国际标准的制修订工作，以更好地提升本国企业在国际市场上的竞争力。

总体上讲，中国食品安全标准体系中各标准相互配合，基本满足安全控制与管理的目标要求，且与国际食品法典委员会（CAC）、国际标准化组织（ISO）的国际标准体系基本能协调一致。但仍存在许多问题，可归纳为以下几点：①地方标准、行业标准和国家标准不配套，相互矛盾，不便执行；②标准体系不科学、不完善，国家制定的多数食品质量安全标准零散、缺乏系统性，标准覆盖面不均衡，重点不突出；③采用国际标准比例低，中国的国家标准只有48%左右等同采用或等效采用了国际标准；④缺乏专业技术分析队伍，中国标准制定或修订和审定的人员技术水平参差不齐，影响标准制定的工作质量；⑤标准制定不科学，没有以风险分析为基础，大多标准中的指标没有充分利用风险评估技术，标准的科学性有待加强。

（2）质量安全检测检验体系存在的问题　在多个食品安全管理部门的努力下，中国已初步形成了食品安全检验检测体系。据统计，分布在卫生、农业、质检和环保等部门的食品安全专业人员已经超过了百万人，形成了一张巨大的监管网。其中，卫生部有国家、省、市、县四级监督管理和技术保障体系，在全国部分地区设置食品污染物监测网络。

但目前仍然存在着许多问题，有待于进一步解决完善。

①机构设置重叠，相关部门缺乏沟通，导致效率不高。中国食品安全检验检测机构分在农业部、卫生部和国家质检总局等多个政府部门。据不完全统计，中国共有各类检验机构近万个，分属不同，缺乏统一的发展规划，低水平重复建设情况比较普遍。②体系结构不完善，地区发展不平衡。发达国家通常都建立了食品安全例行监测制度，对食品实行“从农田到餐桌”的全过程监管。而中国却把检验检测的重点放在最终产品上，对过程控制还不够重视。质检机构在各地的分布不均衡，特别是中西部地区食品安全检测体系建设滞后，地（市）级和县级基层综合性食品检测机构几乎是空白。③检测设备老化，检测技术落后。在目前中国食品安全监测体系内，许多部门所用检测的设备非常老旧低效，质检机构受经费限制，设备维护和更新的投入不能完全得到保障，一些质检中心还用20世纪七八十年代的仪器设备来进行检测。④专业人员素质亟待提高。食品质量检验是一项涉及多门学科，科学性、技术性都很强的工作。然而，由于长期以来对从事食品检验检测的人员没有一定的资质要求，造成了目前食品检验人员素质参差不齐的状况。

（3）质量安全认证体系存在的问题　近年来，中国的食品安全认证工作不断发展，认证认可的行政体系和工作框架基本确立，结构趋于合理，但也应该看到，当前中国食品安全认证工作中仍存在不少问题，主要集中在以下几个方面：①认证缺乏统一性、公正性。生产领域的“绿色食品”、“有机食品”、“安全食品”等各种认证繁多，且认证标准不统一；很多认证机构前身是由各行业部门组建，认证过程中不能充分体现第三方认证机构的客观公正性，同时带有明显的行政色彩。②认证的后期管理工作亟待加强。目前，中国许多地区热衷于申报食品认证标志，管理部门主要精力集中于前期的考察和标志审批，对后期的跟踪监测、检查与后续管理有所松懈，从而出现原料生产不符合标准、加工过程出现污染等现象。③体系结构不完善，缺乏认证专业技术和人才。高效、完善的认证体系应该包括认证标准、认证机构、认证咨询机构、培训机构及相关专业队伍。目前，中国的质量安全认证体系不完整，具体表现为：只有认证机构，没有认证咨询机构和培训机构，认证的专业队伍建设也明显落后，这在一定程度上制约了中国质量安全认证能力。

5. 市场准入制度

目前，中国畜产品加工业的进入门槛比较低，也是监管困难的原因之一。

畜产品加工生产从业人员准入标准很低，特别是在解决下岗工人就业时就更低了，相关部门对他们的职业技能、道德和相关法律的教育培训不够，很多人几乎没有经过专门培训就从事畜产品加工，而相关监管部门仅要求其办理健康证。

现在只有乳制品业等少数行业确定了准入制度。工业和信息化部与国家发展和改革委员会联合对原《乳制品工业产业政策》、《乳制品加工行业准入条件》进行了整合修订，发布《乳制品工业产业政策（2009年修订）》，该修订版本对企业奶源控制提出了更高的要求。新政策在质量安全方面要求，乳制品生产加工企业必须具备先进的生产设备及完善的检测体系，对乳制品生产实施从原料进厂到成品出厂全过程的标准化管理和质量控制，对出厂乳制品逐批检验，留取样品，检验报告保存两年。奶源控制方面，进入乳制品工业的出资人必须具有稳定可控的奶源基地，现有净资产不得低于拟建乳制品项目所需资本金的2倍，资产不得低于拟建项目所需总投资的3倍。新建乳制品加工项目稳定可控的奶源基地生产的鲜乳数量，不低于加工能力的40%，改扩建项目不低于原有加工能力的75%。乳制品生产企业应建立生鲜乳进货查验制度，查验记录单应保存两年。

即使有关产业的政策规定了行业的准入条件，但是由于畜产品加工业进入壁垒低，仍然不能依靠现有的政策规定缓解当前加工企业过度进入的状态。进入产业的小企业数量多、密度大，没有达到应有的经济规模，造成区域间产业结构趋同，加工产品的同质化程度高，加工技术的科技含量低，企业的研发能力弱，导致畜产品加工业的无序发展，生产处于低水平盲目外延扩张状态，低档畜产品加工生产能力过剩，产品滞销积压严重，机会成本很高，投资回报低。市场准入制度体系不完善，加工企业层次差别很大，加工企业管理存在薄弱环节，不法企业对整个产业的健康发展造成严重的冲击，优质优价的市场机制尚未形成。

（三）贸易自由化

在WTO多边贸易体系规则及农业协议的约束下，各成员逐步降低关税，减少贸易壁垒，消除国际贸易中的歧视待遇，扩大货物、服务与贸易有关的投资方面的准入度，中国畜产品加工业迎来了巨大的机遇，这有利于中国畜产品加工业融入全球市场体系，有利于培育国内市场和提高畜产品加工业的整体水平。但与此同时，WTO 中的发达国家利用其在经济、技术等方面的优势，制定许多新的法规和标准，主要包括新的食品安全法规、检验检疫标准、动物福利法案等，以此来制造新贸易壁垒，这也成为中国畜产品出口的主要障碍。

据大多数研究预测，入世后发达国家将大幅度削减对畜产品的国内支持和出口补贴，使世界市场畜产品价格显著上升，由此将使许多发展中国家受益。但现实中的情况是，主要畜产品的国际市场价格继续呈下降趋势，而贸易总量也基本保持原有水平。其原因主要在于，发达国家的国内支持和出口补贴继续保持在高水平上，根据“绿色”标准建立的新的非关税壁垒，进一步加强其他形式的关税壁垒，以及转基因产品和其他现代农业生物科技的发展，都可能将发展中国家置于农业生产和贸易的不利地位。为有效应对中国畜产品及其加工品的出口贸易摩擦和非关税壁垒，需要深入研究各种非关税手段的机理和对中国的影响，以便于采取适宜的策略积极应对。

1. 反倾销贸易摩擦

近年来，中国出口产品遭遇来自各个国家的反倾销调查呈现增长态势，对中国产品的生产与出口形成了较大冲击。从 1980 年到 2009 年 10 月，其他国家针对中国的畜产品及其加工品的反倾销诉讼案件多达 40 多起，涉案产品包括猪鬃毛刷、蜂蜜等 20 多种。进口国以反倾销为由，对中国有关畜产品及其加工品征收高额的反倾销税，迫使一些畜产品及其加工品退出美国、欧盟、澳大利亚等市场，给中国畜产品及其加工品出口造成巨大损害。

虽然中国的劳动力资源丰富，劳动密集型产品，特别是畜产品的价格水平往往低于国际市场价格或第三国市场价格，但中国畜产品加工品的出口经常遭受进口国的反倾销诉讼并受到不合理的贸易制裁，从而在国际贸易中处于不利地位。

2. 技术性贸易壁垒

技术性贸易壁垒（TBT），是指商品进口国以保护人类和动植物的安全和健康，以保护环境，保证产品质量为由，通过颁布法律、法令、条例、规定，建立技术标准、认证制度、检验制度等方式，对外国进口商品制定严格繁杂苛刻的技术标准、卫生检疫标准、商品包装标准和标签标准，从而提高进口产品的技术要求，增加进口难度，最终达到限制进口的目的。由于技术性贸易壁垒具有广泛性、复杂性、隐蔽性、灵活性等特点，正逐步成为各国进行畜产品贸易保护最常用、最有力的政策性贸易保护工具。发达国家如美国、日本等凭借自身的技术、经济优势，制定苛刻的技术标准、技术法规和技术认证制度等，对中国畜产品加工品的出口产生了巨大的限制作用。主要体现在：增加畜产品检测项目来提高检测的技术标准；实施严格而复杂的合格评定程序和质量认证制度；对进口的畜产品采取“绿色包装”制度来提高环保要求；实行严格的食品标签制度；频繁制定新的技术法规，扩大对畜产品的管制范围；对畜产品的规格要求不断提高；制定繁琐的检验检疫和通关程序；对出口企业采取注册备案制度及其他登记管理制度。这些复杂的技术法规、标准和质量认证制度，以及名目繁多的进出口商品包装、标志、检验和卫生、环保等方面的要求构成了更为隐蔽、复杂的技术性贸易壁垒，对发展中国家畜产品出口的影响日益增强。

技术性贸易壁垒对畜产品加工品出口的影响主要体现在以下几个方面：一是检验标准普遍提高，检验范围扩大，严格的认证制度和繁琐的检验程序使中国企业很难达标，影响出口商品的数量和结构；二是大大降低中国畜产品加工品在国际市场的竞争力。中国外贸企业为了获得国外绿色标志，要支付大量的检验、测试、评估、购买仪器设备等间接费用。另外，还有支付不菲的认证申请和标志使用年费等。中国出口的大多是劳动密集型的畜产品，有价格优势，而国外苛刻的技术要求削弱了这种优势。

例如，欧盟为加强对食品生产、流通及销售全过程管理，自2006年以来出台了一系列新食品安全法规。新法规对从欧盟各成员国生产的及从第三国进口到欧盟的肉品、肠衣、乳及制品和部分植物源食品的官方管理与加工企业的基本卫生等提出了新的要求。畜产品不允许残留的农药品种增加到320种，带有这些农药残留的畜产品一律不得在欧盟市场销售，并要求从农场到餐桌的整个过程都要符合一系列标准。我国出口到欧盟的畜产品占总出口畜产品份额的1/5。欧盟是中国第二大畜产品出口市场。新食品安全法规的正式实施在很大程度上影响了中国相关产品的出口。

3. 动物福利壁垒

动物福利由美国人休斯（Hughes）于1976年提出，指农场饲养中的动物与其环境协调一致的精神和生理完全健康的状态。动物福利壁垒是指在国际贸易活动中一国以保护动物或者以维护动物福利为由，制定一系列动物保护或者维护动物福利的措施，以限制甚至拒绝外国货物进口，从而达到保护本国产品和市场的目的。动物福利壁垒借保护动物之名，将公众的注意力吸引到对动物的保护上，而忽视了动物福利的贸易壁垒实质，使这种限制贸易的手段更隐秘。

2003年2月，WTO农业委员会提出的《农业谈判关于未来承诺模式的草案》第一稿及修改稿，已将动物福利支付列入绿箱政策中，并将动物福利的有关内容正式列入WTO新一轮农业谈判中，这在一定程度上是对动物福利在贸易中地位的认可。目前世界上已有100多个国家制定了比较完善的动物福利法规，动物福利概念得到了这些国家政府的普遍认可，对人们对待动物的方式作了详细的规定。法国在1850年通过了《反虐待动物法案》，美国不但制定了《反虐待动物法案》，还专门制定了《动物福利法案》。英国有关动物保护的法律有10多个。瑞典在原有动物保护法律的基础上，于1997年制定了强制执行的《牲畜权利法》。欧洲于1976年通过了《保护农畜欧洲公约》，1979年制定了《保护屠宰用动物欧洲公约》等。另外，欧盟还颁布了多项保障动物福利的法令。

中国传统的养殖、屠宰方式不符合大多数进口国制定的动物福利标准，致使大部分肉品在国际贸易中被拒之门外。中国的畜产品及其加工品等也都曾由于动物福利水平达不到发达国家标准而被发达国家规定为其禁止进口的产品。如2005年2月，国际关怀自然组织、英国社会发展促进动物福利联盟、瑞士动物保护协会等动物保护组织认为中国河北地区将毛皮动物饲养于户外铁笼中受日晒雨淋，并残忍地把动物的腿或尾巴倒挂起来生剥动物皮毛，严重损害了动物的福利。一些国外的动物保护组织正在呼吁欧盟立法，禁止中国毛皮产品进入欧盟市场。

中国在动物福利方面几乎处于空白，未建立相关法规、标准体系等。一些发达国家对动物从出生、养殖、运输到屠宰加工过程制定了一系列具体、严格的标准，发展中国家要想向其出口动物源产品，就必须重视执行这些动物福利标准，无形之中会增加养殖成本、人力成本、运输成本和加工成本，使企业产品因成本的增加而失去价格优势，从而影响产品的国际竞争力。如果中国不能及时地适应动物福利方面的贸易要求，中国畜产品及其加工品有可能被挡在欧盟等国际市场之外。

按照畜产品贸易中保护主义手段的翻新趋势，中国要在加强养殖业和畜产品加工业竞争力这一根本性出路之下，持续地关注贸易保护手段的变化，及时总结和积累经验，增强预测能力和应对能力，制定贸易摩擦的谈判策略，保护中国畜产品加工业的稳定发展。

三、中国居民对畜产品及其加工品消费分析和预测

改革开放以来，随着经济的快速发展，中国居民的生活水平和收入水平有了很大的提高。从恩格尔系数来看，我国城镇居民的恩格尔系数由1978年的57.5%下降到2010年的35.7%，农村居民的恩格尔系数由1978年的67.7%下降到2010年的41.1%。根据联合国粮农组织划分贫困与富裕的标准，目前中国城镇居民已由20世纪90年代初的温饱阶段进入富裕阶段，农村居民已由20世纪90年代初的贫困阶段进入小康阶段。而居民收入水平的提高直接带来了消费水平和消费结构的重大变化。

（一）城镇居民畜产品及其加工品消费现状分析

随着居民收入和生活水平的进一步提高，居民的食品消费由简单的"吃饱"、"吃好"，转为更注重食品种类的丰富性与营养价值，对高蛋白、高营养动物源食品的需求大大增加。统计显示（表1-15），1990—2010年城镇居民消费的主要畜产品及其加工品的消费量都有所增长。其中，以家禽和肉禽制品消费增长最为明显，家禽消费由1990年的3.4千克增加到2010年的10.2千克，增幅达200.0%；肉禽制品消费由1990年的5.7千克增加到2010年的11.8千克，增幅达107.0%。此外，乳及制品的消费量也发生较大变动，从2000年至2010年，增长幅度达43.5%。1990—2010年间的蛋及制品、牛羊肉和猪肉则分别增长了39.8%、15.2%和11.9%。这些畜产品及其加工品消费结构的变化还说明，在居民收入提高到一定水平以后，消费者对普通畜产品及其加工品的需求受生理限制的影响增长变缓，但对一些高质量的畜产品及其加工品的需求会增加。

表 1-15　1990—2010 年城镇居民人均畜产品及其加工品消费情况（千克）

年份	猪肉	牛、羊肉	家禽	肉禽制品	蛋及制品	乳及制品
1990	18.5	3.3	3.4	5.7	8.3	—
1995	17.2	2.4	4.0	5.3	11.1	—
2000	16.7	3.3	5.4	5.7	12.8	14.5
2005	20.2	3.7	9.0	12.9	12.0	24.8
2010	20.7	3.8	10.2	11.8	11.6	20.8
增幅	11.9%	15.2%	200.0%	107.0%	39.8%	43.5%

数据来源：《中国统计年鉴　1991—2011》和《中国奶业年鉴　2001—2011》。

注：①乳及制品增幅为 2010 年较 2000 年的增长幅度，其他各类畜产品及其加工品增幅为 2010 年较 1990 年的增长幅度。②肉禽制品的消费量由笔者根据《食品工业年鉴》中报告的 2000 年及 2005 年肉禽制品总产量与农村肉禽制品消费量的差替代城镇肉禽制品消费量，再计算城镇人均消费量所得。2000 年以前的肉禽制品消费量根据 2000 年肉禽制品占肉品消费的比重推算，2001—2004 年消费量按肉禽制品消费比重年均增长估算，2005 年以后消费量按 2005 年肉禽制品比重推算。一般经验认为，随着人民生活水平的提高，对肉禽制品的消费比重会增加，因此，2000 年以前的推算值可能偏低，而 2005 年以后的推算值可能偏高。③蛋及制品消费为户内和户外的总消费量（下文同），户内消费数据源自《中国统计年鉴》，户外消费数据，笔者根据三次国民营养健康普查中城镇人均蛋及制品摄入量的数据与统计年鉴中人均消费量（即户内消费）数据比较，差值作为户外消费量。由于只有三次普查的结果，所以其余数值由户外消费占总摄入量的比例推算得出。农村消费数据采用相同方法处理。④乳及制品消费量根据我国城镇居民主要乳制品消费折算而得，主要包括鲜乳品、酸乳和乳粉。其中，乳粉按 7 折算成原料乳，酸乳按 1 折算成原料乳，下同。⑤“—”表示数据缺失或不存在。

（二）农村居民畜产品及其加工品消费现状分析

中国农村居民畜产品及其加工品的消费有如下特征（表 1-16）。①2000 年以前，猪肉消费处于稳健增长时期，农村家庭人均消费量由 1990 年的 10.5 千克上升到 2000 年的 13.3 千克，2000 年后增长缓慢。②牛肉、羊肉消费量在相同观测期内增长缓慢。③家禽的消费量呈持续上升趋势。1990 年至 2010 年，家禽的绝对消费量增加 2.9 千克，增长 233.6%。④肉禽制品的消费经历了从无到有的过程，2010 年的消费量达 2.2 千克，占肉禽及制品总消费量的比例约为 1/10。⑤乳及制品的消费虽然经历了 20 世纪 90 年代中期的低谷，但 2003 年后以年均 11.0%的速度快速增长。⑥蛋及制品的消费一直在稳定增加。

表 1 - 16　1990—2010 年农村居民人均畜产品及其加工品消费情况（千克）

年份	猪肉	牛肉	羊肉	家禽	肉禽制品	蛋及制品	乳及制品
1990	10.5	0.4	0.4	1.3	0.0	2.6	1.1
1995	10.6	0.4	0.4	1.8	0.3	4.0	0.6
2000	13.3	0.5	0.6	2.8	1.1	6.9	1.1
2005	15.6	0.6	0.8	3.7	1.7	8.4	2.9
2010	14.4	0.6	0.8	4.2	2.2	11.7	3.6

数据来源：《中国统计年鉴　1990—2011》。

从农村居民对畜产品及其加工品的消费结构来看（表 1 - 17），2010 年较 1990 年各类畜产品及其加工品消费的绝对量均有所增加，消费比重有一定程度的变化。猪、牛、羊肉消费仍然占居民消费总量的较大份额，但下降幅度达 27.2%，下降趋势明显；蛋及制品、肉禽制品的消费份额分别增加 15.2%、5.9%，而家禽、乳及制品的消费份额增幅在 3%左右。

表 1 - 17　农村居民畜产品及其加工品消费量及消费结构分析

产品	消费量（千克）		绝对量变化（千克）	所占比重（%）		比重变化（%）
	1990 年	2010 年		1990 年	2010 年	
猪、牛、羊肉	11.3	15.8	+4.5	69.3	42.1	−27.2
家禽	1.3	4.2	+2.9	8.0	11.2	+3.2
肉禽制品	0.0	2.2	+2.2	0.0	5.9	+5.9
蛋及制品	2.6	11.7	+9.1	16.0	31.2	+15.2
乳及制品	1.1	3.6	+2.5	6.7	9.6	+2.9

数据来源：《中国统计年鉴　1991》、《中国统计年鉴　2011》。

（三）我国畜产品及其加工品消费预测

收入水平是影响畜产品及其加工品消费的最重要因素，表现在两个方面：一是平均收入水平的总体性影响，二是收入差异的结构性影响。我国居民收入差距显著，因此，本文采用双对数模型分别对我国城镇和农村居民畜产品及其加工品的消费水平进行预测，采用居民人均收入水平作为影响畜产品及其加工品消费的关键变量，设定预测模型如下：

$$\ln(Y) = \alpha + \beta \ln(X) + \varepsilon$$

式中，Y 为居民人均畜产品及其加工品的消费量；X 为居民的人均收入水平；α 为常数；β 为系数，表示畜产品的收入弹性，此处假设弹性不变；ε 为随机扰动项。其中，居民的未来人均收入水平增长率根据 1990—2010 年的人均收入平均增长率来设定。

对城镇居民畜产品及其加工品消费量的预测显示（表 1－18），城镇居民对畜产品及其加工品的消费量在绝对值上都有所增加。肉类消费中，以家禽的人均消费量增加最多，到 2030 年达到 52.9 千克，较 2010 年增长 418.6%。其次依次是牛、羊肉和猪肉，到 2030 年分别达 5.9 千克和 24.0 千克，较 2010 年分别增长 55.3%和 15.9%。在加工品消费中，肉禽制品的人均消费量到 2030 年会达到 60.6 千克，较 2010 年增长 413.6%，而蛋及制品的消费量较 2010 年增长 60.3%，乳及制品的消费量较 2010 年增长 400.5%。乳及制品的人均消费量预计在 2030 年达到 104.1 千克，虽然较 2010 年的 20.8 千克有了较大的增长，但仍然与联合国粮农组织报告的发达国家人均乳类消费量约为 300 千克存在较大差距。

表 1－18　城镇居民畜产品及其加工品消费量预测（千克/人）

年份	猪肉	牛、羊肉	家禽	肉禽制品	蛋及制品	乳及制品
2020	21.8	4.8	25.5	30.9	15.7	55.7
2030	24.0	5.9	52.9	60.6	18.6	104.1

此外，预测结果同时显示畜产品及其加工品的消费结构发生了一定的变化：在肉类消费结构中，猪肉的消费比重大幅下降，家禽的消费比重迅速上升，牛、羊肉的消费比重稳定在 9.3%左右。在畜产品及其加工品消费内部结构中，肉类的消费比重会减少，而加工品的消费比重将会增加。可见，随着收入水平的进一步提高，居民更倾向于选择提供较多优质蛋白的动物源食品和更具多样性的畜产品加工品。

对农村居民畜产品及其加工品消费量的预测显示（表 1－19），农村居民对畜产品及其加工品的消费量均呈现增长趋势，且农村居民的增长速度快于城镇居民。猪肉、牛肉、羊肉、家禽的人均消费量到 2030 年分别将达到 20.5 千克、1.8 千克、2.3 千克和 16.4 千克，比 2010 年分别增长 42.4%、200.0%、187.5%和 290.5%。而肉禽制品、蛋及制品和乳及制品的人均消费量将分别增长 1013.6%、385.5%和 680.6%，均比 2010 年增长 3 倍以上。这预示着随着经济的发展，农村居民收入水平的提高，农村潜在的巨大市场将成为中国畜产品及其加工品的新增长点。

表 1-19 农村居民畜产品及其加工品消费量预测（千克/人）

年份	猪肉	牛肉	羊肉	家禽	肉禽制品	蛋及制品	乳及制品
2020	17.7	1.2	1.5	9.0	8.2	27.3	10.9
2030	20.5	1.8	2.3	16.4	24.5	56.8	28.1

(四) 畜产品及其加工品消费预测的修正

中国和日本同处东亚文化圈，两国居民人种、文化、消费习惯有一定的相似性。对两国的畜产品及其制品消费进行比较研究，有一定的现实意义。

1. 日本畜产品及其加工品消费状况

第二次世界大战后初期日本食品十分匮乏，民众几乎生活在半饥饿状态，直至 1955 年农产品丰收，才结束了日本战后食品短缺的局面。20 世纪 60 年代初日本经济开始高速增长，国民生产总值年均增长 9.0%以上。居民收入水平迅速提高，恩格尔系数也快速下降到 20 世纪 80 年代的 24.4%，居民生活已经达到富裕水平。居民饮食生活开始向着以高级化、休闲化为代表的现代化方向发展，传统的以大米、蔬菜和鱼类为食的日本人，对猪肉、牛肉、禽肉、鸡蛋、乳制品等畜产品及其加工品的消费开始不断增加。

表 1-20 表明，1965—2009 年日本居民各种畜产品及其加工品的消费量经历了一个不断上升并逐步趋于稳定的阶段。1965 年日本居民人均肉品消费仅为 11.1 千克，至 2009 年，肉品消费量增加到 46.8 千克，从 1995 年起基本稳定。猪肉、禽肉、牛肉、鸡蛋、乳制品消费数量也表现出从 1965 年到 2009 年增长逐渐趋于平稳的特征。

表 1-20 日本居民年人均主要畜产品及其加工品消费量变化表（千克/人）

年份	肉品	猪肉	牛肉	禽肉	鸡蛋	乳制品
1965	11.1	4.0	2.1	2.1	12.9	27.6
1975	23.1	10.3	3.5	6.7	15.7	47.9
1985	33.4	14.1	6.1	11.8	16.9	59.2
1995	43.6	17.1	11.2	14.7	19.6	68.3
2009	46.8	20.3	9.0	17.2	20.1	76.4

数据来源：联合国粮农组织统计数据库（FAOSTAT）。

图 1－1 和图 1－2 中，日本居民主要肉制品和乳制品的年人均消费是也呈现同样的变化趋势。从以火腿、香肠、培根为代表的肉制品消费数量来看，1963 年火腿的人均消费量为 700.0 克，1982 年达到最高值 1 200.0 克，2003 年减少到 1 000.0 克；香肠的人均消费量在 1973 年曾达到 1 100.0 克，之后有一定下降，自 1977 年后持续上升，至 2003 年，香肠人均消费量已达 1 600.0 克；培根的消费量在 1989 年达到最高值 400.0 克后基本保持稳定，略有下降。从以奶粉、黄油、奶酪为代表的乳制品消费量来看，奶粉的人均消费量这一特征最为明显，1963 年人均消费量是 300.0 克，1972 年达到了最高值 500.0 克，1980 年后稳定在 200.0～300.0 克；奶酪的人均消费量在 1963—1998 年的较长时间内都处于上升态势，从 100.0 克上升到 700.0 克，增加了 6 倍，之后逐步稳定于 700.0 克左右；黄油人均消费量在整个统计区间变化幅度不大。

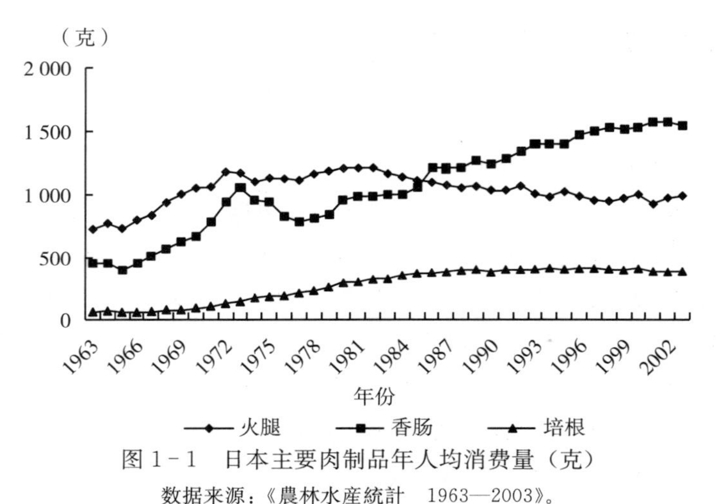

图 1－1 日本主要肉制品年人均消费量（克）

数据来源：《農林水産統計 1963—2003》。

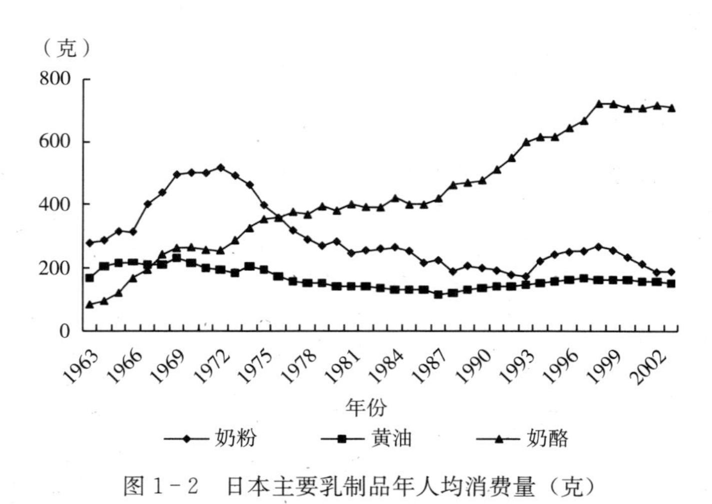

图 1－2 日本主要乳制品年人均消费量（克）

数据来源：《農林水産統計 1963—2003》。

2. 中国和日本畜产品及其加工品消费比较

从日本和中国居民畜产品及其加工品消费量比值看出（表1-21），中国和日本畜产品及其加工品消费结构存在明显差异。2009年，日本居民牛肉、禽肉、乳及制品的消费量均比中国居民高，分别是中国居民消费量的1.9倍、1.4倍和2.4倍，乳及制品差别最大。而日本居民肉品消费总量没有中国居民高，是中国居民的80%，猪肉消费量仅有中国的50%，表明中国居民对肉品特别是猪肉的消费具有明显的偏好。

另外，中国与日本畜产品及其加工品消费的差距从20世纪80年代开始逐步缩小。从1965年到1975年，中国和日本畜产品及其加工品消费的差距总体上处于扩大状态，特别是乳及制品从1∶11.5扩大到1∶20.0，肉品消费差距从1∶1.2扩大到1∶2.2。但从1980年开始，消费差距缩小。以乳及制品为例，1980年两国的消费量比值为1∶18.7，到2009年消费差距缩小到1∶2.4。出现这一现象的原因可能是，由于日本的经济发展水平高于中国，到20世纪80年代，日本畜产品及其加工品的消费量基本开始趋于稳定，而中国畜产品及其加工品的消费量仍然处于增长阶段，因此，消费差距正在不断缩小。

表1-21 日本和中国居民畜产品及其加工品消费量比值

年度	肉品	猪肉	牛肉	禽肉	鸡蛋	乳及制品
1965	1.2	0.5	10.3	1.9	6.5	11.5
1975	2.2	1.2	11.8	5.1	7.1	20.0
1980	2.1	—	—	—	6.1	18.7
1985	1.7	0.9	12.1	6.2	3.6	13.2
1995	1.1	0.6	3.9	2.0	1.6	8.9
2000	0.9	0.5	2.4	1.5	1.2	6.9
2002	0.8	0.6	1.9	1.5	1.1	5.1
2009	0.8	0.5	1.9	1.4	1.0	2.4

注：表中数据为日本居民的年人均消费量与中国居民的年人均消费量的比值；“—”表示数据缺失。
数据来源：根据联合国粮农组织统计数据计算。

3. 预测修正

根据上述对日本经验数据的比较分析，中国未来的畜产品消费不会无限增长，饮食能量摄入到一定水平后趋于稳定，食品结构的内部出现替代与调整。目前，中国的消费多样化趋势已十分明显，传统的以猪肉为主要肉品的消费习惯会有所改变，高蛋白低脂肪的禽肉及牛羊肉的消费会增加，而现代生活方式的普及也会使部分畜产品及其加工品的消费比重继续增加。

中国和日本两国民族相近、文化相通，在畜产品及其加工品的消费中会出现相似的趋势。表 1－22 表明了日本居民畜产品及其加工品收入弹性的变化情况，随着收入的增加，畜产品及其加工品的收入弹性呈下降趋势。未来中国畜产品及其加工品消费也会出现类似的规律，因此，在进行远期预测时，可考虑收入弹性变化的影响。用日本的经验数据替代未来中国可能出现的弹性变化，对前文的预测结果进行修正，应该更有参考价值。

表 1－22　日本居民畜产品及其加工品消费收入弹性变化

年度	收入（日元）	肉类	肉禽制品	乳及制品	蛋及制品
1965—1975	125 852	1.75～0.48	2.20～0.58	2.05～0.80	0.31～0.24
1976—1985	355 905	0.42～0.35	0.55～0.40	0.78～0.56	—
1986—1995	523 357	0.39～0.35	0.41～0.37	0.59～0.39	—
1996—2002	569 808	0.46～0.35	0.45～0.37	0.38～0.34	—

注：①日本 1997 以后报道的收入处于下降趋势，所以可能出现收入弹性上升的现象；②收入为该时间范围内均值；③“—”表示在统计上没有显著性，故不报告弹性区间值。

需求收入弹性为消费者对某种商品需求量的变动对收入变动的反应程度。公式表示为：

$$Em = (\Delta Q/Q) / (\Delta I/I)$$

式中，Em 表示需求收入弹性系数，Q 代表需求量，ΔQ 代表需求量的变动量，I 代表收入，ΔI 代表收入的变动量。因此，计算第 t 期的需求收入弹性，公式可扩展为：

$$Em_t = [(Q_t - Q_{t-1})/Q_t]/[(I_t - I_{t-1})/I_t]$$

式中，Em_t 表示第 t 期的需求收入弹性，Q_t 、Q_{t-1} 分别表示第 t 期和第 $t-1$ 期的需求量，I_t 、I_{t-1} 分别表示第 t 期和第 $t-1$ 期的收入。由此推算得：

$$Q_t = [1 - Em_t * (I_t - I_{t-1})/I_t]/Q_{t-1}$$

因此，在修正过程中，本文采用日本相当收入水平时期的 Em ，替代中国可能出现的 Em_t ，然后，根据中国居民收入水平的变化，来修正预测结果。

改革开放以来，中国居民的收入水平和消费能力均有较大提升，城镇和农村居民的恩格尔系数分别由1978年的57.5%和67.7%下降到2010年的35.7%和41.1%。但与日本居民相比，目前中国居民的收入水平和消费能力还处于较低水平。从恩格尔系数来看，2010年，中国城镇居民仅相当于日本居民1975年水平，中国农村居民仅相当于日本居民1960年水平。因此，文章采用日本1960年以来历年的畜产品及其加工品的收入弹性数据，分别对中国居民未来的畜产品及其加工品消费进行修正。

从修正结果可以看出（表1－23），2030年中国城镇居民肉类、肉禽制品、乳及制品和蛋及制品的消费分别达73.7千克、23.3千克、61.0千克和17.1千克，比2010年增长112.4%、97.5%、193.3%和47.4%，农村居民的消费分别为66.6千克、11.1千克、21.8千克和16.6千克，比2010年增长233.0%、404.5%、505.6%和41.9%。分别与日本相当生活水平时期的消费水平进行比较发现：第一，中国蛋类消费及城镇乳类消费水平与日本基本相当；第二，中国肉类消费比日本高出近50%，可能的原因是受中日居民消费偏好的影响，中国主要动物源食品是猪肉，而日本的主要动物源食品是鱼类等水产品及肉类，中国平均肉类消费水平高于日本；第三，中国农村乳类消费约为日本相当生活水平时期的一半，约为城镇消费水平的一半左右，存在这种差距可能是受农村冰箱、电力供应等制品储存条件以及收入水平、消费偏好、销售渠道等的限制，农村居民对乳及制品的消费基数较低，导致预测值偏小，中国乳类消费城乡差距在短时间内仍无法改变，符合中国实际情况。

修正结果与原预测结果也存在一定的偏差。修正结果显示出如下特征：第一，畜产品及其加工品的消费随着收入水平的提高，其增幅出现了下降趋势，显示出其消费必需品的特征。第二，2030年，城镇和农村居民肉禽制品、蛋及制品、乳及制品和城镇居民肉类消费量比原预测结果小。可能的解释是，原预测模型假定收入弹性不变，并且根据以往的消费经验数据推算出来的收入弹性偏高。实际上随着收入水平的提高，畜产品及其加工品作为消费必需品，其收入弹性逐渐下降是符合客观规律的。第三，农村居民肉类消费的修正值大于原预测值。我国农村肉类消费才刚刚进入快速增长的时期，原有的预测不能反映出快速增长的需求，运用日本的经验数据进行修正，更能反映出农村居民肉类消费的发展趋势。同时，中国居民对肉类的消费偏好也影响中国的肉类消费水平，使之高于日本。第四，中国未来的畜产品及其加工品消费不会无限增长，所有的预测结果均表明了中国居民畜产品及其加工品的消费会呈现出当消费量达到某个最大值后逐步趋于稳定的特征。

表 1-23 中国居民人均畜产品及其加工品消费量预测
——日本经验数据的验证

城镇居民									
预测年代	对应日本年代	肉类收入弹性	肉类消费量（千克）	肉禽制品收入弹性	肉禽制品消费量（千克）	乳及制品收入弹性	乳及制品消费量（千克）	蛋及制品收入弹性	蛋及制品消费量（千克）
2020	1985	0.35	55.4 (52.1)	0.40	17.0 (30.9)	0.58	42.6 (55.7)	0.24	14.1 (15.7)
2030	1995	0.35	73.7 (82.8)	0.39	23.3 (60.6)	0.38	61.0 (104.1)	0.24	17.1 (18.6)
农村居民									
预测年代	对应日本年代	肉类收入弹性	肉类消费量（千克）	肉禽制品收入弹性	肉禽制品消费量（千克）	乳及制品收入弹性	乳及制品消费量（千克）	蛋及制品收入弹性	蛋及制品消费量（千克）
2020	1970	1.14	51.7 (29.3)	1.27	7.3 (8.2)	1.39	12.2 (10.9)	0.27	14.2 (27.3)
2030	1980	0.39	66.6 (41.0)	0.43	11.1 (24.5)	0.66	21.8 (28.1)	0.24	16.6 (56.8)

注：括号内表示原预测值。

（五）主要结论

1. 畜产品及其加工品消费空间广阔

根据双对数模型预测，2030 年我国居民畜产品及其加工品的人均消费量较 2010 年将有大幅度提高。而修正结果显示，2030 年，中国城镇居民肉类、肉禽制品、乳及制品和蛋及制品的消费分别达 73.7 千克、23.3 千克、61.0 千克和 17.1 千克，比 2010 年增长 112.4%、97.5%、193.3%和 47.4%；农村居民的消费分别为 66.6 千克、11.1 千克、21.8 千克和 16.6 千克，比 2010 年增长 233.0%、404.5%、505.6%和 41.9%。虽然大多数畜产品及其加工品的消费量比修正前有一定程度下降，但增长空间仍然巨大。在控制营养摄入均衡的前提条件下，政府应引导乳类消费。

2. 农村市场将成为中国畜产品加工品需求的新增长点

修正结果显示，中国农村居民畜产品及其加工品的人均消费量与城镇居民有一定差距，尤其是肉禽制品和乳及制品的消费差距甚大，可能的原因是，农村冰箱、电力供应等制品储存设备和条件不够完善，农村居民对肉禽制品和乳及制品的消费基数较低，导致预测绝对数偏小。但中国农村居民畜产品及其加工品的人均消费量增长速度快于城镇居民。而随着居民收入水平的提高和农村基础条件的不断改善，农村居民对畜产品及其加工品的消费将可能迅速增加，农村潜在的巨大市场将成为中国畜产品及其加工品需求的新增长点。

3. 畜产品及其加工品的消费将由快速增长逐渐趋于稳定

修正结果可以反映出，随着收入水平的不断提高，人们对畜产品及其加工品的收入弹性将逐渐减小，中国未来的食品消费不会无限增长，当总热量摄入稳定之后，食品结构会发生调整。目前中国的消费多样化趋势已十分明显，传统的以猪肉为主要肉品的消费习惯可能会有所改变，高蛋白低脂肪的牛羊肉、家禽等的消费会增加。当收入达到某一阈值时，各类食品的消费比重将基本稳定。

参考文献

中国奶业协会．2001. 中国奶业年鉴 2001［M］．北京：中国农业出版社．

中国奶业协会．2002. 中国奶业年鉴 2002［M］．北京：中国农业出版社．

中国奶业协会．2003. 中国奶业年鉴 2003［M］．北京：中国农业出版社．

中国奶业协会．2004. 中国奶业年鉴 2004［M］．北京：中国农业出版社．

中国奶业协会．2005. 中国奶业年鉴 2005［M］．北京：中国农业出版社．

中国奶业协会．2006. 中国奶业年鉴 2006［M］．北京：中国农业出版社．

中国奶业协会．2007. 中国奶业年鉴 2007［M］．北京：中国农业出版社．

中国奶业协会．2008. 中国奶业年鉴 2008［M］．北京：中国农业出版社．

中国奶业协会．2009. 中国奶业年鉴 2009［M］．北京：中国农业出版社．

中国奶业协会．2010. 中国奶业年鉴 2010［M］．北京：中国农业出版社．

中国奶业协会．2011. 中国奶业年鉴 2011［M］．北京：中国农业出版社．

中国肉类协会．2011. 中国肉类年鉴 2009—2010［M］．北京：中国商业出版社．

中国食品工业协会．2006. 中国食品工业年鉴 2006［M］．北京：中华书局．

中国食品工业协会．2007. 中国食品工业年鉴 2007［M］．北京：中华书局．

中国食品工业协会．2008. 中国食品工业年鉴 2008［M］．北京：中华书局．

中国食品工业协会．2009. 中国食品工业年鉴 2009［M］．北京：中华书局．

中国食品工业协会．2010. 中国食品工业年鉴 2010［M］．北京：中华书局．

中国食品工业协会．2011. 中国食品工业年鉴 2011［M］．北京：中华书局．

中国畜牧业年鉴编辑部．2011. 中国畜牧业年鉴 2011［M］．北京：中国农业出版社．

中华人民共和国国家统计局．1990. 中国统计年鉴 1990［M］．北京：中国统计出版社．

中华人民共和国国家统计局．1991. 中国统计年鉴 1991［M］．北京：中国统计出版社．

中华人民共和国国家统计局．1992. 中国统计年鉴 1992［M］．北京：中国统计出版社．

中华人民共和国国家统计局．1993. 中国统计年鉴 1993［M］．北京：中国统计出版社．

中华人民共和国国家统计局．1994. 中国统计年鉴 1994［M］．北京：中国统计出版社．

中华人民共和国国家统计局．1995. 中国统计年鉴 1995［M］．北京：中国统计出版社．

中华人民共和国国家统计局．1996. 中国统计年鉴 1996［M］．北京：中国统计出版社．

中华人民共和国国家统计局．1997. 中国统计年鉴 1997［M］．北京：中国统计出版社．

中华人民共和国国家统计局．1998. 中国统计年鉴 1998［M］．北京：中国统计出版社．

中华人民共和国国家统计局．1999. 中国统计年鉴 1999［M］．北京：中国统计出版社．

中华人民共和国国家统计局．2000. 中国统计年鉴 2000［M］．北京：中国统计出版社．

中华人民共和国国家统计局．2001. 中国统计年鉴 2001［M］．北京：中国统计出版社．

中华人民共和国国家统计局.2002. 中国统计年鉴 2002［M］. 北京：中国统计出版社.
中华人民共和国国家统计局.2003. 中国统计年鉴 2003［M］. 北京：中国统计出版社.
中华人民共和国国家统计局.2004. 中国统计年鉴 2004［M］. 北京：中国统计出版社.
中华人民共和国国家统计局.2005. 中国统计年鉴 2005［M］. 北京：中国统计出版社.
中华人民共和国国家统计局.2006. 中国统计年鉴 2006［M］. 北京：中国统计出版社.
中华人民共和国国家统计局.2007. 中国统计年鉴 2007［M］. 北京：中国统计出版社.
中华人民共和国国家统计局.2008. 中国统计年鉴 2008［M］. 北京：中国统计出版社.
中华人民共和国国家统计局.2009. 中国统计年鉴 2009［M］. 北京：中国统计出版社.
中华人民共和国国家统计局.2010. 中国统计年鉴 2010［M］. 北京：中国统计出版社.
中华人民共和国国家统计局.2011. 中国统计年鉴 2011［M］. 北京：中国统计出版社.
Food and Agriculture Organization of the United Nations. 2012. FAOSTAT［EB/OL］. http：//faostat. fao. org/? lang=en
United States Department of Agriculture. 1999. Agricultural Statistics Annual 1999 [M]. Washington.
United States Department of Agriculture. 2001. Agricultural Statistics Annual 2001 [M]. Washington.
United States Department of Agriculture. 2003. Agricultural Statistics Annual 2003 [M]. Washington.
United States Department of Agriculture. 2008. Agricultural Statistics Annual 2008 [M]. Washington.
United States Department of Agriculture. 2009. Agricultural Statistics Annual 2009 [M]. Washington.
United States Department of Agriculture. 2011. Agricultural Statistics Annual 2011 [M]. Washington.
United States Department of Agriculture. 2006. Packers and stockyards statistical report 2006［M］. Washington .
United States Department of Agriculture. 2011. Packers and stockyards program annual report 2011［M］. Washington D C.
大江徹男.2002.「アメリカ食肉産業と新世代農協」[M]. 東京：日本経済評論社.
内閣府経済社会総合研究所国民経済計算部.2005.「国民経済計算年報」平成 17 年度版［M］. 東京：内閣府経済社会総合研究所国民経済計算部.
農林水産省統計情報部.1963. 農林水産統計 1963［M］. 東京：農林統計協会.
農林水産省統計情報部.1965. 農林水産統計 1965［M］. 東京：農林統計協会.
農林水産省統計情報部.1967. 農林水産統計 1967［M］. 東京：農林統計協会.

農林水産省統計情報部．1969．農林水産統計 1969 [M]．東京：農林統計協会．
農林水産省統計情報部．1971．農林水産統計 1971 [M]．東京：農林統計協会．
農林水産省統計情報部．1973．農林水産統計 1973 [M]．東京：農林統計協会．
農林水産省統計情報部．1975．農林水産統計 1975 [M]．東京：農林統計協会．
農林水産省統計情報部．1977．農林水産統計 1977 [M]．東京：農林統計協会．
農林水産省統計情報部．1979．農林水産統計 1979 [M]．東京：農林統計協会．
農林水産省統計情報部．1981．農林水産統計 1981 [M]．東京：農林統計協会．
農林水産省統計情報部．1983．農林水産統計 1983 [M]．東京：農林統計協会．
農林水産省統計情報部．1985．農林水産統計 1985 [M]．東京：農林統計協会．
農林水産省統計情報部．1987．農林水産統計 1987 [M]．東京：農林統計協会．
農林水産省統計情報部．1989．農林水産統計 1989 [M]．東京：農林統計協会．
農林水産省統計情報部．1991．農林水産統計 1991 [M]．東京：農林統計協会．
農林水産省統計情報部．1993．農林水産統計 1993 [M]．東京：農林統計協会．
農林水産省統計情報部．1995．農林水産統計 1995 [M]．東京：農林統計協会．
農林水産省統計情報部．1997．農林水産統計 1997 [M]．東京：農林統計協会．
農林水産省統計情報部．1999．農林水産統計 1999 [M]．東京：農林統計協会．
農林水産省統計情報部．2000．農林水産統計 2000 [M]．東京：農林統計協会．
農林水産省統計情報部．2001．農林水産統計 2001 [M]．東京：農林統計協会．
農林水産省統計情報部．2003．農林水産統計 2003 [M]．東京：農林統計協会．
食品産業センター．2002．「食品産業統計年報」平成 14 年度版 [M]．東京：食品産業センタ．

专题组成员

胡　浩　教授　南京农业大学
苗　齐　副教授　南京农业大学
张长胜　副教授　大连大学
张　晖　副教授　南京林业大学
郭利京　讲师　安徽财经大学
虞　祎　讲师　南京农业大学
张　锋　助理研究员　江苏省农业科学院
陶群山　副教授　安徽中医药大学管理学院
闵继胜　讲师　安徽师范大学
李春燕　讲师　宁波工程学院

专 题 二

ZHUANTI ER

肉品加工技术与质量安全控制

一、我国肉品加工业发展现状

中国的肉食历史源远流长。在约50万年前（旧石器时代），原始人过着采集和渔猎生活，捕获动物，生食其肉。后来随着火的发现，人类开始接触熟肉制品。3 000多年前出现了晒干、盐腌等加工方法。《周易》载有腊肉、肉干、肉脯加工与食用的史实。《庄子·养身之道》用“彼节者有间，而刀刃者无厚，以无厚入有间，恢恢乎其于游刃，必有余地矣”生动地描述了当时的屠宰技术。北魏贾思勰的《齐民要术》七、八、九卷，详细论述了肉食原料、加工和贮藏方法。宋、辽、金、元时期，各民族大融合，南北方肉品加工技术得到交融，有力地推动了肉品加工技术的发展。明、清时期，肉食加工和烹调技术都已相当发达，形成了各具地方特色的风味肉制品。

民国时期，上海、天津、青岛、哈尔滨等大城市引进了西方肉品加工技术，建有一些中小型的屠宰厂和肉品加工厂，开始使用绞肉机、烟熏炉、灌肠机等。中国开始出现了真正意义上的肉品加工业，但大部分还是以家庭加工和手工作坊为主，发展极为缓慢。

新中国建立后，逐步开始肉品加工的研究，设计制造了许多肉品加工机械，并建成中国第一批肉联厂，制定了一批肉与肉制品的卫生标准，收集、整理了一些民间技艺，出版了一批肉品加工方面的书籍，培养了不少肉品加工和卫生检疫方面的人才，肉品加工业蓄势待发。1990年我国肉品产量超过美国成为世界第一产肉大国，1994年人均产量达到世界平均水平。目前，我国市场上肉制品品种丰富，产品琳琅满目，一些品牌家喻户晓，肉品加工业得到迅猛发展，取得了巨大成就，已成为食品工业的支柱产业之一。但由于起步晚，发展时间短，该产业也存在不少问题。

（一）主要成就

1. 生产、加工、消费、出口

（1）肉品产业在国民经济中占有重要地位 1980—2010年，我国原料肉产量增加4.6倍，年均增长率约为6.5%。2010年，全国原料肉产量达到7 925.8万吨，其中猪肉5 071.2万吨，禽肉1 657.0万吨，牛肉653.1万吨，羊肉398.9万吨。2009年，我国国有及规模以上屠宰及肉品加工企业达3 696家，其中畜禽屠宰加工2 076家、肉制品加工1 620家；资产总计2 256.0亿元，销售收入达到5 167.4亿元，实现利润总额205.9亿元，其中畜禽屠宰加工实现利润80.4亿元。据测算，2010年，我国原料肉产值约为11 000.0亿元，占当年国内生产总值（GDP＝401 202.0亿元）的2.7%，直接加工从业人员近137.7万人，涉及养殖农民7 000余万人，肉类产业已成为农民增收、农村经济发展的重要途径（由《中国统计年鉴 2011》基础数据估算）。

（2）肉品结构发生明显变化 在肉品产量大幅增长的同时，肉品结构也发生了明显变化。1978年以后，猪肉、牛肉、羊肉、禽肉的生产量均逐年增加，四者的比例由1985年的8.70∶0.25∶0.29∶1.00变为2010年的3.06∶0.39∶0.24∶1.00，表明猪肉生产比重下降，牛肉、羊肉、禽肉生产比重上升，但猪肉生产比重依然很高。目前，我国肉品发展仍坚持“猪业稳定发展、禽业积极发展、牛羊业加快发展”的原则，推进肉品结构合理化。

中国鲜肉消费结构呈现了从热鲜肉到冷冻肉，再从冷冻肉到冷却肉的发展趋势，形成了“热鲜肉广天下，冷冻肉争天下，冷却肉甲天下”的格局。目前，冷却肉消费主要集中于大中城市，其中上海、北京等一线城市约占30.0%，其他大城市在10.0%左右。随着冷链技术的不断完善，一些中小城市及乡镇也开始普及冷却肉消费。

近年来，原料肉深加工率逐年提高（图2-1），2002年为7.2%，2010年为16.7%，基本达到国家“十一五”发展规划中2010年的目标。2010年，我国加工肉制品品种已有500余种，中西式肉制品结构约为45.0∶55.0。中式肉制品数量有所提升，西式肉制品中，高温肉制品约占40.0%，低温肉制品约占60.0%。低温肉制品中调理肉制品发展迅速，高档发酵肉制品逐渐兴起。

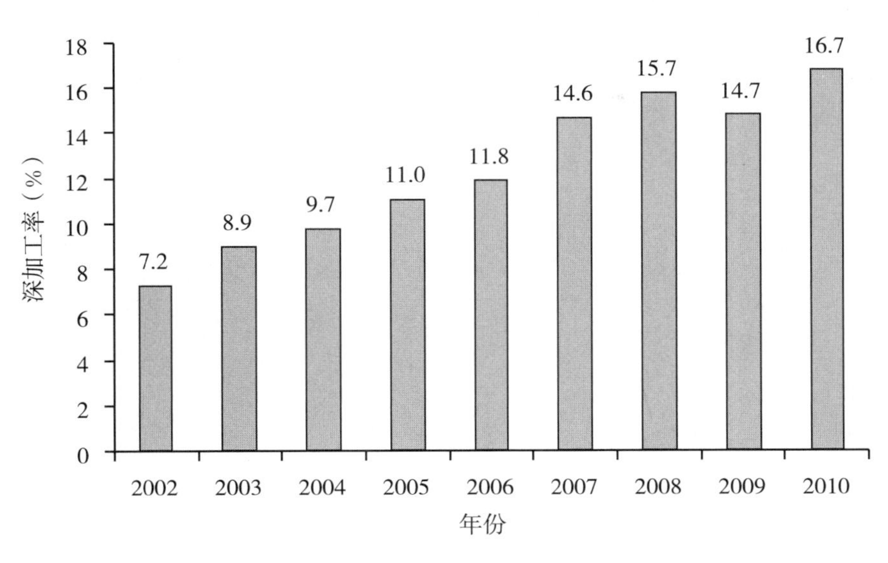

图 2－1　2002—2010 年原料肉深加工率

（资料来源：《中国肉类年鉴　2009—2010》）

（3）消费市场业态呈现多元化　随着冷链物流体系的建立与逐步完善，国内大中型肉品企业的市场销售渠道发生了很大变化（表 2－1，以生鲜肉品为例），超市、卖场和专卖店等现代零售业态的销售比重大于传统的农贸市场。但从我国整个行业看，目前农贸市场仍是肉品流通的主要渠道（比重 80.0%以上）；相比之下，欧盟各国现代化超市和大卖场的销售比重为 65.0%，肉品连锁专卖店和一般肉店为 25.0%，宾馆和餐厅直供为 10.0%左右。可以预计，随着我国城市化步伐的加快，居民消费意识的提升，以及“农改超、农加超”等政策的有效实施，卖场、超市、专卖店、便利店等现代零售业态的肉品销售比重将逐年上升。

表 2－1　江苏省食品集团有限公司肉品销售渠道比重（2008 年）

	冷却肉		冷冻肉（%）
	白条（%）	零售分割肉（%）	
超市	75.0	20.0	10.0
农贸市场	5.0	20.0	5.0
专卖店	15.0	50.0	15.0
其他	5.0	10.0	70.0

资料来源：该公司销售调研数据。

(4) 肉品产业国际地位逐渐提高

①产量 世界肉品生产主要是猪肉、牛肉、禽(鸡)肉和羊肉。2010年,我国肉类产量占世界肉类总产量的27.6%,已连续21年稳居世界首位。中国猪肉、羊肉产量占世界第1位,禽肉产量占世界第2位,牛肉产量占世界第3位(表2-2)。

表2-2 2010年中国与世界肉类生产比较

项目	中国(万吨)	世界(万吨)	所占比例(%)	排名
猪肉产量	5 071.2	10 921.5	46.4	1
羊肉产量	398.9	1 370.0	29.1	1
禽肉产量	1 657.0	9 809.0	16.9	2
牛肉产量	653.1	6 573.7	9.9	3

资料来源:中国产量数据根据《中国统计年鉴 2011》;世界产量数据根据FAOSTAT。

②消费 2010年,我国猪肉、禽肉、牛肉、羊肉的结构比重继续向世界原料肉种类结构靠近。全国人均原料肉占有量达到59.2千克,其中猪肉、牛肉、羊肉、禽肉人均占有量分别为38.7千克、4.9千克、2.9千克、12.7千克。肉品结构的调整,更好地满足了消费者日益增长的多层次需求。

③出口 2004—2007年,中国肉品出口量基本稳定,为80万~90万吨,占世界肉品出口量的4.0%~5.0%。2007年,中国猪肉出口量53.5万吨,占本国猪肉产量的1.2%,占世界猪肉出口量的8.9%;鸡肉出口量35.8万吨,占本国鸡肉产量的3.3%,占世界鸡肉出口量的5.5%。其中,鸡肉熟制品出口量占世界鸡肉熟制品出口量的19.8%,在世界上具有比较明显的出口优势[资料来源:美国农业部(USDA)]。因此,我国肉品产业在国际上已占比较重要的地位。

2. 产业规模与成熟度

我国肉品加工业规模不断扩大,成熟度(集中度、集约化、现代化)水平逐渐提高,企业经济效益得到改善,优势区域分布日趋合理。

20世纪90年代是中国肉品加工业发展和转型的重要时期。全国累计进口畜禽屠宰和肉制品深加工生产线700余条,大部分国有肉联厂倒闭或被兼并重组,众多民营企业迅速崛起。进入21世纪以后,我国肉品加工业进入迅速发展时期。通过企业重组和产业优化,龙头企业的产能得到明显上升(表2-3)。2000—2006年,漯河双汇实业集团有限责任公司(简称:双汇集团)生猪屠宰量增加了约3.2倍（表2-3），江苏雨润食品产业集团有限公司（简称：雨润集团）的屠宰量增加了6.7倍。2007—2008年由于疫病和价格上涨等因素，屠宰量有所下降。大企业在引领消费变革方面也起着积极作用，如冷却肉消费，双汇集团、雨润集团和临沂新程金锣肉制品有限公司（简称：金锣公司）2008年年底已占领了上海、北京等一线城市约30.0%的市场份额，其他大城市约10.0%左右。资料显示，2008年，中国肉品加工业列前位的三家大企业双汇集团、雨润集团、金锣公司年生猪屠宰加工量5 000多万头，占全国出栏生猪量的8.0%左右，其肉制品加工量合计200万吨，占全国肉品总产量2.8%左右，占全国肉制品工业加工量20%左右。

表2-3　2000年以来双汇集团肉类生产情况

年份	屠宰量（头）	白条（吨）	冷却肉（吨）	冷冻肉（吨）
2000	2 643 308	1 903.0	7 434.0	49 089.0
2001	2 711 104	8 133.0	11 215.0	43 126.0
2002	3 638 257	15 281.0	23 190.0	50 767.0
2003	5 447 966	24 516.0	24 752.0	82 079.0
2004	6 802 995	40 818.0	36 259.0	92 819.0
2005	9 133 834	82 205.0	57 589.0	106 889.0
2006	11 102 033	1 332 244.0	84 700.0	127 550.0
2007	10 002 008	720 145.0	93 473.0	94 001.0
2008	8 574 788	1 028 975.0	106 443.0	73 765.0

资料来源：该企业销售调研数据。

屠宰加工企业总数由2000年的3.5万家逐渐下降到2008年的2.3万家，而规模以上企业的数量逐年增加，工业资产和销售收入逐年上升。2002年的50强规模企业底线为10 000.0万元（销售额），2005年底线达到30 000.0万元，提高了2倍，2008年底线约50 000.0万元。50强企业仅占全行业规模以上企业数的1.6%，但资产总额占72.5%，销售总额占69.8%，创造利润占84.6%。强势企业规模化突出，有力地推进了行业集约化、现代化水平的提高，充分体现了大企业导向市场的作用，以及联合优势中小企业共同发展对行业的带动作用。

50强企业销售总额（收入）与资产总额（投入）之比逐年上升。2008年，畜禽屠宰及肉品加工综合产出与投入比为2.34∶1.00，比上年2.16∶1.00提高0.18。其中，屠宰加工产出与投入比为2.52∶1.00，比上年2.34∶1.00提高 0.18；肉制品及副产品加工产出与投入比为 2.13∶1.00，比上年 1.98∶1.00 提高 0.15。以上数据体现了企业往期投入已见成效。

截至 2008 年，肉品行业获得中国名牌产品共 49 个，分属 40 家企业；获中国驰名商标品牌 37 个。同时，美国泰森食品股份有限公司（Tyson Food Inc.）等国际肉品企业巨头也已经进入中国市场。未来 5～10 年我国肉品加工业将会发生第二次收购与兼并高潮，行业集中程度将会越来越高，将进一步调整并逐渐走向成熟。

国内肉畜禽产业带逐步形成，优势区域化趋势加强，肉品加工业随着肉畜禽生产集约化及市场拓展而调整组合，形成了有机联动，产生了明显的社会和经济效益。肉品加工业发展的重点区域更加集中于主要肉畜禽产区。山东、河南、四川、江苏、辽宁、内蒙古等地肉品工业的资产、销售及效益的增加值迅速扩大，肉品加工企业高度集中，既拉动了地域肉畜禽养殖业发展，又带动了全国肉品加工业的全面提升。与此同时，经济发达地区肉品生产却减少，冷链物流作用加强。长江三角洲、珠江三角洲和环渤海等经济发达地区产业结构调整步伐较快，第二、三产业比重提高。例如，养猪业向内地主产区转移，全国产区、销区更趋明显，销区生猪调入量逐年增加。

3. 加工技术与装备

（1）工艺技术总体水平显著提升

①畜禽屠宰技术　新中国成立 60 余年来，我国畜禽屠宰加工业发生了翻天覆地的变化，从成立初期的“一把刀杀猪、一口锅烫毛、一杆秤卖肉”的传统模式逐渐发展为“规模化养殖、机械化屠宰、精细化分割、冷链流通、连锁销售”的现代肉品生产经营模式。

20 世纪 50 年代，新成立的中国政府在全国布点建设了 2 000 多家大中型肉联厂，屠宰工艺比较规范，在一定程度上改善了过去传统落后的局面。然而，在传统的计划经济体制下，生猪资源极为贫乏，屠宰单位的生猪靠计划调进，猪肉靠计划调出，肉联厂开工严重不足，亏损由政府补贴，市场肉品供应极为紧张，畜禽屠宰工艺技术停滞不前。改革开放后，特别是 20 世纪 80 年代中期，我国肉品加工业被完全推向市场，生猪屠宰逐渐放开，国有肉联厂、私营屠宰企业迅速发展到上万家，“小刀手”不计其数，打破了过去国有肉联厂垄断的局面。从此，我国肉品市场逐渐繁荣起来，有力地保障了肉食品供给。逐渐发展起来的肉品加工业为屠宰科技发展提供了平台，不断扩大的市场需求刺激着屠宰工艺技术革新。到 20 世纪 90 年代，一批屠宰加工企业迅速壮大起来，迫切需要发展现代化屠宰技术，同时在行业专家的呼吁和政府的支持下，引进了国外先进的畜禽屠宰分割生产线，按国际工艺技术标准建设了现代化的屠宰、分割基地，采用先进的肉品生产经营模式，在引进和消化国外先进技术的基础上，掀起了科技创新浪潮，屠宰工艺技术水平得到迅速提升。至2010年，我国规模以上企业大都装备了整套的现代化屠宰加工生产线和冷库、分割车间、包装设备等设施，现代屠宰理念和工艺技术如动物宰前管理技术、致昏技术（如三点托腹式电致昏、二氧化碳致昏）、真空采血技术、脱毛技术、栅栏减菌技术、快速冷却技术、分级分割技术、冷链物流技术、在线检测技术、危害分析与关键控制点（HACCP）、安全追溯等安全控制体系逐渐得到推广应用，一些大型屠宰加工企业已经达到世界先进水平。

②冷却肉生产技术　冷却肉生产是我国肉品加工业近年来取得的巨大成就之一，是我国生鲜肉生产的技术革命。我国肉品加工企业传统的生鲜肉产品为热鲜肉和冷冻肉，而国外生鲜肉产品则基本上全部为冷却肉。热鲜肉肉温高，微生物繁殖速度快，卫生安全难以保证，并且不经过成熟过程，食用品质较差，而冷冻肉经过长期冻结和贮藏，品质发生劣变，都不符合现代消费理念。20世纪90年代，随着我国肉品加工业的快速发展，发展冷却肉的时机逐渐成熟，肉品专家的呼吁得到了政府的大力支持，国家“十五”科技攻关重大专项对冷却肉生产关键技术进行了专题研究。在项目带动下，以双汇集团为代表的大型肉品加工企业率先建立现代化冷却肉生产线和冷链物流等配套设施，在相关高校和科研单位的配合下，发展了我国冷却肉生产和流通技术体系。通过技术推广与示范，近年来我国冷却肉生产逐渐发展起来，出现一系列名牌产品，并被诸多肉品加工企业列为主打产品。目前，在京津冀、长三角、珠三角等经济发达地区，冷却肉正逐渐取代热鲜肉和冷冻肉而成为生鲜肉消费的主导产品。

③肉制品加工技术　我国传统意义上的肉制品加工以作坊式的手工生产为主，可用“几个人、几把刀、几张案、几口锅、几间房”加以概括，加工技术十分落后。20世纪80年代中期，我国肉制品加工业得到了一定程度的发展。但由于冷链缺乏，肉制品流通成为限制企业发展的重要瓶颈。20世纪80年代末，洛阳春都投资股份有限公司看准高温肉制品不易受流通限制的特点，率先引进西式高温火腿肠加工生产线及其配套技术获得极大成功；之后，双汇集团、郑荣食品股份有限公司、金锣公司等企业相继引进了火腿肠生产线，我国肉制品加工业从此进入高温肉制品快速发展阶段。以火腿肠为代表的高温肉制品生产技术装备的引进与消化吸收，有力推动了我国肉制品加工技术和整个产业的迅猛发展，成为我国肉品发展史上的里程碑，催生了一批大型肉品加工企业。

然而，高温肉制品存在营养损失严重、品质较差等缺陷，发达国家很少发展高温肉制品，而低温肉制品发展潜力巨大。20世纪90年代初，随着肉品加工业快速发展，我国冷链体系逐渐建立并完善起来，发展低温肉制品的条件逐渐成熟，雨润集团、得利斯集团有限公司等最早引进国外先进技术（如盐水注射技术、滚揉腌制技术）从事低温肉制品加工的企业得到了较快发展。“十一五”期间，国家科技支撑计划重大专项支持低温肉制品加工关键技术深入研究，进一步提升和发展了低温肉制品加工技术，初步形成了具有自主知识产权的技术体系。在科技示范带动下，近年来，我国低温肉制品发展迅速，肉制品加工业已经进入低温肉制品发展时期。2010年，我国低温肉制品已经占到西式肉制品总量的60.0%，低温肉制品加工技术与工艺正逐渐接近、部分已经达到国际先进水平，一些先进技术如非热杀菌技术、栅栏技术等开始逐步在企业得到应用。

此外，随着社会经济快速发展和科技进步，近年来我国调理肉制品加工技术和发酵肉制品加工技术也取得较大进步，副产物综合利用等肉品深加工技术正在得到重视。

④传统肉制品现代化改造技术　我国传统肉制品历史悠久，品种丰富，是我国饮食文化的重要组成部分。与西式肉制品相比，我国传统肉制品具有色、香、味、形俱佳的特点，拥有最广大的消费群体。然而，千百年来由于其一直采用传统技术进行手工作坊式生产，不适应大规模标准化工业生产需求，产品质量不稳定，安全没有保障。为保护和发扬光大我国传统肉制品加工技术，“十五”和“十一五”期间，我国“863”、“十五”科技攻关和“十一五”科技支撑等计划先后针对传统肉制品现代化改造技术立项支持。近年来，通过项目支持，我国完成干腌火腿、板鸭、风鹅、盐水鸭、卤肉等传统肉制品的加工理论、现代化工艺技术与装备的研究与开发，在双汇集团、雨润集团、江苏省食品集团有限公司、喜旺集团等企业建立了传统肉制品工业化生产线，有力推动了我国传统肉制品加工的技术进步。

（2）机械装备国产化率不断提高　我国肉品机械装备研究与开发起步较晚，生产与供给能力相对落后，过去一些大型肉品加工企业整体进口生产线，国产设备主要为中小型企业使用。近10年来，全国累计进口斩拌机、自动灌肠机、连续包装机、盐水注射机、烟熏炉、封口打卡机等肉品深加工关键设备近万台，具有20世纪90年代国际先进水平的成套屠宰线约200条，其中75.0%左右是禽类屠宰生产线。这些生产线和装备主要来自德国、荷兰、丹麦、西班牙、法国等欧盟国家。

在引进肉品技术装备的过程中，通过合资合作、测绘仿制、自行研发，我国肉品加工机械行业迅速崛起。2009年，国内具有一定规模和品牌的肉品机械制造企业达到50余家，肉品加工企业肉品机械国产化比例不断提高。2008年我国肉品加工机械进口额6 430.0万美元、出口额4 830.0万美元，国产设备市场占有率已达60.0%。

至2010年，我国大型屠宰加工企业的常规设备一般为国产，关键设备依赖进口，个别企业整体进口；中等规模企业95.0%以上的常规设备以国产为主，部分关键设备依赖进口。其中，斩拌机、自动灌肠机、连续包装机、封口打卡机、烟熏炉等设备已实现国产化，虽设备性能上与国外同类设备还有一定差距，但成本优势相当明显。如国产连续包装机价格为进口同类产品的25.0%～40.0%，国产烟熏炉和封口打卡机价格仅为国外同类产品的20.0%左右。可见，除一些关键设备需要进口以外，我国屠宰加工机械设备已经大部分实现国产化。

4. 产品质量安全

随着人们膳食结构的不断变化及对健康的日益关注，肉品质量和安全受到了我国社会各界前所未有的重视。在政府、科研单位、企业的共同努力下，我国肉品质量安全水平逐年提高，初步实现肉品安全保障从被动应付型向主动保障型的战略转变。

（1）肉品质量安全认证体系逐渐推广应用　我国已对肉品质量安全进行了不同层次的认证工作，质量安全认证体系得到逐渐推广应用，促进了肉品质量安全水平的提高。认证的宏观管理工作由国家认证认可监督管理委员会负责。认证体系包括产品认证和管理体系认证。产品认证有国家质量监督检验检疫总局（简称：质检总局）实施的产品市场准入制度即质量安全（QS）认证，中华人民共和国农业部（简称：农业部）和国家认证认可监督管理委员会（简称：认监委）实施的无公害食品认证，中国绿色食品发展中心实施的绿色食品认证，中华人民共和国环境保护部（简称：环保部）实施的有机食品认证等。管理体系认证包括质量管理体系（ISO9000）、环境管理体系（ISO14001）、职业健康和安全管理体系（OHSAS18001）、危害分析与关键控制点（HACCP）食品安全管理体系，以及良好农业规范（GAP）、良好兽医规范（GVP）、良好加工规范（GMP）等认证。

（2）肉品质量安全控制研究成果得到转化与实施　中华人民共和国科学技术部（简称：科技部）在“十五”期间设立了国家重大科技专项“食品安全关键技术”，经过5年攻关，取得了一批突出成果，开发了消费者普遍关注的肉品中药物残留、瘦肉精残留、食品添加剂、注水肉等的快速检测技术（如试剂盒），研制出了一批具有国内先进水平的检测设备（如快速检测用移动食品安全监测车、注水肉快速检测试纸等）并得到广泛应用。同时设立的国家重大科技专项还有“农产品深加工技术与设备研究开发”，其中的“冷却肉加工关键技术研究与新产品开发”子课题组，在冷却肉初始菌数控制、护色、汁液流失控制、嫩化保鲜等质量安全控制技术方面取得了系列成果。

“十一五”期间在食品安全方面重点开展了风险评估、标准、检测技术、安全溯源与预警技术、综合技术示范等5个方面的攻关。在质量控制方面重点开展了食品凝胶与风味控制技术开发、低温肉制品与传统肉制品开发及产业化示范等研究，已取得的成果正得到转化与实施。

（3）质量改良与精准控制技术正在肉品质量保证中发挥着重要作用　为了改良和精准控制肉品质量，电刺激、栅栏、冷链物流、智能化分级、全程质量安全追溯等技术在我国肉品加工业开始得到应用并发挥着越来越重要的作用。在肉品质量安全检测方面，目前我国企业中主要针对化学污染和微生物污染。化学污染主要检测兽药残留，通过气相色谱—质谱联用法或液相色谱—质谱联用法，已达到痕量或超痕量精准测定，少数大型企业已能实现无残留的目标；样品的微生物污染特别是致病菌可通过试剂盒或自动化仪器实现快速检测。

5. 科技支撑

（1）公益性行业平台建设　改革开放以来，尤其是“十五”以后，我国肉品行业科技平台的建设得到高度重视，先后建立了中国肉类食品综合研究中心暨国家肉类加工工程技术研究中心、国家肉品质量安全控制工程技术研究中心、肉食品质量与安全控制国家重点实验室等国家级科技平台。同时，一批以肉品为主要研究对象的省部级重点实验室和工程技术研究中心相继建立，如肉品加工与质量控制教育部重点实验室。另外，一些综合性科技平台也涉及肉品领域，如食品科学与技术国家重点实验室、农业部农畜产品加工与质量控制重点开放实验室、农业部畜产品加工重点实验室、国家农产品加工技术研发分中心、中美食品安全与质量联合研究中心等。

①中国肉类食品综合研究中心暨国家肉类加工工程技术研究中心　中国肉类食品综合研究中心创建于1986年；2000年9月，经科技部批准挂牌“国家肉类加工工程技术研究中心”。主要开展了西式肉制品加工技术培训和推广，畜禽屠宰加工设备与骨血产品开发及产业化示范、奥运食品安全检测、营养均衡肉制品的研发和产业化示范等工作。

②国家肉品质量安全控制工程技术研究中心　2009年2月经科技部批准设立，由南京农业大学和雨润集团共建。主要开展了冷却肉加工与质量安全控制、传统肉制品现代化加工、低温肉制品加工与质量安全控制、肉类分级等行

业共性技术研究和示范，以及肉的成熟机理、风味形成机理及食品凝胶形成机制等基础科学研究。

③食品科学与技术国家重点实验室 食品科学与技术国家重点实验室是2007年4月经科技部批准建设的国内食品科学领域首个国家级重点实验室，以江南大学和南昌大学为依托单位，研究方向为食品加工与组分变化、食品安全性监测与控制、食品配料与添加剂的生物制造、食品加工新技术原理及应用。

④中美食品安全与质量联合研究中心 在中美农业科学技术合作框架下，中国科技部和美国农业部2008年签署了共同建立“中美食品质量与安全联合研究中心”协议，在南京农业大学和美国肉用动物研究中心建立。2011年2月获科技部正式授牌，主要合作研究领域为：食品质量控制技术、食源性致病菌鉴定和控制、食品微生物预测模型在食品生产过程中的应用、食品品质形成机理、研究技术服务和成果转化，以及为研究、教育和公共服务为目的的信息资源共享。

另外，科技部近年还在重点企业开展了国家重点实验室的建设试点工作，如雨润集团肉品加工与质量控制国家重点实验室，银祥集团肉食品质量与安全控制国家重点实验室等。

（2）科技创新模式、体系

①研发组织创新模式 中国肉品领域的研发组织创新模式分为政府资助系统（政府主导型），大学、科研院所科研（学研拉动型），企业独立研发（产业牵引型）和产前研发联盟四种。

政府主导型研发组织创新模式基本上可以分为三类：政府通过科技攻关资助企业独立研发、通过“863”计划和专项基金等资助企业与大学联合研发、通过“973”与自然科学基金等资助主要大学和科研院所进行源头创新。

②科技创新体系 主要有现代农业产业技术体系和产业技术创新战略联盟。

现代农业产业技术体系以农产品为单元，以产业为主线，建设从产地到餐桌、从生产到消费、从研发到市场的一支服务国家目标的基本研发队伍。迄今为止，涉及肉品加工有生猪、肉牛、肉鸡等技术体系，并设立了相应的科学家岗位。

产业技术创新战略联盟是指在自愿前提下，联合行业骨干企业、重点院校、科研院所，组建的一种科技创新体系。肉类加工产业技术创新战略联盟于2009年建立。

（3）科研立项 自“九五”以来，国家先后在国家科技攻关、重大专项、支撑计划、“863”计划、跨越计划、“948”项目、公益性行业（农业）专项等科技项目和国家自然科学基金中设立了肉品加工重大产品开发、共性关键技术和装备、质量安全控制技术方面的课题，通过产学研紧密合作，取得了系列成果，引领了行业科技发展。

涉及肉品加工的国家科技攻关课题有优质牛肉系统评定方法和标准；重大专项课题有肉制品加工关键技术研究与新产品开发，冷却肉加工全程质量控制规程的研究与示范，肉鸡产品深加工关键技术研究与示范，中国传统肉制品现代加工技术、设备与产业化示范等；支撑计划课题有低温肉制品、传统肉制品开发及产业化示范，食品凝胶与风味控制技术开发研究，调理肉制品加工关键技术研究与产业化示范，畜禽屠宰加工设备与骨血产品开发及产业化示范；“863”计划课题有中国传统及特色食品和畜产品生产技术与产品开发，肉品高活性发酵剂制造核心技术研究与新产品开发，食品绿色供应链关键技术与产品；农产品质量快速溯源系统的综合应用示范研究，射频识别（RFID）技术应用于食品安全全程追溯；可食性全降解食品包装材料工业化制造；跨越计划课题有江苏及周边地区优质牛肉生产技术体系试验示范；“948”项目有肉品质量控制技术引进、创新研究与产业化示范，肉品（胴体）质量自动分析检测技术等；公益性行业（农业）专项有肉类生产与加工质量安全控制技术；国家自然科学基金有牛肉成熟的主要影响因素钙激活酶的作用机制研究、含硫香料分子结构与肉香味关系规律的研究、骨骼肌肌球蛋白热凝胶形成机理研究、细胞凋亡效应酶在肉成熟中的作用机制研究、应用蛋白质组学研究宰后僵直阶段肉的嫩化等。

在战略研究方面，实施了“中国农产品加工跨越式发展战略研究”和“畜产品加工重大关键技术筛选”等课题。在系统调研基础上，根据国外肉品加工业发展趋势，结合中国特色，分析和筛选出制约我国肉品加工业发展的关键技术，按“引进技术、攻关技术、推广技术”进行分类规划，为我国“十一五”国家科技计划建设奠定了基础，项目的实施带动了我国肉品加工业的技术进步和产业的升级。

（4）公益性行业组织

①中国肉类协会（China Meat Association，CMA）　中国肉类协会是经民政部批准注册登记的全国性肉类生产流通行业社团组织，由全国肉类（禽蛋）生产、经营、屠宰、加工、冷藏、冷冻、批发、配送、机械制造等企业及相关科研、事业、新闻单位、大专院校、地方社团自愿组成。2010 年，团体会员有 300 余家。

中国肉类协会研究肉类生产流通行业的发展方向，市场发展趋势，消费结构变化，向政府提出行业发展战略、产业政策的建议；为企业生产经营、市场营销、经济信息、企业管理、科学技术、政策法规、经营决策提供咨询服务；举办各种培训班，为企业培训各类专业人才；开展技术交流活动，组织新产品、新技术、新工艺及优秀科技成果的鉴定与推广应用；曾经成功组织了世界猪肉大会、中国国际肉类工业展览会、中国国际肉类食品文化节、中国肉类产业建设发展论坛（暨）肉类生产建设项目投资与设备材料采购推介会、中国西部国际肉类加工工业展览会、上海国际肉类工业展览会、中国国际肉类食品及技术设备展览会等行业推广活动。

②中国畜产品加工研究会（China Association of Animal Product Processing Research，CAAPPR） 中国畜产品加工研究会是经民政部批准的国家一级学会，是由全国畜产品贮藏加工保鲜领域的科技工作者自愿组成的学术性、科普性、非营利性的具有法人资格的全国性社会团体。2010 年，团体会员单位有 110 个，个人会员有 1 200 多人。下设肉品、乳品、蛋品、羽绒、营养与卫生、贮藏与保鲜、加工工程、生化工程与综合利用 8 个专业委员会。

中国畜产品加工研究会主要为行业提供畜产品加工科技咨询和技术服务活动，引进、开发、推广新技术、新产品、新工艺和新设备，提供信息，发挥中介作用；开展继续教育和畜产品加工科技培训工作，促进知识更新，培养人才；承担和组织本行业重大课题决策、论证、项目评估、科技成果和新产品鉴定。曾经成功组织召开了 53 届国际肉类科技大会、中国肉类科技大会、食品安全高级论坛等行业科技活动。

6. 监管体系

(1) 机构建设 新中国成立以来，肉品质量安全监管机构不断完善。为了进一步加强监管，2008 年，我国对食品安全监管机构进行了改革和调整，经中华人民共和国国务院（简称：国务院）批准，将国家食品药品监督管理局划归中华人民共和国卫生部（简称：卫生部）负责管理，并将其原有的综合协调食品安全、组织查处食品安全重大事故的职责划入卫生部。随后，卫生部成立了食品安全综合协调与卫生监督局；农业部成立了农产品质量安全监管局；国家食品药品监督管理局成立了食品安全监管司；中华人民共和国国家工商行政管理总局（简称：工商总局）成立了食品流通监督管理司；质检总局成立了食品生产监管司。目前涉及食品（肉品）安全监管的机构包括卫生部、质检总局、农业部、工商总局、中华人民共和国商务部（简称：商务部）等，具体工作分别由各部委相关司局完成。2010 年 2 月，国务院联合 14 个国家部委，成立了食品安全最高层次的议事协调机构——国务院食品安全委员会，主要负责分析食品安全形势，研究部署、统筹指导食品安全工作，提出食品安全监管的重大政策措施，督促落实食品安全监管责任。

同时，大多数省、地区和县也都设有相应的食品安全监管机构，这些机构接受国家或上一级监管机构的监管与指导，配合并共同完成食品质量安全的监管工作。一般地，当地的食品安全监管机构直接向当地政府负责。但在有些情况下，当地的食品安全监管机构直接向中央监管机构负责，如各省的出入境检验检疫局直接向国家质检总局负责。

除了加强食品安全监管政府职能部门的建设外，我国还加强了肉品相关的质检体系建设。农业部系统和质检总局系统均设有相应的质检机构，如在农业部系统，涉及肉品的部级质检中心就有18家，此外，在省级、地方也都有相应的食品检测中心或质检站，对肉品质量安全进行监测。为了加强对质检体系的建设，农业部于“十一五”期间，启动了全国农产品质检体系一期建设规划，从硬件和软件方面对现有的部级、省（自治区、直辖市）级及市、县级农产品质检机构进行升级改建，对部级专业性质检中心和省（自治区、直辖市）综合性质检中心投资达到2 000万元以上，全面提升我国农畜产品质量安全检验检测能力和水平。

（2）法律法规　我国历来高度重视食品安全工作，作出了一系列决定和部署，出台了《中华人民共和国食品卫生法》（简称：《食品卫生法》）、《中华人民共和国农产品质量安全法》（简称：《农产品质量安全法》）、《国务院关于加强食品等产品安全监督管理的特别规定》等法律、行政法规，为加强食品安全工作提供了较为完备的政策依据和法制保障。2009年6月1日又正式施行了《中华人民共和国食品安全法》（简称：《食品安全法》）。《食品安全法》是食品安全领域的宪法，《食品安全法》的出台，进一步完善了我国的食品安全法律制度，对于全面加强和改进食品安全工作，依法规范食品生产经营活动，切实增强食品安全监管工作的规范性、科学性、有效性，保障人民群众身体健康与生命安全具有重大意义。围绕着《食品安全法》，目前已经形成了以《食品安全法》、《农产品质量安全法》为核心，《中华人民共和国农业法》、《中华人民共和国产品质量法》、《中华人民共和国标准化法》、《中华人民共和国进出口商品检验法》、《中华人民共和国进出境动植物检疫法》、《中华人民共和国动物防疫法》、《农药管理条例》、《兽药管理条例》、《生猪屠宰管理条例》等法律、法规、条例为基础，各省及地方政府关于动物源食品安全的条例（如各地制定的关于定点屠宰和集中检疫的畜禽屠宰管理条例）、规章为补充的食品（肉品）安全法律法规体系，保证了肉品的基本安全。

（3）标准体系　标准是监管执法的依据，我国历来（尤其是改革开放后）重视农畜产品质量安全的标准体系建设。

首先，加强了与肉品相关的标准化技术委员会的建设。2006 年 5 月，国家标准化管理委员会批准成立了全国畜牧业标准化技术委员会。2007 年 8 月在全国畜牧业标准化技术委员会中专门设立了畜产品专业工作组，承担除乳与乳制品外的畜产品生产过程、质量、分级、加工、安全、储运、包装等相关标准化工作；2008 年 7 月，国家标准化管理委员又批准成立了全国肉禽蛋制品标准化技术委员会，负责畜禽肉制品（腌腊制品类、酱卤制品类、熏烧制品类、干制品类、油炸制品类）和蛋制品（再制蛋类、蛋粉类、冰全蛋类、蛋黄类）等领域的产品质量标准、检测标准、基础标准等国家标准的制定工作。

其次，在标准体系建设方面，我国多次开展了对现有标准的清理整顿工作。“十一五”期间，农业部畜牧业司还专门对畜牧业标准体系进行了研究，其中对肉品标准体系设立了专门的研究专题，制定了包括肉品在内的《畜牧业标准体系建设规划（2010—2015 年）》。经过最近 30 多年的不懈努力，我国肉品标准体系基本形成以国家标准为龙头、行业标准为主导、地方和企业标准为补充的四级标准结构。截至 2009 年，我国已制定基本覆盖肉品生产的各个环节的国家标准、行业标准 490 多项，主要涉及品种、营养需要、饲养管理、畜禽养殖环境控制、肉品质量与安全、肉品加工、贮存、包装、运输等方面，其中涉及肉品加工、肉品质量安全标准有 278 项。

（4）质量安全监管行动计划　为了保证我国食品（肉品）质量安全，农业部、卫生部、质检总局、商务部等国家部委还启动了一系列食品质量安全监测监管行动计划。

农业部启动“农产品质量安全整治行动”，实施了农产品质量安全普查、例行监测制度和兽药残留监控计划等监测计划，通过强化市场准入、检测检验、查处曝光、督导检查、指导服务等综合措施，解决了肉品中农兽药、瘦肉精等禁用物质残留超标等突出问题。同时加强预警分析，启用全国农产品质量安全监测信息平台，整合监测资源，强化监测结果信息报送与共享，完善监测预警和风险评估机制。

质检总局启动“产品质量和食品安全专项整治行动”，从涉及肉品有关的 8 个方面推进，较好地解决了长期困扰监管部门的小作坊、无证生产等难题。企业安全使用食品原料和添加剂的意识明显增强，很多企业的卫生面貌大大改观。

商务部实施“放心肉”服务体系建设，完善屠宰管理规章制度，调整优化屠宰行业布局，建设肉品质量安全保障体系，使肉品卫生和质量安全水平明显提高。

（二）存在问题

1. 企业规模与效益

据统计，2009 年我国国有及规模以上屠宰及肉品加工企业（年销售额 500.0 万元以上）仅占企业总数的 17.8%左右，达到先进水平的屠宰企业只有 100 多家，占总数的 0.5%，75.0%的定点屠宰企业仍在采用半机械化的方式进行屠宰。2009 年，大型龙头企业肉制品产量还不到全国总产量的 30.0%，双汇集团、雨润集团、金锣公司三家肉品行业重点龙头企业累计屠宰生猪约 5 000 多万头，仅占当年全国生猪屠宰总量的 9%左右，而 2007 年美国前三家肉品加工企业总体市场份额已达 57.1%（表 2－4）。与国际先进水平相比，目前我国肉品行业的企业规模化程度仍然比较低，企业尚处于小规模的运作状态。

表 2－4　美国生猪屠宰 2001 年与 2007 年各公司市场占有率（%）

公　司	2001 年	2007 年
史密斯菲尔德食品股份有限公司（Smithfield Foods Incorporated）	20.4	28.4
泰森食品股份有限公司（Tyson Foods Incorporated）	17.7	17.6
联合 JBS 公司（JBS /USA Corporate）	10.2	11.1
荷美尔食品公司（Hormel Foods Corporate）	8.0	8.7
嘉吉股份有限公司（Cargill Incorporated）	8.4	8.5
五大公司总计	64.7	74.3

资料来源：由《牛买家周刊》（Cattle Buyers Weekly）杂志提供。

肉品加工业企业仍是低利企业。2009 年畜禽屠宰及肉品加工综合销售利润率仅为 4.0%，比上年 3.6%略升 0.4 个百分点。其中屠宰加工销售利润率为 3.5%，比上年 3.3%略升 0.2 个百分点；肉品加工（包括肉制品加工和副产物加工）销售利润率为 4.5%，比上年 4.0%略升 0.5 个百分点。2009 年全国畜禽屠宰及肉品加工企业中，亏损企业仍有 412 家，占规模以上企业 11.2%，较上年下降了 2.5 个百分点；亏损金额达到 12.8 亿元，较上年增加了 0.7 亿元。其中畜禽屠宰亏损企业为 225 家，占全国屠宰及肉品加工规模企业的 6.1%，下降了 1.3 个百分点；占屠宰企业 10.8%，下降了 2.0 个百分点；亏损金额为 8.3 亿元，增加了 1.0 亿元，占行业全部亏损额的 64.4%。肉品加工亏损企业为 183 家，占全国屠宰及肉品加工规模企业 5.1%，下降了 1.2 个百分点；占肉品加工企业11.6%，下降了3.6个百分点；亏损金额为4.6亿元，减少了0.5亿元，占行业全部亏损额的35.6%，下降了5.8个百分点。数据表明，屠宰及肉品加工行业的经营亏损明显加大，2009年所增加亏损为近年来行业亏损最高量。

肉品产业链各环节利润分配不均衡。正常情况下，种猪的纯利润在10.0%左右，饲养环节纯利润为8.0%左右；屠宰环节纯利润为1.0%左右，而深加工环节毛利润为20.0%～30.0%，纯利润为5.0%～10.0%；销售环节中毛利润：零售专卖渠道为15.0%～20.0%、团购为5.0%～10.0%、批发为1.0%～2.0%，而综合纯利润为1.0%～2.0%。一方面，中国的大多肉品企业未在产业链上进行延伸，打通上下游产业，以压缩成本，增加利润空间，平抑价格波动带来的冲击；另一方面，中国肉品企业税赋太重，宏观税费负担率约为30.0%，而日本战后这一比例一直保持在20%左右。因此，企业利润空间狭小，效益低下，而且易受频繁的市场波动的不良影响。

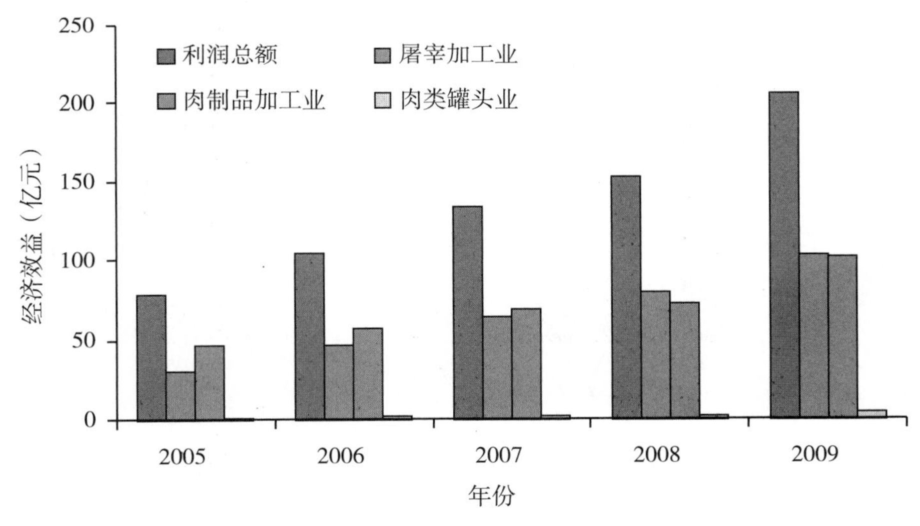

图2-2　2005—2009年国有及规模以上屠宰及肉品加工企业经济效益

（资料来源：《中国肉类年鉴　2009—2010》）

江苏南京某定点屠宰企业拥有现代化的屠宰生产线两条，每条生产线每天可屠宰量达1 000头以上，但由于没有固定猪源，也不从事肉品销售，只是为附近散养户和小刀手代为屠宰，按胴体称重进行计价收费，内脏、头等副产品则随胴体赠送，平均每屠宰一头猪仅收费21.0元，几乎处于亏损运营。与此同时，双汇集团、雨润集团、金锣公司等涉足产业链诸多环节的规模化重点龙头企业则能成功化解市场危机。2005—2009年，全国国有及规模以上屠宰及肉品加工企业经济效益仍然呈现逐年增加的趋势（图2-2）。2009年全国国有及规模以上屠宰及肉品加工企业实现利润总额比上年增加 52.1 亿元，增长 33.9%。

2. 产品加工程度与质量

目前，我国生鲜肉品比重过大，中式和西式深加工肉制品比重仍偏低（图 2-3）；生鲜肉品中热鲜肉和冷冻肉比重高，符合未来消费方向的冷却肉比重却偏低，而国外生鲜冷却肉却在向经过更加精细加工（如切丝、切片、调味、裹涂等）的调理制品发展；从加工温度而言，深加工肉制品中高温制品比重偏高，低温制品比重偏低（表 2-5）。2010 年，我国原料肉深加工率仅为 16.7%；相比之下，发达国家原料肉深加工率已经达到 50% 以上。因此，我国深加工肉制品的发展空间很大，应更注重新技术的应用以适应不断变化的市场。

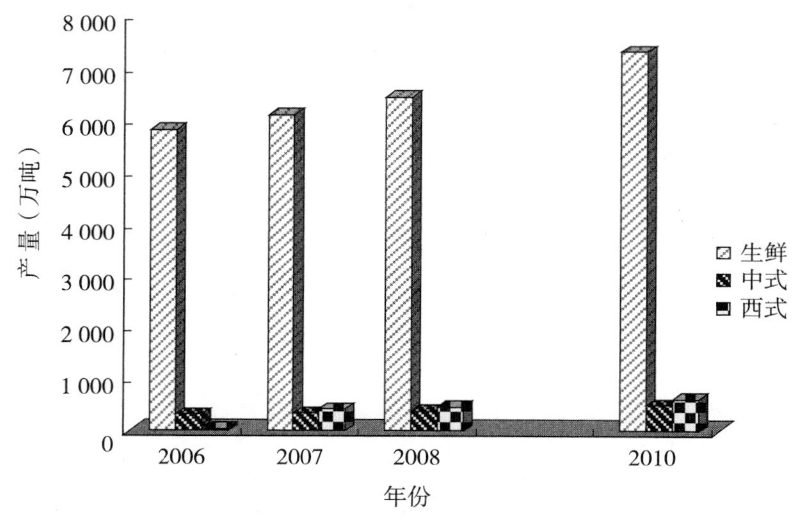

图 2-3　我国生鲜肉品与深加工肉制品结构变化
（资料来源：《中国肉类年鉴　2009—2010》）

表 2-5　双汇集团深加工肉制品结构

年份	高温肉制品（吨）	低温肉制品（吨）
2000	81 120	12 407
2001	135 786	24 068
2002	188 936	34 643
2003	250 083	59 831
2004	332 767	80 333
2005	425 527	96 384

（续）

年份	高温肉制品（吨）	低温肉制品（吨）
2006	495 541	114 925
2007	591 504	130 338
2008	684 654	155 036

资料来源：该企业调研数据。

中低档西式制品如高温火腿肠、普通西式香肠等产品中增稠剂等非肉成分含量较高，而且由于在加工过程中经过高温处理导致部分营养素破坏，总体营养价值相对较低。另外，添加物滥用问题突出。在肉制品加工过程中，适量添加质构改良剂（磷酸盐、淀粉等）、香精香料、发色或着色剂（红曲红、亚硝酸盐）等食品添加剂不仅可以改善产品品质，提高产品的附加值，对消费者的健康也不会造成任何危害；但存在过量使用磷酸盐以提高产品得率、过量使用香精香料和发色剂、以次充好、过量使用防腐剂延长产品货架期等不良行为，给消费者的身心健康带来了危害。所谓高档低温肉制品，是指在较低温度下进行熟制处理（通常加热环境温度不超过 78.0℃，制品中心温度不超过 68.0～72.0℃）并进行巴氏杀菌的肉制品。与高温肉制品相比，低温肉制品的原有营养成分能得到很好保留，风味口感较好。低温肉制品将是我国肉制品消费的发展方向之一。

我国的传统肉制品（中式制品）生产加工具有悠久的历史，多数以手工作坊式生产，且具有很强的区域性，单个企业产量较小。近年来传统肉制品消费有回升之势，但受到加工过程不规范、品质安全难控制、产品包装落后、添加剂不符合规定、产品标准不统一等瓶颈的影响；同时，由于对传统肉制品加工机理尚不完全清楚，对其中酱、卤、风干、熏烤等关键技术还未很好地掌控，不能做到标准统一，导致出现产品氧化严重、出品率低、产品一致性差、安全难以保障等问题，产品质量不高，发展一直受限。因此，中式传统特色肉制品的加工工艺、技术和装备也亟须升级换代。如 2008 年北京奥运会期间，为了保证北京烤鸭的质量安全及品质，中国全聚德（集团）股份有限公司结合最新科学研究成果，在保持原汁原味基础上，利用红外线烤制和液体熏制技术升级和优化烤鸭传统的加工工艺，获得成功。

我国调理肉制品发展比较快，但货架期短是其发展的主要制约瓶颈。同时，目前市场上主要的冷冻调理肉制品常因冷冻、解冻而易造成调理肉制品汁液损失、颜色劣变、口感差等问题，影响产品储运和销售。

3. 工程化技术与集成

我国肉品加工领域自“九五”以来已获得多种科技立项支持，通过自我研发与引进、消化、吸收，在产品加工及质量安全控制方面虽然取得了系列技术成果，引领了行业科技发展，但这些技术成果以单项的居多，不仅集成程度低，更未很好地实现工程化。长期以来，我国科研单位以取得成果为目标，企业则热衷于引进，导致未能通过工程化技术与集成有效解决装备“从无到有，从有到优”的问题，与欧美国家仍存在很大的差距（表2-6）。

我国生鲜肉加工由于缺少宰前管理、屠宰、分割、包装、储运和检测等系统的工程化技术，产品存在微生物污染严重、滴水损失大、易褐变褪色、货架期短等质量安全问题。以屠宰加工业为例，在浸烫脱毛工序，国内大部分企业采用热水浸烫脱毛；而发达国家的大型企业通常采用蒸汽烫毛、逆流式热水或者热水喷射式浸烫方式，可很大程度上降低由于浸烫水带来的交叉污染。在剔骨分割工序，部分发达国家已采用了自动脱骨机，可大大减少人为操作带来的分割不均匀、产品规格不统一等问题的发生。在动物福利方面，欧盟对屠宰时的动物福利问题提出了具体要求，科研单位和企业合力开发相应工程化技术，并通过技术集成开发先进的设备达到这些要求，而我国对此还没有充分的认识和足够的重视，更没有得到广泛的接受。

表2-6　肉品加工与质量安全控制技术国内外对比

内　容		国外水平	国内进展
原料肉	检测技术	检测技术日益趋向于高技术集成、构建系列化平台	单项技术较多，工程化技术与集成不足
	跟踪追溯系统	已建立食品及其污染物溯源体系	刚刚起步
	屠宰技术	自动化程度高，实现在线检测	自动化程度低，关键工序落后
	异质肉控制技术	减少应激技术集成化，重视动物福利	单项技术较多，工程化技术与集成不足
肉制品	减菌技术	利用生物防腐、辐射、超高压、天然防腐等技术，更注重致病菌控制	化学防腐偏多，限于腐败菌控制
	低温肉制品	成熟的注射、滚揉、斩拌、乳化等技术	组装集成不够
	发酵肉制品	发酵剂浓缩技术已充分商业化	菌种制备刚起步，急需工程化

（续）

内　容		国外水平	国内进展
肉制品	干腌制品	控温控湿	传统
	熏烤制品	控温、控烟（液熏）	传统
产品	腐败微生物预测模型	澳大利亚、美国等已工程化应用	刚起步
	控制体系	已建立以 GMP、HACCP 为基础的安全控制技术体系	参差不齐
	冷链系统	比较完善	不够完善

资料来源：本课题调研资料。

我国低温肉制品起步较晚，从 20 世纪 80 年代中期开始引进国外的先进技术和设备，进行低温肉制品的生产。除了产品配方差异外，我国在腌制、滚揉、斩拌、乳化、热处理等工程化技术及集成方面还有待大幅提高。

传统肉制品的工艺标准化和现代化改造已成为我国肉品工业发展不容回避的问题，其中关键工艺和装备与欧洲国家还存在很大差距。腌腊制品加工过程中的快速成熟技术，发酵肉制品加工过程中的发酵剂工业化生产技术、发酵过程中的控温控湿技术也仍未实现技术工程化及集成。

我国肉品微生物预测技术刚刚起步，目前只建立了部分腐败和致病微生物的模型。肉品质量控制技术方面严重滞后于国际同类水平和国际贸易要求。近年来，随着经济的发展，对一些先进的保鲜技术和管理方法也进行了许多探索，但目前还缺乏系统性，也不够深入。

从技术装备的质量和先进性来说，我国肉品机械行业（如肉品包装技术与成套设备，大型斩拌设备等）的发展仍然存在明显不足：一些关键零部件仍需进口；大功率装备的生产能力严重不足，有一些还不能生产；国产肉品加工装备在技术集成度、设备可靠性、加工精度、运转效率、使用寿命、自动化和连续化方面与国外产品还存在一定差距，需要进一步研发。

4. 科技投入与成果转化

我国肉品科技起步于 20 世纪 90 年代，已取得了很大的发展，但仍存在科技投入不足、技术成果相对较少、科技成果转化率低等问题。原因主要来自于几个方面：①政府和企业研究与开发（R&D）经费投入不足；②研究与开发经费投入方向不合理；③科技成果与生产之间的衔接不紧。此外，对科研理念、饮食习惯、市场、品牌等方面的认识不够，消费观念跟不上等因素也是影响我国肉品科技成果转化的关键因素。

据《中国科技统计年鉴 2010》，2009 年我国全年研究与开发经费投入5 802.1亿元，占国内生产总值的 1.7%，低于 2007 年日本的 3.4%，德国的2.5%，美国的 2.7%，法国的 2.1%，韩国的 3.5%，加拿大的 1.9%，英国的1.8%。我国科技总投入中政府、企业及其他来源分别占 23.4%、71.7%、4.9%，而美国、英国、法国、德国、澳大利亚、加拿大等国家政府科技投入占全国科技总投入比重分别为 27.0%、31.0%、39.0%、28.0%、37.0% 和32.0%，显著高于我国政府科技投入比重。2009 年我国基础研究经费占 4.7%，应用研究经费占 12.6%，试验发展经费则占到 82.8%，而发达国家基础研究经费比重一般在 20%左右，应用研究经费比重则在 20%以上（图 2－4）。我国研究与开发经费投入按来源所占比例计算，我国政府科技投入强度（0.4%）与企业研发投入强度（1.1%）均相对较低。20 世纪 80 年代中期以来，随着企业界研发投入主导地位的形成，美国、德国、法国、英国政府研究与开发经费投入占 GDP 的比例虽总体呈下降趋势，但大体仍在 0.5%～0.8%。在基础研究和应用研究领域投入不足，严重制约着我国自主创新能力特别是原始创新能力的提升。

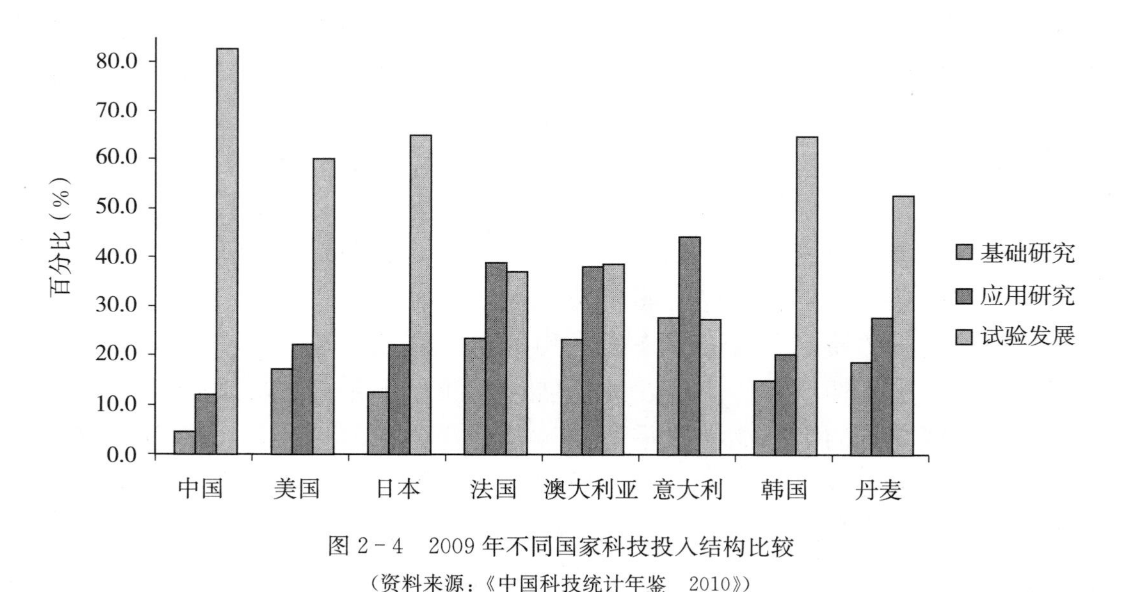

图 2－4 2009 年不同国家科技投入结构比较

（资料来源：《中国科技统计年鉴 2010》）

我国科技成果转化率不高。一种情况是一部分高新技术虽已研发出来，但技术成果缺乏成熟性、稳定性和安全性，降低了产品的市场竞争力；另一情况是科技成果商品化进程缓慢，相关科研单位研发出来的研究成果不能及时投入使用。此外，科技成果相互模仿、低水平重复建设问题突出；大量的中小企业技术落后，没有独立的研发能力，对引进国外先进设备消化吸收和自主创新不够，科技成果改进和创新步伐停滞不前。

5. 管理体制与机制

（1）行政监管体制　计划经济时期（1985年以前），我国肉品产业链尚未形成，肉品质量安全行政监管非常单一。以屠宰厂收购生猪为节点，收购节点之前归农业部门管，主要是生猪养殖所在地的畜牧兽医部门，收购节点之后归商业主管部门统一管理，从生猪的运输、屠宰、加工，到流通、销售等环节，实行统一调度和监督。

经济体制放开以后，肉品产业链逐渐形成，育种、饲养、饲料加工、防疫、收购运输、屠宰、加工、流通、销售、消费等各环节分工越来越精细，涉及的管理部门也越来越多，但各部门之间协调性差，未实现“无缝链接”。每个环节至少由2～3个部门管理，其中屠宰及肉品加工环节涉及工商、卫生、质检、畜牧兽医（农业）、发改委、环保等近10个管理部门（表2-7），且存在管理职能重叠、分工不明确等问题。

（2）行政监管机制　我国自2009年6月开始实施的《中华人民共和国食品安全法》，对食品安全监管进行了较为详细的规定，与过去相比，监管工作有了很大进步，如进一步明确各部门分工与责任、实施食品安全风险监测和评估、统一制定或修订食品安全国家标准、实施食品召回制度等，并对食品检验、法律责任等作了详细补充和明确。但根据未来社会发展需要和全球发达国家经验，仍存在许多主要问题。

我国政府监管常常失灵。这主要表现在：①监管主体职能法律界定不明确，分段监管导致责任模糊。如畜禽运输管理处于监管的真空。在食品安全综合监管方面主要依靠行政手段，缺乏强有力的法律依据和权威性，综合管理难度较大。由于监督管理部门多，部门间的职能交叉、重复执法、重复抽检、执法缺位、监管空白等现象较为突出，监管责任难以落到实处。政府监管部门之间缺乏有效的预警、监督、管理和惩戒机制，未能形成一张涵盖和统领食品安全整个流程的监督管理网络，致使安全事故频繁发生。即使出了重大事件，监管执法部门的清查也多是捣毁窝点、查封加工点或企业整顿，食品安全事故的责任者得不到应有的法律制裁，因而起不到有效的惩戒作用。②没有设立统一的监管机制，监管不力。发达国家食品安全监管机制普遍向统一垂直管理方向改革，而我国目前食品安全分段监管的机制在今后可能还会面临严峻的挑战。③没有设立独立的“官方兽医师”和“官方检验师”及实施驻场（厂）检验检疫制度。

我国政府监管措施不严。主要表现在：①没有明确企业是质量的主体地位。企业必须严格按照国家法律、法规、标准组织生产，不能投机取巧，否则

表 2-7　我国肉品产业链各环节行政管理情况分析

管理部门	产业链各环节						
	种畜禽和胚胎的生产经营	畜禽饲养	畜禽销售	畜禽屠宰、分割	肉制品加工	产品销售	产品消费
农业部与国家发展和改革委员会				评审产业化龙头企业、无公害食品认证			
农业部下属兽医局和畜牧业司	《动物防疫合格证》、《种猪销售许可证》、良种补贴	《动物防疫合格证》、《种猪销售许可证》	《非疫区证明》、《出县境动物检疫合格证明》、《动物及动物产品运载工具消毒证明》	《出县境动物检疫合格证明》、《动物及动物产品运载工具消毒证明》、《屠宰动物入场检疫情况登记表》			
卫生部					食品添加剂（是否造成危害）	管理公共卫生事件	
卫生部下属食品药品监督管理局							《餐饮服务许可证》及监督管理
国家质检总局下属食品生产监管司				《组织机构代码证》、《食品生产许可证》、各种认证（HACCP、ISO系列等）	《组织机构代码证》、《食品生产许可证》、各种认证（HACCP、ISO系列等）		

（续）

管理部门	产业链各环节						
	种畜禽和胚胎的生产经营	畜禽饲养	畜禽销售	畜禽屠宰、分割	肉制品加工	产品销售	产品消费
国家质检总局下属产品质量监督司				名牌产品、包装材料	名牌产品、包装材料、食品添加剂（是否超量、是否掺假）	产品质量监督	
国家质检总局下属出入境检验检疫局				进出口资质	进出口资质		
国家工商行政管理总局		《营业执照》		《营业执照》	《营业执照》、《食品流通许可证》	执法监督	
商务部				《定点屠宰证》、《市场准入证明》	《市场准入证明》		
环境保护部	《排污许可证》	《排污许可证》		《排污许可证》	《排污许可证》		

资料来源：本课题调研资料。

被取缔关门（包括食品流通企业、餐饮企业、食品运输企业等）。作为政府主管部门其职能不是“服务”，而是加强监管，如何将违法违规者淘汰出局。我国政府主管部门，“严管、重罚、取缔”比较少，“整改、服务”比较多，这在一定程度上使企业走进了出了问题不是“找市场”，不是找内在原因，而是找政府的怪圈。②没有打造一个良好的监管环境，使监管到位、有效。我国的监管环境有待改进：企业对监管部门的检查可以配合，可以不配合；个别的地方为优化发展环境，制订了一些限制监督检查的规定；一旦出现制假售假行为，还有方方面面的说情等。这些都不利于监管部门的监管。各方要积极为企业的监管创造良好的环境，引导企业加强自律行为，守法生产和经营，更好地走质量效益型的路子。同时，对监管部门的乱检查、乱收费等行为，对监管人员的违规违纪行为要严肃处理，触犯刑律的要绳之以法。③法律责任太轻，违法成本太小。虽然现有的关于食品安全的法律、法规对食品生产、加工、销售等环节均有立法规范，但是总体来说，现有的法律法规对违法责任设计不科学，处罚普遍较低，消费者惩罚性赔偿远远不够，违法成本远低于违法效益。因此，必须进一步修改完善肉品质量方面的法律法规，将法律条文规定的“硬一点”、“狠一点”，使企业不敢造假，不敢售假。同时，要建立信用体系，企业若有“污点”，其法人代表终生不能从事肉品生产和经营活动。

（3）认证（公证）机制与企业质量管理体系　国际标准化组织/国际电工委员会（ISO/IEC）指南中对“认证”的定义是：“由可以充分信任的第三方证实某一经鉴定的产品或服务符合特定标准或规范性文件的活动。”我国的认证（公证）机制还不科学，大多数认证（公证）仍是依附官方实施，特别是第三方认证（公证）工作做得还很不够，如第三方公证检验。

技术是企业的核心，而管理则是企业的灵魂。在全面质量管理（TQM）方法基础上，管理体系是否健全直接影响到一个企业乃至整个行业的健康发展。据 2007 年 8 月国务院发布的《中国的食品质量安全状况》白皮书，全国共有食品生产加工企业 44.8 万家。其中规模以上企业 2.6 万家，产品市场占有率为 72.0%，产量和销售收入占主导地位，其中 2 675 家食品生产企业获得了 HACCP 认证，约占规模企业 10.0%左右；而 2007 年规模以上肉品企业 2 847 家（中国肉类协会资料），可推算肉品 HACCP 认证企业不到 300 家。即使许多肉品企业建立了 ISO、HACCP 等管理体系，甚至通过了各种管理体系认证，但由于以后的日常管理中，或执行力度不高，或配套设施不完善，并未有效提高产品质量安全，而是成为一种摆设和对外宣传企业的资本。另外，针对欧美国家实施的动物福利认证（2006 年，欧盟通过了“动物保护和福利制度改善的具体行动计划”）、食用品质保证关键控制点（PACCP）体系认证、食品溯源管理制度、食品碳排放标签标示制度等，我国政府和肉品加工企业还远未建立起有效的管理应对体系。

（4）标准　肉品相关的标准框架体系已经初步建立，但仍存在不少问题：①标准覆盖范围小。在已经制定的肉品相关标准中，大多集中于生产和加工领域，有关检测评价方法的标准最多，原料和宰前管理环节的标准还是空白。②标准之间矛盾且问题突出。由于我国标准的制定缺乏有效的协调机制，国家标准、行业标准之间存在着政出多门、互相矛盾等情况，各政府食品监管部门执行标准不一致，给企业带来了很大的麻烦。

6. 信息的对称性

随着我国逐步实行市场经济，我国肉品加工业得以迅猛发展起来。但与肉品加工业有关的各社会角色（如企业、政府、科研单位、中介组织、消费者等）之间仍存在比较严重的信息不对称。如由于基层信息的不准确导致我国各级政府特别是中央统计数据不准确，信息发布后容易引起利用信息部门或单位的误导。如我国畜禽出栏统计方法的不科学和最终统计数据的不准确会导致每年畜禽肉品总产量数据的不可靠性，当加工企业或市场分析机构采用这些信息时可能造成错误的判断和决策。我国各级政府的公共信息平台建设与维护相对滞后于快速的经济发展，即使建立了此类平台，信息共享化程度也低，因此，公众信息咨询或查询困难。另外，各社会角色之间交流不广泛，也是造成信息不对称的重要原因。信息不对称将是今后影响我国肉品加工业可持续发展的重要问题。

二、发达国家肉品加工业可持续发展经验

发达国家肉品加工业起步早，历程长，积累了丰富和宝贵的可持续发展经验。概括起来主要是：通过科技支撑和引领，走企业主导之路，强化政府保障。

（一）发展历程

发达国家肉品加工业的发展历程基本经历了由肉品数量的满足到肉品品质的追求再到肉品安全的重视三个阶段，可从科技、产业、管理三个方面分析。

1. 科技

发达国家肉品加工业的发展以肉品科技的发展为基础，其中大学、科研机构、交流平台（学会、协会、会议、杂志）等起到了至关重要的推动作用。

（1）肉品科学及交流平台的发展历程　英国肉品科学家劳瑞（Lawrie R A）在英国剑桥大学任教期间，发现动物屠宰后肌肉发生很多有规律的变化，对肉品食用品质有很大影响。在他的带领下剑桥大学低温实验室对肌肉生物化学、肉的食用品质和肉品贮藏加工技术进行了系统的研究。1966 年，他根据学科发展规律将有关的研究发现归纳整合，出版了《肉品科学》一书，从此，一门新的学科诞生了。

美国最早（1894）开设肉品科学课程的大学是明尼苏达大学（University of Minnesota）。在 20 世纪 20 年代，美国开设肉品科学课程的大学达到了 20 所。目前，美国已经有 58 所大学开设肉品科学和肌肉生物学课程，11 所两年制独立学院开设有关肉品科学的课程及教育项目。

肉品科学自产生以来取得了很大的发展。动物科学家早期研究集中在影响

家畜数量、质量和肉的组成等生产方面的因素。20 世纪 50 年代，投入大量精力，研究开发或改进测定（或预测）胴体及活畜的瘦肉和脂肪含量的客观方法。感官评定被脂肪厚度测定仪、胴体重测定仪、超声波、光反射、电磁扫描、生物电阻抗、图像分析和计算机断面扫描技术的使用所取代。20 世纪六七十年代的研究致力于进一步了解肉嫩度的变化及其机理、宰后代谢异常导致异常肉质的宰前因素。1967 年，盒装牛肉的加工和销售开始出现，加速了畜禽集中屠宰、分割、包装，以及肉制品的深加工与销售；碎牛肉、腌肉和肉制品的自动连续化加工也发展迅猛。20 世纪 70 年代的研究集中在：亚硝酸盐在腌制品加工中使用的安全性、提高肉色稳定性、阻止脂肪氧化的方法及包装技术等方面。另外，动物宰后的代谢研究也取得了很大的进展，这些研究大大改善了肉品的质量。

20 世纪 60 年代，证明了糖酵解的速率和程度对肌肉的颜色、硬度、质构和保水性有显著影响，过分的糖酵解对原料肉食用品质和肉的加工性能产生不良影响，甚至产生白肌（PSE）肉。氟烷敏感基因导致猪发生应激综合征，酸化基因（RN−）导致猪肉更低的最终 pH，均可能是产生白肌肉的原因。直到 20 世纪 90 年代后期及以后才开展了将钙激活酶系统作为促进白肌肉形成因素的研究工作。宰后迅速更广泛的蛋白质变性影响肌球蛋白腺苷三磷酸酶早期活性，可能引起更大的肌原纤维收缩，更多的水移出肌原纤维间隙及更大的滴水损失。早期对钙激活酶作系统研究不是集中在其和白肌肉的可能关系上，而是主要用于研究宰后牛肉的嫩化。

肉嫩度的客观测定始于 1932 年，利用沃—布（Warner-Bratzler）剪切力仪来评价各种影响牛肉嫩度的因素，后来改装为英斯特朗（Instron）万能剪切力仪，一直使用至今。1949 年研究了宰后牛肉嫩度随时间的变化过程，且证明不同肌肉块间存在较大差异。《肉嫩度测定标准方法草案》于 1994 年制定并发布，但 1997 年才被正式认可。最新的进展是牛肉嫩度无损检测方法（如近红外反射法和图像处理法）的研究和应用。20 世纪 60 年代初，证明冷收缩对嫩度的不利影响，随后研究了防止冷收缩的方法，证明电刺激对改善牛羊肉冷收缩的效果明显。直到 1978 年，第一个商业胴体电刺激设备才由美国里弗尔（LeFiell）公司设计并销售。在美国，超过 500 家车间使用过该项技术，而且至今仍在被广泛地应用。

肉品科学的研究前沿包括：进一步阐明宰后代谢变化的基因和生物化学基础，钙激活酶抑制剂调节钙激活酶活性机制及其对嫩度、持水力和感官特征的相关影响。增加的钙激活酶抑制剂与许多细胞骨架蛋白的减少与降解有关，可能影响持水力、嫩度，甚至白肌肉的形成；同样，影响肌肉氧化的因素及与蛋白降解相关的因素能改善肉品质和均一性。

在交流平台方面，美国肉品科技交流年会（RMC）于 1948 年创立于美国（芝加哥），至今是世界上最早的肉品和动物科学家年会，主要就肉品研究成果、肉品教育和推广方法及新的肉品质量和加工技术改进思路等进行交流。国际肉类科技大会（ICoMST），1955 年创办于欧洲（赫尔辛基），至 1986 年一直称为欧洲肉类研究工作者会议，1987 年改为国际肉类科技大会，一年一届，2007 年首次在中国北京举行，主要是为世界肉品科技领域学术和工业界的研究人员提供加强合作和学术交流的平台。《肉品科学》（Meat Science）杂志，于 1977 年创刊，在同类期刊中排名领先，2000 年被美国肉品科学学会（1964 年创立）定为官方会刊。世界肉类组织（IMS）成立于 1974 年，是一个由世界各地肉类产业相关组织构成的非营利性协会组织，是为全世界的肉品及畜牧业单位提供建议及经验交流的平台；同时，它也是一个肉品工业及畜牧业的国际性组织，2007 年和 2009 年分别在中国南京和青岛举办第四届和第五届世界猪肉大会。

（2）肉品技术的发展历程　肉品技术的发展经历了几次飞跃。第一次飞跃：由生食肉，茹毛饮血发展到用火烧烤肉类，食肉由生变熟；第二次飞跃：肉的自然风干保存，出现肉品简陋加工的设备；第三次飞跃：由品种单一的初级加工逐渐发展到技术初步集成的深加工；第四次飞跃：高新技术在肉品加工业中的应用，促进了其迅速发展。

①鲜肉加工技术　冷冻技术（1850）→冻藏技术（1880）→电致昏技术→冷却肉雏形与运输（1908）→ 分级技术（1917）→二氧化碳包装技术（1968）→电刺激与嫩化技术（1978）→真空采血（1985）→二氧化碳致昏技术（1989）→动物福利（2000）→机器人与屠宰加工智能化（2004）。

②肉制品加工技术　肉品罐头（1810）→干制技术（第二次世界大战期间，1945）→冷冻干燥技术（1955）→低温肉制品加工技术（1950 ）→传统肉制品工业化技术（1970）→辐射技术（1970）→非热杀菌技术（超高压、高频电磁场、高密度二氧化碳、脉冲电场等）（2000）。

其他前沿技术还包括：开发宰前、宰后提高肉安全和货架期的新技术，提高肉嫩度无损检测评价准确性的技术，提高肉品附加值的技术等。

2. 产业

发达国家肉品加工业的发展以市场为导向，以变革创新和产业化运作为动力，不断增强核心竞争力。

（1）美国畜禽工业的发展历程　19 世纪技术的进步引领了家畜市场和肉品

加工产业的重大变革。轨道系统的开发及家畜市场和加工业的集中化首先发生在费城，随后在辛辛那提、芝加哥、堪萨斯城和奥马哈市相继出现。1865年，芝加哥牧场成立，并成为当时美国国内顶尖的畜禽市场。1901年，机械制冷在包装业中出现。1908年，冷链系统在运输车辆中实现。1916年，家用冰箱形成一定规模。所有这些都推动着美国肉品生产与消费的迅速扩展。

美国最初的家禽加工业的技术变革开始于20世纪40年代，主要表现为抓取材料的变革、拔毛器和冷却器等的出现；到六七十年代出现了内脏自动去除装置及自动切割器；八九十年代加工厂则引入了自动去骨器、分割和分类装置、称重/标签仪、体重分类器、烹煮和冷冻设备，开发出了一系列技术用来提高生产效率、产量，希望通过有限资源的扩展来获得最大的利润。

最早的在线智能设备之一是20世纪80年代引入的悬挂系统，这个系统通过对体重进行分级完成产品的自动分类。随后出现了传送带式的重量分拣仪，它们通过将传送带上的产品进行称重进而依据重量进行分类。这些设备现已在整个行业中广泛应用，有助于工厂进行控制程序改革，符合越来越严格的产品需求并且节省劳动力。

引入的设备还有X线扫描仪，由于其精确的扫描能力主要用于检测去骨产品中残留的骨渣。为加工产品质量和安全提供保障的新兴技术——计算机可视系统，最开始用于自动化分割工艺，目前广泛应用在质量和安全检测及控制工艺中。经过多年的研究和改进之后，照相机、计算机技术、彩色影像体系等都被引入家禽加工厂。2007年亚特兰大国际家禽博览会上，至少展示了6种商用彩色可视系统。所有这些设备都用于检测鸡的可视性缺陷。佐治亚科技研究院的研究人员开发出了一系列计算机可视体系用于检测去骨肉中的骨渣、加工产品中外来塑料物件、熟制品的颜色、形状和质量等，采用红外线照相机对烹煮产品进行温度检测。该研究院还与快尔卫（Cryovac）公司联合开发了一种自动扫描系统来检测包装的严密性，以确保食品的安全。所有这些设备通过将部分人工检测工作转化为自动程序而节省了劳动力。但是这些设备真正的价值在于提供了100.0%精确的产品检测信息及为计算机数据库或仪器提供优化操作程序的信息。

（2）企业加工发展历程对比案例　从表2-8看出，截至2009年，美国泰森食品股份有限公司的历史有74年，江苏雨润食品产业集团有限公司仅16年；前者从产业链的经营起家，沿养殖、屠宰、深加工产业链延伸，到上市融资、多元化扩张、资本运作（国内到国外），是以肉品为主营业务的大型公司；后者从产业链的深加工起家，原始积累后先经资本运作，再向屠宰、养殖等产业链上游发展（中间也有上市融资、多元化扩张），但也以肉品为主营业务。表中的经营业绩证明了企业发展模式的成功，不过，两家企业最近都建立了研发中心，表明科技在公司今后的发展中具有举足轻重的地位。

表2-8　美国泰森食品股份有限公司与中国江苏雨润食品产业集团有限公司发展史对比

美国泰森食品股份有限公司（Tyson Foods Inc.）	江苏雨润食品产业集团有限公司
1935年，卖鸡起家	
1947年，养鸡	
1958年，杀鸡	
1963年，深加工	
1967年，上市	
1989—1996年，扩展到猪肉、牛肉	1993年，猪肉低温制品起家；1996年，兼并；1998年，屠宰；1999年，合资
2001年，兼并收购	2005年，上市
2007年，研发中心建立	2006年，养殖
2008年，进入中国市场与江苏、山东两家企业合资（江苏京海，山东新昌）；2008年，《财富》世界500强298位，营业额269亿美元，美国肉类50强第1位	2008年，基本完成全国布局，猪屠宰量达1 800万头；2008年，中国企业500强165位，营业额270亿元（仅肉品业务），中国肉类50强第2位
	2009年，研发中心建立，进口种猪

资料来源：本课题调研资料。

3. 管理

发达国家政府对肉品加工业的管理历程基本上是制定、改革和完善相关法律法规体系、加强监管、重视并推进标准化的过程。

德国食品监督管理历史较悠久，早在1879年就制定了第一部《食品法》。英国1984年颁布《食品法》，1990年颁布《食品安全法》，取代了1984年的《食品法》；同时出台了《食品标准法》、《食品安全（一般食品卫生）条例》、《食品标签规定》、《肉制品规定》、《饲料卫生规定》和《食品添加剂规定》等。英国自1985年发现第一例疯牛病起，政府更加重视并强化了对食品生产和销售的管理监督，1999年成立了食品标准局，从2000年6月开始，英国建立了严密的食品安全“一条龙监督控制机制”。1999年欧洲爆发二噁英危机，欧盟各国没有等待分析结果出来就立即采取了严格的危险防范措施，销毁了800万吨动物及其制品。20世纪末欧洲发生的一系列食品和饲料安全危机促使欧盟提高农产品和食品安全立法的水平，积极制订和执行食品安全计划。欧盟于2001年1月颁布了《食品安全白皮书》，2002年，成立了欧盟食品安全局（EFSA）。在EFSA督导下，一些欧盟成员国也对原有的监管体制进行了调整，将食品安全监管职能集中到一个部门。德国于2001年对全国的食品安全统一监管，并于2002年设立了联邦风险评估研究所和联邦消费者保护和食品安全局两个机构。丹麦通过改革合并，形成了全国范围内食品安全的统一管理机构。法国设立了食品安全评价中心。荷兰成立了国家食品局。《欧盟食品安全协调标准》是在1985年实施《新方法指令》后由欧盟标准化委员会（CEN）制定的标准。欧盟制定的食品安全标准目前主要以食品中各种有毒有害物质的测定方法为主。此外，欧盟在1996年启动了ISO14001环境管理体系认证。欧盟一些成员国还推行欧共体“CE”强制认证标志。

1906年美国出台《食品药品法》、《联邦肉类检验法》，使食品卫生安全监管开始走上法制化的轨道。经过不断修改完善，美国在肉品安全方面已经形成一套完整的法律、法规体系。现行的法律主要是1967年的《联邦肉类检验法》和1986年的《禽肉产品检验法》。1996年颁布《美国肉禽食品检验新法规》，1998年实施《肉类和家禽管理条例》，强调以预防为主，实行生产全过程监控。1998年美国政府成立了总统食品安全管理委员会，形成了动态调整动物源食品安全管理机制。

日本《食品卫生法》是在1948年颁布并经过多次修订，仅1995年以来就修改了10多次。为了进一步强调食品安全，日本在2003年颁布了《食品安全基本法》，日本食品安全委员会也在2003年7月设立。根据新的食品卫生法修正案，日本于2006年5月起正式实施《食品残留农业化学品肯定列表制度》。日本食品质量安全标准分两大类：一是食品质量标准；二是安全卫生标准。在日本，食品质量安全认证和HACCP（危害分析与关键控制点）认证已成为对食品质量安全管理的重要手段，并普遍为消费者所接受。

肉品加工与质量安全控制技术是肉品产业高效可持续发展的技术保障。污染是影响肉品安全的主要因素之一。肉品生产工业化及新技术、新材料的应用使肉品污染日趋复杂化，高速发展的工农业带来的环境污染也波及肉品并引发一系列严重的肉品污染事故。肉品污染事件的频繁发生，引起了有关国际组织等机构及各国政府的高度重视，防止食品污染、保证食品安全、维护消费者的健康和权益已成为各国的一项重要国策。另外，肉品是易腐的食品，如果不贮存在合适的条件下就会很快腐败；如果致病菌存在，肉品也会对消费者产生危害，故保证肉品的安全和品质是极其重要的。因此，世界各国纷纷出招加大对肉品质量安全的监管力度，美国对肉类行业的管理力度仅次于核工业。

另外，除了官方管理外，发达国家发展进程中民间行业协会的自律对促进和规范其肉品加工业的发展起到了不可或缺的作用，这些行业协会不是政府的附属机构，相反对政府的管理有非常大的影响，包括帮助决策、提供咨询、争取行业权利、制定和推行行业技术法规或标准、扩大信息交流等。如美国推行民间标准优先的标准化政策，鼓励政府部门参与民间团体的标准化活动。美国官方分析化学师协会（AOAC），1884 年成立，1965 年改用现名，从事检验与各种标准分析方法的制定工作。美国饲料官方管理协会（AAFCO），1909 年成立，目前有 14 个标准制定委员会。美国饲料工业协会（AFIA），1909 年成立，负责制定联邦与州的有关动物饲料的法规和标准。科学的行业标准和法规为食品安全打下了坚实的基础。

（二）科技引领与支撑

发达国家肉品加工业得以可持续发展，离不开先进科技的引领与支撑。

1. 基于科学

发达国家肉品科学的研究主要集中在大学。每个大学有自己的研究特色，以教授为核心的研究小组或团队都有自己明确的研究方向，这些特色与研究方向都是紧密结合本国的肉品产业优势的。如美国大学侧重于牛肉、鸡肉的基础研究；瑞典、丹麦、荷兰等国大学则以猪肉为主要研究对象；澳大利亚大学集中在羊肉、牛肉方面。另外，有的研究小组围绕肉品品质的形成机理开展工作，有的则以肉品安全为主。大学中肉品科学研究之所以活跃，始于政府、中介组织公益性研究经费的充足投入，大学的使命和发展需求，以及源源不断的具创新思维的年轻学生。发达国家公众长期以来形成的“基于科学”的社会主流理念深深地影响着社会生活的方方面面，包括技术的开发、标准的制定、管理的创新等。

目前，发达国家对肌肉蛋白质的组成和蛋白质水解在宰后成熟嫩化过程中的作用，钙离子（Ca^{2+}）对肌肉收缩、蛋白质水解、肉的持水能力的作用，细胞膜及胞内许多酶的作用等都有了更清晰的认识。基于计算机技术的生物信息学的出现，使得我们可以从细胞水平或组织水平认识脱氧核糖核酸（DNA）的表达方式（转录组学）、蛋白质种类的完整性（蛋白组学）及代谢产物（代谢组学）；纳米技术的出现，使得我们可以从分子水平鉴别影响外在重要特征的分子结构，并对其进行控制。这些科学进展为理解和控制肉的食用品质和营养品质提供新的方法。在不久的将来，消费者将有望获得其期望的肉色、多汁性、嫩度和风味。一些新的技术（如电子鼻分析）可以帮助我们更好地认识肉品品质形成与表现的机理，同时了解影响品质的因素，如黏弹性等。随着对DNA特性和基因作用方式认识的不断深入，人们可鉴别出肉和肉制品的种类，揭示白肌肉的形成机理，多组分分析微生物毒性等。群体感应现象可揭示不同环境下微生物的相互交流和相互影响的机制。近年来，人们越来越关注食肉对消费者健康的影响，饱和脂肪酸对人体的健康不利，而多不饱和脂肪酸对健康有益。基于这种认识，人们尝试各种方法，将饲料中的多不饱和脂肪酸转入到反刍动物的肌肉中。

德国肉类研究中心微生物和毒理学研究所所长莱斯特（Leistner L.）在长期研究的基础上率先提出“栅栏效应”理论。这种理论认为，肉品要达到可贮存性和卫生安全性，其内部必须存在能阻止残留的致腐菌和病原菌生长繁殖的因子，这些因子即是加工防腐方法，又称为栅栏因子。栅栏因子及其协同效应决定了肉品微生物的稳定性，这就是栅栏效应。栅栏效应是肉品保藏的根本所在。对一种可贮存而且卫生安全的肉品，其中的栅栏因子的复杂交互作用控制着微生物腐败、产毒或有益发酵。基于这一里程碑式的肉品科学理论，利用栅栏因子协同效应开发出了针对肉品的联合防腐技术，被称为栅栏技术。直到目前，这一理论还被肉品工业界甚至整个食品界广泛地应用于新保藏技术的开发。

为了制定合适的标准（如屠宰后畜禽胴体上的微生物标准），1995—1996年，美国政府就高强度资助了各大学和研究机构针对屠宰企业的大规模的畜禽胴体表面微生物污染摸底调查，以便弄清全国平均基准值，以此为基础再制定比较科学的HACCP要求的限量值。这样才能使技术法规得以顺利实施。我国目前尚无这方面的报道或标准。

2. 成于技术

发达国家积累的雄厚的现代肉品科学基础，极大地带动了其肉品加工技术特别是高新技术的领先发展，这其中的主要机制是发达国家大学的社会活动除前面论述的进行肉品科学研究外，也非常重视应用技术研究、开发和推广。此外，大学外的公益性的或企业的研究所/研究中心则是主要的技术研发的担当者。

在美国，大学和研究机构特别重视企业的技术需求和现实问题，而企业则愿意与大学结合，加大投入，有针对性地进行新产品研发和技术装备的开发与市场推广。科学最终需通过技术和工程装备等而转化为生产力，实现其价值。美国大学和研究机构的研究经费70.0%来自协会和企业，而且是持续的和充足的，这种合作共赢的模式加快了技术创新和成果转化的速度和效率，是美国加工产业保持持续核心竞争力的源泉。如肉品产业的诸多新技术的发明与应用装备（如电刺激、牛肉分级、二阶段快速冷却）发生在美国及丹麦等国家。在肉品加工技术和装备创新与提升的未来方向上，世界发达国家如美国、德国、丹麦、澳大利亚、瑞典的大学、研究机构、企业、政府非常重视全球化的市场需求和相应的科技发展趋势，纷纷投入人力、物力、财力，紧紧围绕如动物福利、肉品安全与健康、环境友好与能源节约、资源利用与增值、信息与自动化等热点开展研究，超前开发相应高新技术和装备，或者及时应用于产业，或者作为下一代的技术储备。国外加工企业均拥有强大的研发机构或研发团队，他们开展信息搜集、会议和博览会交流、技术研发、工程设计、项目合作、教育培训、市场预测等工作，形成了高效的研发组织和机制。

（三）企业主导

1. 主导思路

发达国家的肉品加工技术与装备以“企业主导型”研发发展机制为特征，实践结果证明具有可持续性，主要代表是美国、日本、德国等国家。所谓“企业主导型”研发发展机制是指具有自主经营、自负盈亏和自我治理能力的肉品加工企业，在应用研究、技术开发、技术改造、技术引进、成果转让及研发经费配置使用和负担中均居于主导地位。具体表现为：一是肉品研发发展的动力和压力应主要来源于企业内部对利润最大化的不懈追求和企业外部激烈的市场竞争；二是肉品研发发展的资源（资金）应主要由企业在市场机制牵引下来分散配置和使用；三是肉品研发发展的成本费用应该主要由企业从其销售收入中来自我分摊，政府承担的研发发展成本应成为对企业的有效补充，并为企业研发发展创造良好的外部环境；四是肉品研发的主力军应该主要分布在企业。通过“企业主导型”研发发展机制，发达国家的科技成果转化率普遍超过50.0%。

2. 成功模式

发达国家肉品企业依托本国肉品产业和相关产业的基础及企业外部环境，均以“企业主导型”研发发展机制支撑产业可持续发展，突出优势，形成特色，创造了令世界同行公认的成功模式。

（1）加工智能化模式　丹麦的养猪技术和屠宰加工业都处于世界领先地位。通过启动猪肉工业大型屠宰厂自动化项目，形成了丹麦生猪屠宰加工智能化模式。这种模式的特征是企业主导新技术研发与成果转化。丹麦肉类研究所（DMRI）在自动化技术研究方面总研发费用预算超过40.0亿欧元，开发自动化屠宰线、自动化分割和自动化剔骨设备及信息通信技术系统、胴体分级在线测量系统、在线追溯体系及在线加工控制系统。丹麦思夫科公司（SFK-Danfotech）与丹麦肉类研究所合作，研发了一系列精密机器人技术（图2-5至图2-7），用于家畜的自动化屠宰线和自动化分割线（图2-8）。机器人技术系列的每一部分被作为单独的标准组件加工，每个机器人技术都有单独的水压设置和可编程逻辑控制（PLC）。另外，还合作研制了比较成熟的胴体分级中心系统（由DMRI研制）和超声波胴体自动分级系统（AUTO-FOM，由SFK-Danfotech开发）等。1998年，屠宰线上自动化机器还很少，基本以人工为主；2009年，屠宰线上共安装11台机器，操作人员大大减少，而且更先进设备（如机器人自动去骨、机器视觉和计算机断层扫描测量、软件开发等）还在持续开发中。自动化最大的好处是改善了工作环境和提高了卫生条件。丹麦通过生猪屠宰加工智能化模式，形成了丹麦皇冠（Danish Crown ）和提坎（Tican）两家公司，包揽全国屠宰量的97.0%，促进了本国生猪屠宰的规模化，更重要的是，极大地提高了其生猪屠宰加工智能化设备在国际市场上的竞争力。我国2009年新建大型肉品企业生猪屠宰设备大部分从丹麦引进。

图2-5　智能化机器人掏板油
（资料来源：丹麦 SFK-Danfotech 提供）

图2-6　智能化机器人分割
（资料来源：丹麦 SFK-Danfotech 提供）

图 2－7　智能化机器人掏内脏

（资料来源：丹麦 SFK-Danfotech 提供）

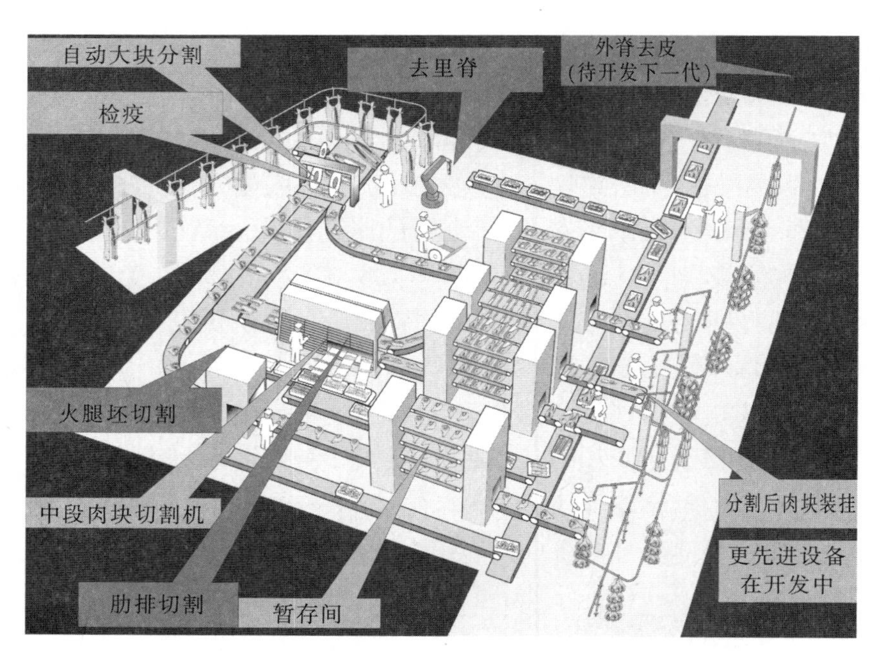

图 2－8　丹麦每小时 450 头猪胴体自动分割车间示意图

（资料来源：丹麦 SFK-Danfotech 提供）

（2）加工技术工程化与集成模式　德国等发达国家在西式肉制品精深加工、保鲜技术和设备方面的总体水平处于领先地位，形成了具有鲜明特色和优势的加工技术工程化与集成模式。这些国家不断提出、完善和运用新的加工技术，根据新的基础理论成果设计出更好的加工设备，结合所加工肉品的范围、种类、花色开发了系列化、自动化的生产设备或生产线。目前，德国在肉品精深加工及保鲜设备上的研发正向多品种、自动化的方向发展。德国西式肉制品的主要成套设备包括盐水注射机、滚揉机、斩拌机、灌装包装机、烟熏炉等，这些设备可单体使用，也可配套成生产线，性能可靠、经久耐用、卫生安全、高效准确。多年来，德国肉制品加工设备出口量居世界第一。

澳大利亚根据本国草地资源丰富、牛羊规模化养殖的特点，通过加工技术工程化与集成，重点发展和形成了规模化和自动化程度高、设备先进的屠宰与分割加工技术。如对分割部位肉传送编制了软件识别系统，自动分类。澳大利亚近年还针对牛胴体大、劈半难而不准确且易产热致肉变性的特点，开发了激光自动定位劈半系统，并配套有喷淋冷却装置来解决这些问题，这种自动化是机械化和电脑控制技术的集成。每个屠宰厂都有电脑控制中心、软件系统，高新技术在牛羊加工上的应用达到较高水平。

（3）加工标准化模式　目前，肉类质量分级体系以美国、日本、澳大利亚、加拿大为主要代表。各个体系所采用的评价方法基本相同，只是在等级划分和评价指标上略有差异。

美国早在 1916 年就完成了肉牛胴体分级标准，1925 年制定了联邦肉品评级标准，1927 年首次建立了政府评级制度，1997 年美国联邦推荐的美国农业部（USDA）牛胴体品质分级体系由活体分级、胴体分级、犊牛分级三部分组成。美国的牛肉分级标准包括牛肉质量等级标准和牛胴体产量等级标准两部分。牛肉质量等级由美国农业部指派的独立牛肉评定员进行判定，并使用不同的等级标志（图 2－9）。

本着自愿、付费、分级员评定三原则，美国推行牛肉分级标准取得了明显的效果：牛肉分级率由初期的 0.5%发展到目前的 95.0%；尽管肉牛品种由 5 个增加到 100 个，遗传变异增大，但牛肉质量由遍布 8 级到集中在前 3 级，产品趋向一致，优质牛肉比重大大提高。因此，美国牛肉加工标准化模式促进了美国肉牛业的发展，增强了产品市场竞争力。

图 2－9　美国农业部牛肉分级标准标志

（资料来源：美国农业部提供）

在美国的影响下，日本于 1960 年完成了牛胴体交易标准，经多次修改，于 1988 年制定了新的牛胴体品质评定方法和标准。日本的牛肉分级标准由日本肉品分级协会制定，该标准较为细致，主要根据牛胴体的产量和肉质，将牛肉分为 15 个等级。澳大利亚的牛肉分级系统较为复杂，是一套基于 PACCP 的数据库。该数据库包括了胴体分级所涉及的指标，如大理石花纹、肉色和脂肪色。大理石花纹分为 10 个等级。日本和澳大利亚均根据本国肉牛特点制定与实施牛肉分级标准，同样极大地推动了本国优质牛肉的生产，满足了国内外市场需求。

加拿大虽然早在 1922 年就开始建立猪肉分级系统，可是直到 1960 年加拿大才出现第一个胴体等级标准。1986 年政府强制每周屠宰量大于 1 000 头的屠宰厂必须使用电子胴体分级系统。从以每头商品肉猪的背膘厚度和胴体重为标准建立的指数系统，发展到现在的以每头商品肉猪的胴体瘦肉率和胴体重为标准建立的分级系统。此标准中最有价值的就是胴体指数，它可以作为用来确定活猪价格的依据。将商品猪的胴体平均指数值定为 100.0%，屠宰后对照胴体分级指数表，根据胴体重和瘦肉率确定胴体指数值，再根据指数值计算活猪的实际价格。胴体的指数值是根据加拿大农业及农业食品部定期进行的胴体分割研究数据制订的。加拿大自 1968 年实行以指数为标准的猪胴体分级体系以来，在实行的前 6 年中，胴体分级指数值在 100 以上的猪胴体在总群体中的比重从 42.5%升高到了 60.0%，因此，加拿大于 1978 年重新定义了指数值为 100 的猪胴体的胴体重和背膘厚度。从 1969 年到 1982 年，加拿大猪胴体分级指数值在 100 以上的猪胴体占总群体的比重从 42.5%升高到 78.0%。由此可见，加拿大猪胴体分级标准的实施取得了非常好的效果，使得其本国肉猪品质得到了显著的提高。

肉品分级对于降低肉品交易成本、提高流通效率作用明显，实现了肉品生产的商品化，使得不同养殖场、不同品种的畜禽肉，形成了等级内质量一致、等级间质量差异明显的可流通商品。借助肉品分级标志，肉品的质量得到了保证，肉品生产者、加工者、销售商和消费者所面对的不确定性降低，信息搜集成本减少。另外，分级还避免了私人标准之间的不协调，促进了肉品的跨区域流通，尤其帮助小规模分散化生产的农户进行生产决策，提高利润水平。

（4）传统制品现代化改造模式　从 20 世纪 60 年代开始，西班牙、意大利、法国等先后对干腌火腿的传统工艺和品质进行了较为系统的研究，在此基础上完成了传统工艺的现代化改造，基本实现了机械化、自动化生产，大大提高了生产规模和效率；在基本保留了干腌火腿的传统风味特色的同时，使其更加适应现代肉品卫生、低盐、美味、方便的消费理念。通过这种传统制品现代化改造模式，西班牙 Serrano 和 Iberian 传统火腿、意大利 Parma 和 San Daniele 传统火腿经现代化工艺技术改造后的产品，已得到国内外消费者的高度认同，并得到欧盟原产地命名保护许可，而且传统火腿现代化改造生产线已占领了世界市场，创造了肉品发展史上传统与现代完美结合的成功典范。经现代化工艺改造的工厂生产规模从20世纪90年代的10.0万～20.0万条/年发展到目前的100.0万～200.0万条/年，最大已达到300.0万条/年。因此，传统制品现代化改造模式显著提高了传统肉制品的生产效率、经济效益和安全品质。在传统制品现代化改造模式的成功带动下，采用新技术结合新工艺、开发适合不同传统肉制品大规模自动化生产的智能化控制成套新装备和新产品已成为国际传统肉制品的发展方向。

（5）包装技术、材料、装备一体化模式　美国希悦尔（Sealed Air）公司是全球专业生产肉品保护包装、贮藏包装和新鲜包装等各类包装材料及系统装备的领先制造商，开创了以企业为主导的包装技术、材料、装备一体化成功模式。旗下的快尔卫（Cryovac）公司拥有世界一流的专业肉品包装技术，与超市、肉品加工和餐饮行业紧密合作，不断研制开发各种新型包装产品和系统，使生鲜与加工肉品能够安全配送和保存。包装材料包括：多层真空收缩袋、多层方底纸袋、阻氧托盘、吸水垫和衬纸、复合膜材料、硬膜包装、吸氧剂等。快尔卫（Cryovac）公司还从事气调式托盘盖膜包装系统和其他食品包装设备业务。对于新鲜易变质的食品，快尔卫（Cryovac）公司产品在全球的覆盖率高达80.0%。肉品包装通过增强安全性和降低损耗而延长保质期，使冷却肉可以跨区域进行长途冷链运输，扩展全球市场，因此，可降低总成本，创造更大的经济回报。美国希悦尔公司依靠包装业务专一性和专业性的科技优势取得成功的模式值得借鉴。

（四）政府保障

1. 科技政策

（1）美国　美国政府将研发投入集中于基础研究（30.0%～40.0%），鼓励私人企业成为技术创新活动的主体，非常注重促使研发投资保持持续增长。2005年，联邦研发预算达1 322.0亿美元，比2004年增加60.0亿美元，增长率为4.8%，高于同期国内生产总值增长速度。美国目前的科技发展战略主要包括促进科学研究、投资于技术创新、保障国家安全、保护环境、改善健康、培养人才6个方面。

（2）日本　日本以“科技立国”为指导思想，加强对基础研究和经济前沿领域的研究，重点支持带有创造性的、与开拓新领域相关的战略性研究。日本第一期科技基本计划（1996—2000）的政府研发预算为17.0万亿日元，第二期科技基本计划（2001—2005）的政府研发预算达 24.0 万亿日元，同比增加 41.0%。近年来，日本全国研发投入一直占国内生产总值的 3%左右，稳居几个主要发达国家之首。日本政府通过国会特别拨款及补助预算等，大规模地改善国立研究机构的设施和实验条件。1998—2000 年，用于国立研究所的设施设备改造的金额就达 2 722.0 亿日元。日本的国立研究机构获得了日本政府研发预算的 45.0%，占其年投入的 99.4%。日本政府为支持高新技术研究与开发活动制定了《增加试验费税额扣除》、《促进基础技术开发税制》等税收政策。研发的管理采取“官民分立”和“部门分管”的体制。

（3）德国　为了实现国内总研发费用在 2010 年占国内生产总值 3.0%的目标，德国联邦政府不断提高研发经费的总量。联邦教研部在 2005 年的经费增加了 3.0 亿欧元，达 100.0 亿欧元。联邦政府 2006 年 2 月决定，在 2006—2009 年追加研发经费 60.0 亿欧元。研发经费的总体协调由联邦教研部负责，划分为 3 个重点：其一是资助尖端技术和高新技术领域的研发，如信息技术、生物技术、纳米技术、航天技术，以及这些技术成果向能源、安全、环保和健康等应用领域的转化；其二是促进中小企业技术创新能力的提高；其三是提高德国高校和独立科研机构的科研能力。德国政府制定了积极的科技扶持政策，对需要重点发展的高科技领域研究开发或实际应用所需的固定资产、企业用于研究开发的固定资产实行特别的折旧制度。

发达国家政府科技支撑政策与投入的特点：①政府研发投入总额呈上升趋势。发达国家非常重视加大科技投入的力度。美国强大的科技实力是以巨额的研究与开发经费投入为保障的。近 50 年来，美国 R&D 经费投入占 GDP 的比例一直为 2.2%～2.8%。庞大的 R&D 经费投入保证了美国强大的研发实力。1971—2000 年，美国联邦政府研发经费增加了 3.6 倍，日本、法国、英国政府研发经费投入分别增加了 6.0～7.0 倍（按本国货币计算）。②政府研发经费投入主要投向政府研究机构和大学。投向产业界的资金呈下降趋势，投向大学的资金增速最快。20 世纪 80 年代中期以来，随着企业界研发投入主导地位的形成，美国、德国、法国、英国政府研发经费投入占 GDP 的比例呈现总体下降趋势，为 0.5%～0.8%。③政策支持力度大，投入机制灵活。发达国家在财政政策方面为科技投入提供了许多支持，如给予优惠和减免税政策、推动高新技术产业上市融资等。发达国家科技投入的机制及取向都具有较大的灵活性。

2. 立法与执法

（1）完善法律法规　美国肉品质量安全方面已经形成一套完整的法律、法规体系，主要包括：《联邦食品、药品和化妆品管理法》、《联邦肉类检验法》、

《禽肉产品检验法》、《食品质量保护法》等。美国肉品安全法律法规的主要特征：①适时完善，时效性强。②可操作性强。③预防性强。

欧盟与肉品安全有关的法律法规包括：①综合性法律法规。主要有《欧盟食品安全白皮书》、《欧盟食品基本法》及其2003、2004、2006年修订的《欧盟食品卫生条例》、新生效的《食品中污染物限量》。②肉品安全法律法规。主要有《动物源食品的特定卫生要求》、《动物源食品的官方控制特定要求》，以及与动物健康和疾病控制有关的指令、专门针对沙门氏菌和其他特定食源性病原的指令等。欧盟食品安全法律法规主要特征：①在统一的战略框架下制定食品安全法律法规。②基于肉品产业链制定食品安全法律法规。③注重肉品安全法律法规的修订与配套。

日本与肉品安全有关的法律法规包括：①综合性法律法规。主要有《食品卫生法》和《食品安全基本法》、《食品残留农业化学品肯定列表制度》。②相关或针对性法律法规。日本与肉品安全有关的法律法规体系的主要特征：①涉及肉品安全的法律法规日趋严格。②肉品安全法律法规更新加快，并注重与国际接轨。

澳大利亚、新西兰与肉品有关的法律法规包括：《澳大利亚、新西兰食品标准法》、《澳大利亚、新西兰食品标准法规》及澳大利亚《食品法规协议》。澳大利亚、新西兰肉品安全法律法规的特征是：①注重法规的原则性与灵活性。②注重法规内容及其执行的协调性。

（2）加强监管　当前美国的肉品安全监管体制是一种相对集中的体制，主要按照产品种类进行职责分工，即不同种类的食品由不同的部门管理，且该部门负责与该食品所有有关活动的监管，包括种植、养殖、生产加工、销售、进口等。农业部（USDA）属下的食品安全检验局（FSIS）负责执行肉品相关安全法律，管理国内和进口的肉、禽产品，包括工厂卫生的管理，具体由政府派出的官方兽医驻厂检验与管理。FSIS对在州际贸易中销售的所有肉制品进行检查，并对进口产品进行重新检查，以保证它们符合美国食品安全标准。进口肉品在入关前还要进行检测，合格的方可入关。检测不合格的，进口商召回到出口国。如果在入关后发现不合格的，将予以销毁。

加拿大食品检验署（CFIA）对肉品产业的管理执行以下规定：①CFIA驻厂检查。所有加拿大的屠宰企业均由CFIA按照企业的规模派数名官方兽医和官方检验员驻厂跟班检验检疫。按照CFIA的规定进行宰前宰后检验、日常卫生监管、执行HACCP计划的监督、官方残留监控计划的抽样送样及出口出证。②猪肉追踪系统。加拿大最大的猪肉生产加工商枫叶食品公司建立了猪肉追踪系统，该系统可在数小时内对其销往各处的猪肉制品一直追溯到提供此块肉的肉猪的出生地点。

在英国，肉品的安全、屠宰厂的卫生及巡查由卫生部肉品卫生服务局管理。屠宰厂是重点监控场所，政府相关部门对各屠宰厂实行全程监督；大型肉制品批发市场也是检查重点，食品卫生检查官员每天在这些场所仔细抽样检查，确保出售的商品来源渠道合法并符合卫生标准。在食品安全监管方面，一个重要特征是严格执行食品追溯和召回制度。屠宰加工厂收购活体牲畜时，养殖方必须提供过去信息的记录；屠宰后被分割的牲畜肉块，也必须有强制性的标识，包括可追溯号、出生地、屠宰厂批号、分割厂批号等内容，通过这些信息，可以追踪每块畜禽肉的来源。

3. 战略预警与应急

对突发公共事件或行业危机（如肉品质量安全、肉品供应价格波动等），一些发达国家政府建立了较为完善的预警与应急机制。比如美国的预警与应急机制对于我国有着重要的借鉴意义，可以促使我国改变目前的被动防控为主动防控。

美国预警与应急机制的建立，重点体现在它所设置的一系列机构上。州一级处理突发公共事件的机构称突发公共事件管理办公室，下设总部、突发公共事件处置中心和若干个分部，分别承担不同的职能和任务。美国地方政府预警与应急机制的建立具体分三个部分：①预警机制人事方面的建设。美国联邦法律通过人事管理来影响公共安全管理者。②系统性的危机应对机构。美国大部分的地方政府都有适当的应急反应计划，以处理突发公共事件。③专业性的危机应对机构。根据不同性质和种类的危机，又可设置不同职能的机构。

美国食源性疾病监测预警与应急系统就是一个很好的案例。该系统于1995年由FSIS和卫生部的食品药品管理局（FDA）、疾病预防与控制中心（CDC）与各州/地区卫生行政部门联合建立，具体由疾病预防与控制中心负责。该系统主要特点是：监测手段的主动性，监测内容的针对性，监测结果的精确性，监测反应的快捷性，监测组织的协调性。该系统的实施降低了食源性疾病的发生，对食源性疾病进行主动监测和早期预警，对于制订新的预防措施，降低食源性疾病的发生率具有十分重要的意义。

三、我国肉品加工业可持续发展战略

（一）战略目标

1. 保障消费需求

通过我国肉品加工业可持续发展，充分保障肉制品供给，满足消费者未来对肉品质量安全及促进自身健康的需求。肉品质量安全水平显著提高，2020年和2030年，规模以上企业肉制品国家监督抽查合格率分别达到98%以上和99%以上（据《中国的食品质量安全状况白皮书 2007》数据估算）。

2. 增强产业核心竞争力

以现代产业理念为先导，加强产学研结合，通过科技引领与支撑、企业主导、政府保障等措施，围绕动物福利、肉品安全与健康、环境友好与能源节约、资源利用与增值、信息与自动化等关键技术开展研究，促进肉品产业科技创新与升级，开发相应高新技术和装备，注重产品质量、结构与效益，完善产品质量安全控制和保障体系，增强产业核心竞争力。

3. 提高规模化、集约化和标准化程度*

支持企业重组或兼并，大力发展规模化生产、集约化经营和标准化管理，加快向新型工业化道路转型，为扩大肉品内需市场和参与国际竞争创造条件，缩小肉品加工业整体发展水平与世界肉品加工业强国的差距。

---

* 资料来源：数据根据日本居民收入（同我国居民当前收入）不同阶段的消费经验并结合我国当前实际推算。

（1）机械化（工业化）屠宰率　2020年，畜禽综合机械化屠宰率从2010年的44.3%提高到73.5%，2030年达到100.0%。其中，2020年，禽类机械化屠宰率由70.0%（2010）达到100.0%，牛羊机械化屠宰率由33.3%（2010）达到55.8%，生猪机械化屠宰率由33.3%（2010）达到55.8%；2030年分别达到100.0%、81.8%和81.8%。

（2）产业集中度和规模化程度　2020年，全国屠宰及肉品加工产业集中度（CR4）由2010年的28.3%达到47.6%，2030年达到69.8%。

（3）企业质量管理体系　2020年，规模以上企业ISO9000系列认证率由2010年的71.6%达到100.0%，HACCP认证率由2010年的16.6%达到27.6%；2030年，分别达到100%和45.8%。

（4）环境保护和质量卫生保障体系　2020年，规模以上企业的污水污物处理设施和畜禽肉无害化处理设施均达到100.0%，ISO14001认证率由2010年的44.3%达到73.5%；2030年，ISO14001认证率达100.0%。检疫检验严格按照技术规程进行，从进厂检疫直到销售的全过程建立起严密有效的卫生质量控制体系。

（5）产品结构　提高原料肉深加工率，2020年和2030年，深加工率由2010年的16.7%分别达到27.7%和40.6%。

（6）流通方式　2020年，大城市“冷链”流通比率由44.3%（2010）达到73.5%，中等城市由27.7%（2010）达到45.9%；2030年分别达到100%和67.3%。2020年县级以上城市肉品销售进入连锁超市等现代零售业态的比例由11.1%（2010）达到18.6%，大城市由33.3%（2010）达到55.6%；2030年分别达到27.3%和81.5%。

4. 完善科技创新与推广体系*

建立国家、省、企业等多层次重点实验室和工程技术中心，形成多类型（基础、应用基础、技术、推广）的综合科技创新和转化平台。2020年，肉品加工业科技创新与推广体系初步完善，科技成果转化率显著提高，肉品产业科技进步贡献率由48.2%（2010）提高到64.8%左右；2030年科技成果转化率大幅提高，科技进步贡献率达87.1%以上。肉品加工与质量安全控制重大关键技术取得突破，科技支撑作用显著增强。

* 资料来源：参考《国家中长期科学和技术发展规划纲要（2006—2020）》，适当调整。

（二）战略重点

1. 肉品加工关键技术及装备研究与产业化

针对我国肉品加工程度低，重大关键技术研究不深入，创新性不足，先进高端技术引进消化吸收慢，适用性受限，工程化技术集成不够，装备性能差等产业化问题，面对新形势下发达国家注重的动物福利、环境保护、节能降耗、质量安全等新要求，需要进一步加强与肉品加工有关的关键技术及装备研究，并尽快实现产业化转化。如畜禽屠宰及宰后过程的整体工艺优化是保证宰后生鲜肉品质量与安全，实现畜牧业价值的核心与关键。该领域研究属于动物和食品科学的交叉学科研究，又涉及动物福利，国外大学和研究机构已开始对此重视并加强了系列研究，并有相应的产业化技术成果及时应用于实践。但目前我国研究机构还未对该环节给予足够的关注，在肉品产业界中更是被大大忽视，大部分企业产生一系列严重的问题肉，如白肌肉、黑干（DFD）肉、淤血肉、僵直肉、注水肉等，导致肉品失水、嫩度差、颜色异常等，给企业造成巨大损失。特别应将生物技术、信息技术、新材料技术、节能环保高新技术等应用于肉品加工关键控制技术并开发相应的装备。肉制品深加工过程中的注射嫩化、快速腌制、斩拌乳化、滚揉按摩、蒸煮烟熏、灌装封口等环节的关键技术及装备，是战略研究的重点。

2. 肉品质量安全控制关键技术及标准体系研究与示范

肉品的质量安全仍将是未来国际研究的热点。基本理念是实现从源头到餐桌的全程综合控制，涉及管理监督体系、技术支持体系、技术实施体系等。就技术发展而言，生物技术、信息技术、自动化或智能化技术、活性包装技术、节能环保高新技术等应用于肉品质量安全隐患入侵预警和控制，以实现快速、准确、可跟踪或追溯是未来追求的目标。以 DNA 为基础（基因芯片生物技术）的“物联网”溯源技术将是肉品质量安全控制关键技术的发展方向。技术支持体系中的标准体系必须先行建立，以作为其他体系执行的基准和参照。

3. 肉品加工高新技术的应用研究与示范

肉品加工业属于传统产业，通过高新技术武装和改造，可以促进产业技术创新和升级，这是传统产业发展的必由之路，也是世界发达国家肉品加工技术发展的趋势。高新技术如生物技术、信息技术、自动化技术、激光技术、能源技术、新材料技术等与肉品加工业的关系最为密切。目前，我国肉品加工过程中出现了诸多困扰产业发展的瓶颈：生物技术方面，如高档发酵制品核心关键技术生物发酵剂主要依赖进口，生物防腐剂的研究与应用也刚刚起步，基因诊断与生物传感技术用于质量安全控制还不多见；信息化技术方面，如胴体智能化分级、在线或无损检测技术及软件开发、计算机可视化或虚拟技术等研究还比较落后，产业应用更遥不可及；能源技术方面，节能环保技术，特别是冷或热处理新技术等研究不深入，但其在未来肉品加工业中有广泛的应用空间，几乎涉及加工的各个环节。因此，应加强肉品加工高新技术的应用研究与示范。

（三）需要突破的关键科学与工程技术问题

1. 重大基础科学问题

（1）肉品品质形成机理及加工过程中的变化规律　研究动物肌肉转变为可食肉的生物化学规律，阐明冷却肉成熟的机制，研究低温肉制品加工过程中乳化的机制及凝胶形成的规律，研究传统肉制品风味形成机理。

（2）肉品加工过程中有害因子形成、消长、控制的理论基础　研究肉品加工过程中化学有害物生成、衍化、迁移、残留的规律，研究肉品加工过程中重要腐败和致病微生物有害因子生成、残留的规律。

（3）肉品消费与人类健康的关系研究　研究肉品对人类免疫系统及其形成的影响，研究肉品的生理调节作用，研究肉品摄食与现代疾病的关系。

2. 重大关键工程技术问题

（1）肉品加工过程中生物工程技术的应用研究与示范　研究生物发酵剂高密度培养、发酵剂制备等核心关键技术，开发发酵剂制备和产品发酵关键设备。研究通过基因工程、酶工程等手段改良与优化发酵剂性能和功能的技术，建立产业化示范基地。研究生物防腐剂生物工程制造技术及肉品保鲜技术；研究肉制品品质和功能改善的酶工程技术，开发新型或功能性肉品。

（2）肉品加工过程中新型加工技术的开发与应用　研究肉品加工过程中智能化分级、在线检测、无损检测、虚拟现实等信息化技术，开发相关软件与设备；研究非热加工技术，如超高压、辐射、脉冲光、高压静电场、等离子体、超声波等在肉品加工中的应用和效果；研究肉品加工过程中的节能环保新技术，如真空冷却技术、静电场辅助解冻技术、高效干燥技术等。

（3）肉品加工安全隐患入侵预警和控制工程技术研究　研究肉品及制品中

的化学残留、致病或腐败微生物等生物传感器快速检测及污染表征确认技术；研究肉品全程冷链物流安全控制技术，如微生物预报技术；研究肉品质量安全控制全程跟踪与追溯（“物联网”）关键技术，并在肉品产业链中应用推广。

（4）重大产品加工关键技术及装备研究与产业化

①冷却肉加工关键技术及装备研究与产业化　研究宰前动物福利管理技术（运输、断食、休息等）、宰杀技术和宰后技术等对主要畜禽胴体品质的影响，优化冷却工艺与开发相应新型设备；研究与开发畜禽屠宰加工新型或自动化设备、高效节能技术与装备；研究胴体在线检测与分级技术，开发相应系统和设备；研究冷却肉保鲜加工新技术及设备；建立主要畜禽冷却肉加工生产线及产业化示范基地。

②肉制品加工关键技术及重大装备研究与产业化　研究西式低温肉制品重要工序加工（注射嫩化、腌制、滚揉、斩拌、烟熏、灌装）与保鲜新工艺，开发相关关键设备，解决其出油出水、质地差、货架期短等问题；研究中式传统肉制品腌制（滚揉）、干制等新工艺参数，加强快速成熟工艺研究，开发自动化或智能化设备；研究与开发亚硝胺、多环芳烃和杂环胺等有害物质控制技术；研究调理肉制品关键技术的集成及相应设备的研制与组装。

（5）肉品加工质量安全控制标准体系研究与示范　基于广泛的调查和研究，参考发达国家标准，建立适于我国肉品企业的 HACCP 安全控制体系和 PACCP 品质控制体系。优化与创新畜禽胴体细化的分级标准，使其具有更大的灵活性和可操作性。系统研究我国的肉品质量安全标准体系，以《中华人民共和国食品安全法》为根据，以统一为原则，重新制定/修订新一轮标准体系，建立基于科学基础的标准或增加标准的国际采标率。内容包括：肉品加工原料质量安全控制标准体系研究，肉品加工过程质量安全控制标准体系研究，肉品加工终产品质量安全控制标准体系研究。

（四）对策与建议

1. 增加科技投入，推动产学研结合

政府必须加大对肉品加工科学与加工技术、质量安全控制技术等研究和推广的基础性和公益性投入，保障肉品加工业实用和先进技术的推广应用；建立和完善肉品产业技术体系和产业技术创新战略联盟，发挥国家级中心等平台的作用，推动产学研结合，促进肉品产业技术创新与升级；同时引导龙头企业加大技术研发投入，逐步推动其成为肉品加工业科技创新主体，从而大大提高科

技进步贡献率。

2. 完善标准与法规体系，加强监管

参考WTO/TBT或SPS规定，借鉴发达国家肉品加工质量安全标准体系和法规体系的特点和建设经验，对照其具体详细的标准和法规内容，逐一分析，结合我国具体实际情况，重新系统构建或完善肉品加工质量安全标准体系及法规体系。要加大执法和处罚力度，大大提高违法成本，这是发达国家的重要经验。借鉴欧洲"统一监管"、美国"分块监管"的成功经验，根据中国具体国情，进一步改革我国国家监管体制，完善目前多部门、分段监管食品安全的体制。建议监管机构合并，改变政出多门、结构繁杂的状况，形成权威统一、权责分明、独立行动、权力制衡、运转高效的监管机制。从总的趋势看，食品特别是肉品的安全监管在行政管理体制上越来越垂直，主要趋势是兼并、统一、集中。

建议国家及时制定禁止活畜禽运输和交易的相关法规，完善和强化定点和就近屠宰法规；细化和完善肉品产业链可追溯法规；建议制定动物福利相关法规和完善肉品中有害微生物限量标准；建议进行肉品消费"碳排放"标签标注或认证。建议强化源头和全程管制，动态完善食品风险分析制度和食品召回制度，完善第三方检验制度，建立突发事件战略预警和应急管理机制；建议支持行业协会、合作社、认证机构等各种中介组织的发展。

3. 支持龙头企业，带动产业发展

通过采取积极的财政、金融、税收、科技等政策扶持措施，培育肉品加工产业化龙头企业，促进向全产业链发展，提高产业集中度、产品深加工程度及集约化效率，发挥龙头辐射带动作用，引导行业和相关产业可持续发展，带动"三农"问题的解决；同时，鼓励龙头企业积极参与国际竞争，促进肉品出口，树立优质安全的国际形象，提高肉品加工业国际竞争力。

建议国家参考取消农业税的惠农政策，未来考虑取消或减免"农"字号加工企业的税收，通过支持肉品加工企业发展，以带动养殖业可持续发展。鼓励企业扩大生产规模，建设重要肉品战略储备库，建立快速配送体系以稳定市场。

参考文献

车文毅 . 2002. 食品安全控制体系——HACCP [M] . 北京：中国农业科学技术出版社 .

陈锡文，邓楠 . 2004. 中国食品安全战略研究 [M] . 北京：化学工业出版社 .

邓兴照，许尚忠，张莉，等 . 2007. 澳大利亚肉牛业发展特点以及对我国肉牛业的启示 [J] . 中国畜牧杂志，43 (24)：21 - 23.

孔凡真 . 2007. 澳大利亚的牛羊加工业 [J] . 中国牧业通讯 (14)：65.

李硕 . 2009. 发达国家政府科技投入的经验及借鉴 [J] . 河南财政税务高等专科学校学报，23 (1)：7 - 9.

励建荣 . 2009. 意大利和西班牙火腿生产技术与金华火腿之对比及其启发 [J] . 中国调味品，34 (2)：36 - 39.

刘成果 . 2008. 中国奶业年鉴 2008 [M] . 北京：中国农业出版社 .

刘成果 . 2010. 中国奶业年鉴 2010 [M] . 北京：中国农业出版社 .

刘丹鹤 . 2008. 世界肉鸡产业发展模式及比较研究 [J] . 世界农业 (4)：9 - 13.

刘文献 . 2009. 美国促进科技进步提升创新能力的启示与思考 [J] . 科技创业月刊 (4)：22 - 24.

卢洪友 . 2004 - 02 - 13. 建立“企业主导型”科技发展机制 [N] . 光明日报 .

沈振宁，高峰，李春保，等 . 2008. 基于计算机视觉的牛肉分级技术研究进展 [J] . 食品工业科技 (6)：304 - 309.

魏益民，刘为军，潘家荣 . 2008. 中国食品安全控制研究 [M] . 北京：科学出版社 .

吴永宁 . 2005. 现代食品安全科学 [M] . 北京：化学工业出版社 .

张楠，周光宏，徐幸莲 . 2005. 国内外猪胴体分级标准体系的现状与发展趋势 [J] . 食品与发酵工业，31 (7)：86 - 89.

中国奶业年鉴编辑部 . 2009. 中国奶业统计资料 2009 [M] . 北京：中国农业出版社 .

中国肉类协会 . 2011. 中国肉类年鉴 2009—2010 [M] . 北京：中国商业出版社 .

中国食品工业协会 . 2006 - 05 - 19. 2006—2016 年食品行业科技发展纲要 [EB/OL]. http：//news. aweb. com. cn/2006/5/19/8581463. htm.

中国食品工业协会 . 2011. 中国食品工业年鉴 2010 [M] . 北京：中华书局 .

中华人民共和国国家发展和改革委员会 . 2008 - 11 - 13. 国家粮食安全中长期规划纲要 (2008—2020 年) [EB/OL] . http：//www. gov. cn/jrzg/2008 - 11/13/content _ 1148414. htm.

中华人民共和国国家发展和改革委员会，科学技术部，农业部 . 2006 - 10 - 19. 全国食品工业“十一五”发展纲要 [EB/OL] . http：//www. fdi. gov. cn/pub/FDI/zcfg/tzxd/cyxd/t2006 - 111766238. jsp.

中华人民共和国国家统计局 . 1996. 中国统计年鉴 1996 [M] . 北京：中国统计出版社 .
中华人民共和国国家统计局 . 1999. 中国统计年鉴 1999 [M] . 北京：中国统计出版社 .
中华人民共和国国家统计局 . 2005. 中国统计年鉴 2005 [M] . 北京：中国统计出版社 .
中华人民共和国国家统计局 . 2009. 中国统计年鉴 2009 [M] . 北京：中国统计出版社 .
中华人民共和国国家统计局 . 2010. 中国统计年鉴 2010 [M] . 北京：中国统计出版社 .
中华人民共和国国家统计局 . 2011. 中国统计年鉴 2011 [M] . 北京：中国统计出版社 .
中华人民共和国国家统计局，科学技术部 . 2010. 中国科技统计年鉴 2010 [M] . 北京：中国统计出版社 .
中华人民共和国国务院 . 2006 - 02 - 09. 国家中长期科学和技术发展规划纲要（2006—2020 年）[EB/OL] . http：//www. gov. cn/jrzg/2006 - 02/09/content _ 183787. htm.
中华人民共和国国务院 . 2006 - 03 - 16. 中华人民共和国国民经济和社会发展第十一个五年（2006—2010 年）规划纲要 [EB/OL] . http：//news. xinhuanet. com/misc/2006 - 03/16/- content 4309517. htm.
中华人民共和国国务院新闻办公室 . 2007 - 08 - 17. 中国的食品质量安全状况白皮书 [EB/OL] . http：//www. scio. gov. cn/gzdt/ldhd/200708/t123722. htm.
中华人民共和国农业部 . 2006 - 06 - 26. 全国农业和农村经济发展第十一个五年规划（2006—2010 年）[EB/OL] . http：//www. moa. gov. cn/govpublic/FZJHS/201006/t201006 - 061533135. htm.
中华人民共和国农业部 . 2006 - 12 - 20. 农产品加工业“十一五”发展规划 [EB/OL]. http：//www. moa. gov. cn/zwllm/ghjh/200803/t20080304 _ 1029952. htm.
《中华人民共和国食品安全法》编写小组 . 2009. 中华人民共和国食品安全法释义及适用指南 [M] . 北京：中国市场出版社 .
Food and Agriculture Organization of the United Nations. 2012. FAO statistical yearbook 2012：world food and agriculture [M] . Rome：Food and Agriculture Organization.
Food and Agriculture Organization of the United Nations. 2012. FAOSTAT [EB/OL]. http：//faostat3. fao. org/home/index. html.
USDA - FSIS. 1996. National wide beef microbiological baseline data collection program：market hogs. April 1995 - March 1996. Washington，DC：USDA-FSIS.

专题组成员

周光宏　教授、校长　南京农业大学
徐幸莲　教授　南京农业大学
孙京新　教授　青岛农业大学
李春保　副教授　南京农业大学
赵改名　教授　河南农业大学
罗　欣　教授　山东农业大学
徐宝才　副总裁　江苏雨润食品产业集团有限公司
赵　宁　高级工程师　江苏雨润食品产业集团有限公司
刘登勇　副教授　渤海大学
邵俊花　讲师　渤海大学
黄　明　副教授　南京农业大学
汤晓艳　副研究员　中国农业科学院
张万刚　教授　南京农业大学
濮福强　董事长　江苏省食品集团有限公司
张　楠　经理　江苏省食品集团有限公司
江　芸　副教授　南京师范大学
孙卫青　副教授　长江大学
韩敏义　讲师　河北科技大学
卢士玲　副教授　石河子大学

专 题 三

ZHUANTI SAN

乳品加工技术与质量安全控制

一、我国原料乳生产发展现状及存在问题

（一）发展现状

1. 泌乳家畜及单产

原料乳是指作为乳制品加工业基本原料的鲜乳，包括牛乳、山羊乳、水牛乳、牦牛乳等。我国原料乳主要是牛乳和羊乳，产量见表3-1，其中牛乳占总量的约95.0%。

2007年，我国成乳牛的平均单产为4 575.0千克/头。从单产水平的区域分布看，大中城市郊区牧场的乳牛单产水平较高，上海泌乳期乳牛的平均水平已达8 000.0千克/头。

2. 乳源

1978—2010年全国牛乳产量情况见表3-1。2010年我国乳类总产量为3 748.0万吨，其中牛乳3 575.0万吨，分别约是2000年的4.1倍、4.3倍。

表3-1　1978—2010年我国乳类产量（万吨）

年份	乳类	其中：牛乳
1978	97.1	88.3
1979	130.2	106.5
1980	136.7	114.1
1981	154.9	129.1

（续）

年份	乳类	其中：牛乳
1982	195.9	161.8
1983	221.9	184.5
1984	259.6	218.6
1985	289.4	249.9
1986	332.9	289.9
1987	378.8	330.1
1988	418.9	366.0
1989	435.8	381.3
1990	475.1	415.7
1991	524.3	464.6
1992	563.9	503.1
1993	563.7	498.6
1994	608.9	528.8
1995	672.8	576.4
1996	735.9	629.4
1997	681.1	601.1
1998	745.4	662.9
1999	806.7	717.6
2000	919.1	827.4
2001	1122.6	1 025.5
2002	1 400.4	1 299.8
2003	1 848.6	1 746.3
2004	2 368.4	2 260.6
2005	2 864.8	2 753.4
2006	3 302.5	3 193.4
2007	3 633.4	3 525.2
2008	3 781.5	3 557.1
2009	3 677.7	3 518.0
2010	3 748.0	3 575.0

资料来源：《中国奶业年鉴　2011》。

我国原料乳的生产者，按其饲养乳牛的规模划分，可分为一般农户饲养（1～5头）、小规模农户饲养（6～20头）、专业户饲养（21～100头）及规模化饲养场饲养（100头以上，包括养殖小区、养殖合作社、大规模饲养场、个体饲养者等）。专业户饲养规模相当于国外微小型家庭牧场，2008年，这部分农户数量在各类生产者中位居第三位，代表着我国乳类生产的未来发展方向，其乳牛存栏量所占份额与牛乳产量所占份额大体上保持一致，分别为16.5%和17.2%。规模化饲养场主要的特点是牛乳产量所占份额都显著地高于乳牛存栏量所占份额，就成年母牛的个体单产水平而言，已经基本接近发达国家的平均水平。在饲料、营养、管理、防疫、卫生、质量、安全、技术、生产力等方面基本上可以做到与国际操作规范相衔接，是促进我国乳业发展的一支重要力量。2008年和2011年我国原料乳生产者的饲养规模及分布情况分别见表3-2和表3-3，2003—2008年各地区乳牛年末存栏数见表3-4。

表3-2　2008年我国原料乳生产者的饲养规模及分布情况

头数	户（场）数（个）	存栏量（头）	牛乳产量（吨）
1～5	664 633	1 737 799	3 989 852
6～20	155 979	1 234 995	3 237 681
21～100	23 666	883 536	2 453 183
101～200	2 116	282 322	867 389
201～500	1 551	423 816	1 184 815
501～1000	640	383 986	1 188 871
>1000	297	399 920	1 314 416
合计	848 882	5 346 374	14 236 207

注：此数据仅统计了《中国奶业统计资料　2009》中列出的省份（地区）。

资料来源：《中国奶业统计资料　2009》。

表3-3　2011年我国原料乳生产者的饲养规模及分布情况

年存栏数（头）	户（场）数（个）	年出栏量（头）
1～4	1 750 895	4 339 471
5～9	345 667	2 429 729
10～19	138 246	2 021 393
20～49	49 450	1 577 586
50～99	14 758	1 028 468

（续）

年存栏数（头）	户（场）数（个）	年出栏量（头）
100～199	4 604	674 988
200	3 579	1 164 795
500	2 061	1 475 398
1 000	898	1 716 073
50头以上	25 900	6 059 722
合计	2 310 158	16 427 901

资料来源：《中国畜牧业年鉴 2011》。

表3-4 2003—2008年我国各地区乳牛年末存栏量（千头）

地区	2003年	2004年	2005年	2006年	2007年	2008年
全国统计	8 931.5	11 079.6	12 160.9	10 688.9	12 189.1	14 744.0
北京	180.8	185.2	164.3	134.1	163.0	—
天津	133.0	161.4	176.1	115.6	153.7	—
河北	1 303.7	1 613.0	1 966.1	1 241.5	1 458.7	1 867.0
山西	214.2	258.9	298.7	162.8	317.7	—
内蒙古	1 444.6	2 194.1	2 685.7	2 755.4	2 512.3	2 566.0
辽宁	146.2	205.0	243.8	222.4	283.9	—
吉林	117.1	130.3	145.4	133.9	148.5	—
黑龙江	1 176.0	1 410.1	1 102.0	1 261.9	1 360.6	2 215.0
上海	60.7	58.1	53.3	69.1	73.4	—
江苏	141.9	153.8	161.1	84.2	93.6	—
浙江	77.0	79.6	80.4	55.7	52.6	—
安徽	41.0	42.7	40.0	27.1	59.6	—
福建	68.5	71.9	69.7	37.7	32.5	—
江西	36.4	38.5	39.0	22.1	33.1	—
山东	553.7	679.9	704.1	702.8	792.6	900.0
河南	164.6	252.0	312.2	263.9	556.2	—
湖北	57.1	48.0	46.9	43.5	51.1	—
湖南	25.2	29.0	30.0	21.9	24.4	—
广东	40.5	44.3	48.3	31.9	53.6	—

（续）

地区	2003年	2004年	2005年	2006年	2007年	2008年
广西	23.9	28.5	30.9	19.3	47.2	—
重庆	25.5	23.4	24.5	13.1	14.4	
四川	152.3	169.8	188.2	168.1	176.5	—
贵州	26.6	47.8	82.0	56.4	92.6	—
云南	151.3	203.5	200.7	187.9	190.1	—
西藏	39.8	38.3	58.0	319.6	347.2	—
陕西	328.8	395.2	460.3	269.6	392.9	—
甘肃	193.2	149.9	186.9	175.7	120.6	—
青海	154.0	171.3	184.5	222.6	219.1	—
宁夏	129.6	186.1	229.0	219.3	260.8	—
新疆	1 724.3	2 010.0	2 148.8	1 650.0	2 105.5	2607.0

注："—"表示数据缺失。

资料来源：《中国奶业年鉴　2008》。

我国的牛乳产量经过50多年的发展已经提高了很多，但与乳业发达的国家相比，依然处于较低水平。我国必须致力于提高乳牛的单产水平，而不是仅仅依靠增加乳牛数量来提高牛乳产量。

（二）存在问题

1. 育种与单产

目前，我国主产省份乳牛的生产水平不高。一方面，养牛散户育种和饲养管理水平低下，育种工作得不到推广应用。另一方面，养牛户不考虑乳牛选育的现象相当普遍，致使乳牛的生产性能严重退化，表现在乳产量和质量都比较低下。

21世纪初，世界上主要国家成母牛平均单产在6 000千克/头以上，如美国、日本、加拿大等国家的单产更是达到8 000千克/头以上。与乳业发达国家相比，我国的乳牛单产还处于较低水平，乳牛年单产低于4 500千克/头的现象相当普遍。大部分成年荷斯坦牛的年产乳量、乳脂率、乳蛋白含量等指标均低于发达国家，这严重制约了乳类总产量的增长和生产效益的提高。

2. 饲养模式

不同规模的生产者，在与饲养模式有关联的饲料、营养、管理、防疫、卫生、质量、安全、技术、生产力等许多方面，都存在很大的差异性。这些差异影响生产者的经济效益，也影响原料乳的质量，乃至整个乳业发展。农户饲养占有相当重的比例，制约着我国饲养水平和原料乳质量的提高，是我国现代化乳源基地建设的瓶颈。具体体现在：①良种繁育体系不健全，良种乳牛数量不足，单产水平低，牛乳质量低；②乳牛饲养规模小、养殖分散，产业化程度低；③饲养技术低，在我国很多地方乳牛饲养还是采用原始的粗放饲养模式；④动物疫病防控能力差，饲养风险加大。

3. 原料乳质量

目前，由于我国乳牛饲养过度分散，农户饲养技术不高，机械化挤奶比重低，原料乳收购检测手段落后，造成原料乳污染、人为掺假的现象在此阶段最容易发生，异常乳（如生鲜牛乳中菌落总数及体细胞含量过高，抗生素残留严重）比例高，不能有效控制含有残留物和有害成分的原料乳进入企业，因此，产品很难达到严格的质量标准。

近些年，我国乳制品加工业快速发展，乳源竞争相当激烈，原料乳供应短缺，加之忽视了技术改造，更加剧了问题的出现，乳源质量成为困扰我国乳业发展的瓶颈，如我国原料乳的乳干物质低（总干物质含量 11.5％，蛋白质 2.9％，脂肪 3.2％）和风味不足等。由于原料乳质量问题而引发的安全事件频发，如阜阳劣质乳粉事件、元素“碘”含量超标、三鹿婴幼儿乳粉事件等都使中国的乳品行业受到重创，折射出原料乳质量到了必须治理的紧要关头。

二、我国乳制品生产发展现状及存在问题

（一）发展现状

1. 第一阶段

1949—1978 年，由于城市居民生活水平的逐步完善和提高，对消毒乳的需求增长，在各大中城市兴建了一批乳品公司生产保质期极短的瓶装消毒乳。同时，随着农区、草原地区乳牛业的发展，以生产乳粉为主的乳制品加工业也开始起步。这一时期，乳制品产量由 0.06 万吨增至 4.7 万吨，主要当作儿童、老人、病人等人群的补充营养品。

2. 第二阶段

1979—1992 年是我国乳业发展的黄金时期，鲜牛乳总产量由 1978 年的 88.3 万吨增至 503.1 万吨，增长了 4.7 倍。乳制品产量由 1979 年的 4.65 万吨增至 41.28 万吨，增长了 7.9 倍。如此持续高速的增长，主要有两个契机：一是实施改革开放政策以来，党和国家的一系列农村改革政策使农、牧区个体饲养量迅猛增长；二是 1988 年开始实施“菜篮子工程”，明确提出，“大中城市实现牛奶自给百分之七十，建立东北、河北东部、江苏北部等十片奶牛基地”的要求和部署，各地都加大了对“菜篮子工程”的投入并加强了基础设施建设，促进了乳业的发展。

3. 第三阶段

1992 年之前的乳业，小乳品厂过多，生产规模过小，生产条件过于简陋，乳制品品种过于单一，生产效益低下；乳制品，尤其当时的主产品加糖乳粉大量积

压，导致乳品企业全行业亏损。1993年我国牛乳总产量下滑，出现连续增长后的首次负增长，乳业发展进入一个新阶段——调整期。1993年下滑后，经过1994年的恢复，1995年牛乳总产量又有了新的增长，达576.4万吨。随着牛乳总产量的提高，我国乳品加工企业逐渐发展，1996年达到610家。1997年，我国乳品加工行业产值、行业增加值、行业人数和行业资产占全部工业总量的比重分别是1994年的1.5倍、1.6倍、1.2倍和1.1倍。在此期间，我国乳制品整体生产水平不高，产品品种单一。以乳粉等干乳制品为主，仅有少量的巴氏杀菌乳。

4. 第四阶段

经过几年的调整，我国乳业逐步进入快速发展的轨道。其特征是乳业发展由原料乳生产、乳制品加工、产品销售脱节向一体化、集团化发展，乳业产业化的进程加速。一批产前、产中、产后一体化的新型乳制品企业在发展中壮大，并开始创出自己的名牌，如伊利、蒙牛、光明、完达山等品牌的影响越来越大，市场占有率逐年提高。雀巢、达能等国际知名品牌在我国的影响也逐步扩大，乳业市场竞争日趋激烈。这种激烈竞争促进了我国乳业的发展和技术进步。我国乳业开始进入整合的新阶段。

2007年规模以上乳制品企业736家，同比增长2.5%，2008年乳制品企业数量继续增加。从规模结构方面看，我国乳制品企业可以分为大型企业、中型企业和小型企业。1998年中国乳制品日加工总量为2.5万～3万吨，日加工能力超过100吨的大型企业占总数的5%，50～100吨的中型企业占40%，其余均是加工能力在20吨以下的小型企业，特点是规模小，加工能力不足，规模效益差。1998年以来，我国乳制品产业飞速发展，总资产一直持续增长，且增长速度也逐渐加快，由1998年的149.5亿元增长到2007年的832.9亿元，增长了近4.6倍，销售收入增加了约9倍，利润总额增加了321倍，见表3-5。

表3-5 1998—2007年中国乳品行业总体规模（亿元）

指标	1998年	1999年	2000年	2001年	2002年	2003年	2004年	2005年	2006年	2007年
资产	149.5	160.4	185.9	245.1	330.5	437.4	533.3	647.0	719.5	832.9
销售收入	118.3	148.7	193.5	271.9	347.5	433.1	625.2	862.6	1 041.4	1 188.7
利润总额	0.2	3.6	8.4	17.1	23.7	30.1	33.8	49.2	55.0	64.4

注：统计口径是全国国有及销售收入500万元以上的非国有企业。

资料来源：《中国奶业年鉴 2008》。

近年来，我国乳品加工业已成为食品工业中发展最快的产业。乳品企业经济总量大幅增长，2008 年我国乳制品产量合计 1 810.56 万吨，已占世界年产量的 4.6%，规模以上企业共实现工业产值 1 556.0 亿元，比 1998 年增长了 11.7 倍；乳制品产量持续增长，产品结构逐步优化。

中国乳制品加工业分布具有明显的地域特征。由于原料乳体积大、不耐贮藏，难以长途运输，一般就近加工，因此，乳制品加工企业主要分布在原料乳生产地区。2007 年，乳品工业产值前 5 位的省份为内蒙古、河北、黑龙江、山东、广东。销售收入前 5 位的省份为内蒙古、河北、黑龙江、山东、上海。

中国乳制品主要为巴氏消毒乳、UHT 乳、乳粉（全脂乳粉、脱脂乳粉）、酸乳、冰激凌、乳饮料、炼乳、奶油、干酪、干酪素等。由表 3－6 可知，2001 年我国干乳制品产量为 74.2 万吨，液态乳产量为 238.0 万吨。2007 年干乳制品产量 346.5 万吨，液态乳产量达 1 441.0 万吨。

表 3－6　2001—2007 年我国乳制品产量（万吨）

年份	干乳制品	液态乳类	乳粉类	炼乳类	乳脂肪类	干酪类
2001	74.2	238.0	61.0	9.0	2.0	0.5
2002	93.2	355.1	68.0	12.0	2.5	0.8
2003	140.4	582.8	23.1	12.5	3.0	1.0
2004	142.4	806.7	28.1	17.5	3.5	1.5
2005	164.6	1 145.7	46.8	15.0	3.0	1.5
2006	215.5	1 244.0	122.8	12.0	2.5	1.3
2007	346.5	1 441.0	140.4	—	—	3.9

注：乳冰激凌类因数据不全而未列出；“—”表示数据缺失。

资料来源：《中国奶业年鉴　2008》。

2010 年，我国乳制品生产依旧保持较高的稳定的发展态势。全国乳制品累计产量 2 159.60 万吨，同比增长 11.6%。2008—2010 年我国各地区乳制品产量情况如表 3－7 所示。

表 3－7　2008—2010 年我国大陆各地区乳制品总产量（万吨）

地区	2008 年	2009 年	2010 年
全国	1 810.56	1 935.12	2 159.60
北京	46.01	52.20	52.30
天津	33.07	33.34	26.58
河北	236.45	196.63	255.44

（续）

地区	2008 年	2009 年	2010 年
山西	47.78	48.14	50.03
内蒙古	355.94	379.55	345.36
辽宁	96.06	95.93	101.55
吉林	7.94	5.95	6.96
黑龙江	168.53	176.81	183.90
上海	38.14	40.18	42.30
江苏	80.90	95.20	100.19
浙江	30.52	34.26	30.76
安徽	39.98	44.52	66.48
福建	11.33	15.87	16.74
江西	15.98	18.71	28.17
山东	152.38	202.94	249.64
河南	82.50	108.48	132.69
湖北	41.55	51.90	57.72
湖南	25.92	18.24	18.26
广东	34.94	41.14	58.12
广西	32.24	8.58	11.17
海南	0.27	0.42	0.46
重庆	9.29	11.32	12.58
四川	35.08	47.06	58.00
贵州	3.56	4.07	4.40
云南	24.85	28.78	31.00
西藏	0.55	0.63	0.70
陕西	110.88	117.15	147.97
甘肃	7.73	10.58	14.34
青海	6.43	6.08	11.90
宁夏	13.11	13.57	13.41
新疆	20.65	26.89	30.30

（二）存在问题

1. 科技水平不高

2010年，我国乳品加工规模以上企业达800余家，中小型企业占乳制品企业的90%，大部分技术设备水平低，产品质量不稳定。

我国乳品技术研发力量薄弱，只有少数大的乳品集团拥有技术研发中心，绝大部分的中小企业由于资金及技术力量所限，基本没有研发中心。从层次而言，我国的乳品研发中心仍处于模仿阶段，有技改能力的还较少。大多数企业的经营者只顾眼前的利益，对长远的利益考虑较少，没有认识到新产品开发给企业带来的生机和活力。

我国乳品加工业已经形成一个庞大的产业，但是，与国外乳业发达国家相比，所处的产业地位仍然很低，其产业前端的乳业发展水平也低于国际水平。随着国际化竞争日益加剧，企业间竞争已从单一的终端竞争进入到包括企业品牌、研发、乳源、产品创新等全方位综合实力的较量。

在配方乳粉方面表现尤为突出，如发达国家乳粉按照营养品、保健品进行管理，而我国配方乳粉还存在模仿制造，缺乏科学创新，与国外品牌乳粉相比明显缺乏优势。我国市场上的发酵乳主要是酸乳产品，而发酵奶油和发酵奶酒（如开菲尔）等比较少见。发酵乳制品的品种、数量与国外具有很大差距。就酸乳产品而言，质量也与国外乳品发达国家具有一定的差距，如后酸化现象比较严重、保质期相对较短等。干酪是乳制品中重要的一大类，国外发展已非常成熟，但在我国刚刚起步，没有形成规模化生产，更没有形成完善的产业链条。

2. 产品结构单一

据统计，欧洲开发的乳制品品种占世界乳制品新品种的72%，而我国新品种少、产品结构单一，这是由于我国许多企业缺乏对新产品开发项目的有效管理及缺乏延长保质期的技术等诸多原因造成的。

2011年，我国乳制品消费量中的绝大部分是液态乳和酸乳，其他乳制品如干酪、奶油等消费量非常小。在这种消费结构的影响下，大部分乳制品企业以液态乳为主打产品，产品细分程度低、花色单一、品种较少、深加工产品更少，造成同质化程度高。

3. 装备水平落后

目前，国内乳品机械“三化”程度低、配套性差，尤其是通用关键机械方面与国外差距大。在乳粉生产中，发达国家广泛采用多效蒸发器进行牛乳的浓缩，而我国仍以双效蒸发器为主；在液态乳生产中，发达国家多采用先进的闪蒸设备，在我国仅有几家大型乳品企业采用这种设备；我国广泛生产和使用高压均质机，但设备稳定性与国外的设备还有一定的差距；我国使用的无菌生产线基本上都是引进的全套生产线，虽然有些企业研究开发无菌生产设备，但质量和性能与国外产品均有差距，而且我国缺少无菌成套生产设备的研发；我国乳粉生产用的国产化设备较多，但其二次干燥设备和速溶喷雾设备与国际水平有较大差距，影响产品的速溶性能；干酪的生产是我国未来乳品发展的重点之一，但由于目前我国干酪生产很少，还没有国产的干酪生产设备。

三、乳制品加工装备业发展现状及存在问题

（一）发展现状

我国乳制品加工设备同世界先进国家相比有较大差距。其中，60.0%依赖进口；80.0%处于20世纪80年代世界平均水平，15.0%处于20世纪90年代水平，5.0%达到国际先进水平；连续化、自动化、稳定性及节能水平低。国内乳制品生产企业应用的设备主要包括乳粉生产线、纸盒包装超高温灭菌乳生产线、塑料袋软包装乳生产线、屋型纸盒包装的杀菌乳灌装设备、杯装酸乳灌装设备及小型干酪加工设备等。

1. 我国乳制品加工设备发展历程

1949年以前，我国乳品机械工业几乎处于空白状态，只有上海等沿海城市的少数乳品厂曾引进一些乳品机械设备，很多乳品厂大多使用简易的设备。1979年以来，随着乳业的发展和市场对乳制品需求的增长，对乳品加工机械的需求量大增，乳品机械制造业应运而生，技术和工艺水平不断提高，由生产单机走向系列配套。

我国现代乳品机械工业20世纪90年代得以较快发展。引进技术和装备主要包括砖型纸盒包装的超高温灭菌乳生产线、塑料袋软包装乳生产线、屋型纸盒包装的杀菌乳灌装设备、杯装酸乳灌装设备等，使得我国乳品行业技术、装备陈旧的状况得到了一定程度的改变。截至2010年，我国的专业和兼营生产乳品机械的工厂可以生产包括挤乳、运输、贮乳、收乳、热交换、浓缩、灌装等单元的操作设备，以及炼乳、奶油、冰激凌、麦乳精等乳品生产所需的成套设备，同时也开始了离心净乳机和奶油分离机的制造，已基本能

满足我国中小型乳品加工厂的全套设备*。比较典型和具有一定竞争能力的乳制品加工设备制造企业包括杭州中亚机械有限公司、上海南华机械公司、黑龙江大三源乳品机械有限公司、北京中轻机乳品设备有限责任公司等。

自20世纪80年代开始，我国每年都要进口大量乳品包装机械，至今引进的势头仍然有增无减。这些机械大多是高速自动化生产线，可靠性强，产量高，部分设备是当今世界最为先进的机型。这些生产线的引进，使中国部分乳品企业的包装水平得以与发达国家同步发展。与此同时，中国包装机械的生产也取得了长足的进步，部分灌装、封口一体化设备已经达到较高水平，包括塑料饮料瓶、酸乳杯、无菌包装成型设备和贴标机在内的包装生产线水平也得到了提升，已经可以满足中型企业的需要，部分已经可以替代进口设备，并且出口量逐年提高。

2. 发达国家乳制品加工设备发展历程

乳粉工业化生产的研究始于19世纪。1810年法国人阿培尔用干燥空气干燥牛乳。1855年英国人哥瑞姆威特发明了乳饼式乳粉干燥法，至此开始了乳粉的工业化生产。1872年乳粉的喷雾干燥法的发明，使乳粉生产发生了革命性的变化。发酵酸乳的工厂化生产始于1908年。20世纪初俄国著名科学家梅契尼柯夫及格尔基叶报道了发酵酸乳制品的医疗保健特性，极大地促进了酸乳制品的研究和普及。

传统的巴氏杀菌消毒法自19世纪中期以来一直被视为食品科学的一项重要突破，而随着无菌加工技术和包装在20世纪40年代的出现，为食品科学带来又一次革命。超高温（UHT）瞬时灭菌加工乳制品生产和运输过程比传统消毒牛乳制品更为便利，因此，1989年，超高温瞬时灭菌技术及设备被美国食品工艺学家学会（IFT）誉为50年来食品科学中最重要的成果。在目前的全球市场上，常见的玻璃瓶、塑料袋和屋顶型纸盒装牛乳采用巴氏消毒法，该法消毒时间适中，能有效将细菌数量控制在每毫升3万个以内，并保持牛乳的口感。但由于牛乳中仍含有一定数量的细菌，因此，对仓储、运输、销售各环节的冷藏条件要求非常严格，一旦某个环节的冷藏条件不达标，细菌数量就会呈几何级数增加。而超高温瞬时灭菌加工技术及设备解决了液态乳运输、储存、保鲜难的问题，有效保持了蛋白质、钙等营养物质；其技术特性是将牛乳加热至超过135℃，仅保持几秒便迅速降至常温，然后在密封无菌条件下，用六层纸铝塑复合无菌材料灌装、封盒而成。

在国际乳品行业具有领先地位的乳制品加工及包装设备均已进入中国市场，并在国内乳制品加工设备领域占据高端产品市场。目前，国内大型乳制品

---

* 数据来源：中国乳制品工业协会。

生产企业均无一例外地配备了国外著名乳品设备企业的先进生产线。

（二）存在问题

目前国产乳品加工和包装机械，虽然在共性技术和常规装备方面已有一定发展，但在关键设备和技术上仍存在很多问题。目前，我国的乳品加工和包装机械行业的发展存在以下矛盾。

1. 初级产品的低水平与终端产品高安全性要求的矛盾

牛乳在加工和包装过程中须满足食品安全的要求。我国生鲜牛乳的微生物指标与发达国家相比存在很大差距，这就对所使用的加工和包装设备的技术性能，有着较高的要求。即从加工和包装流程的每道工序上，从装备优良的技术状态上都要加以保证，将可能由工艺装备技术造成的影响降低到最低限度。另外，各乳品企业为了使自身产品具有差异性而赢得市场竞争优势，对原料乳进行人为的增稠、调香处理，不仅改变了其原有的加工特性，也更加重了相关加工和包装装备的技术要求。因此，只有提高装备卫生安全的一致性和连续性，才能应对这种原料原有工艺性的改变。

2. 行业的特殊要求与复合型技术人才缺失的矛盾

乳品加工和包装装备行业是一个具有特殊要求的行业，就技术层面上而言，制造商应该具备生化制药装备制造、自动化集成的能力和全面质量控制的综合素质。要突破关键技术，需要能够消化、吸收国外相关先进技术，以突破性与集成性相融合的创新手段，全面提升装备综合性能的可靠性和安全性。这就需要拥有具备技术整合和创新能力的高素质复合型人才。目前我国该领域高素质人才极度缺乏，也成为制约行业技术水平发展的瓶颈。

3. 行业发展格局与宏观导向缺乏的矛盾

乳品加工和包装机械行业的特殊性表现在技术跨度宽、综合性强、市场发展空间大等方面。但是行业资本构成相对简单、格局较分散，企业间相互封锁、技术垄断、闭门造车的现象较为严重。在技术层次上，低水平共性常规装备生产多，高素质人才极度缺乏，具备自主创新与研发能力的厂家屈指可数。行业宏观指导属于多个行业协会，政出多门形成了一个无明确宏观指导，也无发展扶持政策，更无技术规范监督的“三无”行业。这些都严重地制约了整体技术水平的提高，大大滞后于乳品产业的发展。

四、乳品质量安全控制发展现状及存在问题

质量安全控制是乳品行业健康发展的关键，事关消费者生命安全，世界各国都对乳品的质量安全控制制定了详细的标准和法规体系。然而，近年来我国乳源性食品质量安全事件频频爆发，究其原因是现有的乳品质量安全控制体系依然不够完善所致。

（一）发展现状

1. 国家监督抽查情况

自 1992 年起，国家先后组织多次全国乳制品质量监督抽查，主要包括婴幼儿配方乳粉类（图 3－1）、特殊配方乳粉及强化乳粉类、全脂乳粉和全脂加糖乳粉类、液态乳类。1996 年至 2007 年，国家组织了 8 次灭菌乳产品质量监督抽查，抽样合格率分别为 52.9％、85.7％、85.7％、79.5％、75.8％、100.0％、93.8％、93.4％。

2001 年至 2005 年，国家组织了 5 次酸乳产品质量监督抽查，抽样合格率分别为 67.4％、71.8％、84.1％、90.5％、90.9％。在历次抽查中，大、中型企业的产品质量稳定，小型企业的产品质量明显提高，部分理化指标合格率明显提高。经过多次全国监督抽查和对液态乳类产品实行食品生产许可证制度，企业经营者不断提高质量意识，逐步完善质量安全管理体系，加大设备和技术改造的力度，加强了人员技术培训，使产品质量得到明显提高。

从 1992 年起我国先后多次组织对婴幼儿配方乳粉产品质量进行监督抽查，抽样合格率趋势如图 3－1。结果表明，婴幼儿配方乳粉产品质量得到稳步提高，同时，也存在一些问题。经过加大对存在较多质量安全问题的小型生产企

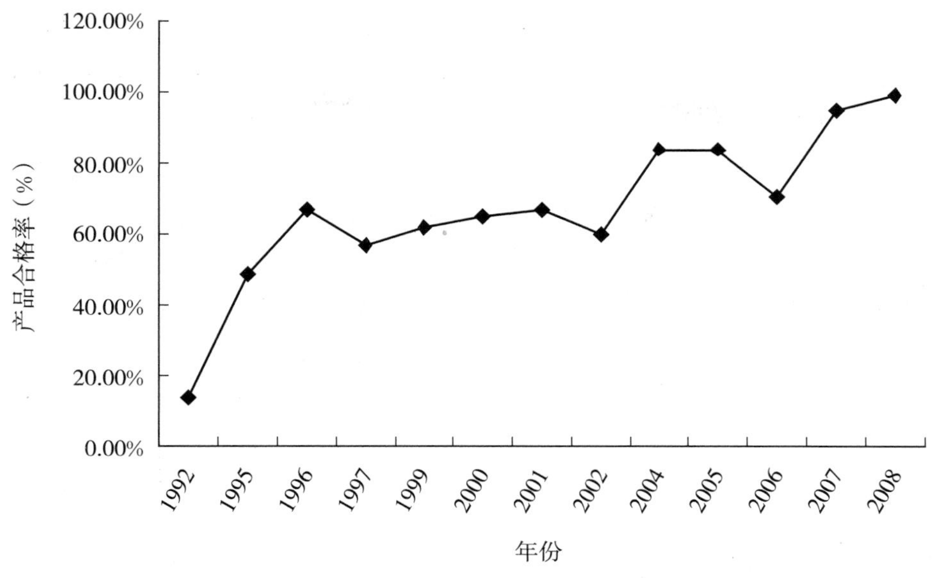

图 3－1　婴幼儿配方乳粉产品质量国家监督抽查合格率

（资料来源：《中国奶业年鉴　1994—2008》）

业抽查的力度和生产许可证制度的实施，生产企业提高了质量意识，并对生产环境、设备、工艺装备等条件进行了技术改造和完善，健全了质量安全管理体系，这对产品质量的提高起到了决定性作用。

2. 检测技术现状

乳制品生产过程中会发生较大质量变化，因此，乳制品的质量安全管理应以过程控制为主，辅以产品的质量检验。但目前我国仍以最终产品的质量检验作为质量安全的主要管理手段，未做到全过程控制。

在国外，超声波技术、生物传感器、免疫学分析技术和高效毛细管电泳分析技术已被应用于乳品检测。我国乳品工业的发展同样也要求使用有效的检测技术对乳品进行检测，尤其是针对乳中含量甚微、影响大的活性物质或毒素的检测。在原料乳的自动检测仪器与专用乳制品在线检测设备的研究和开发方面，我国还刚刚起步，现有的快速检测设备多数从国外进口，价格高、数量少。目前我国原料乳细菌总数的快速检测设备、原料乳的脂肪测定设备与国外比较，还存在很多不足，因此，采用的较少，多数企业还都在采用传统经典的检测方法。

3. 相关标准现状

我国乳业标准的现状是国家标准、行业标准、地方规定和企业标准多头并存。相对而言，国家标准中强制性标准偏少，推荐性标准偏多。截至 2009 年，中国乳业标准共有129项，包括乳牛饲养标准、乳制品厂标准、乳制品标准和乳业机械标准。乳制品标准79项，包括乳制品通用标准、乳制品卫生标准和乳制品分析方法标准三类。其中国家标准有65个，约为标准总数的50.0%。我国及国际乳品联合会（IDF）现行乳制品标准分别如表3-8和表3-9所示。

我国原料乳方面的标准有《生鲜牛乳收购标准》（GB6914—2005）、《鲜乳卫生标准》（GB19301—2003），农业部标准《无公害食品　生鲜牛乳》（NY 5045—2008）。目前所有乳制品的原料乳都遵循这三项标准。

表3-8　我国现行乳制品标准统计

	国家标准（个）		行业标准（个）		合计
	强制性	推荐性	强制性	推荐性	
通用标准	10	4	6	0	20
卫生标准	8	0	0	0	8
分析方法标准	5	38	3	5	51
合计	23	42	9	5	79

资料来源：中国奶业信息网，2009年。

表3-9　国际乳品联合会乳制品标准统计

标准分类	标准数量（个）
乳和乳制品组成成分测定检验的方法标准	129
微生物菌落计数方法标准及其他与微生物检测有关的标准	17
抽样方法标准	3
产品成分标准	2
食品工程方面的标准	4
合计	155

资料来源：国际乳品联合会公报（2009）。

4. 质量安全管理体系

ISO9000、HACCP、GMP、GAP、SSOP等都是有效的乳品质量控制体系。尤其HACCP更是在发达国家的乳品质量控制体系中发挥着极为重要的作用。近几年，我国已连续发布了一些有关乳制品的国家标准及标准检验方法，一些大的乳业集团多已实行了ISO9000体系的认证，但中小乳品企业还远未普及。中国认证机构国家认证认可监督管理委员会已经确定将乳品的HACCP认证作为食品安全管理体系认证认可的重点领域。我国绝大多数龙头乳品企业和一些地方品牌企业通过了认证，但相当一部分中小乳品企业还未进行认证，说明认证在我国乳业领域尚处于发展阶段。

（二）存在问题

乳品质量安全控制体系建设是一项复杂的系统工程，涉及技术、标准、法律法规与管理三大方面。

1. 技术问题

（1）加工技术　2010年，我国规模以上乳品加工企业超过800家，各企业的生产规模、技术含量存在巨大差异。在乳制品加工过程中，只有伊利、蒙牛、光明、三元、完达山等少数大型企业采用的技术达到国际先进水平；而大部分中小型企业机械化、自动化技术及一些科技含量较高的设备设施匮乏，一些新技术也得不到推广和应用，重点体现在乳制品的检测、浓缩、干燥、杀菌、包装及其质量检测等单元操作技术和设备的相对落后。另外，乳制品的“可追溯系统”的开发与应用还较落后等。这使得我国乳制品加工中的质量安全问题得不到有效保证。

（2）流通技术　在原料乳收购环节，一些供应站由于资金不足，买不起高质量的冷却设备，致使牛乳在采集和贮存过程中，细菌大量繁殖造成酸度大幅度上升。另外，乳品加工企业设立的收乳站配备冷却设备的也只有少部分，大多数配水池冷却，这会导致原料乳贮存时间短、质量差。在运输和销售环节，同样由于资金原因，无法实现低温运输、贮存而造成乳品质量安全问题。

我国乳品流通过程的特点是长距离运输、零售点分散且规模小，需要庞大的高成本的冷链系统。因此，乳品流通过程中的质量安全控制主要受“冷链系统”的制约。一个是运输过程中的冷环境问题；另一个是销售过程中的冷环境问题，如酸乳的冷藏和冰激凌的冷冻环境并不是在所有的销售地点都可以得到满足的。

2. 标准问题

（1）标准短缺和不协调　多年来，国家对食品标准的投入不足，使得标准的修订不及时，导致重要标准短缺（如再制干酪、乳清饮料、无蔗糖类乳制品标准等）。近几年我国制定的乳制品品质标准、污染物限量标准、分析和检测标准不断增加，但保障乳制品安全、卫生和良好品质的生产技术标准和操作规范相对比较少，对乳制品的运输条件重视不足，缺乏对整个乳制品质量安全的全方位立体控制。标准的科学研究薄弱，风险性评估等科学方法未得到有效应用，限制了乳品企业生产和新产品的开发，也给监督部门带来了管理上的困难。对于新型乳制品，缺乏相应的标准规范和执法依据。

标准之间不协调，特别是产品标准和卫生标准存在交叉与矛盾（如酸牛乳标准、乳粉标准）。乳制品标准结构不合理。乳制品卫生的标准过少，很难达到保证乳制品食用安全。在分析方法标准中，强制性标准少，推荐性标准多；国家标准相对薄弱，对食品生产和经营者的要求偏低。

（2）标准落后，与国际接轨不够　生鲜牛乳收购标准适用性较差。国内外常用的农药不在标准必检项目内，我国仍然检测。目前人们比较关注的生物毒素，标准内仅有黄曲霉毒素 B_1 一项。

我国乳品标准在标准的全面性、乳品品质、污染物限量、分析和检测等方面都低于国际标准。标准制定时较少参考国际标准。国际上对兴奋剂和激素的检验极为苛刻，指标达到几百种，而我国乳业的普遍检验指标不超过 30 种。

国家标准中一些关键性指标低下，致使名目繁多的乳酸菌饮料充斥市场。由原轻工业部质量标准司提出的《乳酸菌饮料轻工标准》（QB1554—1992）和国家标准《乳酸菌饮料卫生标准》（GB16321—2003），对乳酸菌饮料中乳酸菌数量规定是必须高于 1.0×10^6 个/毫升；而国际标准已经达到了 1.0×10^7 个/毫升，是我国标准的 10 倍。同时，对于保质期末产品中应该含有多少活性乳酸菌这个关键性指标标准也还是空白。

以干酪为例，我国目前现行的标准有《干酪卫生标准》（GB5420—2003）、《软质干酪》（NY478—2002）、《硬质干酪》（QB/T3776—1999），目前正在组织起草的国家标准《干酪》，还在报批阶段，但所有这些标准都仅非等效采用了《干酪通用法典标准》（CODEXSTAN A－6—1999）中部分指导性的理化指标，对关键性的产品技术指标没有规范，对适用范围和产品品项也无明确界定，因此，还是没有起到对生产加工企业的指导作用及进出口贸易的保护壁垒作用。而目前国内各种再制干酪（包括涂抹和片状干酪）、干酪制品和契达、莫扎瑞拉等特色原制干酪的销量增长很快，因此，我国对干酪产品及标准的研究、完善工作也应提到日程上。

我国乳品质量标准与国际标准接轨不够，参与国际乳品标准化的能力较弱。乳品的质量安全和技术要求总是随着经济、技术和环境的发展而不断赋予新的内容，这就要求标准也要不断更新和发展，逐步与国际标准接轨。在对进口乳品检验时，只进行极为普通的一般项目卫生检验，使得我国在乳品安全和国际乳品贸易中处于较低的保护水平，实际上就是对进口乳品敞开了国门，势必影响我国乳业的可持续发展。

3. 法律法规与管理问题

我国乳业起步点低，基础薄弱，在发展中总会出现各种问题，如多部门监管，缺乏统一的协调和管理，法规条款重叠、冲突较多，没有完善的技术法规体系，需市场调节的技术内容被制定成法规、规章加以执法等。

随着乳品市场竞争的日益激烈以及消费者对乳品安全重视程度不断提高，世界各国都非常重视乳品质量标准管理体系建设。如目前世界广泛采用GMP、HACCP和ISO9000等质量管理体系。相比之下，我国还存在较大差距。目前，国家在生产方面虽有很多规定，如ISO、HACCP等，可有的工厂往往有章不循，有的甚至管道也没有及时清洗，致使产品污染，质量受到影响。在乳业大发展中，污染问题不容忽视，亟须解决。

目前最先进的食品安全管理手段之一是HACCP和GAP认证，它们可以有效地对乳制品质量安全的全过程进行控制。乳业发达国家为提高乳制品质量，已经把GAP和HACCP认证体系引入乳牛的饲养与乳制品的加工生产方面。然而，这些体系在我国乳制品生产流通中的应用存在很多问题：①认证机构的资质、认证人员能力存在缺陷；②通过认证企业的实际应用情况不好，很大程度上均是应付评估和检查，而并没有在生产实际中真正建立和使用这些有效的质量控制体系。

认证管理是保证产品、服务、管理体系符合技术法规和标准要求的合格评定活动，主要包括体系认证和产品认证两种。以产品认证为例，凡是经过认证的商品都带有特定的认证标志，就向消费者提供了一种质量信息，即带有认证标志的商品是经过公正的第三方认证机构对其进行了审核和评价，证明了其质量符合国家规定的标准或具有某种特定的功能和特性。在国际市场上，产品认证已普遍成为顾客选择商品和合格供应商的依据，甚至已成为许多国家市场准入和政府采购的必要条件。但是，在我国乳品行业，产品安全认证制度尚未完全推行。少数大型企业通过了一系列的认证，如ISO系列的体系认证；但大多数的中小企业的生产工艺落后，设备简陋或根本不具备生产条件，生产出来的产品营养成分含量很低，产品标签不合标准。

五、乳制品市场发展现状及存在问题

（一）发展现状

1. 乳制品品种及进出口现状

（1）乳制品品种　目前乳品市场上主要品种有液态乳、乳粉、酸乳、奶油、炼乳、干酪、冰激凌等。我国生产主要集中在液态乳、乳粉、酸乳和冷饮等领域，而干酪、奶油、炼乳等产品进口量比较大。液态乳市场的主要特征体现为在成熟市场销量出现停滞，而在诸如中国、中东欧等地区由于结构化调整销量增长。高附加值产品仍将持续增长，而部分传统乳制品，如奶油、炼乳和脱脂乳粉的销量没有增长甚至有所下降。全脂乳粉、干酪和乳配料的销量不论在成熟市场还是新兴市场均呈上升趋势。

（2）我国乳制品进出口情况　1992—2006 年我国乳制品进出口无论在数量还是金额上整体都呈现逐年增长的态势。2007 年乳制品进口量有一定幅度的下降，但出口量大幅增长，进出口金额也都比 2006 年有一定幅度的提高。而且从 1992 年到 2007 年乳制品占农产品进出口金额的百分比也在整体上表现为增长态势。尽管如此，我国乳制品贸易占我国农产品进出口贸易总额的比例一直处于较低的水平。虽然乳制品占农产品进出口总额的比例已经由 1992 年的 0.6％增长到 2007 年的 1.2％，可所占份额仍然较低。而且我国从 1992 年到 2007 年为止一直是乳制品进口量远远大于出口量，处于净进口状态。

2006 年我国进口乳制品总额为 55 820.0 万美元，占我国农产品进口总额（320.8 亿美元）的 1.7％；我国出口乳制品总额为 9 416.3 万美元，占我国农产品出口总额（314.0 亿美元）的 0.3％；乳制品进出口总额仅为农产品进出口总额的 1.0％。同时进口乳制品占我国乳制品消费总量较低，一直处于 1.0％左右，仅在 2000 年乳制品进口量所占乳制品消费总量比例超过 2.0％，这是因为我国乳制品进口主要集中在附加值高的高端乳粉等产品上。2007 年中国乳制品进口量为 27.6 万吨，比上年减少了 7.2 万吨，同比 2006 年下降了 20.7%；出口量为 12.8 万吨，增加出口 5.3 万吨，同比增加了 71.0%。

从总体上来看，我国乳制品贸易所占农产品贸易份额很低，但呈现出逐年增长的态势，具有很大的发展潜力。在我国乳制品贸易中，新西兰、澳大利亚、美国、欧盟等，一直是我国重要的进口来源地。

2006 年，我国乳制品进出口全面增长，进口额增幅较大，出口金额和数量增幅下降，出口在贸易的比重逐步增加。全年乳制品进出口总额为 65 237 万美元，同比增长 20.7%，其中进口金额占进出口总金额的 85.6%；乳品进出口总量为 42.27 吨，比上年同期增长 8.4%，其中进口量占进出口总量的 82.3%。无论是金额还是数量，进口占贸易总量的比重都在逐步降低，出口比重在逐步上升。2006 年，我国乳制品进口比上年有所增长，进口总量为 34.78 万吨，同比增长 8.68%，进口总额为 5.58 亿美元，同比增长 21%，乳制品净进口 27.30 万吨，同比增长 9.09%，金额为 4.6 亿美元，同比增长 23%（表 3 - 10）。各种乳制品进出口情况见表 3 - 11。

表 3 - 10 我国乳制品进口变化情况（万吨）

年份	进口量	出口量	净进口量
2001	19.56	4.27	15.29
2002	26.38	5.10	21.28
2003	31.50	4.89	26.61
2004	34.72	6.01	28.71
2005	32.00	6.98	25.02
2006	34.78	7.49	27.29

资料来源：《中国奶业年鉴 2009》。

表 3 - 11 2006 年我国乳制品进出口情况

类别	进口		出口	
	进口量（万吨）	进口额（亿美元）	出口量（万吨）	出口额（万美元）
鲜乳	0.38	0.05	3.86	2 386.48
酸乳	0.08	0.02	0.11	81.58
乳粉	13.49	2.89	2.06	5 278.50
奶油	18.46	1.95	0.01	19.69

（续）

类别	进口		出口	
	进口量（万吨）	进口额（亿美元）	出口量（万吨）	出口额（万美元）
乳清粉	0.11	0.02	0.05	46.84
炼乳	1.28	0.27	1.34	1 440.53
干酪	0.99	0.38	0.06	162.68

资料来源：《中国奶业年鉴　2009》。

乳粉：2006年，我国乳粉进口数量为13.49万吨（全脂乳粉7.25万吨，脱脂乳粉6.24万吨），进口金额为2.89亿美元，同比分别上涨了26.22%和24.17%；进口乳粉的平均价格为2 145.13美元/吨，同比下降了1.5%，连续4年价格上涨首度价格微降，从而促进了乳粉进口数量和金额在2006年的上升趋势。我国进口乳粉的来源国是新西兰、美国和澳大利亚，进口数量分别为10.41万吨、1.39万吨和1.12万吨，其中新西兰占中国乳粉进口总量的77.17%。2006年我国乳粉的出口量为2.06万吨，出口额为5 278.50万美元，进出口的比率为6.55∶1。

乳清粉：我国进口乳清粉的主要来源国为美国、法国、芬兰、澳大利亚和荷兰，分别占中国乳清粉进口总量的35.79%、25.63%、6.16%、6.10%和4.78%。

奶油和干酪：2006年，我国奶油的主要进口国为新西兰、澳大利亚、芬兰、法国、荷兰、比利时，分别占中国奶油进口总量的82%、5%、3%、2%、2%、2%。我国干酪的主要进口国为新西兰、澳大利亚、美国、德国、法国，分别占中国干酪进口总量的40.96%、35.01%、4.58%、2.53%、2.30%。

中国在世界乳制品生产行列中所占的比重很小，2006年我国乳制品出口总量为7.49万吨，比上年增长7.21%，其中出口量最多的是鲜乳，为3.86万吨，同比增长15.23%，占出口总量的51.54%；其次是乳粉和炼乳，占出口总量的45.39%；乳清粉和干酪分别出口了0.05万吨和0.06万吨。

2. 消费量、消费区域及人群

从我国乳制品消费的总体而言，改革开放以后，随着人民生活水平的提高和奶类生产的快速发展，乳制品消费人群不断扩大。20世纪80年代后期，取消了凭票供应乳制品的办法，乳制品的种类和供给逐渐增多，乳制品市场逐步拓宽。进入20世纪90年代后，我国城镇居民人均乳制品消费量显著增加，由1992年的9.2千克增加至2007年的24.9千克。研究表明，城镇居民奶类消费的需求弹性系数（Em）为0.62，说明对于大多数城镇居民来说，牛乳已经从奢侈品转变成了生活必需品。农村居民乳制品消费从无到有，1992年农村居民乳和乳制品消费量为1.2千克，随后逐年增长，2007年达到了3.5千克。

各地区乳品企业发展不均衡，2007年，销售收入最多的5个省份为内蒙古、河北、黑龙江、山东、上海；盈利总额最多的前5个省份为内蒙古、黑龙江、河北、广东、上海；销售利润率最高的5个省份为广东、广西、辽宁、上海、湖南。2006年全国城乡居民奶类人均消费量为16.82千克（换算成原料乳），比上年增长7.87%，消费增速比2005年低7.3%。表3-12为6个国家（组织）液态乳消费量的对比，从表中可以看出，欧盟、美国、澳大利亚、新西兰和日本等乳业发达国家（组织）液态乳的消费量基本没有变化，而我国的人均消费量逐年上升，以2005年为例，我国人均液态乳的消费量不及几个乳业发达国家（组织）的1/10。这5个乳业比较发达的国家（组织）人均干酪、奶油和酸乳的消费量也基本没有变化，而我国这几种乳制品的消费量更少。

表3-12　液态乳人均消费量对比（千克）

国家/组织	2000年	2001年	2002年	2003年	2004年	2005年
欧盟25国	—	90.7	91.7	92.8	92.5	92.8
美国	87.6	86.3	85.5	84.9	84.5	83.7
澳大利亚	102.3	103.1	104.0	105.5	106.2	106.3
日本	37.0	35.6	39.2	38.5	—	—
新西兰	99.0	98.7	97.0	90.0	90.0	90.0
中国	1.0	2.2	3.2	5.1	7.2	8.8

注："—"表示数据缺失。

资料来源：《中国奶业年鉴　2009》。

就乳制品消费的地域而言，2007年排在前十位的依次为：上海、西藏、北京、山东、安徽、山西、江苏、天津、重庆、浙江，而且从2001年到2007年其变化的顺序不大，无论乳制品支出的绝对量还是占食品支出的相对量而言，西藏乳制品的消费量都在前列，而一些经济发达城市却排在其后。2002—2003年，人均奶类消费支出占食品消费支出比例增长最快的省份中，传统牧区和中部一些省区占据了前十名，表明乳品消费增长的快速态势开始由沿海发达区域向中部区域转移，新的乳品潜在消费变成现实消费的区域正在形成。

鲜乳的消费量由1992年的5.52千克增长到2003年的18.62千克，增长了2.37倍；酸乳的消费量由1992年的0.37千克增长到2003年的2.53千克，增长了 5.84 倍；乳粉的消费量由 1992 年的 0.43 千克增长到 2003 年的 0.56 千克，增长了 0.31 倍。由此可见，近 20 年，鲜乳和酸乳的消费量保持了较高的增长，乳粉的消费基本持平。

乳制品的消费量集中在城市居民。2006 年城镇居民人均奶类消费 25.54 千克（换算成原料乳），比 2005 年上升 3.03%。消费的第一大类乳制品仍然是鲜乳，达到 18.32 千克，同比增长 2.23%；酸乳消费的增幅最高，达到 15.17%；乳粉的消费仍然呈现下降的趋势，同比降低 3.85%。2006 年农村居民奶类消费增长快于城镇居民，人均消费奶类 9.86 千克，比上年增长 13.86%。据国家统计局统计，2006 年全国农村居民人均鲜乳制品购买量为 1.42 千克，同比增长 16.4%。

城镇居民奶类消费中，最高收入 10%的人群，人均奶类消费总量比全国城镇平均水平高 50%左右。对于农村居民，年人均原料乳消费仅及城镇居民的 10%，归根结底是收入不高。目前，我国乳业的发展主要不是受到供给不足的限制。根据国务院发展研究中心对中国乳业的研究报告，从 1996 年以来，乳业的发展超过了其他食品行业，推动乳业发展的最大动力是城市需求。报告显示，从 1990 至 2001 年，城市每增长一个百分点支出，其用于牛乳的消费是 15%，而同时用于其他食品的消费是下降的。但是，从近期来看，与全国性乳业投资热相比，全国性的奶类消费终端市场并未热起来，新增奶类消费量部分仍以城镇居民为主，农村市场仍然徘徊不前。

3. 品牌需求变化

近年来，消费者对乳制品的质量要求提高，购买趋向于名牌产品。人们购买乳制品不仅注重“口感、口味”，更加关心其营养成分及功能性、安全性，对品质的要求不断提高，具有优质、安全、风味、便捷等特点的产品成为消费热点。因此，消费者总是对所有品牌进行综合打分（包括口味、营养价值、生产日期、优惠条件、广告影响），人们更愿意购买信誉好、知名度高的大企业产品。

消费者对品牌需求的变化体现最为明显的是婴幼儿乳制品。三鹿婴幼儿乳粉事件给国产乳制品带来的影响深远，从 2008 年下半年以来，进口婴幼儿乳制品的速度就持续攀升，其中婴幼儿乳粉的表现最为明显。进口乳粉高增长将持续冲击国内婴幼儿乳粉市场。在婴幼儿乳制品进口增速的背后，是进口乳制品尤其是乳粉给国内婴幼儿乳粉市场带来的冲击。在我国乳粉市场上，进口乳粉一直占据中高端乳粉市场 70%左右的市场份额。

从 1998 年开始，中国的乳制品市场进入产业整合期，产、供、销一体化的新型乳品企业在不断的发展中壮大，并开始创出自己的名牌，如上海光明、内蒙古伊利、内蒙古蒙牛、北京三元、黑龙江完达山等乳业集团及其品牌的影响越来越大，逐渐成为全国性品牌。

从品牌和成本结构差异上看，随着乳品市场竞争加剧和消费需求的变化，乳品企业纷纷通过品牌运作和市场细分重新进行市场定位。差异化经营带动了企业成本结构的调整，乳品企业的品牌建设，以及相关形象宣传和广告促销的投入力度不断增强，企业的管理和营销支出增长较快。目前，我国乳品企业按品牌的美誉度和知名度大致分为三个层次，第一层次主要包括伊利、光明、蒙牛、三元、完达山等几家全国知名企业，第二层次主要包括福建长富、济南佳宝、青岛圣元、南京卫岗乳业等在本地占有绝对市场份额的企业，第三层次主要包括一些地方性的乳品小企业。同时，虽然一些业外知名企业进军乳业的时间还很短，如新希望、维维、娃哈哈等，但其凭借自身的品牌和资本优势必然会对乳品制造业的市场结构产生很大的影响。从生产角度而言，乳品加工企业的传统生产技术已经相对成熟，生产工艺相对简单，构成的技术性壁垒很小。因为乳业的特殊性，乳品加工企业只是作为乳业整个产业链中的中间环节，上游乳源基地的建设关系到整个加工业的发展，对企业而言，没有好的乳源，就很难控制产品的质量，同时也限制了企业规模的扩大。随着乳业市场竞争加剧，乳源必将成为企业长远发展的关键，同时构成了一定程度的进入壁垒。

对于乳品企业而言，广告能够迅速提高人们对产品的营养、安全等特性的了解。鉴于当前乳品制造业的市场结构，有关专家指出目前乳品企业投放的广告数额应根据企业的销售额和企业发展的不同阶段来定，一般来说，广告额度占其上年销售收入8%～15%，而成长型乳品企业的广告额要比成熟型企业的广告额高，见表3-13，乳品市场广告竞争也十分激烈。

表3-13　名牌企业与非名牌企业的利税总额、成本收益率比较

名牌企业	利税总额（万元）	成本收益率（%）	非名牌企业	利税总额（万元）	成本收益率（%）
伊利	22 810	74.14	新疆伊犁俏星	9	12.24
完达山	8 189	59.51	天津乳业	598	10.54
			大连渤海	120	5.66
三元	12 012	28.32	甘肃灵泽雪莲	41	9.47
光明	21 348	24.56	伊犁河乳品厂	24	4.94
平均	16 089.75	46.63	平均	158.4	8.57

资料来源：《中国奶业年鉴　2008》。

4. 生产规模对市场的作用

2007 年全国奶类总产量 3 633.4 万吨，其中牛乳产量为 3 525.2 万吨，乳牛存栏 1 218.9 万头。2007 年全国乳制品企业 736 家，其中中等规模以上的企业 138 家，企业职工 21 万人，乳制品工业总产值 1 329 亿元。全国奶类年人均占有量由 1998 年不足 8 千克，提高到 2007 年的近 28 千克（中国奶业统计资料 2009）。

从表 3－14 中可以看到，中型乳品企业的人均销售额从 2003 年开始超过了大型乳品企业，这表明中国目前的乳业市场更适合中型规模企业的发展，而 2002 年中型企业人均利税指标即超过大型乳品企业，到 2003 年则明显超出。

表 3－14　2003—2008 年全国不同规模乳品企业基本情况

项目			2003 年	2005 年	2006 年	2007 年	2008 年 1 月至 11 月
大型企业	企业个数	（个）	9	10	9	12	11
	亏损数	（个）	1	0	0	0	1
	从业人员	（万人）	4.37	4.23	4.45	5.49	5.19
	销售总额	（亿元）	188.06	302.99	338.62	409.32	358.73
	资产总额	（亿元）	143.31	205.74	225.50	275.05	314.15
	利税总额	（亿元）	20.64	29.86	29.50	46.27	
中型企业	企业个数	（个）	88	109	107	126	125
	亏损数	（个）	20	18	18	15	38
	从业人员	（万人）	6.04	7.91	8.15	8.36	7.91
	销售总额	（亿元）	183.38	342.81	415.88	561.92	622.04
	资产总额	（亿元）	166.62	243.93	267.16	442.04	363.76
	利税总额	（亿元）	20.06	40.24	43.62	59.10	
小型企业	企业个数	（个）	487	579	601	598	620
	亏损数	（个）	137	178	158	151	175
	从业人员	（万人）	5.75	7.09	7.70	6.78	7.95
	销售总额	（亿元）	126.67	216.03	286.91	338.47	395.18
	资产总额	（亿元）	141.02	194.85	226.82	245.41	297.52
	利税总额	（亿元）	12.50	14.59	21.95	27.14	

资料来源：《中国奶业年鉴　2009》。

（二）存在问题

1. 产品进出口方面

我国是乳制品的进口大国，虽然进出口的总体趋势呈现出比较好的发展态势，我国的乳制品出口也在逐年增加，但是出口的价格与乳业发达国家相比相差较大，特别是进出口价格比率上相差悬殊，而且我国出口量较大的鲜乳属于乳制品的低端产品，科技含量不高。就我国乳制品的进口量而言，在将来的一段时间里会稳定在现有水平或者有所下降；在质量上，将向高档、功能性、高营养的特殊原料方向发展。乳清粉、干酪和奶油制品国内的生产刚刚处于起步阶段，随着国内需求增加，在未来的一段时间里进口量还会增加。如何提高我国乳制品的品质和发展科技含量较高的乳制品，增强其在国际市场上的竞争能力，是一个必须解决的问题。

2. 产品消费方面

总体而言，乳制品消费支出的地区，大部分都是收入水平较高的地区，沿海发达区域和大城市核心经济区域居民仍然是我国奶类消费的主体消费群体。西藏地区则是由于生活习惯等支撑其乳制品消费排在前列。在城乡乳品消费增长规律相差很大的情况下，城镇消费在很大程度上左右着总体奶类消费的格局。

我国各地区农村居民乳类消费服从两类格局。在总体上，我国农村尚未形成商品乳制品的消费格局，传统的自给自足生产格局和消费习惯，是现阶段中国农村乳类消费的主导因素，因此，开拓农村乳品市场首先是促进农村现代化发展的问题。促进中国乳品消费的增长，必须缩短占人口大多数的农村居民乳类消费从“奢侈品”到“必需品”的过渡阶段。从乳制品的消费角度来讲，与乳业发达的国家相比，我国的人均消费水平比较低也是制约我国乳业发展的因素之一。

3. 国际品牌对国内品牌的冲击

目前，许多进口乳粉品牌都向中端市场进军，这将进一步压制国产品牌的发展。随着进口数量的持续增长，进口乳粉品牌将蚕食国产乳品企业原来占据的市场份额，进一步挤压了国内企业的生存空间。“三鹿婴幼儿乳粉事件”使整个乳制品业经受了前所未有的冲击，消费者对国产乳制品的信心降低，导致进口乳制品成倍增长。另外，大量廉价的进口乳粉还导致国产乳粉出现严重积压的现象，这对我国乳粉行业的发展不利。目前，一些洋品牌已经在国内消费市场上赢得了口碑，这将导致进口乳粉强劲增长态势继续保持。目前，全球排名前 100 名的乳品企业已经有 20 多家进入中国，高端婴幼儿乳粉市场一直被雀巢、惠氏、美赞臣、雅培等进口品牌所垄断。相比之下，国内品牌在婴幼儿配方乳粉研制上起步比较晚，产品研发能力相对较弱。

4. 生产规模方面

随着中国乳业的快速发展，大、中、小三种类型的企业都在增加，而小企业数量增加更快，这客观上也反映中国乳业的投资规模还是以小企业的形式出现，表明乳业发展在资金上还比较困难。中国乳业不仅需要大型企业，更需要和谐竞争的格局。三种类型企业的协调发展是我国乳业健康发展的重要保证。

六、乳业科技创新能力发展现状及存在问题

（一）发展现状

1. 科技人员

从表 3－15 可以看出，乳品企业从业人员过万人的省份或地区有 6 个，该地区也集中了国内几家大型知名乳品企业。总体来说，北方乳业比南方乳业发达。

表 3－15 全国各地区乳品企业从业人员调查表（人）

地区	2000 年	2002 年	2003 年	2004 年	2005 年	2006 年	2007 年	2008 年
全国总计	89 632	121 590	161 515	171 255	192 265	202 995	206 264	210 400
北京	4 818	5 760	5 577	5 334	9 140	9 760	7 955	6 200
天津	1 545	1 740	1 839	2 756	2 498	2 669	2 520	2 500
河北	6 859	14 160	13 916	15 579	22 775	23 759	25 818	27 000
山西	1 810	2 270	3 966	4 628	4 055	4 238	5 086	4 700
内蒙古	5 355	14 860	21 798	21 964	22 123	22 183	23 697	24 400
辽宁	2 137	2 190	3 503	4 329	8 153	7 814	7 525	8 000
吉林	653	760	964	790	1 432	1 458	1 598	1 500
黑龙江	12 820	15 560	21 581	25 537	23 663	25 064	25 362	26 000
上海	5 056	7 610	13 512	5 422	4 518	5 045	4 891	4 600
江苏	6 465	6 870	7 397	8 181	7 330	7 072	6 987	7 800
浙江	4 708	6 380	7 449	7 749	6 394	6 032	5 102	5 100
安徽	2 440	2 890	2 671	2 705	3 245	4 105	6 141	5 900

（续）

地区	2000 年	2002 年	2003 年	2004 年	2005 年	2006 年	2007 年	2008 年
福建	1 004	1 180	1 454	2 228	1 524	1 554	1 795	1700
江西	1 396	1 720	2 856	2 873	2 950	3 905	2 812	3 900
山东	7 942	5 260	10 660	12 102	16 415	17 354	17092	19100
河南	1 701	2 380	2 993	4 575	4 535	5367	5 096	6 400
湖北	1 613	2 060	2 785	2 547	5 292	6 286	4 873	7 400
湖南	944	2 780	3 188	3 467	5 697	5 447	4 598	4 400
广东	4 802	4 530	5 770	5 278	7 269	10 587	12 804	10 000
广西	774	1 170	1 178	1 386	2 396	2 368	2 441	2 500
海南	0	180	386	238	240	195	315	300
重庆	764	1510	2 122	2 971	2 894	3 269	3 092	2 100
四川	1271	2 500	2 679	3 186	3 349	3 758	4 942	5 400
贵州	285	2 240	2 338	3 124	2 213	2 912	1 795	1 700
云南	378	1 580	2 781	3 049	2 965	3 085	3 604	3 400
西藏	98	20	266	215	300	215	215	200
陕西	6 714	6 430	7 813	10 309	10 465	10 028	10 129	9 900
甘肃	1 503	1 720	2 384	2 997	1 810	1 821	1 745	1 600
青海	572	200	201	348	280	170	245	400
宁夏	1 814	1 630	3 392	3 077	3 448	2 710	2 590	2 700
新疆	1 391	1 480	2 096	2 311	2 897	2 765	3 399	3 600

资料来源：《中国奶业年鉴　2007》、《中国奶业年鉴　2008》、《中国奶业年鉴　2009》。

目前我国乳品科技人员中，本科生、硕士生和博士生三者的比例为 100∶26∶6。

2. 科技投入

乳业是一个涉及原料乳生产、乳品加工、包装、销售和贸易，涵盖上、中、下游完整产业链条的产业。乳制品企业特别是其中的大企业在整个链条中居于主体地位。在涉及原乳生产环节的关键技术创新方面，政府依然是创新主体。

“十五”奶业重大科技专项投入了 71 739.53 万元科研经费，吸纳了全国 152 家科研单位和企业，集中了 4 372 位研究和科技推广人员。14 个子课题中涉及乳品加工与质量安全项目 2 个。针对制约乳业发展的共性关键瓶颈技术(乳牛良种繁育技术、乳牛日粮饲喂技术、乳牛饲草和饲料作物青贮技术及草产品加工技术、乳牛场重大疫病检疫技术和疫病防治技术、乳制品加工、质量和安全控制、检测技术等）开展攻关，研究并建立适合不同地区乳业发展的现代化生产技术体系，构建我国乳业科技创新体系与产业化生产模式，以提升我国乳业科技的整体创新能力，增强我国乳产品国际竞争力。

通过科技攻关，我国乳业重大关键技术研究与产业化技术集成示范目前取得系列成果：①建立了奶牛胚胎移植产业化和胚胎性别控制技术体系；②建立了奶牛营养需要量参数与高效规范化饲养技术体系；③获得了富含共轭亚油酸 CLA 原料乳生产的营养调控技术；④获得了益生菌乳粉生产关键技术。

“十一五”国家科技支撑计划“奶业发展重大关键技术研究与示范”重大项目，设置共性关键技术研究与开发类课题 8 个，设置奶业现代化生产技术集成与产业化示范类课题 10 个，设置科技创新战略研究课题 1 个，共计投入资金 1.5 亿元。“十一五”期间，国家星火计划奶业相关项目 43 项，农业科技跨越计划奶业相关项目 7 项，农业部农业科技入户奶业相关项目 11 项，涉及乳品加工技术及质量安全控制 10 项。通过科技攻关，奶业发展重大关键技术研究与示范重大项目取得系列成果：①开发了现代奶业生产新模式；②制订了中国奶牛性能指数；③开发了干酪制品及益生菌高端制品；④建立了乳制品安全检测技术体系；⑤新产品、新材料、新装置 72 项，申请专利 91 项；⑥研制国家和行业标准 41 项；⑦成果应用 26 项。

最近几年大企业逐步增强了研发投入，以伊利集团、蒙牛集团、光明乳业为代表的乳业上市公司纷纷建立了研发中心，其研发投入强度为 2%～5%（研发经费/销售收入），也从产品小改进（1 年以内）向新产品开发（2～5 年）转变。2004 年，伊利集团技术中心被评为国家级技术中心；2005 年东北农业大学、内蒙古农业大学、中国农业大学、江南大学先后建立了乳品生物技术与工程方面的教育部重点实验室，主要在具有自主知识产权的乳品新技术的开发及乳品营养研究方面进行全面合作，标志着我国乳业自主创新技术方面迈出新的一步；2006 年伊利集团博士后科研工作站挂牌，高科技人才的汇集必将进一步增强伊利集团的研发和技术优势。

3. 科技成果

2007 年，我国获得干酪生产许可的企业有 25 家，获得奶油生产许可的企业 17 家，获得婴儿配方乳粉生产许可的企业 11 家。总体来说，我国乳品品种结构比较单一，应该多样性发展。乳品品种的开发将很有市场前景。

（1）液态乳的开发　与发达国家比，我国液态乳的品种不多，应进一步开发液态乳的品种，以适应不同消费者的需要。如各类强化乳、咖啡乳（在日本咖啡乳产量占液态乳的50%）、双歧因子牛乳、果汁乳、蔬菜汁乳等。

（2）功能型牛乳（粉）　针对健康情况特殊的人群、不同年龄阶段的人群研究开发的功能型牛乳（粉）将很畅销。如低乳糖乳（粉）和免疫乳（粉）等。

（3）酸乳　我国酸乳品种较少，应向发达国家学习，开发果肉（味）酸乳、功能型酸乳、儿童酸乳和有机酸乳等特色酸乳。在国外，“有机食品”市场受到重视，销售看好。有机酸牛乳与普通酸牛乳相比，价格约高30%，在超市上却居于醒目货架上。目前，它在国际酸牛乳市场中的份额约为17%。2010年，由江南大学、哈尔滨工业大学等高校和企业联合申报的“功能性益生乳酸菌高效筛选及应用关键技术”获得国家科技进步二等奖，表明我国在发酵乳制品研究与开发领域又取得了进步和突破。

（4）乳中生物活性物质的提取和乳制品的精深加工　如乳铁蛋白，免疫球蛋白，乳蛋白活性肽等。

（5）功能型发酵乳制品的开发及益生菌在乳制品中的应用　如双歧乳制品，嗜酸乳杆菌制品。

（6）开发、推广、应用高新技术　传统的乳品加工工艺和生产技术已难以适应现代乳品工业的发展，不能满足开发新产品的要求，应尽快研究与开发高新技术并在乳品工业中推广和应用。

（二）存在问题

1. 科技人员方面

目前我国高层次乳品科技人员比例偏低，同时，我国乳业的产、学、研、推体系与国外相比整合度比较低。美国威斯康星大学和贝比考克国际乳牛研究所是美国当前在乳品研究方面著名的科研单位，都与生产单位紧密连接。贝比考克国际乳牛研究所由美国农业部和威斯康星大学合作支持，其主要职能是加强国际农业、乳业发展交流与沟通。因此，我国应该加大各方面研究力量的协作程度。

2. 研发投入方面

通过“十五”和“十一五”科技攻关，我国奶业生产和质量安全控制技术水平有了很大提高，但与世界平均水平相比仍然有较大差距。目前发达国家科技投入强度（研究与开发经费/国内生产总值）为2%～3%，我国仅为1.5%左右。美国奶业发展中科技的作用占60%以上，而我国不足50%。

从“十五”与“十一五”政府的投入和课题设置来看，我国乳业的科研投入及成果很大一部分倾向于乳牛品种繁殖、育种改良、乳牛养殖、大型牧场建设等畜牧方面，虽然在乳制品加工研究方面课题设置较多，但经费较少，在乳制品加工方面研究经费比重偏低。

3. 研发平台方面

目前，我国的乳品研发中心或工程中心正从传统的作用形式向现代新型作用形式转变，加大资金投入建设优秀的科研平台，吸引优秀的乳品科技研发和加工专业技术人才，为乳品企业的发展提供新鲜血液。总体来说，我国乳品企业的科技含量不高，企业与大专院校、科研院所合作有待进一步加强。

4. 乳品专用技术方面

目前，乳品冷杀菌技术（如高压杀菌、高压脉冲电场杀菌、超声波灭菌、微波杀菌、磁力杀菌、辐射杀菌、臭氧杀菌和电阻杀菌等）在世界乳品工业得到不同程度的研究和应用。我国的杀菌技术集中在热杀菌上，主要采用巴氏杀菌和超高温杀菌等，其他杀菌技术在我国还处于实验室阶段，没有像发达国家那样将其应用在生产领域。

我国乳品工业的发展同样也要求使用有效的检测技术对乳制品进行检测，尤其是针对乳中含量甚微，但影响大的活性物质或毒素的检测。原料乳的自动检测仪器与专用乳制品在线检测设备的研究和开发，在我国还刚刚起步，现有的快速检测设备多数从国外进口，价格高、数量少。目前我国原料乳细菌总数的快速检测设备、原料乳的脂肪测定设备与国外比较，还存在很多不足，因此，采用的较少，多数企业还都在采用传统的检测方法。

七、国外乳业发展经验及启示

发达国家的成功经验为我国乳业发展提供了有益借鉴。世界乳业经过近百年的发展，积累了丰富的经验。一些国家高度重视乳业科技进步，普及推广了乳牛品种改良、优质饲草使用、机械化挤乳等重点技术。最近 10 年美国依靠技术进步，促使乳牛单产水平大幅度提高，约为 8 650 千克/头。乳业发达国家积极发展乳牛合作社，如荷兰 22 家乳品厂中有 13 家是产、加、销一体化的合作社，美国 250 家乳业合作社供应全国约 80%的乳制品。采取优惠政策支持乳业发展，包括政府投资、低息或无息贷款，对生产者进行价格补贴，实行最低保护价格等。这些经验对促进我国乳业健康发展具有重要的借鉴作用。

（一）新西兰

1. 低成本的乳业生产

新西兰重视草场的改良和建设，实行分区围栏放牧，不补饲谷物，成本相对较低。经过 100 多年的努力，新西兰已建成人工草场 910 多万公顷，约占全国草场总面积的 70%，根据 IDF1999 年发布的公报，1998 年每 100 千克奶支付给农民的乳价为：新西兰为 15.44 美元，而中国城市郊区为 27.78 美元，农牧区为 18.12 美元。因此，新西兰的乳制品成本较低，具有很强的市场竞争力。

2. 乳品的合作社经营

新西兰的乳业是高度一体化的，最低一级是农场主，上一级是奶农合作社，最高一级是乳业委员会。农场主拥有合作社的股份，合作社又拥有乳业委员会的股份。农场主把生产出来的牛乳卖给合作社，合作社又把乳卖给乳业委员会，乳业委员会通过它的全球营销网络把这些乳制品销售到海外。加工公司一旦从乳业委员会得到销售收入，就按照奶农向公司提供的牛乳固形物的多少把钱支付给奶农。这种付款制度鼓励奶农增加牛乳产量。

3. 对乳品出口的统一管理

为了促进乳制品的出口，新西兰成立了新西兰乳业委员会，其主要作用是负责所有新西兰出口乳制品的营销。该组织有权采取措施改良乳畜，进行科技研发以提高乳制品的质量。新西兰乳业委员会下设90个子公司，16个有关联的公司，这些公司遍布全球。每年这些公司把大量的乳制品出口到世界的140多个市场上。新西兰乳业委员会对乳制品的出口享有垄断权，乳制品公司只有从乳业委员会取得许可证，才可以独立地从事乳品的出口。

4. 新西兰乳业的发展趋势

目前，新西兰牛乳产量虽然只占世界的2%，但所生产的乳制品的绝大部分都用于出口，出口量占到世界乳制品出口量的30%以上。同时，新西兰乳制品在世界市场上的高占有率又归功于其良好的环境条件，先进技术的应用，以及科学的管理，这些都使得新西兰的乳制品具有低成本优势。

（二）日本

日本乳业是在“一杯牛奶强壮一个民族”的一句口号激励下发展起来的。日本政府对发展乳业非常重视，国家的使命感非常强，在发展起步时期就给予大力度的政策和财政支持。20世纪50～60年代，政府通过制定和颁布《酪农振兴法》、《草地法》、《农业基本法》等法律法规促进乳业发展。

在乳牛饲养方面，日本的乳源生产基地或主产区主要设在北海道。所有的乳牛场都比较注重环境保护，政府要求所有乳牛场的粪便必须经过无害化处理，并且要达到国家规定的无污染排放标准。机械化、专业化、社会化服务体系建设水平和劳动生产率等方面也比较高。由于饲料和人工费用较高，当然使生鲜乳的收购价格随之相对偏高，日本的收奶价格明显高于加拿大、美国、澳大利亚、中国等。

在乳品加工方面，日本的乳品企业比较强调和重视企业的质量体系建设。所有的乳品企业，必须通过ISO体系认证。至2006年前，日本的乳品加工企业已有70%以上通过了HACCP认证。

（三）美国

美国联邦政府设有农业部，同时各州也设有州农业部，其主要职责是制定政策进行宏观调控。县一级设有农业技术推广委员会，一般由 5～7 人组成，主要负责大学、研究所、企业和各咨询服务机构技术推广的协调工作。美国的农业技术推广是无偿的，主要任务是把大学、研究部门的成果和企业的新技术、新产品快速地推广到生产中去。推广经费由税收解决，其中联邦政府 50%，州政府 25%，县政府 25%。大学中一般都设立推广教授岗位，他们的主要工作是把研究成果在生产中推广。他们都有一定的服务项目和服务区域，并经常到生产单位进行现场咨询和技术指导。企业和各种咨询服务机构主要是针对企业的特点，推广特定技术，而大学和农业技术推广委员会则负责综合技术的推广。技术推广主要是通过电视、技术讲座、报刊等形式。如果农户有问题，可以打电话咨询。美国有许多畜牧兽医方面的私立咨询机构，由有名望、有技术且水平高的人员组成，有偿为有关部门、企业提供经营、技术、产品销售等方面的服务。美国 90%以上的乳牛场使用计算机进行牛场管理，50%的牛场实现了计算机联网。一种新技术、新产品的问世，需要经过严格的检测。大学是技术权威部门，未经大学认可的新技术、新产品是很难找到市场的。在美国的乳业生产中，各种不同的民间协会起着非常重要的作用。其中，比较大的协会有美国管理协会、美国饲料谷物协会、美国饲料行业协会、全美养牛人协会、美国娟姗乳牛协会、全国乳牛群体改良协会等。这些协会是由从事乳业生产的企业、农场主等自愿组成的非营利性组织，在本行业的生产与服务、科研课题、项目设计、技术培训、生产计划制订、各环节间关系协调及产品加工销售等方面起着重要纽带作用。

八、我国乳品加工业可持续发展战略

（一）战略目标

要加快我国乳业的发展、实现预期的发展目标，科技创新十分重要。总体战略目标是突破制约我国乳业发展的技术瓶颈，构建我国乳业科技创新体系与现代乳业产业化生产模式，大幅度提高我国乳业科技创新能力，推动我国乳业优质、高效发展，增强乳制品国际竞争力，促进乳业成为新时期我国农业与农村经济发展新的增长点和支柱产业。今后，应围绕乳业和乳制品的安全、高效、营养、生态、方便等综合目标，继续加强科学研究和技术推广应用，为我国乳业的健康发展提供强大动力。

1. 增强乳品加工业核心竞争力

以现代国际先进产业理念为先导，通过产业技术体系和科技战略联盟，推动产学研结合，促进乳品产业技术创新与升级。围绕乳品加工装备、乳品加工高新技术、乳品质量与安全监控设备、乳制品信息可追溯系统、功能性新产品开发等热点研究，超前开发相应高新技术和装备；注重产品质量、结构与效益，完善产品质量安全控制和保障体系，使乳品加工业核心竞争力显著增强，形成若干拥有自主知识产权的加工装备、生产技术和新产品。

在东北、华北、西北等传统农牧区的乳源基地，培育乳粉和超高温灭菌乳等乳制品大型加工企业，在北京等大城市和长江三角洲、珠江三角洲等地区，重点发展液态乳和各种乳制品生产企业。

2. 丰富乳制品品种、 提高国际竞争力

逐步减少普通乳粉的生产，提高配方乳粉的比例；大幅度提高鲜奶加工量，扩大液态乳生产；城市型乳品企业重点发展巴氏杀菌乳、发酵乳、灭菌

乳、功能乳等液态乳制品，基地型乳品企业仍以乳粉为主，重点发展配方乳粉、全脂乳粉、脱脂乳粉、功能乳及超高温灭菌乳等，有市场、有条件的地方，适当发展干酪、乳清和奶油等乳制品。

改变我国低端产品过剩，科技含量不高的格局。在质量上，将向高档、突出功能、高营养的特殊原料方向发展。提高我国乳制品的品质和发展科技含量较高的乳制品，增强其在国际市场上的竞争能力。消除由于产品质量不可靠带来的抑制消费因素。消除奶类消费在很小规模和很低质量的层面上形成“饱和”所带来的威胁。突破我国人均消费水平比较低对我国乳业发展的制约。塑造强势品牌，积极发展中型企业规模的乳制品加工企业，以更适合中国乳业的发展。

加强干酪、奶油、炼乳等产品的生产，特别是婴幼儿配方乳粉等高附加值产品的生产，满足国内需求，以减少进口和增加出口。全面提高原料乳和乳制品的质量和品质，降低生产成本，促进农村居民对乳制品的消费，改变城镇消费在很大程度上左右着总体奶类消费的格局。

3. 建立科技创新与应用体系

结合国际和我国的乳品加工新装备和新技术，提高我国乳品加工业先进装备和高新技术转化应用率；乳品加工与质量安全控制重大关键技术取得突破，乳品产品多元化发展，科技支撑作用显著增强；建立产学研关系，加快我国乳品加工业科技创新与应用步伐，建立我国乳品科技创新与应用体系。

（二）战略重点

1. 乳品加工关键技术及装备研究与产业化

（1）原料乳质量检测与控制技术及装备研究与产业化　主要研究乳牛管理技术（养殖、提高泌乳单产、建立 DHI 体系等）、原料乳预处理技术（运输、冷藏、杀菌等）和装备（便捷式挤乳机、高效杀菌设备、质量快速检测设备、运输与清洗设备），适应乳品生产结构的调整，增加设备品种，降低能耗，加快我国乳品加工装备技术升级，研究开发相应新型设备，确保原料乳品质，提高我国原料乳加工机械技术水平。在此基础上，加快研究并逐步推广我国乳业 DHI 体系，建立原料乳加工生产线及产业化示范基地。

（2）加工关键技术及装备研究与产业化　针对鲜乳、酸乳等乳制品存在的货架期短等问题，围绕嗜冷菌快速检测与控制技术、后酸化控制技术、冷杀菌技术的研发，尽量降低产品营养成分的破坏，延长产品的货架期。针对我国冷链不发达地区及冷链能耗过大等问题，研究常温酸乳制品加工技术与装备，开发新型常温酸乳产品，减少冷链运输与贮存过程。研究干酪加工装备与快速成熟技术，获得高品质干酪产品的关键工序参数、控制技术及关键设备，并进一步深入研究副产物乳清的综合利用技术及相关设备。利用纳米技术等高新技术，开发包装新材质，加快我国乳制品包装和灌装设备发展，打破国外公司在此领域的技术壁垒。

研发日处理生鲜乳500吨以上的大型乳粉生产设备，低温喷雾干燥设备，日处理100吨生鲜乳的干酪生产设备、膜过滤设备、节约型多效设备、奶油分离设备、灭菌及无菌灌装成套设备，乳清处理设备，以及榨乳成套设备等。研发原料和成品快速检测、生产过程在线检测和无损检测的方法和设备。

加快现有加工设备调整步伐，淘汰乳粉生产中单效浓缩设备，淘汰加工规模为日处理生鲜乳能力（两班）20吨以下的浓缩、喷雾干燥等设施，淘汰生产能力在200千克/小时以下的手动及半自动液态乳灌装设备。

2. 高新技术在乳品工业中的应用研究与示范

（1）生物技术在乳品加工业中的应用研究与示范　研究酸乳生产核心关键技术——优良菌株选育及直投式发酵剂的制备与应用，开发新型高效发酵剂和关键技术与设备，并应用于实际生产，建立产业化示范基地。利用基因工程技术，结合微生物代谢调控技术，研发后酸化弱的新型酸乳发酵剂。研究PCR技术快速检测乳制品中的致病或腐败微生物，并应用于乳品质量安全控制。研究通过改变内源酶分泌和添加外源酶（或微生态制剂），提高干酪快速成熟技术。

（2）信息化技术在乳品加工业中的应用研究与示范　研究乳制品的品质和安全特性（包括物理、化学和生物特性），运用信息化技术进行信息处理，运用计算机模型进行识别、判断和鉴定。具体技术包括：加工过程在线控制技术及其相应软件开发，产品质量在线检测技术及其相应软件开发。如研究高灵敏度的拉曼技术在乳品领域的应用，对原料乳的组成进行分析，建立原料乳成分的拉曼光谱指纹库，确认乳制品的掺假与否或真实性，并开发便携式拉曼光谱检测仪，并应用于原料乳质量检测。

（3）冷热处理新技术在乳品加工业中的应用研究与示范　研究高压技术、辐射技术（红外线、核辐射等）、膜技术（微滤、超滤、纳滤等）等对产品除菌程度及其对产品质量的影响；研究冷冻干燥技术、喷雾干燥技术对产品营养和发酵剂质量的影响。在此基础上，深入研究冷、热处理技术对乳制品成分

（蛋白质、脂肪、活性成分、益生菌等）及产品质量的影响，并研究上述技术在乳品加工业中的应用及集成。

（4）乳品加工业副产物综合利用技术研究与示范　干酪工业中的乳清综合利用技术（包括膜技术在乳清处理中的应用）、乳清蛋白絮凝剂的开发、乳清中生理活性物质的分离与提取技术、乳清发酵制品的开发、乳清功能性饮料的开发、乳清蛋白的功能性利用等研究与示范。

3. 乳品质量安全控制关键技术及标准体系研究与示范

（1）乳品质量安全控制全程跟踪与追溯关键技术研究与示范　研究把乳品通过射频（RFID）等信息传感设备与互联网连接起来，实现智能化识别和管理的乳品质量安全控制全程跟踪与追溯关键技术。乳品上的RFID记录了整个乳品生产信息（产地、饲料、日期、运输信息）等。买家最终在超市或其他任何地方可以跟踪与追溯这些信息。基于RFID技术和条码技术，结合数据库技术、物流信息技术、数据传输技术等先进成熟的IT技术，研究确定生产前与生产后跟踪和追溯系统的衔接技术，整合系统标识并研发操作系统，形成乳品质量安全控制全程跟踪与追溯系统，并在乳品产业链中推广。

（2）乳品质量安全控制标准体系研究与示范　基于从农场到餐桌的国际化质量安全控制体系，结合我国乳品加工业实际，完善现有的乳品质量安全控制标准体系，建立适于我国乳品企业的HACCP乳品安全控制体系，联合多尺度栅栏技术，分析危害并优选关键控制点，确立关键限值和采取关键措施，使其具有更大的灵活性和可操作性，并建立示范基地，在乳品企业中逐步推广。

（三）需要突破的关键科学与工程技术问题

我国乳品加工业需要突破的问题是针对制约我国乳业发展的关键技术与设备，依据引进消化和自主创新相结合的原则进行科技攻关，争取在以下技术和设备上取得突破，推动我国乳品加工业的科技进步。

1. 可持续发展的重大基础科学问题

（1）乳品加工过程中的品质变化规律及调控

①热处理对原料乳成分（蛋白质、微生物等）的影响规律及与品质的关系。

②酸乳后酸化形成机理及控制措施。

③原料乳中微生物（嗜冷菌）对产品质量的影响及其快速检测与控制措施。

④发酵乳制品及干酪加工过程中噬菌体来源及其控制。

⑤冷冻干燥过程、喷雾干燥过程与工艺对发酵剂损伤机理及活性保护与修复研究。

⑥乳制品中重要腐败和致病微生物生长模型预测及风险评估研究。

（2）传统发酵乳制品开发及其从作坊式向工业化转型的基础研究

①传统发酵乳制品微生态系统生物多样性研究与开发。

②特殊益生功能菌株的选育及其摄食对人体肠道菌群的影响。

③传统发酵乳制品和特质乳酸菌对人类的生理调节作用。

④传统发酵乳制品中微生物（乳酸菌、酵母、微球菌等）之间相互作用机制及其对产品品质的影响。

⑤传统发酵乳制品对人体健康的影响及其作用机制。

2. 可持续发展重大关键工程技术问题

（1）原料乳质量保证关键控制技术与装备开发　采用具有国际先进理念的技术是发展趋势。原料乳质量是保证乳制品质量与安全的前提。原料乳质量问题主要包括两个方面：一是因为乳牛本身疾病，如乳房炎、抗生素残留、饲料中农药残留及挤乳、运输等环节卫生条件不过关引起的质量问题；二是人为掺假导致的质量安全隐患。在原料乳环节，国外大学和研究机构对此非常重视并加强了系列研究，并有相应的产业化技术成果应用于实践，如DHI可追溯系统。但目前我国研究机构还未给予该环节足够的关注，我国近年来出现的一系列乳品安全事件几乎均与原料乳质量有关。针对这一现状，我国特别应将生物技术、信息技术、自动化和智能化技术等高新技术应用于原料乳质量保证关键控制技术与装备开发。

（2）乳品加工过程控制技术与装备开发　乳品加工过程全程综合控制，涉及管理监督体系、技术支持体系、技术实施体系等。就技术发展而言，生物技术、物理技术、信息技术、自动化或智能化技术等应用于乳品加工及其安全控制，可实现快速、准确、可追溯的目标，以保证乳品质量安全。

①致病或腐败微生物控制技术及其装备研发。主要研究乳品中致病或腐败微生物及其代谢物的快速检测技术，并开发相应的便捷灵敏的设备。

②乳品加工过程安全控制技术及其设备开发。主要研究各个加工环节及其应用的加工设备对产品质量的影响，并在此基础上实现升级换代或开发出更好的新技术和新装备。

③乳粉生产中的高效蒸发器、闪蒸设备、二次干燥设备和速溶喷雾设备的开发。

④干酪加工设备的开发。加快干酪生产设备的研发，并对引进的国外设备与技术进行消化利用。

⑤膜分离技术及装置、膜材料与组件等的开发与应用，冷杀菌技术及其相关设备研发与应用。

（3）乳品加工关键产品的研究与开发

①乳中生物活性物质及功能性乳制品的研究与开发　牛乳（包括初乳）中生物活性物质的分离和应用，主要是对乳铁蛋白、免疫球蛋白和乳蛋白活性肽的提取；以乳蛋白为原料的生物活性肽及具有调节肠道微生态作用的益生菌发酵乳制品的开发。

②发酵乳与发酵剂制造技术的研究与开发　为促进我国发酵乳制品的生产，确保酸乳质量，同国际知名品牌竞争，开发出适合我国生产情况、高效、使用方便的商品化发酵剂是发酵乳科学研究的当务之急。应加强具有特殊功能的益生菌菌株的相关研究。

③天然干酪及再制干酪系列产品的研究与开发　开发适合中国人口味且价格低廉的天然干酪及系列再制干酪是当务之急。干酪生产在我国很少，而发达国家将近30%～50%的乳用于干酪的生产，品种达500种之多。随着经济全球化、饮食习惯的改变，以及原料乳产量的增加，干酪在将来必将成为我国乳品工业的重要品种之一。

④乳清及其高附加值产品的开发利用　发达国家在乳清的开发利用上有较大发展，主要将其加工成浓缩乳清、乳清粉、乳清膏、乳清蛋白浓缩物、乳清蛋白粉、单细胞蛋白等。大力发展乳清粉不仅可以壮大乳业基础，并且可以减轻对进口原料的依赖。

⑤母乳的营养基础理论的研究及婴幼儿食品的研究与开发　要进一步对我国母乳的营养成分进行分析，完善其营养基础理论，并开发适合婴幼儿食用，与母乳最为接近的食品。

（4）乳品质量安全控制标准体系研究与示范　在借鉴乳制品发达国家先进经验的基础上，开展适合我国国情的乳品原料质量安全控制标准体系、乳品加工过程质量安全控制标准体系及乳品终产品质量安全控制标准体系等的研究，通过标准的制定带动行业的稳定发展。

(四) 保障措施

1. 大力开拓乳类消费市场

积极采取有效措施，扩大乳制品消费。加强宣传，普及营养知识，培养乳制品消费习惯，扩大消费群体，挖掘乳制品消费潜力。积极稳妥地推进国家学生饮用奶计划，争取向中小城镇和农村地区拓展。加强农村市场的开发，不断满足我国农村居民对乳制品消费增长的需要。顺应城市居民乳制品消费需求的变化趋势，加大干酪、冰激凌、黄油等的市场推广力度。鼓励企业采取多种营销手段，搞好乳制品销售配套服务，开辟国内外乳制品销售市场。

2. 积极推进乳业产业化经营

鼓励龙头企业为农户提供产前、产中、产后服务，规范乳制品加工企业的市场行为，营造公平竞争的市场氛围。对重点龙头企业，严格实行动态管理，真正做到有进有出，对于不为奶农着想、损害奶农利益的加工企业，坚决取消龙头企业资格。引导各地建立乳牛合作社、乳业生产者协会及股份合作制联合体，不断完善产加销一体化利益机制，提高奶农组织化程度和乳业产业化经营水平。

3. 加大对乳业发展的扶持力度

探索建立乳业发展风险基金和乳牛政策性保险制度，分散化解疫病等因素带来的风险，促进乳业生产、加工和市场的平稳发展。加大对乳业发展的信贷支持，扩大信贷范围和金额，延长还款年限，为乳牛养殖户提供中长期低息或无息贷款。加大政府对乳业发展的资金投入，强化乳业基础设施建设，加大乳牛良种繁育补贴，实行养殖小区补贴。积极发挥公共财政资金的引导作用，吸引工商资本、社会资本和境外资本投资乳业，建立多元化投融资机制。加强乳业科研开发，推动乳业科技进步，提升我国乳业发展的核心技术竞争力。培养专业人才，加强乳业人才队伍建设。

4. 规范乳制品市场秩序

严格区别和规范液态乳标示，鼓励企业生产巴氏杀菌乳，减少国外乳粉大量进口，保护民族乳业的发展，维护广大消费者利益。加强乳业生产各环节的检测，严厉打击欺骗消费者的各种违法违规行为，对于用还原乳冒充鲜乳销售的，要进行曝光。依法加强市场监督，整顿市场秩序，规范乳制品加工企业的市场行为，防止乳业生产和消费领域的不正当竞争，禁止加工企业在原料乳收购过程中限收压价，切实维护奶农的合法权益。

5. 加强乳牛疫病防控

坚持生产发展和防疫保护并重的方针，切实加强乳牛疫病的防控。加强定期检疫和重大传染病强制免疫，建立乳牛免疫档案。严格种牛进口和国内流通的检疫和监管，防止疫病的流行。帮助奶农实施科学的防疫措施，建立完善的消毒防疫制度，减少乳牛疫病的发生。对于各种常见病，要通过改进饲养方式、定期监测、推广新疫苗和新兽药等措施，逐步降低发病率，有效化解奶农可能遇到的疫病风险。

6. 加强乳业的管理和服务

各级政府和有关部门要加强乳业管理和服务，提高宏观调控能力，及时解决乳业发展过程中出现的各种问题和矛盾。要根据当地实际，制定乳业发展规划，加强乳业发展的协调和指导。充分发挥行业协会作用，强化行业自律，促进信息交流，提供配套服务。制定完善应急机制，及时采取应对措施，防止乳业发展的大起大落。逐步理顺乳业管理体制，切实加强法制建设，不断推进乳业规范化、法制化进程。

（五）对策与建议

1. 加强乳源基地建设

加强乳源基地建设，建设绿色乳源基地，形成符合中国条件和适用于各地区条件的规模化养殖，促使饲料、营养、管理、防疫、卫生、质量、安全、技术、生产力等许多方面措施得以实施。

（1）养好牛、产好奶是建设绿色乳源基地的首要环节；优良饲草饲料作物的种植更是现代乳牛饲养业的基础。同时，加快奶畜粪便处理技术的研究与应用，实现“避免环境污染＋绿色能源＋生物农药＋绿色食品”的良性循环。

（2）乳牛良种的选育和推广需要先进技术的应用，如精子鉴定技术、胚胎移植技术、转基因技术的研究和合法利用等。

（3）在乳牛的疫病防控方面，采用其他高效生物药品替代化学药品防治乳牛常见病和多发病。

2. 增加科技研发投入，加快科技成果的推广与应用

目前，我国乳业发展的外部环境和内部条件已发生了深刻变化，正在处于面对一系列新问题和新情况的关键时期，突出表现为数量增加而效益下降；规模尚小，经营分散，专业化水平低；产业模式落后，抗风险能力差；原料乳质量低，产品品种单一；自主创新不足，缺乏核心竞争力等。解决这些问题的根本出路要依靠科技创新。加大科技投入，实现关键设备或成套设备的国产化，针对当前乳品生产的各种问题，充分调动国内各大专院校的师资力量和大型乳品企业的技术力量，不断引进和开发新的食品生产技术和生产设备，提升原料乳与产品质量，扩大消费市场。通过科技创新提高乳业效益，完善现代乳业产业体系。

3. 采用先进生产设备，扩大乳品企业规模

目前国内乳品生产所采用的生产设备总体要比发达国家落后，这就使中国乳制品生产出现了各种各样的问题。与国际先进水平相比，我国乳品加工设备存在较大差距，应大力支持乳品加工设备的研制和开发，这样可以大大降低乳制品的生产成本，有利于形成乳品生产的良性循环。加快对引进国外设备与技术的消化利用，同时开发具有我国自主知识产权的先进设备，如无菌成套生产设备、浓缩设备、干燥设备、干酪生产设备的研发，不仅可以实现企业生产的现代化，而且还可以保证产品的质量和产量。

乳品加工厂规模大、加工产品多元化可以保证对原料乳的稳定需求并确保乳制品的质量与安全性，要改变“小、散、低”的落后生产模式，向规模化、规范化、集约化发展。

4. 注重乳品质量安全问题

目前我国的乳品质量安全保障体系尚不完善，乳品的供应链中各个环节的质量安全管理存在诸多问题。需要从农户、奶站和企业三个方面进行考虑。向国际上先进的、趋于完善的乳品质量安全保障体系看齐，完善我国乳品质量安全保障体系。

5. 加强政府科技引导，促进乳品加工技术与装备创新与升级

政府科技项目应加强共性的基础研究和应用基础研究，加大对乳品加工技术、乳品质量安全控制技术与设备等的研究投入；建立和完善乳品产业技术体系和产业技术创新战略联盟，发挥国家级工程中心等平台的作用，推动产学研

结合，企业与科研院所、大专院校合作发挥各自优势，将应用与基础研究有机结合，促进乳品产业技术创新与升级；引导龙头企业加大技术研发投入，扶持其建立科技工程研究中心。

6. 完善乳品质量安全标准及法规

完善乳品质量安全标准体系及法规体系的工作应该由政府倡议组织，由科研单位（高校、研究所、工程中心等）联合企业共同完成。应该借鉴发达国家乳品质量安全标准体系及法规体系的特点和建设经验，结合我国具体实际情况，重新系统构建或完善乳品质量安全标准体系及法规体系。

7. 加强国家监管体制与机制的改革，提高监管效率

进一步改革国家监管体制，改变目前多部门食品安全分段监管的体制，建议监管机构合并，就乳品质量安全设立独立的监管机构。改变政出多门、结构繁杂的状况，形成权威统一、权责分明、独立行动、权力制衡、运转高效的监管机制。

参考文献

杜艳秋 . 2007. 中国乳品行业战略性危机管理研究 [D] . 北京：对外经济贸易大学 .

冯艳秋 . 2007. 美国乳品市场分析与预测 [J] . 中国乳业 (4)：66－69.

高鸿宾 . 2011. 中国畜牧业年鉴 2011 [M] . 北京：中国农业出版社 .

谷雪莲，华泽钊 . 2005. 牛奶在冷链中保质问题的研究 [J] . 中国乳业 (3)：18－20.

韩高举 . 2005. 中国奶业发展问题研究 [D] . 武汉：华中农业大学 .

洪晓晖 . 2005. 我国乳品产业食品安全管理分析——以北京市乳品链为例 [D] . 北京：中国农业大学 .

李胜利，王林昌，武新宇，等 . 2007. 从美国奶业发展看中国奶业 [J] . 中国乳品工业，43 (3)：2－9.

刘成果 . 2002. 中国奶业年鉴 2002 [M] . 北京：中国农业出版社 .

刘成果 . 2003. 中国奶业年鉴 2003 [M] . 北京：中国农业出版社 .

刘成果 . 2004. 中国奶业年鉴 2004 [M] . 北京：中国农业出版社 .

刘成果 . 2005. 中国奶业年鉴 2005 [M] . 北京：中国农业出版社 .

刘成果 . 2006. 中国奶业年鉴 2006 [M] . 北京：中国农业出版社 .

刘成果 . 2007. 中国奶业年鉴 2007 [M] . 北京：中国农业出版社 .

刘成果 . 2008. 中国奶业年鉴 2008 [M] . 北京：中国农业出版社 .

刘成果 . 2009. 中国奶业年鉴 2009 [M] . 北京：中国农业出版社 .

刘成果 . 2010. 中国奶业年鉴 2010 [M] . 北京：中国农业出版社 .

刘成果 . 2011. 中国奶业年鉴 2011 [M] . 北京：中国农业出版社 .

刘文兵 . 2007. 中国乳制品行业策略研究 [D] . 上海：复旦大学 .

刘希良，张和平 . 2002. 中国乳业发展史概述 [J] . 中国乳品工业，30 (5)：162－166.

刘现庆 . 2002. 中国乳品行业分析与发展对策 [D] . 大连：大连理工大学 .

吕加平 . 2007. 现代奶业发展中的科技创新 [J] . 中国乳品工业 (6)：19－20.

门宇新，李荣，侯丽 . 2007. 浅论美国奶业生产 [J] . 黑龙江动物繁殖，15 (3)：24－26.

任发政 . 2006. 中国乳品企业技术创新现状与创新平台的建设 [J] . 中国奶业 (9)：28－29.

田玉静 . 2001. 国外奶牛业的发展及其对中国的启示——以美国、日本为例 [D] . 北京：中国农业科学研究院 .

王丁棉 . 2007. 中国奶业当前发展形势分析与判断 [J] . 广东奶业 (2)：5－10.

徐春阳 . 2007. 美国奶业给我们的启示 [J] . 农场经济管理 (5)：15－16.

徐更生 . 2003. 领先世界的美国乳品业 [J] . 乳与人类 (6)：50－51.

殷召飞 . 2006. 中国乳品业战略协同问题研究［D］. 合肥：安徽大学 .
赵剑峰，高启杰 . 2008. 我国乳品制造企业技术创新现状及对策分析［J］. 工业技术经济，27（3）：15－18.
郑秋鹏，张兰威 . 2008. 中国乳业现状及发展建议［J］. 中国乳品工业，36（10）：47－51.
中国奶业协会 . 2009. 中国奶业统计资料 2009［M］. 北京：中国农业出版社 .
朱娟，杨伟民，胡定寰 . 2007. 我国乳业的发展现状及存在问题［J］. 中国畜牧杂志，43（12）：43－46.

专题组成员

张兰威　教授　哈尔滨工业大学
杜　明　副教授　哈尔滨工业大学
冯　镇　副教授　东北农业大学
易华西　副教授　哈尔滨工业大学
韩　雪　副教授　哈尔滨工业大学
张英春　副教授　哈尔滨工业大学
单毓娟　教授　哈尔滨工业大学
李晓东　教授　东北农业大学
包怡红　教授　东北林业大学
郭本恒　高级工程师　上海光明乳业股份有限公司
焦晶凯　工程师　上海光明乳业股份有限公司
刘　鹏　高级工程师　国家乳品工程技术中心
单　艺　工程师　国家乳制品质量监督检验中心
马　微　高级工程师　黑龙江省出入境检验检疫局
蔡俊泽　工程师　北京三元食品股份有限公司
张艳杰　高级工程师　上海晨冠乳业公司
范荣波　副教授　青岛农业大学
张莉丽　讲师　东北农业大学
沙　淼　编审　国家乳品工程技术中心
李宝磊　工程师　杭州娃哈哈集团有限公司
孙　健　工程师　黑龙江省完达山乳业股份有限公司

专题四

ZHUANTI SI

蛋品加工技术与质量安全控制

一、我国蛋品加工业现状

（一）禽蛋生产

1. 蛋禽养殖

禽蛋产量同家禽的饲养量直接相关。在家禽中，蛋禽的养殖是决定禽蛋产量的直接原因。2007 年我国年末存栏家禽 50.19 亿只。

我国蛋鸡工厂化饲养较早，但 1996 年以后，大型鸡场生产成本有所上升，工厂化蛋鸡场不断受到市场竞争的冲击。1998—2005 年，中小型鸡场多为专业户经营，这类鸡场的数量和产蛋量都呈现增长的趋势。

据有关统计，1998—2006 年，全国存栏 500 只以上蛋鸡的鸡场近 80 万个。其中：存栏 500～1999 只蛋鸡的小型鸡场最多，占蛋鸡场总数的 70%～85%，年生产鸡蛋 500 万～700 万吨，占规模鸡场产蛋总量的 40%～50%；存栏 2 000～49 999只蛋鸡的中小型蛋鸡场占 15%～25%，年生产鸡蛋 500 万吨左右，占产蛋总量的 30%～40%；存栏 5 万只蛋鸡以上的大型蛋鸡场生产鸡蛋 70 万吨左右，占产蛋总量的 4%（2006 年）。

我国蛋鸡的生产出现很大的波动现象。从 20 世纪 80 年代中期开始，蛋鸡呈现增长态势，90 年代后期增长速度减缓，2000 年前后起大幅降低，全国蛋鸡养殖业受到重创；2006 年起回升，2008 年起大幅回升，2009 年快速增长，发展十分迅速，尤其是湖北、四川等省份，蛋鸡养殖业可以说异军突起。据笔者调查，2009 年 8 月，湖北省黄冈市浠水县蛋鸡存栏量达到 1 300 多万只，武汉市新洲区蛋鸡养殖量也接近 1 000 万只，湖北省团风县蛋鸡养殖量达到 800 万只，湖北省荆门市京山县的钱场镇，农户自发的蛋鸡养殖量接近 400 万只。这也说明我国蛋鸡养殖业具有好的前景，而且蛋品生产还有比较大的空间，但同时要注重加强蛋品保鲜贮藏技术研究，提高深加工率，才能有效消化市场风险。

从蛋鸡规模饲养的区域分布来看，近年来牧区省份的城市郊区小规模的蛋鸡场有所发展，但所占的比重很小；而农区规模化蛋鸡场主要分布在华中、华北地区和长江中下游地区，东北地区也有所发展，而华南和西南地区则比较缓慢。

最近几年，产蛋水禽的发展也极为迅速，尤其是蛋鸭养殖业发展很快。笔者实地调查发现，蛋鸭发展较快的地区主要集中在湖南洞庭湖、湖北洪湖、江西鄱阳湖、山东微山湖及江苏的高邮周边地区。如山东微山湖地区，蛋鸭养殖量超过 2 000 万只，济宁市政府给予高度重视；湖南湘南地区的衡东县，蛋鸭养殖量超过 200 万只，衡东县政府以红头文件的形式将蛋鸭养殖与加工作为该县的支柱性产业，并从外地引入投资者开展鸭蛋产品的加工产业化。蛋鹅养殖业发展也很快，主要分布在辽宁、吉林、湖南、安徽、浙江、江苏等省份，鹅蛋的产量也在增加。

2. 总产量

1980 年以来，中国是禽蛋总产量增速最快的国家（表 4－1）。1980 年中国禽蛋产量在全世界的份额只有 9.07%，到 1995 年达到 39.13%。1980—1995 年期间，世界禽蛋年平均增长速度是 2.39%，中国是 13.32%。1980 年禽蛋总产量最高的国家是美国（413.0 万吨），中国的年产量只是美国的 62.13%，1985 年一跃超过美国，1995 年是美国的 3.85 倍。1985 年以来，我国禽蛋生产总量至 2010 年已连续 26 年雄居世界第一位（表 4－2）。

表 4－1　1980—2011 年我国禽蛋总产量变化情况

年份	禽蛋总产量（万吨）	比上年增长（%）
1980	256.6	
1982	280.9	9.5
1983	332.3	18.3
1984	431.6	29.9
1985	534.7	23.9
1986	555.0	10.4

（续）

年份	禽蛋总产量（万吨）	比上年增长（%）
1987	590.2	16.1
1988	695.5	10.1
1989	719.8	15.7
1990	794.6	25.4
1991	9 22.5	12.5
1992	1 019.9	10.6
1993	1 179.6	15.7
1994	1 480.0	25.4
1995	1 676.7	13.3
1996	1 954.0	15.4
1997	2 125.4	8.8
1998	2 018.5	−5.0
1999	2 100.0	4.0
2000	2 243.3	6.0
2001	2 336.7	4.2
2002	2 419.2	5.7
2003	2 560.7	5.9
2004	2 620.0	4.9
2005	2 879.5	9.9
2006	2 424.0	校正
2007	2 529.0	4.3
2008	2 638.0	4.3
2009	2 741.0	1.4
2010	2 765.0	0.8
2011	2 811.0	1.8

资料来源：参考联合国粮农组织统计数据库（FAOSTAT），并根据历年《中国畜牧业年鉴》整理所得。

我国禽蛋品种结构渐趋多元化，鸡蛋所占的比例下降，鸭蛋比例上升，其他禽蛋也开始逐渐增多。2008 年我国禽蛋总产量为 2 638.0 万吨，其中：鸡蛋 2 044.86 万吨，占 77.52%；鸭蛋 420.0 万吨左右，占 15.92%；其他禽蛋 173.14 万吨，占 6.56%（鹌鹑蛋占 3.00%～4.00%，鹅蛋占 2.00%左右，其他特种禽蛋占1.00%左右)。

表4-2 1991—2008年我国禽蛋总产量在国际上的地位

年份	1991	1992	1993	1994	1995	1996	1997	1998	1999
中国总产量(万吨)	922.5	1 019.9	1 179.6	1 480.0	1 676.7	1 954.0	2 125.4	2 018.5	2 100.0
世界总产量(万吨)	3 660.0	3 702.0	3 821.0	4 115.0	4 285.0	4 523.0	4 658.0	4 808.0	4 991.0
中国占世界比例(%)	25.20	27.55	30.87	35.97	39.13	43.20	45.63	41.98	42.08
年份	2000	2001	2002	2003	2004	2005	2006	2007	2008
中国总产量(万吨)	2 243.3	2 336.7	2 419.2	2 560.7	2 620.0	2 879.5	2 424.0	2 529.0	2 638.0
世界总产量(万吨)	5 173.0	5 327.0	5 523.0	5 670.0	5 817.0	5 962.0	5 549.4	—	—
中国占世界比例(%)	43.37	43.87	43.80	45.16	45.04	48.30	43.68	—	—

注:"—"表示未查到该数据。

资料来源:参考联合国粮农组织统计数据库(FAOSTAT),根据历年《中国畜牧业年鉴》整理所得。

3. 人均占有量

1953年我国人均禽蛋占有量只有1.3千克,1980年为2.6千克,此后迅速提高(表4-3)。1995年达到13.9千克,是1980年的5.3倍,是1953年的10.7倍。1980—2011年我国人均禽蛋占有量见表4-3。

1992年,我国人均禽蛋占有量(8.7千克)开始超过世界平均水平(6.6千克),但与发达国家仍有较大差距。据FAO提供的资料,1992年人均禽蛋占有量最高的国家是匈牙利(22.1千克),其次是日本(20.8千克)。

表4-3 1980—2011年我国人均禽蛋占有量(千克)

年份	1980	1982	1983	1984	1985	1986	1987	1988	1989	1990	1991
人均占有量	2.6	2.8	3.2	4.2	5.1	5.3	5.5	6.4	6.5	7.0	8.1
年份	1992	1993	1994	1995	1996	1997	1998	1999	2000	2001	2002
人均占有量	8.7	10.0	12.6	13.9	16.4	16.8	16.6	17.2	17.9	18.3	18.9
年份	2003	2004	2005	2006	2007	2008	2009	2010	2011		
人均占有量	19.5	19.8	22.0	18.6	19.5	20.3	20.6	20.7	21.1		

资料来源:参考联合国粮农组织统计数据库(FAOSTAT),并根据历年《中国畜牧业年鉴》整理所得。

4. 主要生产区域

我国的华北、东北和华中地区,由于饲料、气候、养殖习惯、产品市场、出口、加工企业状况等因素，发展蛋鸡养殖业的优势非常明显（表 4－4），尤其是湖北、四川两省，蛋鸡养殖量增长迅速。1985—2007 年禽蛋十强省份排名及产量见表 4－5。1985 年和 2007 年各省份禽蛋产量增长情况见表4－6。

表 4－4　我国禽蛋生产区域的比较优势分析

区域	产量优势指数	存栏规模优势指数	利润优势指数	综合优势指数
华北地区	1.42	2.27	1.10	1.52
东北地区	0.92	1.17	1.16	1.08
东南沿海	0.91	0.93	0.53	0.76
华中地区	0.87	0.48	2.48	1.01
西南地区	0.51	0.16	1.53	0.50
西北地区	0.58	0.42	1.24	0.67

资料来源：李谨、秦富。

表 4－5　1985—2007 年禽蛋十强省份排名及产量（万吨）

1985 年		1990 年		2000 年		2006 年		2007 年	
山东	72.5	山东	124.3	山东	366.2	河北	456.1	河北	396.5
江苏	60.7	江苏	89.7	河北	357.0	山东	430.1	山东	359.9
湖北	40.1	河南	59.6	江苏	181.4	河南	400.8	河南	336.7
河南	37.1	湖北	51.9	辽宁	140.3	辽宁	237.4	辽宁	204.2
河北	33.4	河北	51.3	安徽	107.4	江苏	185.5	江苏	166.1
四川	32.5	四川	47.1	湖北	102.6	四川	171.1	四川	145.2
辽宁	30.4	辽宁	45.2	四川	99.7	湖北	124.8	湖北	110.3
安徽	24.7	安徽	32.6	吉林	80.0	安徽	123.6	安徽	108.6
湖南	24.4	黑龙江	30.9	黑龙江	75.3	黑龙江	107.6	黑龙江	91.4
黑龙江	20.5	湖南	27.9	湖南	52.3	吉林	101.0	吉林	86.3
10 强合计	376.3		560.5		1 562.2	以上为各省未校值			2 005.2
中国总产量	534.7		794.6		2 243.3		2 424.0		2 529.0
10 强占全国的比例（%）	70.38		70.54		69.64				79.29

资料来源：根据历年《中国畜牧业年鉴》整理所得。

表 4－6　1985 年和 2007 年我国各省份禽蛋产量对比分析

地区	1985 年（万吨）	2007 年（万吨）	2007 年禽蛋产量相对 1985 年产量增长率（%）	增长名次
全国	534.7	2 528.00	372.79	
河北	33.4	396.45	1 086.98	1
河南	37.1	336.72	807.60	2
辽宁	30.4	204.15	571.55	3
宁夏	1.1	5.65	413.64	4
吉林	17.2	86.26	401.51	5
山东	72.5	359.90	396.41	6
新疆	4.3	21.31	395.58	7
福建	8.3	39.69	378.19	8
内蒙古	9.1	43.02	372.75	9
四川	32.5	145.22	346.83	10
黑龙江	20.5	91.39	345.80	11
安徽	24.7	108.58	339.60	12
山西	11.0	47.30	330.00	13
广西	4.1	16.82	310.24	14
陕西	11.2	43.29	286.52	15
湖南	24.4	85.62	250.90	16
江西	11.4	36.37	219.04	17
云南	6.3	17.95	184.92	18
西藏	0.1	0.28	180.00	19
湖北	40.1	110.29	175.04	20
江苏	60.7	166.09	173.62	21
甘肃	4.9	12.36	152.24	22
广东	12.6	29.80	136.51	23
浙江	16.2	37.87	133.77	24
贵州	4.6	10.35	125.00	25
天津	10.6	19.36	82.64	26
青海	0.9	1.26	40.00	27
北京	14.1	15.56	10.35	28
重庆	—	32.35	—	29

（续）

地区	1985 年（万吨）	2007 年（万吨）	2007 年禽蛋产量相对1985 年产量增长率（%）	增长名次
海南	—	2.17	—	30
上海	10.4	5.54	−46.73	31

注："—"表示无数据。

资料来源：根据历年《中国畜牧业年鉴》整理所得。

（二）蛋品消费

我国居民对禽蛋及其制品的消费和禽蛋制品的出口是拉动我国禽蛋产业发展的两个主要因素。我国有 10 个民族禁食猪肉，江南、华南、华中地区有一定比例的居民嫌牛肉有膻味而不食，而禽蛋是全民皆宜，历来受到各族人民喜食。

1. 人均消费量

申秋红等统计了 1990—2006 年我国禽蛋总消费量及消费增长率（表 4－7），并对禽蛋及其制品消费趋势进行了分析。

表 4－7　1990—2006 年我国禽蛋总消费量及消费增长率

年份	净进口（%）	总消费量（万吨）	消费增长率（%）
1990	−5.1	789.5	
1991	−4.6	917.4	16.20
1992	−2.9	1 017.0	10.85
1993	−3.9	1 175.9	15.63
1994	−4.0	1 475.0	25.43
1995	−3.3	1 673.4	13.45
1996	−4.4	1 960.8	17.17
1997	−6.3	1 890.8	−3.57
1998	−5.9	2 015.4	6.59
1999	−4.7	2 130.0	5.67
2000	−6.7	2 236.6	5.01
2001	−6.1	2 330.7	4.20
2002	−8.6	2 454.1	5.30
2003	−9.7	2 597.0	5.82

（续）

年份	净进口（%）	总消费量（万吨）	消费增长率（%）
2004	−9.1	2 714.6	4.53
2005	−8.7	2 870.8	5.75
2006	−8.5	2 415.5	校正数据无法对比

资料来源：申秋红、王济民。

从表 4－7 看出，1990—2006 年我国禽蛋总消费量在增加，消费增长率呈现上升趋势。随着我国城乡居民人均收入水平的提高，居民畜产品的消费结构也在发生着相应的变化。在畜产品的消费中，禽蛋的人均消费量持续快速增长（表 4－8）。

表 4－8 1952—2006 年全国人均口粮和畜产品消费增长情况（千克）

年份	口粮	红肉	猪肉	牛羊肉	禽肉	禽蛋
1952	227	6.84	5.92	0.92	0.43	1.02
1957	233	6.19	5.08	1.11	0.50	1.26
1960	164	2.56	1.53	1.03	0.36	0.49
1965	210	7.31	6.29	1.02	0.36	1.42
1978	225	8.42	7.67	0.75	0.44	1.97
1980	246	11.99	11.16	0.83	0.80	2.27
1985	239	12.81	11.83	0.98	1.55	3.19
1990	239	14.09	12.63	1.45	1.82	3.69
1995	222	13.73	12.51	1.21	2.45	5.11
1999	206	15.76	14.00	1.76	3.23	6.33
2000	199	16.46	14.53	1.93	3.76	7.12
2001	189	16.24	14.33	1.91	3.79	6.86
2002	185	18.16	16.27	1.89	5.38	6.97
2003	164	18.57	16.49	1.13	14.64	7.39
2004	160	18.14	15.88	1.14	13.90	7.02
2005	152	20.00	17.57	2.43	5.95	7.16
2006	148	19.99	17.45	2.54	5.63	7.38

资料来源：申秋红、王济民。

从表 4－8 可看出，1978—1985 年畜产品消费进入快速增长阶段。由于 1978 年开始的改革开放，特别是 1984—1985 年的畜牧业流通体制改革，使得我国畜牧业快速发展，畜产品供给迅速增加，加之国民收入有所提高，中国人民的饮食结构发生了很大的变化，城乡居民获得了越来越多的动物源食品。这彻底解决了我国居民“买肉难”、“吃蛋难”的问题。1978—1985 年禽蛋增加了 1.22 千克，1985 年比 1978 年增加 0.6 倍。1986 年以后，人均禽蛋消费从 1985 年的 3.19 千克增加到 2006 年的 7.38 千克，21 年间年均增长 4.1%。由于包括禽蛋在内的畜产品消费的增加，使口粮消费大大减少。

2. 消费区域差异

不同地区蛋品消费差异显著，城乡差别更大（表 4－9）。消费区域不平衡，沿海经济发达地区及大中城市消费增长较快。

表 4－9　2006 年我国东、中、西部城乡居民人均蛋品消费量（千克）

地区	城市	农村
东部	11.04	6.39
中部	10.43	5.58
西部	7.77	2.76
东北	13.56	7.63
全国	10.41	5.00

资料来源：《中国统计年鉴　2006》。

不同省份之间也存在较大的消费差异（表 4－10）。年人均蛋品消费支出较高的 8 个省份平均为 80.03 元，而年人均蛋品消费支出较低的 8 个省份平均只有 45.75 元，仅占全国平均水平的 67.7%，只有东南沿海等地区的 50.0%。

表 4－10　2006 年我国部分省份城镇居民蛋品消费额

鸡蛋消费额较高的省份								
省份	安徽	天津	山东	辽宁	河北	北京	福建	上海
年人均蛋品消费额（元）	96.21	96.02	89.87	89.04	83.57	77.01	76.01	72.48
占我国年人均蛋品消费额比重 *（%）	142.32	142.04	132.94	131.72	123.62	113.92	112.44	107.22
鸡蛋消费额较低的省份								
省份	湖南	贵州	广西	内蒙古	新疆	青海	宁夏	海南
年人均蛋品消费额（元）	59.88	52.25	46.68	45.49	43.50	42.51	40.09	35.57
占我国年人均蛋品消费额比重（%）	88.58	77.29	68.05	67.29	64.35	62.88	59.30	52.62

注：* 2006 年我国年人均蛋品消费额为 67.60 元。

资料来源：申秋红、王济民。

3. 消费城乡差异

我国城乡居民之间的人均蛋品消费差异较大，但总体呈不断缩小的趋势，从 1990 年的 3：1 缩小到 2006 年的 2.1：1，农村几乎增加了 1 倍，而城镇仅 43.6%。我国居民蛋品消费的城乡差异见表 4-11。

表 4-11　我国居民蛋品消费的城乡差异（千克/人）

年份	农村	城镇	城乡差距
1990	2.41	7.25	3.0
1995	3.22	9.74	3.0
2000	4.80	11.21	2.3
2001	4.70	10.41	2.2
2002	4.70	10.56	2.2
2003	4.80	11.19	2.3
2004	4.60	10.4	2.3
2005	4.70	10.4	2.2
2006	5.00	10.41	2.1

注：城乡差距数据是城市与农村人均消费之比。

资料来源：申秋红、王济民根据历年《中国统计年鉴》整理所得。

随着经济快速发展、生活节奏加快，方便食品、健康食品、快餐食品、保健食品、风味食品、美容食品等为人们提供了更多可选择和消费的空间，在外用餐已成为人们节假日聚餐、婚丧嫁娶、招待亲朋、生日宴请等活动的重要内容。蛋品的户外消费（包括餐馆和其他机构的消费和损耗等）占到总消费量的 50%以上（表 4-12）。

表 4-12　1990—2006 年我国蛋品户外消费及其他损耗（万吨）

年份	全国总消费量	户内消费量			户外消费及损耗
		总消费	城镇	农村	
1990	789.5	421.7	218.9	202.8	367.8
1991	917.4	488.7	257.7	231.0	428.7
1992	1 017.0	516.5	304.1	212.5	500.4
1993	1 175.9	549.9	293.9	256.0	626.0
1994	1 475.0	590.4	330.8	259.6	884.6
1995	1 673.4	619.3	342.6	276.7	1 054.1

（续）

年份	全国总消费量	户内消费量			户外消费及损耗
		总消费	城镇	农村	
1996	1 960.8	644.6	359.6	285.0	1 316.1
1997	1 890.8	782.5	439.1	343.4	1 108.3
1998	2 015.4	789.5	447.7	341.8	1 225.9
1999	2 130.0	828.9	477.7	351.1	1 301.1
2000	2 236.6	900.2	514.6	385.6	1 336.4
2001	2 330.7	875.9	500.3	375.5	1 454.8
2002	2 454.1	894.8	530.2	364.6	1 559.2
2003	2 597.0	955.7	586.1	369.7	1 641.2
2004	2 714.6	909.3	561.8	347.5	1 805.3
2005	2 870.8	935.7	584.6	351.1	1 935.1
2006	2 937.1	969.4	600.7	368.7	1 967.7

资料来源：叶秋红根据历年《中国农业统计年鉴》和《中国海关统计年鉴》数据计算所得。计算方法：总消费量是当年产量加进口减去出口，城镇户内消费根据人均消费乘以城镇人口，农村户内消费根据人均消费乘以农村人口，户外消费由总消费量减去户内消费和种用禽蛋得出，种用禽蛋根据出栏量乘以 60 千克再乘以 1.5 得出。

（三）蛋品流通现状

1. 流通模式

（1）自产自销模式　小规模养殖蛋禽的农民自产自销禽蛋产品，如城郊的农民到城市去卖自家的禽蛋。这种流通模式的优点是：流通中间环节少，农民直接面对消费者，销售收益及时兑现。存在的问题是：流通过程中产品缺乏加工、保鲜、包装等技术处理，产品附加值低，物流半径有限，销量小，单位流通成本高。

（2）零售商承货模式　生产者不与消费者直接见面，由零售商（个体私营商贩）负责禽蛋产品的收购与销售。零售商一般直接去农村向农户收购禽蛋并运输到城镇农贸市场，或是由生产者自行将产品运送到零售市场转移给零售商，然后由零售商出售给消费者，赚取其中的差价。这种方式在一定程度上降低了生产者的交易成本，有时零售商也会对产品进行一些简单地分类和包装甚至加工，但这种物流方式仍然规模小、商品流通范围有限。

（3）批发中转模式　由生产者或中间收购者将分散的农产品收购，然后再通过零售商销售，这种模式的优点是：物流半径明显扩大，单位物流成本明显降低，已经成为大宗农产品销售的重要途径。但目前的批发市场只是农产品集散地，单纯从事收购和批发销售，很少进行包装、加工等增值服务。

（4）龙头企业收销模式　龙头企业与农户签订合同，规定产品的规格与类型，农户按照合同约定进行生产，龙头企业收购后，经过加工包装后再配送给零售商销售。优点是，通过龙头企业对初级产品进行加工、保鲜、包装，使产品的附加值明显提高，农民可以分享加工所产生的利润，收入增加；龙头企业有更充分的市场信息和技术信息，而且资金雄厚，它可以对农户的生产进行资金支持和技术指导，降低农户生产的自然和市场风险。缺点是龙头企业与农户的履约率不是很高。

总之，我国蛋品流通的这几种模式各有优缺点，并在不同的空间发挥着重要的作用。由于我国现代物流模式刚刚起步，蛋品市场流通模式仍处于现货交易的原始阶段。订单农业、连锁经营等现代物流模式，网上交易、代理交易、拍卖，甚至期货交易等现代化流通手段处于起步阶段。

2. 价格波动影响因素分析

近 30 年，虽然我国禽蛋产业得到了快速的发展，但经常出现市场价格和供应大起大落、跌宕起伏的状况，因此，保持我国蛋品加工产业的持续、健康发展以及禽蛋产品的稳定供应，一直是追求的目标。综合 30 年来禽蛋价格变化及目前情况分析，影响我国禽蛋产品价格变化的主要因素有以下几个。

（1）其他畜产品的价格引起的关联波动　猪肉、牛肉、羊肉的价格升高，会使禽蛋产品的需求发生变化。

（2）饲料价格引起的成本上涨　饲料价格升高，在其他条件不变的情况下，会引起禽蛋产品生产成本的上涨，因此，家禽生产者会缩小饲养规模，禽蛋产品产量降低，导致禽蛋产品价格升高。相反，禽蛋产品价格降低。

（3）居民收入增加引起的购买力增强　禽蛋产品是人民生活中的日常产品，居民收入提高会增加对禽蛋产品的消费，推动禽蛋产品价格上升。随着经济发展，居民收入达到一定水平后，会保持消费稳定。

（4）自然因素、技术因素、政策因素及饲养方式的影响　这些因素会影响禽蛋产品的产量与生产成本，进而影响禽蛋产品的价格。若这些因素引起禽蛋产品产量增加，则禽蛋产品价格降低；反之会使价格升高。

（5）其他因素　从需求角度看，影响禽蛋产品价格的因素还有人口增长、人口分布结构和市场发育程度等，这些因素也会通过影响禽蛋产品的产量来影响其价格。

（四）蛋品深加工现状

我国是世界第一蛋品生产大国，蛋品消费却仍以鲜蛋为主，深加工率不高。90.0%～94.0%的鸭蛋用于再制蛋与咸蛋黄加工，鹌鹑蛋加工率约50.0%，其他蛋品几乎不加工。

我国加工蛋制品共分14大类、60多种，包括松花蛋、咸蛋、咸蛋黄、糟蛋、洁蛋、液体蛋、蛋粉、干蛋品、湿蛋品、铁蛋、方便卤蛋、蛋品饮料、蛋黄酱、营养强化蛋及熟蛋制品等。虽然加工量少，但却是世界上蛋制品品种比较丰富的国家，近年来，腌制蛋、洁蛋、液体蛋、方便蛋制品等发展极其迅速。

虽然早在1 000多年前就有咸蛋、松花蛋加工制作的记载，但我国现代蛋品加工业却是在十几年前才真正开始。目前，在工商部门注册的蛋品加工企业有1 700家以上，产品以松花蛋、咸蛋和糟蛋为主，占蛋品加工量的80.0%以上，不仅用于满足国内市场，而且在湖北、江西、江苏、福建、浙江、广东等省份还形成了年产量1 000吨以上的出口生产基地。

1. 产值

2008年我国蛋品行业加工比例（加工用蛋量占蛋品总产量的比例）为4.05%左右，蛋品行业加工产值占蛋品行业总产值的7.45%。各品种蛋品及产值分布见表4-13至表4-16。

表4-13　2008年皮蛋（鸭皮蛋、鹌鹑皮蛋、鸡皮蛋）主产省份及其年加工产值

序号	省份	年加工产值（亿元）	序号	省份	年加工产值（亿元）
1	湖北	20	7	湖南	5
2	江西	18	8	上海	3
3	江苏	12	9	广西	2
4	山东	9	10	安徽	2
5	福建	7	11	广东	2
6	浙江	6	12	北京	1
			合计		87

资料来源：本项目调研。

表4-14　2008年咸蛋主产省份及其年加工产值

序号	省份	年加工产值（亿元）	序号	省份	年加工产值（亿元）
1	湖北	3	7	山东	1
2	江西	3	8	福建	1
3	湖南	3	9	广西	1
4	上海	2	10	安徽	1
5	广东	2	11	江苏	1
6	浙江	1	12	其他	1
			合计		20

资料来源：本项目调研。

表4-15　2008年蛋粉（全蛋粉、蛋黄粉、蛋白粉）主产省份及其年加工产值

序号	省份	年加工产值（亿元）	序号	省份	年加工产值（亿元）
1	辽宁	0.6	5	浙江	0.15
2	北京	0.4	6	天津	0.15
3	吉林	0.2	7	山东	0.1
4	北京	0.2	8	其他	0.4
			合计		2.2

资料来源：本项目调研。

表4-16　2008年我国蛋品行业加工产值（产量）占蛋品行业总产值（总产量）的比例

产值情况	全国蛋品行业总产值（亿元）	全国蛋品行业加工总产值（亿元）	蛋品行业加工产值占蛋品行业总产值的比例（%）
	2 000.0	149.50	7.45
产量情况	全国禽蛋总产量（万吨）	蛋品加工用蛋量（产品价格为原料蛋2倍）（万吨）	蛋品加工用蛋量占禽蛋总产量比例（%）
	2 638.0	106.79	4.05

资料来源：本项目调研。

2. 蛋品加工企业

2004年，我国蛋品加工规模企业CR4为9.2%，CR10为16.9%。2010

年，注册蛋品加工企业 1 800 家左右，但大多数年销售收入在 1 000 万元以下；规模企业 170 余家，CR4 为 13.1%。原料蛋产量以河北、山东、辽宁、湖北等省份位于前列。据 2010 年统计，湖北省的蛋品加工企业最多，近 200 家。我国蛋品加工企业经营状况不断好转，企业盈利能力增加，企业的规模在盈利中发展。截止 2010 年，已有国家级农业产业化重点龙头企业 9 家，省级农业产业化重点龙头企业 20 多家，获得中国驰名商标 4 家。我国现有蛋品加工机械、包装材料生产企业 5 家，蛋品加工机械与包装正在起步。2011 年，年产值 10 亿元左右的蛋品加工企业有 1 家，年产值 5 亿元以上的企业有 2～3 家，年产值 1 亿元以上的企业有 15～17 家。

3. 进出口贸易

我国出口的主要禽蛋产品为鲜蛋、皮蛋、咸蛋及咸蛋黄、蛋粉、冰蛋品、溶菌酶等。2001 年出口 292.3 万美元，2004 年为 576.5 万美元，2007 年为 9 103.9万美元，禽蛋产品出口在增长。2007 年我国蛋品出口量只占禽蛋总产量的 0.28%，出口总值占全国蛋品行业总产值的 0.31%，所占比例极低。2007 年湖北省禽蛋及产品出口位列全国第一，占全国出口总量的 30.35%，其次是山东省，占全国出口总量的 17.29%。我国内地的鲜蛋主要供给香港和澳门，蛋制品主要出口到日本和哈萨克斯坦。

二、国际蛋品加工业现状与发展趋势

（一）蛋禽养殖现状

各大洲蛋禽（主要是蛋鸡）饲养量见表4-17。其中，亚洲蛋禽饲养所占比例最大，2006年达61.93%；大洋洲所占比例最小，仅占世界蛋禽饲养量的0.33%。增幅最大的是亚洲，20多年来增长了75.23%，其次是欧洲、非洲、中北美洲，增幅最小的是大洋洲，增幅仅10.36%。

表4-17　20世纪90年代以来各大洲蛋禽饲养量（亿只）

年份	全世界	非洲	亚洲	欧洲	中北美洲	南美洲	大洋洲
1991	36.92	3.36	20.24	5.60	4.38	3.17	0.17
1992	36.85	3.46	17.55	8.07	4.44	3.19	0.16
1993	37.28	3.28	18.55	7.57	4.52	3.20	0.17
1994	40.71	3.37	21.80	7.47	4.63	3.27	0.18
1995	42.27	3.40	23.56	7.38	4.67	3.10	0.16
1996	44.11	3.22	25.91	7.09	4.74	2.97	0.18
1997	45.41	3.23	27.09	6.90	4.83	3.18	0.19
1998	46.51	3.65	27.75	6.90	4.88	3.13	0.19
1999	48.14	3.84	28.95	6.84	5.10	3.21	0.20
2000	49.66	3.81	30.50	6.60	5.17	3.39	0.18
2001	50.83	3.95	31.16	6.67	5.37	3.48	0.20
2002	52.64	4.16	32.49	6.82	5.45	3.53	0.19
2003	53.57	4.21	32.82	7.34	5.43	3.58	0.19
2004	55.54	4.23	34.06	7.91	5.52	3.63	0.19

（续）

年份	全世界	非洲	亚洲	欧洲	中北美洲	南美洲	大洋洲
2005	57.18	4.29	35.27	8.17	5.57	3.67	0.19
2006	57.26	4.29	35.46	8.06	5.57	3.67	0.19
增幅（%）	55.07	27.85	75.23	43.89	27.25	15.86	10.36

资料来源：联合国粮农组织统计数据库（FAOSTAT）。

（二）禽蛋生产现状

20世纪90年代以来，全球禽蛋的产量增加了2 451.0万吨，增幅达到66.99%。亚洲的鸡蛋生产量最大，占到全球鸡蛋产量的50.0%以上。其次是欧洲和中北美洲，但不及亚洲产量的1/3。大洋洲产蛋量较少，一直保持在20.0万吨左右。非洲产蛋量近年来有所提高，但比例很小。

2005年，蛋品产量排名前十位的国家及其占全球比例是：美国9.0%、日本4.2%、俄罗斯3.5%、法国1.8%、德国1.3%、西班牙1.2%、乌克兰1.2%、意大利1.2%、荷兰1.0%、英国0.9%。10个发达国家禽蛋总量占全球比例25.3%，所有发达国家总量占全球比例32.4%。2005年蛋品产量排名前十位的发展中国家及其占全球比例是：中国41.1%、印度4.2%、墨西哥3.2%、巴西2.6%、印度尼西亚1.5%、土耳其1.4%、伊朗1.0%、韩国1.0%、尼日利亚0.8%、菲律宾0.7%。10个发展中国家占全球比例57.5%，所有发展中国家总量占全球比例是67.6%。

1970—2005年，全球禽蛋总产量的增加主要来自发展中国家，增长最快的是中国，其次是墨西哥、巴西和印度。35年来，全球增长的蛋品主要是鸡蛋，增长了203.2%，其中发达国家增长了29.0%，发展中国家增长了757.5%。2008年，部分国家蛋品总产量见表4-18。

表4-18　2008年部分国家蛋品总产量（万吨）

国家	禽蛋产量	国家	禽蛋产量
中国	2 638.0	乌克兰	82.8
美国	536.0	泰国	82.3
印度	260.4	土耳其	75.3

（续）

国家	禽蛋产量	国家	禽蛋产量
日本	249.7	意大利	75.0
俄罗斯	213.1	德国	74.0
墨西哥	201.4	伊朗	68.5
巴西	175.5	英国	61.2
印度尼西亚	113.4	荷兰	60.0
西班牙	85.0	韩国	58.3
法国	83.0	波兰	53.7

注：中国数据采用校正值。

资料来源：联合国粮农组织统计数据库（FAOSTAT）。

（三）蛋品加工现状

亚洲是蛋品加工的发源地。早在130年前，我国上海就有皮蛋输出到欧洲和美国。后来，美国人学会了制作干燥蛋制品、湿蛋品，逐渐形成了蛋品加工业。随着蛋品深加工科技水平的不断提高，美国、日本、加拿大、意大利、澳大利亚、德国等发达国家，已经逐渐形成了专业化、机械化、规模化、集约化的蛋鸡养殖模式和蛋品加工体系，液体蛋、冰冻蛋、专用干燥蛋粉等加工技术在欧美国家已经比较成熟和普及。发达国家蛋品深加工程度高，产品主要有清洗消毒分级洁蛋、液体蛋、分离蛋、专用蛋粉和其他生化制品等。洁蛋的清洗、消毒、分级、包装方面，美国、加拿大及一些欧洲国家早在半个世纪前就开始了，目前市场上几乎全部都是包装洁蛋。在亚洲的日本、新加坡、马来西亚等，也有约70.0%的鸡蛋经过清洗、消毒。日本消费的蛋品有50.0%是经深加工的，如各种含蛋面制品、蛋黄酱、雪糕、肉和鱼产品、焙烤制品等。美国的蛋品深加工比例为60.0%，欧洲为25.0%。

（四）蛋品贸易现状

世界发达国家深加工蛋制品的进出口数量非常大。2000年仅世界液体蛋出口就达14.4万吨，出口每吨平均价达到1 263.9美元，进口价为1 324.6美元。我国蛋品产量虽然是世界第一，但加工蛋品出口不多。

国际蛋品贸易中，鸡蛋的比例最大。2006年国际鸡蛋进、出口的数量（表4－19）比1990年（81.53万吨和82.99万吨）分别增长39.9%和40.6%，进、出口额比1990年（1 031.48万美元和1 022.89万美元）分别增长24.9%和33.8%。其中，欧洲所占比例最大，进口数量和进口金额分别占全球的63.3%和70.2%。2006年世界鸡蛋主要进口、出口地域为欧洲，说明欧洲国家之间的鸡蛋进、出口贸易十分活跃，亚洲国家的进、出口次之。

表4－19　2006年世界各大洲鸡蛋进、出口数量和金额

		全世界	非洲	亚洲	欧洲	中北美洲	南美洲	大洋洲
进口	数量（万吨）	114.07	4.07	28.19	72.15	6.07	1.82	0.18
	金额（百万美元）	1 289.25	7.91	231.61	905.07	96.55	44.77	3.34
出口	数量（万吨）	116.69	0.23	31.15	75.41	8.25	1.54	0.10
	金额（百万美元）	1 368.92	2.11	212.39	925.59	196.31	27.68	4.56

资料来源：联合国粮食组织统计数据库（FAOSTAT）。

（五）标准建设情况

为了保证禽蛋及其制品的安全供给，许多发达国家都建立了禽蛋及其制品从生产到消费的食品安全标准体系，为禽蛋质量、安全卫生、检测检验、认证认可及加工规程等方面提供统一的管理规范。在美国，禽蛋标准主要来自三个层次：一是国家标准，由农业部、卫生部、环境保护署、食品和药品管理局（FDA）等机构制定；二是行业标准，由民间团体（如美国家禽蛋品协会、美国禽蛋生产商联合会、美国饲料工业协会等）制定，它是美国禽蛋标准的主体；三是由农场主或公司制订的企业操作规范。美国禽蛋质量标准体系主要由产品标准、农业投入品及其合理使用标准、安全卫生标准、生产技术规程、农业生态环境标准和食品包装、贮运、标签标准等所组成。同时，《蛋制品检验法》（EPIA）为美国现有关于食品安全的七部法令之一，它要求和指导农业部下属的食品安全检验局（FSIS）实行蛋类产品的检查，以确保销售给消费者的蛋类产品是卫生的。该法令也要求向美国出口蛋类产品的国家必须具有等同于美国检验项目的检验能力，这种等同性要求不仅仅针对检验体系，而且包括在该体系中生产的产品的等同性。在禽蛋安全生产可溯性方面，美国家禽和禽蛋委员会建立了一套较为完备的体系，该体系有助于许多政府机构、行业从业者、委员会收集各方面信息，如建立监测沙门氏菌、大肠杆菌和弯曲杆菌的完

备程序。他们通过收集、分析禽蛋加工厂的样本，以评判禽蛋产品是否安全。同时，美国农业部食品安全检验局也在着手建立更加系统科学的检测体系，以获取更好的监测食品安全的方法。目前，美国是世界上唯一被我国政府完全认可其家禽（包括禽蛋）生产及食品安全保障系统的国家。因此，了解美国禽蛋产业情况，学习其禽蛋安全生产管理方法，对提高我国禽蛋生产水平，建立禽蛋生产质量标准体系等具有积极的意义。

禽蛋容易受到污染，蛋壳表面的细菌数量每平方厘米达 400.0 万～500.0 万个，污染严重者每平方厘米高达 1.0 亿个以上。细菌可经蛋壳的裂纹或气孔进入蛋内。国外发达国家在禽蛋标准中对沙门氏菌的指标规定比较严格（表 4－20）。现将美国和其他部分国家或组织蛋与蛋制品标准规定情况归纳如下。美国在蛋与蛋制品标准中规定全蛋粉、蛋黄粉和蛋白粉都不应含有对人体健康有威胁的沙门氏菌。此外，有些发达国家的禽蛋标准还包括其他有害微生物的限量规定，如法国规定了金黄色葡萄球菌限量标准，爱尔兰规定了蛋的需氧微生物、蜡样芽孢杆菌及枯草芽孢杆菌群、弯曲杆菌、产气荚膜梭菌、大肠杆菌 O_{157} 及其他肠出血性大肠杆菌、单核细胞增生李斯特氏菌、金黄色葡萄球菌及副溶血弧菌限量标准，挪威规定了蛋的需氧微生物、大肠菌群限量。国际食品微生物标准委员会主要对不同类别的蛋制品的大肠菌群及沙门氏菌进行了限量。古巴对蛋黄酱规定了霉菌、沙门氏菌、酵母的限量，以色列对蛋黄酱及蛋黄酱类似物规定了需氧微生物、大肠菌群、霉菌、沙门氏菌、金黄色葡萄球菌的限量，奥地利对产肠毒素金黄色葡萄球菌规定了限量，瑞士对凝固酶阳性葡萄球菌规定了限量（表 4－21）。

表 4－20　世界有关国家对蛋与蛋制品中沙门氏菌的检测限量标准

国家与地区	限量标准	采样计划
美国	0 cfu/25 克	$N=10, C=0$
加拿大	0 cfu/25 克	$N=10, C=0$
西班牙	0 cfu/25 克	未规定
法国	0 cfu/25 克	未规定
荷兰	未制定	—
瑞典	未制定	—
芬兰	0 cfu/25 克	未规定
爱尔兰	0 cfu/25 克	未规定
挪威	0 cfu/25 克	$N=10, C=0$
英国	0 cfu/25 克	未规定

（续）

国家与地区	限量标准	采样计划
南非	0 cfu/25 克	未规定
大洋洲	—	—
澳大利亚	0 cfu/25 克	$N=5$，$C=0$
新西兰	0 cfu/25 克	$N=5$，$C=0$
中国	未制定	—
日本	未制定	—

注：“—”表示无数据；cfu 表示菌落形成单位；N 表示抽样数，C 表示抽样样本中超过合格菌数的最大允许数。

（六）产业发展趋势

1. 加工的专业化与规模化

发达国家的蛋品加工比重大、专业化程度高。以美国为例，蛋品加工的比例占蛋总产量的 60%。目前，在北美、日本和欧洲有大约 300 多家加工厂，把世界 30%的禽蛋加工成蛋制品。在日本，加工后蛋制品消费的比例约 50%，在欧洲，加工后蛋制品消费的比例在 25%左右。加工产品有经过清洗消毒分级的洁蛋、液体蛋、分离蛋、专用蛋粉和其他生化制品等系列禽蛋深加工产品。单个企业加工规模大。

2. 装备的系统化与自动化

目前，国外蛋品加工机械与自动化程度高，如荷兰的 MOBA 公司，美国的 Diamond Systems 公司，日本的 NABEL 与 KYOWA 公司等。这些企业根据使用者的目的而进行不同的设备组合，以达到最经济和高效率。时处理量从 1 500 枚到 16 万枚不等。

同时，国外的禽蛋生产场都配有一整套自动化禽蛋生产设备和鲜蛋处理系统，将各环节有机结合起来，形成一套自动化管理系统。禽蛋产出后经运输带送至验蛋机，剔除破壳蛋，进入洗蛋机自动清洗，再送向禽蛋处理机，自动涂膜、干燥等，最后进入选蛋机进行自动检数、分级和包装。目前美国、日本、法国、意大利、澳大利亚、加拿大、德国等，鲜蛋自动处理程度和技术水平很高，其鲜蛋加工处理设备由气吸式集蛋传输设备、清洗消毒机、干燥上膜机、分级包装机和电胶打码（或喷码）机组成，对禽蛋进行单个、不接触人的处

表 4-21　国外蛋及蛋制品部分微生物限量标准（cfu）

国家或组织	澳大利亚	奥地利	加拿大	食品法典委员会	欧洲委员会	法国	希腊	荷兰	瑞士
产品	各种类型液体蛋	蛋制品	蛋制品	鲜蛋、干蛋品及食疗产品	蛋制品	蛋制品与巴氏消毒液蛋制品	蛋制品与液蛋制品	鲜蛋、蛋制品及蛋黄酱	蛋及蛋制品
需氧微生物@30℃	$m=10^4$ $M=5\times10^4$							$<10^5$	10^5
需氧嗜温菌				$m=5\times10^4$ $M=10^6$	$m=10^5$		$m=10^5$/克		
沙门氏菌	$m=0$/25克		$m=0$	$m=0$	未检出/25克（/25毫升）		未检出/25克	未检出/25克（/25毫升）	
产肠毒素金黄色葡萄球菌		未检出/克							
大肠杆菌				$m=10^4$ $M=10^2$					
肠杆菌科					$m=10^2$		$m=10^2$/克	$M=10^2$ $<10^3$（酱）	

（续）

国家或组织	澳大利亚	奥地利	加拿大	食品法典委员会	欧洲委员会	法国	希腊	荷兰	瑞士
金黄色葡萄球菌					未检出	$m=10^2$ $M=10^3$	未检出/克	未检出/克 $<5\times10^2$ （酱）	
致病菌或毒素							未检出		
霉菌及酵母菌								未检出/克 $<10^4$〔酱〕	
凝固酶阳性葡萄球菌									10^2

注：m 表示合格菌数限量，M 表示附加条件后判定为合格的菌数限量，@30℃指微生物培养温度为 30℃。

理，实现全自动高精度无破损的处理和分级包装，已经实现了加工的系统化、自动化。

3. 过程的清洁化与绿色化

国外蛋品加工过程中，实行清洁生产，减少副产物排放，注重节能减排。加工中采用酶工程技术、超高压连续杀菌技术、冷冻升华干燥技术等高新技术，开发系列满足消费层次多样化和个性化的产品，解决加工过程中的综合利用问题，实现绿色加工目标。

4. 产品的安全化与健康化

国外技术研发更加重视食品的安全和质量问题。如研究微生物及其代谢产物、化学污染物的快速检测技术及产品品质控制技术，以满足品质控制要求；研究如何通过饲喂富集健康因子，增强蛋品的营养保健功能；研究蛋品膳食摄入与人体健康的关系以及蛋品各组分的健康功能性。

5. 管理的系统化与标准化

（1）发达国家十分重视建立食品安全质量体系。美国是最初提出并应用HACCP食品安全管理系统的国家，该系统要求从原料生产、采购和处理到成品的加工、配送和消费过程，对食品整个生产过程中生物、化学和物理的危害进行分析和控制。另外，大多数国家普遍推行ISO9000系列全程质量管理体系和ISO14000环境管理体系。

（2）在标准制定方面，发达国家围绕禽蛋安全生产所涉及的蛋禽品种、产地环境、饲养管理、饲料、兽药、防疫、加工、包装、贮运等各关键环节制定系列标准，保证了禽蛋产前、产中和产后各关键环节的有机衔接，冲突较少，实用性强。

（3）发达国家食品安全法制健全，标准实施的约束力较强，同时企业能够自觉按照法律法规和相关标准组织生产，因此，标准化程度很高。

三、我国蛋品加工业存在的问题

（一）产业

1. 产业集中度低

虽然我国蛋品消费总量巨大，且逐年稳定增长，但蛋品集中生产程度和产业化发展水平比较低，长期徘徊在以小农经济为主体、以分散生产为特征的经营模式上，影响了品牌蛋品数量和品种的市场供给。由于产业化水平低，蛋禽养殖过于分散，防范措施不当，我国禽蛋生产商品化率仅为40%，禽蛋业生产集约化程度不高，仅占30%左右。因此，禽蛋业的持续发展出路在于集约化的推进。目前，在我国蛋品加工产业中，大型的蛋品加工企业也比较少，大多数企业生产规模非常有限。

2. 市场波动性大

我国自改革开放以来，养禽业得到了迅速发展，禽蛋产量不断攀升，但由于禽蛋加工技术和装备十分落后等原因，致使蛋禽养殖业比较脆弱，禽蛋的市场销售价格波动起伏很大，周期性出现禽蛋生产大起大落的现象，这也使得我国蛋禽养殖业呈徘徊式发展。因此，提高禽蛋产业抗市场风险的能力，促进我国禽蛋生产稳定、健康、持续的发展十分重要。

3. 产业链不健全

我国禽蛋业经过20世纪80年代和90年代两个快速增长期，目前在禽蛋总量上已进入一个相对稳定的发展阶段。第一个快速增长期的主要特征是以国有大型集约化、规模化的养鸡企业为主体；第二个快速增长期的主要特征是以大量农民养鸡专业户的低成本养鸡为主力，并完成了蛋鸡养殖业由城市向农村转移。从全国各地实际情况来看，禽蛋生产已成为农民增收的重要途径。但由于禽蛋产业链不健全，产量虽大，但主要是鲜销上市，禽蛋加工率低。国内蛋品深加工企业不到400家，并且大都只能加工咸蛋、皮蛋、干蛋黄、去壳蛋等低附加值产品，市场上科技含量高的深加工蛋制品不多。蛋品不能实现转化增值，蛋品价格及效益受市场冲击较大。因此，加工业的带动作用不能充分发挥，农民收益得不到有效保障。

4. 国际贸易少

我国蛋品在国际市场上很难转化为贸易优势。在我国鲜蛋产量逐年增加的情况下，出口量却徘徊不前。目前我国的禽蛋年出口量为8万～10万吨，仅占我国禽蛋生产总量的约0.3%，占世界总出口量的8.5%。然而，欧洲虽然产蛋量很少，但禽蛋的贸易量占到世界禽蛋贸易量的14%，亚洲平均水平也达到了18%，中国是最低的国家之一。中国加入世界贸易组织后，随着关税壁垒的减弱，技术法规、标准、合格评定、认证等技术壁垒已经成为多边贸易中最隐蔽、最难对付的一种壁垒，即绿色贸易壁垒；一些发达国家凭借其在科技、管理、环保等方面的优势，对我国农产品出口设置了新的"门槛"。过去进口国对我国出口的畜禽产品采取的是抽检办法，现在却变成了成批检查，而且检测手段和标准也大大提高，如日本对我国进口禽蛋等的检测，仅农药残留一项，最高时检测指标有200多项。国际贸易门槛的提高，对我国畜禽产品提出了更高的要求，如何提高蛋品质量、促进国际贸易增长是一个急需解决的问题。

5. 安全隐患多

（1）蛋品安全事件时有发生　禽蛋质量安全问题仍然十分严峻。2006年苏丹红蛋品事件、2008年沙门氏菌鸡蛋食物中毒事件等，造成了很大的影响。自2003年开始，全世界范围内禽流感事件仍时有发生，其中一个很重要的传播途径就是鲜蛋。因此，通过禽蛋生产的标准化和产业化，从源头上控制蛋品的质量，同时研发禽蛋加工产品安全控制技术，可有效阻断有害微生物的传播，控制事件的发生。

（2）传统蛋制品加工使用非食品添加剂　咸蛋加工中使用的草灰、黄泥等，皮蛋加工中的生石灰、氢氧化钠、硫酸铜、黄泥等均是非食品添加剂，不在《食品添加剂使用标准》（GB 2760—2011）使用范围内，不能使用。

（3）脏蛋上市流通时期长　几千年以来，我国一直沿用脏蛋上市销售的方式。蛋产下来以后，不经过任何处理，就直接拿到市面上销售，蛋壳表面携带禽粪、血污、杂草等污物，不仅使用不便，缩短鲜蛋的货架期，而且严重影响

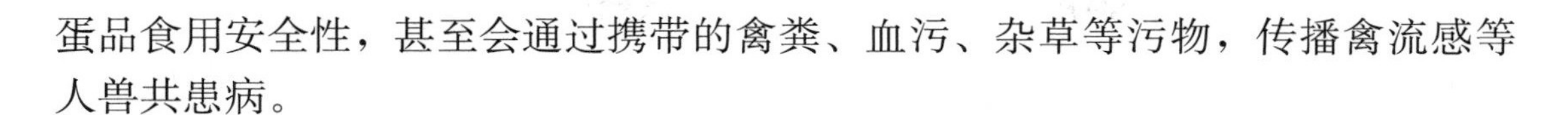

蛋品食用安全性，甚至会通过携带的禽粪、血污、杂草等污物，传播禽流感等人兽共患病。

6. 优质产品少

根据中国绿色食品网统计数据，1990—2005 年，随着消费者对于绿色食品的消费意识和需求的逐年提高，中国绿色食品产量迅速发展，绿色食品个数从 127 个增加到 9 728 个，年平均增长率为 35.41%，绿色食品产量从 15 万吨增加到 6 300 万吨，年平均增长率为 53.1%。2004 年全国绿色食品总产量为4 600 万吨，其中，水果（9.47%）、大米（7.37%）、液态乳及乳制品（7.32%）、蔬菜（6.54%）均占比重较高，但是绿色蛋品在其中所占比重极小，甚至不及水产品（0.06%），说明我国绿色蛋品市场供应严重滞后。

（二）标准

1. 标准数量少， 体系不健全

由于我国禽蛋加工水平低下，产品种类单一，导致禽蛋及其产品的标准制定偏少，而对生产过程进行监控的标准更少，如产地环境标准、生产技术规程及产品分级、包装、运输等标准几乎没有。另外，对于市场上出现的蛋粉、干蛋品等产品只有基本的卫生标准，没有全国统一的产品质量标准及相关配套标准，因此，无法实现这些产品的优质优价，对内不能保护本国消费者的合法权益，对外不利于产品打入国际市场。

近年来，在许多大城市的超市里已经出现经清洗消毒的带壳鲜蛋，但国内仍然没有制定清洁蛋的产品质量标准和生产操作规程来保证产品的质量安全。同时，国内市场上已经或未来将出现许多新产品，相关标准急需制定。

2. 缺乏协同性和全面性

在我国禽蛋标准中，因缺乏整体规划，不同部门制定的标准之间内容重复现象严重，协同性较差。虽然标准制定时部门之间分工不同、侧重点不同，但由于缺少沟通，在交叉领域中为了有所区分，经常删、改、增添一些指标，其结果是导致指标间不衔接、矛盾的现象突出；如 2003 年我国颁布的 4 项与禽蛋卫生安全有关的国家标准，《鲜蛋卫生标准》（GB2748—2003）、《蛋制品卫生标准》（GB2749—2003）、《蛋与蛋制品卫生标准的分析方法》（GB/T5009.47—2003）和《食品卫生微生物学检验 蛋与蛋制品检验》（GB/T4789.19—2003）

之间既交叉，又不完善，严重制约了其在实际生产中的应用。而检测标准《出口蛋及蛋制品中六六六、滴滴涕的残留量检验方法》（SN0128—92）中给出的蛋品残留限量的农药只有2种，《无公害食品 鲜禽蛋》（NY5039—2005）给出禽蛋残留限量的兽药也仅有5种，与目前国内常用的上百种农药和兽药相比，限量标准还不够全面。

3. 部分标准缺乏科学性、时效性

国内部分标准的制定缺乏科学性，有的内容重复，许多指标相互引用，应该制定的内容又有缺失。产品质量和安全的标准总是区分不清，在品质标准中有安全指标，在安全标准中也有品质要求。有些指标限量取值未经认真考证，常常导致标准限值要求过低，使指标形同虚设，或者标准限值要求过高，不符合当前生产实际。

4. 与国际标准接轨不够

我国的农业标准化起步晚，标准制定原则、方法及所形成的标准体系和技术内容与ISO、CAC、OIE等国际标准机构制定的标准存在较大差别，参与国际标准的制（修）订不够，信息交流少。

5. 质量安全标准及相应检测方法相对落后

禽蛋中涉及产品安全指标的检测技术落后，实用性不强。对于某些安全指标，虽然根据国际或主要贸易国的标准已经确定了相关的限量值，但并没有配套的检测方法，没有能力检测到规定的限量水平，使得标准的可操作性差。对于一些深加工蛋制品，缺少相应的质量指标检测方法，无法建立产品质量评价标准，不能对产品进行品质评定。虽然标准中有某些指标的检测方法，但对蛋或蛋制品却极不适用。如蛋及蛋制品中的脂肪、胆固醇等成分的含量是采用食品中通用的脂肪、胆固醇检测方法来进行的，使得测得的组分含量与实际组分含量之间存在较大出入。因此，禽蛋中质量指标的检测方法滞后也是制约蛋及蛋制品生产和销售的重要原因。

（三）科技

我国在发展家禽养殖的同时，对蛋品的深加工和综合利用技术进行了研究，主要是在再制蛋传统工艺的改进方面，如茶叶蛋、松花蛋、咸蛋和糟蛋等，出现了一些新的产品，初步形成了具有我国传统特色的蛋品加工体系。但

从整体上看，蛋品加工业还存在加工比例低、加工机械化程度低、产品技术含量低、传统产品加工技术落后、加工品质量有待提高等问题。

1. 科技含量不足

我国在蛋品加工和综合利用领域，对工程化技术重视不够，没有对蛋品的加工特性进行系统研究，精深加工程度低、产品附加值低，成果基础薄弱。在新设备研发方面，以引进消化为主，很少形成具有我国自主知识产权的科技成果。据调查，至2010年年底，全国有关蛋品加工科技的省部级、国家级成果与研发项目不到10项。

我国许多传统的名优蛋制品，如松花蛋、咸蛋、糟蛋等，是蛋制品加工的主导优势产品，占加工总量的80%以上。但因对其加工技术和设备的研究不够，目前这些传统产品多以作坊式加工为主，生产方式落后，没有科学的品质和安全控制体系，产品质量不够稳定，成为限制我国加工蛋品出口的因素。因此，要采用现代科技手段对传统蛋品加工进行改造和提升，增强传统产品市场竞争力。

我国蛋品加工和保鲜技术基于家禽业的迅速发展而有所进步，但与发达国家相比仍是落后的，已成为我国家禽业可持续发展的制约因素。中国同其他国家蛋品深加工产品比重比较见表4-22。

表4-22　2008年我国同其他国家蛋品深加工产品比重比较（%）

国家	美国	英国	日本	中国
比重	28.4	24.6	20.8	4.0

注：该表数值未包括洁蛋比例在内。

2. 技术关联度低

尽管我国开始了液态蛋和蛋粉的研究，并且有相应的产品，但在防止蛋白变性、消除腥味、专用蛋粉等关联技术方面未能实现突破；在蛋品功能因子如溶菌酶、卵磷脂和特异性抗体因子的分离提取等方面虽有相关研究，但也未形成成熟的关联开发技术；研发的蛋品自动分级机与蛋品清洗、消毒、包装设备未能有效应用到企业生产中。技术关联度低成为了我国蛋品工业发展的瓶颈。

3. 工程装备落后

我国目前鲜蛋加工和蛋制品加工仍以手工作业为主，工人劳动强度大，劳动条件差，生产效率低，工人长期接触未消毒处理的禽蛋，易患人兽共患病。由于工人的技术水平和工作态度差异，导致产品质量极不稳定。目前有少数企业在部分工序使用了单台机，但机械的加工能力不高，机组没有配套，加工中破损严重，难以发挥机械生产应有的效益。个别企业引进了国外先进的成套生产线，但也没有消化吸收，只满足于简单的应用；设备出现故障需要外国技术人员才能解决，否则经常停工停产；引进设备动辄上千万元，配件也十分昂贵。

四、我国蛋品加工业可持续发展的重大科技问题

（一）营养与健康

1. 禽蛋营养与消化代谢及其主要作用等基础科学问题的研究

禽蛋是我国的大宗农产品，同粮食、猪肉等一样是关系到国计民生的一类食品，尤其是禽蛋不仅成为我国大众“菜篮子”中重要的日常食品，还是我国婴幼儿、老年人、孕妇、病人等特殊人群的一种特殊食品。因此，很有必要开展禽蛋营养、消化代谢、主要作用及其机制等基础科学问题的研究，填补我国在这方面基础研究的空白。研究内容主要有：①禽蛋营养性的研究。如禽蛋对我国居民的营养作用主要体现在哪些方面？有哪些营养效果？②禽蛋消化与吸收特性的研究。据国外研究表明，禽蛋中的蛋白质消化率为98%以上，是消化率最高的食品（牛奶97%～98%，肉类92%～94%，米饭82%），而我国缺乏禽蛋消化、吸收与代谢方面的基础研究。③禽蛋对中国人食用效果与作用特性的研究。欧美国家对禽蛋的食用效果与相关的作用有一定的研究，我国在这方面还是空白。

2. 禽蛋胆固醇消化吸收、代谢与作用利弊的理论问题研究

禽蛋中胆固醇问题一直是我国居民普遍关心的营养与健康问题，严重影响居民对蛋与蛋制品的消费心理。国外发达国家均有不同的研究，结论相差很大，胆固醇的利弊已成为国际上目前争论的一大热点科学问题。我国是世界禽蛋第一大国，应该开展这方面的研究，形成自己的研究成果并在国际上占有一席之地，具体应研究胆固醇消化吸收与代谢调控机制、胆固醇代谢与作用机理等。

3. 38℃环境下禽蛋抑劣防腐机制与抗菌体系激活机制研究

禽蛋存在着许多未知而奥妙的作用。对于一般的食品来说，在38℃的环境下极易腐败，而禽蛋经过近30天孵化（根据禽种而定），不仅不会腐败变质，还会孵化出一个新的生命个体。这种现象说明禽蛋中存在某种未知机制保证禽蛋蛋白和蛋黄中的营养成分在孵化期内被逐步利用的同时免受微生物破坏。这一生物学现象奥秘何在？机理是什么？有无开发利用的价值？这种机制是通过什么渠道传递信息到全部蛋白与蛋黄？尤其是激活蛋白表面的抗菌因子（物质）？禽蛋内有哪些抑菌体系与活性物质？禽蛋胚点发育启动与抗菌物质激活存在何种关系？禽蛋内的抗菌物质是否具有巨大的抗菌、抗病毒前景等，都是值得研究的重大课题。一旦揭示这种规律，将在人类抗菌（各种致病菌）、抗病毒（如流感病毒）等方面具有很好的应用前景。

4. 益生菌发酵蛋液生物学互作变化及其规律与机理的研究

益生菌发酵在牛乳、肉类、大豆加工中的出色应用，获得了巨大的成功，使人们获得了琳琅满目的产品（如酸奶、奶酪、豆豉、腐乳等）。但益生菌在蛋液中的系统发酵研究在国内外仍然处于空白。国内虽有一些发酵蛋液开发产品的试验，但十分零散。因此，很有必要系统开展乳酸菌等益生菌发酵蛋液（全蛋液、蛋白液、蛋黄液）的研究，涉及益生菌生长情况、蛋液发酵代谢产物与风味物质产生机理及控制、益生菌及其代谢产物同禽蛋中卵黏蛋白、黏蛋白、卵转铁蛋白等蛋白质的互作现象与规律，以及蛋液发酵过程中微生物及其代谢产物对蛋白质活性的影响与规律等。通过这些基础研究，不仅可解决相应的科学基础问题，也有利于开发丰富的发酵蛋制品。

（二）食品安全

1. 经蛋传播禽流感等人禽传染病调查与控制技术研究

禽蛋产出后不仅可通过蛋内携带致病微生物，也可通过蛋壳表面的禽粪、污物等传播致病微生物。目前，我国在控制家禽传染病方面只注重家禽的防疫和病禽的无害化处理，忽视了经蛋传播途径，因此，在禽流感等疾病流行的今天，必须加以高度重视，加强经蛋内外传播传染病病原体种类与存在可能性、蛋内外传染病病原快速检测技术与方法、蛋内外携带传染病病原体生存环境与条件控制研究。

2. 禽蛋高效清洁消毒、分级、保鲜关键技术与装备研究

在我国要尽快研究并推进洁蛋加工技术，改变几千年来一直采用脏蛋流通与加工的问题。主要涉及：①鲜蛋安全、快速、高效清洗脱垢消毒技术。筛选纯天然清洗剂和消毒剂，研究选择合适的清洗、消毒方法，研制鲜蛋清洗、干燥、消毒等工艺一体化技术。②鲜蛋安全涂膜保鲜技术。选择天然、无毒、安全与卫生的涂膜保鲜剂，研制相配套的连续化涂膜技术，使鲜蛋的贮藏期达到180天。③鲜蛋内外品质检验分级技术。研究机器视觉、荧光或红外透视检选、声呐破损检测等分级技术，制定出适合我国国情的分级标准。④洁蛋产业化开发质量控制体系。研究与建立原料蛋生产与洁蛋加工的HACCP全程质量控制体系。⑤研究与建立我国第一部洁蛋产品质量分级标准，并与国际标准接轨。⑥洁蛋成套加工装备的国产化研究。加强引进的洁蛋生产技术的消化吸收与国产化，研发系列适合中国国情的、具有自主知识产权的、不同生产规模的洁蛋加工成套装备，突破蛋壳破损检测、内部品质检测、生产线机电一体化控制等技术瓶颈，缩短与发达国家的差距。

3. 传统蛋制品安全性评估与现代化加工技术及装备研究

由于传统蛋制品加工中长期采用非食品添加剂，如泥土、草灰、稻壳、重金属元素等，食品安全问题比较突出；同时，加工方式仍然落后，生产周期长，设施条件极差，也可能导致食品安全事件。因此，传统蛋制品的安全性评价与现代化加工技术与装备的研发显得极为重要。主要研究内容如下：

（1）传统再制蛋加工安全性评价　研究再制蛋生产中微生物菌相的变化、消长规律和控制手段，研究再制蛋加工中特殊成分的形成机制和调控技术，研究某些非食品添加剂的安全性（如氢氧化钠、硫酸铜）及生物源替代策略。

（2）传统再制蛋风味形成动力学与机理研究　研究腌制不同阶段风味物质的形成动力学及转化机制。

（3）传统蛋制品现代化高效、绿色加工技术研究　研究生物源碱性剂、生物源纳米促渗剂、超强固体催化剂、咸味香精等绿色辅料，协同微波场预处理、超声技术、高频脉冲电场技术，开发传统蛋制品的高效绿色加工技术及现代高新技术装备。开发低盐咸蛋、低碱度低异味皮蛋、营养强化皮咸蛋、功能型皮咸蛋等数种健康型再制蛋，使生产周期明显缩短，安全性显著提高。

（4）以传统再制蛋为载体的营养强化研究　重点研究加工过程中功能因子及营养补充剂在腌制液中的稳定性及在禽蛋中的扩散渗透动力学。

4. 禽蛋加工产业链安全风险评估、监测与可控性分析研究

为了正确地评价我国蛋品的安全性问题，必须与国际接轨，采用CAC准则，利用科学的方法和手段对蛋品进行危险性分析，为促进消费和国际贸易、保证食品安全提供科学依据。主要研究内容：

（1）禽蛋及其产品安全危害因素的研究（危险性评估） 重点确定饲料喂养、家禽管理、蛋品加工等环节危害因素及其暴露量与危害程度。

（2）禽蛋及其产品安全评价体系构建 在危险性评估的基础上，采用CAC法典最优化（ALARA）管理模式，权衡利弊和可能最小可接受水平，确定蛋品安全的评价指标，构建蛋品安全评价指标体系。

（3）构建蛋品安全监管体系 通过危险性评估的交流、蛋品安全评价体系的建立，以及吸取国内外蛋品生产、安全方面的成功经验和教训，建立蛋品安全监管体系（网），使消费者、生产者和管理者都能够及时了解国内外蛋品安全、管理的动态，有效地指导生产、消费。

5. 蛋品加工业主要危害物阈值及在线无损检测研究

为了快速地评价蛋品的卫生质量、有效指导生产、保证食品安全和促进国际贸易，在采用国家标准方法检测的同时，有必要结合大型的分析仪器对蛋品进行在线检测研究。主要研究内容如下：

（1）裂解气相色谱质谱在线检测蛋品中致病菌的研究 以国家自然科学基金资助课题为依托，重点针对蛋品中污染的沙门氏菌、大肠杆菌、空肠弯曲菌开展定性和定量研究，建立指纹图谱库。

（2）微生物污染蛋品表征特性的研究 在国家标准检测方法的基础上，采用物理学、化学和计算机相结合的手段对蛋品中的微生物进行模拟，找出微生物与蛋品的相关性，从而进行在线识别。

（3）构建蛋品安全卫生标准特征库 基于上述研究，构建蛋品安全卫生、蛋品污染的指纹图谱和表征特性库，以便能在线了解蛋品原料、生产、加工、贮藏、运输及消费时的安全状况。

6. 蛋壳超微结构的三维重构及力学和传质特性研究

蛋壳是禽蛋的天然包装，起着抵抗外界的冲击和压力，保护蛋壳内卵黄组织，选择性进行气体交换，维持蛋壳内胚胎生命系统的正常发育，阻止蛋内水分的挥发和蛋壳外小分子物质的渗透，阻挡蛋壳外微生物的入侵等作用。另外，在加工和贮藏中，蛋壳内外物质可能相互渗透，这种渗透有时是有利的，

有时是有害的。因此，研究蛋壳的多孔质超微结构对加工质量与安全具有重要意义。具体研究内容包括：

（1）蛋壳超微结构的三维重构　通过计算机图形编程工具，重构蛋壳多孔质超微结构的三维参数化模型，利用模型有限元分析蛋壳受力及渗流场，从微观层面探索不同结构蛋壳的传质特性，弄清蛋壳传质机理，制订正确的禽蛋加工工艺。

（2）禽蛋定向育种　采用虚拟现实和逆向工程技术，通过模型参数的调整优化蛋壳结构，用适合不同用途的最优蛋壳结构指导蛋禽定向育种，生产出特定用途的禽蛋，如腌制用蛋、鲜销蛋、孵化用蛋等。

（三）高效与环保

1. 禽蛋产业加工副产物高效环保利用技术研究

在目前全社会重视废弃物资源化和发展“循环经济”的形势下，采用环保、安全、有效的方法，将废弃蛋壳综合利用，可提高其价值，并可解决环境污染的问题，具有极其广阔的发展前景。主要研究内容如下：

（1）禽蛋蛋壳与壳膜生物法分离技术研究　针对蛋壳真壳和壳膜的结合方式，利用高效的生物方法（如高效分离剂）使壳膜发生分离，同时对真壳部分的基质蛋白质进行降解，提升真壳部分无机矿物质的纯度。

（2）禽蛋蛋壳转化制取生物活性有机钙的研究　蛋壳中的钙主要以无机碳酸钙的形式存在，化学性质十分稳定，很难被生物体吸收利用。即使被粉碎到超微状态，其直接利用率仍然很低。因此，要研究：①蛋壳中碳酸钙高效、安全的纯化技术（不高温煅烧），获得纯度较高的无机碳酸钙。②碳酸钙转化有机钙的研究。经生物化学方法处理，使碳酸钙转化成有机钙（乳酸钙、柠檬酸钙、丙酸钙、乙酸钙）原液，转化率达到85%以上。③有机钙的提纯研究。对制取的有机钙进行安全、快速、高效的纯化，纯度达到96%以上。

（3）有机钙活性、安全性评测研究　包括：①各种有机钙的鉴别和纳米结构的判定。②有机钙应用特性研究。对制取的有机钙进行动物性钙吸收与利用实验和安全性检测，测定钙吸收率、生物利用度等指标，使吸收率达到同类产品水平。

2. 禽蛋中功能性成分无损与联产提取技术研究

禽蛋蛋清、蛋黄及蛋壳中存在一些具有商业开发价值的功能性成分，但含量一般不高。目前国内企业将禽蛋功能性成分提取出来后，剩余部分往往无法有效利用，造成巨大损失。因此，要在我国推行禽蛋中功能性成分无损提取与联产提取技术，提高综合效益。主要研究内容如下：

（1）禽蛋功能性食品配料的联产方案设计和优化　在调研禽蛋功能性组分市场的基础上，重点从总体技术和工艺的合理性出发，以综合效益为评价指标，论证联产方案并进行优化。

（2）高活性蛋清溶菌酶提取和应用研究　将提取后蛋清用于高发泡蛋清粉的溶菌酶提取工艺，重点优化溶菌酶的得率、活性等。

（3）高发泡性蛋清粉的制备和应用研究　重点研究影响蛋清发泡性的因素，并与溶菌酶提取工艺进行反馈。以发泡性为指标，采取生物或化学修饰，将提酶后的蛋清开发为高发泡性蛋清粉。

（4）精制蛋黄油的高效提取和应用研究　重点研究两步法高效提取工艺，包括采取绿色溶剂初提蛋黄油及超临界二氧化碳流体萃取精制蛋黄油的工艺条件研究，筛选适合的夹带剂，提高产品的得率。

（5）蛋黄卵磷脂的提取和产品开发　重点研究适合于蛋黄油提取后及在联产设备条件下的蛋黄卵磷脂提取工艺，开发蛋黄卵磷脂的深度加工产品。

（6）高比表面积食（药）用氢氧化钙制备及其糊剂的开发　重点研究以蛋壳为原料的低能耗烧制工艺及安全性食品添加剂在氧化钙水合过程中的作用及作用机制，制备高比表面积食（药）用氢氧化钙及其糊剂，并对其安全性进行评价。

3. 禽蛋检测分级智能机械系统和智能机器人研究

鉴于国外成套机电一体化禽蛋检测分级设备价格高、对我国中小规模禽蛋生产加工企业适应性差的现状，建议按照技术领先、规模适合的原则，利用现代计算机信息技术成果（如机器视觉、智能机器人等），结合中国企业实际情况，研发适合中小规模生产加工企业、造价低廉、机动灵活、适应性强的轻型禽蛋检测分级智能机械系统和智能机器人。重点研究机器人如何在机器视觉指导下，判断每枚蛋的位置和方向，自动抓取多枚禽蛋、敲击蛋壳并利用敲击声音信号检测破损；研究利用透射光（背光）照射下蛋的图像特征检测蛋内容物的新鲜度、血斑和蛋的大小并据此进行分级。

五、我国蛋品加工业可持续发展的建议

（一）加大蛋品加工业的资金与税收扶持力度，改变市场主体结构

目前，我国蛋品加工企业还没有成为在全局真正稳定蛋品市场的主导型企业，现有资本化高的大型规模企业数量不多，蛋品加工企业一直面临着融资困难、获取补助扶持的政策少、税费负担较重、无法与作坊式生产平等竞争的制约，需要社会各方给予大力支持。

首先，要扩大蛋品加工企业融资渠道。这可通过很好地利用财政杠杆和金融杠杆等途径开展工作。

其次，我国传统蛋制品已有1 000多年的历史，作为深加工农产品征税是不合理的，应该作为初加工产品，享受初加工农产品一样的政策，实行国家免税。

此外，建议国家对规模化蛋品加工企业实行必要的补贴和奖励政策，减免企业相关税费，如企业所得税。像单纯从事养殖的企业或国家级龙头企业那样免税，增强蛋品加工企业盈利能力和抗风险能力，也有利于这些企业与作坊式生产企业竞争并发展壮大，从而改变市场主体结构。

（二）加大标准体系建设，衔接国际标准，推行标准化生产

在标准制定方面，第一，要立足产业，紧密围绕市场需求，理清标准体系，统筹规划，合理确定需要制定与修订的标准。第二，突出重点，分清层次，分别制定国家标准、行业标准与地方标准。第三，分年实施，逐步完善，不要急于求全，防止一步到位。第四，根据国情，考虑发展，接轨国际标准。

第五，根据不同工艺加工的产品与不同的消费方式，确定微生物指标。要根据实际情况，制定符合我国蛋及蛋制品微生物限量标准，保证产品的质量安全。第六，在科学试验基础上，结合实际情况，科学合理确定我国禽蛋及其产品中的农药残留、兽药残留及重金属指标。

（三）加大科技投入，重点研究禽蛋产业关键技术及其应用

应加大禽蛋产业以下几方面科技投入。第一，加强蛋品质量安全技术研究，如开展传统蛋制品安全风险评估与现代化改造升级技术研究。第二，开展鲜蛋高效清洁消毒、分级、保鲜关键技术研究，进行蛋品加工业主要危害物阈值及在线无损检测研究。第三，加速环境友好与资源高效利用技术研究，如研发蛋壳、壳膜及残留蛋清环保高效利用技术，禽蛋中高活性成分无损化分离纯化与提取技术等。第四，研发蛋品检验分级、加工、包装等国产化成套机械设备，如禽蛋检测分级智能机械系统和智能机器人，传统蛋品输送、装料、出料、拌料、清洗、检测、分级、涂蜡、包装等加工成套装备和自动化检测装备等。

（四）制定优惠政策，鼓励禽蛋及制品出口

禽蛋产品国际贸易是衡量一个国家禽蛋生产与加工水平的重要标志。但我国禽蛋及其制品出口很少，与禽蛋生产大国的地位很不相称。通过制定优惠和鼓励政策，提高国际竞争力，才能扩大出口。未来要通过提高蛋品深加工、争创蛋品名牌等措施进军国际市场，打破发达国家“国际蛋品贸易圈”，扩大产业发展空间。这需要政府、行业组织、企业等各方共同努力。

（五）建立全国禽蛋行业信息预测预警机制

针对我国禽蛋市场供应跌宕起伏大，直接影响市场的安全与稳定，进而严重制约禽蛋可持续发展的问题，国家应建立完善的禽蛋行业信息预测预警机制，定期、及时、准确地通过各种手段和途径向企业和广大养殖单位（户）发布蛋禽存栏量、饲养量、产品市场供求等各种信息，分析产品的价格变化及市场的行情预测，以利于稳定发展生产，避免盲目养殖和造成市场波动及企业亏

损，维持社会稳定。

（六）制订鼓励措施，加快蛋与蛋制品品牌化建设

我国蛋品加工业不但要鼓励大企业集团的发展，使之快速完成资本化，更要加快品牌化建设。品牌战略昭示了企业技术水平和综合素质水平的提升，是企业持续发展和科学发展结合的体现，对推动地方经济和引导规范市场行为可起到积极的作用。有了品牌，有了强劲的资本实力，才能有话语权和竞争力。

（七）加强宏观调控，建立禽蛋及其产品代储制度与期货市场

我国可以尝试推行禽蛋及其产品代储制度，既可以效仿猪肉储备的做法实行中央和地方相结合的储备制度，也可以学习国外先进的做法实行代储制度。在遇到市场风险和疫病风险时，国家适价收购企业的产品作为代储备，在供应紧张时投放市场，以稳定市场供应。此外，也可以适时建立禽蛋及其产品期货市场。期货市场可以很好地发挥转移贸易风险和价格“指示器”的作用，已成为生产经营者规避风险的有效途径。建议有关部门、行业组织、企业考虑开展禽蛋及其产品期货合约，建立期货市场，以稳定生产与供应，减缓现货价格波动带来的风险，促进禽蛋及其加工业健康发展。

（八）成立行业协会，实行行业规范管理，加强行业自律

随着我国改革开放的不断发展，行业协会的作用越来越重要。要把培育和发展行业协会纳入经济和社会发展的规划中，各级政府部门必须把行业协会的建设作为长期工作任务来抓。行业协会是同行业之间，为了避免不正当竞争，维护共同利益，进行自我协调、自我约束、自我管理，以自愿形式组成的联合体，它是政府和企业之间的桥梁和纽带，通过协助政府实施行业管理，维护企业合法权益，同时，实行自我约束与规范，推动行业和企业的发展，提升整个行业的水平。从市场经济较为发达的国家来看，行业协会发挥着极大的作用。随着我国市场经济体制的建立，特别是加入 WTO 以后，国际市场竞争环境和

规则发生了较大的变化，成立蛋品行业协会的作用越来越重要，不仅可实现行业约定与约束，有效地加强行业自律，而且可起到规范与示范的作用，促进我国蛋品加工业的发展。

参考文献

丁幼春 . 2003. 基于机器视觉鸭蛋品质无损自动检测分级系统的改进 [D] . 武汉：华中农业大学 .

樊胜 . 2009. 基于 SCP 范式的湖北省禽蛋产业组织研究 [D] . 武汉：华中农业大学 .

付星，马美湖，蔡朝霞，等 . 2010. 不同涂膜剂对鸡蛋涂膜保鲜效果的比较研究 [J] . 食品科学，31 (2)：260 - 264.

黄梓桢 . 2009. “三聚氰胺”事件对我国食品出口的影响及其应对措施 [J] . 中国食物与营养 (7)：37 - 39.

李干琼，李哲敏 . 2010. 2009 年禽蛋市场价格回顾及展望 [J] . 中国食物与营养 (2)：50 - 53.

李瑾，秦富 . 2007. 畜牧产业结构调整影响因素分析 [J] . 产业透视，43 (18)：27 - 32.

李瑾，秦富，丁平 . 2007. 我国居民畜产品消费特征及发展趋势 [J] . 农业现代化研究，28 (6)：664 - 667.

李哲敏 . 2007. 近 50 年中国居民食物消费与营养发展的变化特点 [J] . 资源科学，29 (1)：27 - 35.

曲春红 . 2010. 2009 年的禽蛋市场形势 [J] . 中国牧业通讯 (4)：29 - 30.

申秋红，王济民 . 2008. 我国禽蛋消费水平及影响因素的实证分析 [J] . 中国食物与营养 (4)：33 - 36.

余秀芳，马美湖 . 2009. 卤蛋成熟和风味形成机理初探 [J] . 中国家禽，31 (21)：62 - 64.

中国肉类协会 . 2010 - 07 - 01. 2009 年我国肉类进出口概要分析 [EB/OL] . http://www.foodqs.cn/news/ztzs01/201071141632332 - 2.htm.

中华人民共和国国家统计局 . 2006. 中国统计年鉴 2006 [M] . 北京：中国统计出版社 .

中华人民共和国农业部 . 2001. 中国畜牧业年鉴 2001 [M] . 北京：中国农业出版社 .

中华人民共和国农业部 . 2002. 中国畜牧业年鉴 2002 [M] . 北京：中国农业出版社 .

中华人民共和国农业部 . 2003. 中国畜牧业年鉴 2003 [M] . 北京：中国农业出版社 .

中华人民共和国农业部 . 2004. 中国畜牧业年鉴 2004 [M] . 北京：中国农业出版社 .

中华人民共和国农业部 . 2005. 中国畜牧业年鉴 2005 [M] . 北京：中国农业出版社 .

中华人民共和国农业部 . 2006. 中国畜牧业年鉴 2006 [M] . 北京：中国农业出版社 .

中华人民共和国农业部 . 2007. 中国畜牧业年鉴 2007 [M] . 北京：中国农业出版社 .

中华人民共和国农业部 . 2008. 中国畜牧业年鉴 2008 [M] . 北京：中国农业出版社 .

Terry E. 2009. 世界禽蛋产业全景展望 [J] . 中国家禽，31 (15)：5 - 7.

专题组成员

马美湖　教授　华中农业大学
黄　茜　副教授　华中农业大学
刘静波　教授　吉林大学
刘华桥　董事长　湖北神丹健康食品有限公司
余　劼　董事长　福建光阳蛋业股份有限公司
杨　砚　董事长　湖北神地农业科贸有限公司
王树才　教授　华中农业大学
董福建　董事长　深圳鹏昌集团有限公司
王向东　教授　山西师范大学
陈文凯　董事长　深圳振野蛋品机械有限公司
郭爱玲　副教授　华中农业大学
蔡朝霞　副教授　华中农业大学
王巧华　副教授　华中农业大学
祝志慧　副教授　华中农业大学
金永国　副教授　华中农业大学
邱　宁　讲师　华中农业大学
陈黎洪　研究员　浙江省农业科学院
王茂增　教授　河北科技大学
刘　焱　副教授　湖南农业大学

专题五

ZHUANTI WU

畜禽副产物加工与质量安全控制

一、畜禽骨类副产物加工与质量安全控制

骨类在畜禽副产物中占有重要地位。一般畜禽的骨占动物体重的10%～20%。典型的畜禽骨所占的比例是：猪12%～20%，牛15%～20%，羊8%～17%。畜禽骨是一种营养价值非常高的副产物。

世界上畜禽骨类加工制品十分丰富，但可归纳为两大类：提取物和全骨制品。提取物包括骨制明胶、骨油、水解动物蛋白（HAP）、蛋白胨、钙磷制剂等，以及其深加工制品，如食用骨油和食用骨蛋白等。全骨制品主要有骨泥、骨糊和骨浆，可用于深加工为骨松、骨味素、骨味汁、骨味肉、骨泥肉饼干和骨泥肉面条等。

我国动物鲜骨的开发利用起步较晚，直到20世纪80年代才受到重视。为挖掘我国骨资源丰富的潜力，发挥其优势，必须解决原料骨收集和保鲜困难及污染大、技术装备落后、骨类食品的适口性差等问题。

（一）我国畜禽骨类副产物资源及分布

1. 我国畜禽骨类副产物产量及加工比例

2000—2006年我国畜禽骨类副产物产量呈逐年递增的趋势，2007年由于疫情、价格等原因有所下降，2008年又有所恢复（表5-1和表5-2），达到1 817.0万吨，其中20%左右用于新兴产业——调味料加工利用，如骨汤、油汤和鸡汤等产品，40%用于饲料工业，如骨肉粉和血粉等产品，10%左右用于生化制药，近30%的被废弃，主要是一些小型屠宰加工企业、肉联厂从经济角度（产量少）考虑没有收集而废弃。

表 5－1 2000—2008 年我国畜禽骨类副产物产量

年份	肉产量（万吨）	骨类副产物产量（万吨）	加工比例（%）*
2000	6 013.9	1 531.0	55
2001	6 015.9	1 585.0	55
2002	6 234.3	1 647.0	60
2003	6 443.3	1 730.0	60
2004	6 608.7	1 760.0	65
2005	6 938.9	1 780.0	65
2006	7 089.0	1 785.0	65
2007	6 865.7	1 770.0	70
2008	7 269.0	1 817.0	70

注：* 数据为作者参考国内大型肉类加工企业的数据计算所得。

资料来源：《中华人民共和国统计局统计公报》。

表 5－2 2000—2008 年我国畜禽（猪、牛及其他）骨类副产物产量（万吨）

年份	猪骨类	牛骨类	其他骨类
2000	1 025.7	339.1	166.2
2001	1 047.9	347.9	189.2
2002	1 066.3	361.7	219.0
2003	1 096.2	373.6	260.2
2004	1 122.7	378.7	258.6
2005	1 178.1	378.7	223.2
2006	1 202.7	384.5	197.8
2007	1 108.9	408.9	252.2
2008	1 193.5	406.7	216.8

注：一般畜禽的骨占动物体重的 10%～20%，典型的畜禽骨所占的比例是：猪 12%～20%，牛 15%～20%；表中数据为作者取中间经验值（猪骨 15%，牛骨 17%）计算所得。

2. 我国畜禽骨类副产物区域分布

我国畜禽骨类副产物产量的区域分布见表 5－3，华中、西南和华东地区骨类副产物产量较大，而西北地区较少。

表 5-3　2000—2008 年我国畜禽骨类副产物产量的区域分布（万吨）

年份	区域分布						
	华北	西南	华东	华中	东北	西北	华南
2000	234.0	262.0	240.0	252.0	192.0	119.0	232.0
2001	241.0	274.0	245.0	261.0	208.0	125.0	231.0
2002	252.0	280.0	256.0	289.0	208.0	132.0	230.0
2003	260.0	284.0	275.0	310.0	223.0	137.0	241.0
2004	287.0	285.0	288.0	340.0	233.0	134.0	248.0
2005	295.0	290.0	297.0	359.0	280.0	148.0	256.0
2006	308.0	297.0	307.0	378.0	301.0	155.0	276.0
2007	226.0	268.0	270.0	355.0	244.0	114.0	223.0
2008	253.0	293.0	280.0	360.0	269.0	112.0	250.0

注：数据根据《中华人民共和国统计局统计公报》基础数据计算所得。

区域界定：

华北：北京市，天津市，河北省，山西省，内蒙古自治区。

西南：西藏自治区，四川省，云南省，贵州省，重庆市。

华东：上海市，江苏省，安徽省，浙江省，山东省。

华中：河南省，湖北省，湖南省，江西省。

东北：黑龙江省，吉林省，辽宁省。

西北：新疆维吾尔自治区，青海省，甘肃省，宁夏回族自治区，陕西省。

华南：广东省，福建省，海南省，广西壮族自治区。

（二）畜禽骨类副产物加工

1. 肉（骨）粉

国内外的肉（骨）粉制品以肉骨粉和骨粉为代表，产品名称和形式区别不大，但其基础研究、研发和加工设备等方面差异较大。例如，国外很多公司不再是简单粉碎处理，而是利用超微粉碎技术，将 3 毫米以上的物料颗粒粉碎至 10～25 微米。畜禽骨通过超微粉碎后的矿物质更容易被人体吸收和利用，可作为添加剂制成含高钙、高铁的肉（骨）粉系列食品，可以改善适口性和提高消化/吸收率。

2. 以畜禽骨类副产物为原料的调味料

以畜禽骨类副产物为原料的调味料是我国的传统产品，主要包括鸡汁、鸡粉、鸡精、骨油、骨汤、骨汤粉、肉酱、浓缩骨汤等。近年，我国企业以畜禽骨类副产物为主要原料，利用酶解和美拉德反应等新技术生产液状、膏状和粉状调味料，并将其广泛应用于方便面、肉制品、火锅底料和拉面汤料等。这些调味料甚至进入家庭，显示了广阔的市场前景，为我国畜禽副产物的特色化利用提供了一种很好的思路和探索。但基础研究缺乏和工业化生产设备不配套可能会成为该产业进一步发展的瓶颈。

国外近几年才开始利用畜禽骨类副产物生产调味料，但非常重视基础研究和配套的工业化生产设备的研发。日本利用超高压灭菌、生化分离、冷冻干燥和微胶囊等高新技术，生产以畜禽骨类副产物为原料的调味料；并且从畜禽骨类副产物中分离提取有效成分，进一步加工成附加值更高的骨素、骨胶、骨油、骨肽及补钙等制品，取得了显著的经济效益。

（三）国内外畜禽骨类副产物加工与质量安全控制标准、检测方法及法规

1. 国内外骨油的质量安全标准

骨油的颜色一般是棕黄色或棕色的，其颜色的深浅主要将取决于骨类副产物原料的质量。骨油的企业标准、国家标准及国外标准详见表 5－4。

表 5－4　国内外骨油的质量安全标准

	名称	标准号	发布日期	批准单位
国内标准	食品企业通用标准	GB14881—1994	1994 年	卫生部
	猪油中丙二醛的测定	GB/T5009.181—2003	2003 年	卫生部
	食用动物油卫生标准	GB10146—2005	2005 年	卫生部
	食用猪油	GB/T8937—2006	2006 年	卫生部
	动物油脂熔点的测定	GB/T12766—2008	2008 年	卫生部
	骨油生产技术标准	Q/HMJ002—2008	2008 年	杭州民生制胶有限公司
国外标准	单个标准中未涉及的食用油脂通用标准	CODEXSTAN019—1981	1981 年	CAC
	动物油类标准	CODEXSTAN211—1999	1999 年	CAC

（续）

名称		标准号	发布日期	批准单位
国外标准	HPLC 兽药等同时检测方法Ⅰ（畜、水产品）	JAP—182	2003 年	日本厚生劳动省
	HPLC 兽药等同时检测方法Ⅱ（畜、水产品）	JAP—183	2003 年	日本厚生劳动省

2. 国内外畜禽骨类副产物加工与质量安全相关法规

由于疯牛病的肆虐，我国农业部、对外贸易经济合作部和国家出入境检验检疫局于 2000 年 12 月 30 日发布了《关于加强肉骨粉等动物性饲料产品管理的通知》，要求从 2001 年 1 月 1 日起，禁止从欧盟国家进口动物性饲料产品。

我国国家产品分类标准目录中至今没有“以畜禽骨类副产物为原料的调味料”，也没有关于生产以畜禽骨类副产物为原料的调味料的原料和产品卫生国家标准或行业标准。

国外肉（骨）粉质量安全相关法规中规定肉（骨）粉的粗蛋白含量必须标明。如我国从澳大利亚进口的大量肉（骨）粉最低粗蛋白含量在 50%～52%范围。澳大利亚肉（骨）粉分类详见表 5-5。澳大利亚为确保肉（骨）粉加工过程的安全和卫生，制定了澳大利亚动物产品提炼卫生相关法规（AS5008：2001），规定采用的热加工程序能破坏孢子形成细菌，并由饲料工业协会组织定期采样和检测，以保证沙门氏菌不得检出。另外，有独立的第三方核查人员对肉（骨）粉生产企业进行核查，以确保其遵守相关法规。

表 5-5　澳大利亚肉（骨）粉的分类

成分	45%（肉）骨粉	48%（肉）骨粉	50%肉（骨）粉	55%肉（骨）粉
粗蛋白	最低 45%	最低 48%	最低 50%	最低 55%
脂肪	最高 15%	最高 15%	最高 15%	最高 15%
水分	最高 10%	最高 10%	最高 10%	最高 10%
灰分	最高 38%	最高 37%	最高 32%	最高 30%

二、畜禽血液类副产物加工与质量安全控制

畜禽血液含量依动物种类而异，牛血液约为活体重的8%，猪血液约为活体重的5%。动物屠宰后所能收集到的血液占总量的60%～70%，其余的滞留于肝、肾、皮肤和体内。通常屠宰一头毛猪，可收集2.5～3.0千克血液。

畜禽血液营养丰富，蛋白质含量高达20%，且氨基酸组成平衡，是优质的蛋白来源，其中大部分为血红蛋白存在于红细胞中，占总蛋白质的80%，几乎和肉相近，所以血液又被称为“液体肉”。

目前，我国畜禽血液类副产物主要用于食品、饲料和少量的生化工业，国外主要用于食品、饲料、林化、肥料、制药和葡萄酒等工业。德国、英国、法国和比利时将猪血液主要用于饲料。德国和比利时还大量进口血浆粉，作为食品黏结剂和乳化剂。瑞典和丹麦把血浆用于肉制品。保加利亚则用于生产酸干酪。原苏联用于制作血肠和饺子馅。日本用血红蛋白作为香肠的着色剂，用血浆粉代替肉作香肠原料。美国从牛血浆蛋白中制取血纤维组织制品。法国也是畜禽血液利用较好和范围较广的国家。

（一）我国畜禽血液类副产物资源及分布

1. 我国畜禽血液类副产物产量及加工比例

从表5-6可看出，2000—2005年我国畜禽血液类副产物总产量呈现增长趋势，2005年达到357.7万吨，但2006、2007年较2005年有所下降，可能因为畜禽疫情的影响。

表 5－6　2000—2008 年我国畜禽血液类副产物产量及加工比例

年份	猪血液产量（万吨）*	牛血液产量（万吨）*	羊血液产量（万吨）*	血液总产量（万吨）	加工比例（%）
2000	155.6	148.2	41.9	345.7	70
2001	159.8	141.7	41.4	343	75
2002	162.4	138.8	42.4	343.6	75
2003	167.1	137.2	44	348.3	80
2004	171.8	134.8	45.6	352.3	80
2005	181.1	131.9	44.7	357.7	80
2006	183.6	125.6	42.6	351.8	80
2007	169.5	127.1	42.8	339.5	80
2008	179.5	134.6	45.3	359.4	80

注：* 表示血液产量根据国家统计局的统计数据计算所得；由于禽类血液如鸡血、鸭血和鹅血等产量较少，故没做统计。目前在禽血的利用方面，除了少量的鹅血和鸭血被收集起来利用外，大部分禽血甚至被直接排放在环境中。

资料来源：钟耀广、南庆贤《国内外畜禽血液研究动态》：1 头猪可产约 3 千克血液，1 头牛可产约 12 千克血液，1 只羊可产约 1.5 千克血液。

2. 我国畜禽血液类副产物区域分布

我国畜禽血液类副产物产量区域分布见表 5－7。可看出，产量最大的是华东地区。

表 5－7　2000—2008 年我国畜禽血液类副产物区域分布（万吨）

年份	区域分布						
	华北	西南	华东	华中	东北	西北	华南
2000	44.8	54.4	72.1	58.1	41.5	32.2	42.7
2001	45.0	53.2	73.4	59.0	39.4	31.4	41.5
2002	45.1	53.3	73.5	59.1	39.5	31.5	41.6
2003	45.9	54.7	75.2	61.5	40.2	31.0	39.7
2004	47.3	55.7	75.3	62.5	41.7	31.2	38.7
2005	47.9	57.1	77.6	63.2	41.9	30.6	39.2
2006	47.2	56.9	76.7	63.0	40.5	29.2	38.2
2007	41.7	53.7	72.1	56.8	41.8	30.8	42.5
2008	44.6.	56.5	75.0	59.7	44.7	33.6	45.4

注：各区域的血液产量是根据国家统计局的统计数据计算所得。区域界定同表 5－3。

2008 年，华东地区畜禽血液类副产物产量占我国总产量的 21%，其次是华中地区（17%）、西南地区（16%），最少的是西北地区（9%）。西北地区畜禽血液类副产物产量低是因为当地屠宰企业很少，其畜禽的血液部分未被充分利用。华北地区畜禽血液类副产物产量虽不最高，但因当地的加工技术较先进而加工比例较高，尤其是天津市在血液加工方面处于领先地位。

（二）畜禽血液类副产物加工

1. 我国畜禽血液类副产物加工原料利用状况

2000—2008年，我国畜禽血液类副产物加工不同行业的原料利用状况见表5-8。我国畜禽血液类副产物资源大部分用于传统食品和饲料工业，利用率较低，一些新型产品尚待进一步开发。另外，其直接排放量相对较大，造成环境污染。因此，畜禽血液类副产物深加工技术急需研发和大力推广。

表5-8　2000—2008年畜禽血液类副产物加工不同行业的原料利用状况（万吨）

年份	传统食品	调味料	饲料工业	生化工业	直接排放
2000	103.7	34.6	103.7	34.6	69.1
2001	102.9	34.3	102.9	34.3	68.6
2002	103.1	34.4	103.1	34.4	68.7
2003	104.5	34.8	104.5	34.8	69.7
2004	105.7	35.2	105.7	35.2	70.5
2005	107.3	35.8	107.3	35.8	71.5
2006	105.5	35.2	105.5	35.2	70.4
2007	101.9	34	101.9	34	67.9
2008	107.8	35.9	107.8	35.9	71.9

2. 畜禽血液类副产物加工技术

国外畜禽血液类副产物加工技术较为成熟而先进。例如，血粉加工，我国大多数采用蒸煮法和吸附法，这种仅采用物理方法加工出的血粉的消化性和适口性相对较差；而欧美国家主要采用流动干燥、低温负压干燥、孔性载体蒸汽干燥、现代蒸煮脱水干燥等较为先进的加工方法，解决了血粉消化性及适口性差等问题。

（1）畜禽血液脱色　目前，国内外畜禽血液类副产物的脱色技术主要有物理脱色法、有机溶剂萃取法、氧化脱色法、吸附脱色法、酶水解脱色法、表面活性剂脱色法和综合脱色法等。国外利用高压匀质机和吸附装置的物理脱色法推广比较普遍，因为可保存蛋白质、维生素、酶、亚铁血红素等活性成分，制品安全可靠。

（2）血粉加工　据联合国粮农组织（FAO）估测，2008年，全世界每年缺乏蛋白质饲料约2 500万吨，我国缺乏200余万吨。2008年，我国畜禽血液总产量达359.4万吨，可生产加工血粉60多万吨，因此，是有待开发的重要的动物源蛋白质资源。

目前，多采用物理法、化学法和微生物发酵法来制备血粉。具体的技术包括：真空采血技术、真空冷冻干燥技术、喷雾干燥技术、膜分离技术、超微粉碎技术、挤压技术和酶解技术。国内外血粉加工技术见表5－9。

表5－9　国内外血粉加工技术

方法	操作技术	特点	应用
吸附法	新鲜血液与吸附材料（如麸皮等）混合，搅匀，摊开，晒干粉碎即成	简便，适用于家庭，但消化率低	国内应用较多
蒸煮法	将新鲜血液加热变性，然后晾晒、烘干、粉碎	成本低，适用于小型屠宰厂、乡镇企业、个体户，有营养缺陷	国内传统加工方法
喷雾干燥法	血液先进行脱纤维，然后利用高压喷粉塔干制	消化率高达90%，但适口性差，得率低，成本高	国内利用少
现代蒸煮脱水干燥法	新鲜血液蒸汽凝结，离心脱水，气流搅拌干燥	技术要求高，投资大	主要被欧美国家采用
膨化法	利用高温高压使产品膨化成多微孔粉末膨化血粉	消化率为97.6%，制品品质优于其他任何方法	国内利用少
血浆粉生产法	新鲜血液在密闭体系中冷却，然后分离出血浆喷雾干燥，血细胞另外干燥制成血细胞粉	投资大，耗能高，但血浆蛋白粉蛋白质含量高，且富含免疫球蛋白（达22%）	已在德国、丹麦、匈牙利等国家应用
发酵血粉	新鲜血液，拌入孔性载体，接入菌种，一次发酵，二次发酵，干燥，成品	消化率提高，改善营养缺陷，投入低，能耗少	国内起步较晚，但被公认为我国饲用血粉开发的一个方向，国外仍在进行品质改善研究

（3）畜禽血液血红素分离技术　目前，畜禽血液血红素分离技术主要包括羧甲基纤维素钠盐（CMC－Na）法、酶水解法、丙酮溶剂法和冰醋酸法。

（4）畜禽血液血红素护色技术　目前，畜禽血液血红素护色技术主要包括亚硝酸盐护色、密封真空包装、气调或气控等技术，基本可达到大规模贮藏、避光和除氧的目的。

（三）畜禽血液类副产物加工与质量安全控制标准、检测方法及法规

1. 畜禽血液类副产物加工与质量安全控制标准

我国以畜禽血液类副产物为原料生产的血浆蛋白粉、血红素和超氧化物歧化酶等产品至今没有统一的标准。在饲料用血液类副产物加工制品方面已有的标准见表5－10。

表5－10　我国饲料用血液类副产物加工制品的标准

标准代号	名称	发布单位	实施时间	备注
SB/T10212—1994	饲料用血粉	国家粮食局	1994	现行
GB13078—2001	饲料卫生标准	国家质量监督检验检疫总局	2001	已更新
GB/T23875—2009	饲料用喷雾干燥血球粉	国家质量监督检验检疫总局、国家标准化管理委员会	2009	现行

中国与美国猪血粉质量标准对比见表5－11。总体来看，美国的质量标准要求比中国更高，但赖氨酸含量低于中国标准。

表5－11　中国与美国猪血粉质量标准对比

指标	中国	美国
蛋白质	≥80%	≥85%
脂肪	≤4%	0.5%～2.0%
纤维	≤1%	≤2%
灰分	一级≤4%	
	二级≤6%	≤5%

（续）

指标	中国	美国
水分	≤10%	≤5%
赖氨酸	9%～10%	6%
可利用赖氨酸	≥80%	80%～90%
颜色	暗红色或褐色	均匀的红褐色
气味	具有本制品固有气味，无腐败变质气味	新鲜
质地	能通过2～3毫米孔筛，不含砂石等杂质	细小颗粒，98%可通过美国10号标准筛
水溶性	不溶于水	不溶于水

此外，我国畜禽血液类副产物加工制品的常规微生物检测标准为中华人民共和国卫生部颁布实施的《食品卫生微生物学检测总则》（GB 4789.1—2010）。我国牛血清蛋白质量标准最早在《中国生物制品主要原辅材料质控标准》（2000年版）中提出；2005年，牛血清蛋白质量标准被纳入《中华人民共和国兽药典》（2005年版）。目前，血红素在我国仅有企业标准。以康基公司为例，其血红素的质量标准为：铁含量（Fe）≥7.96%～8.31%，水分≤2.0%，汞含量（以Hg计）≤0.3毫克/千克，铅含量（以pb计）≤0.5毫克/千克，砷含量（以As计）≤0.3毫克/千克，纯度92%～98%。

上海市颁布了地方标准——《食用畜禽血产品质量安全要求》（DB31/448—2009）并于2009年10月1日执行。这是全国首个规定食用畜禽副产物制品质量安全的地方性标准。

2. 畜禽血液类副产物加工与质量安全检测方法

现代检测技术在畜禽血液类副产物加工与质量安全检测中的应用见表5-12。

表5-12　现代检测技术在畜禽血液类副产物加工与质量安全检测中的应用

检测对象	检测物	主要仪器或方法
畜禽血液（猪血）	瘦肉精	F-850型荧光光度计
畜禽血液（鸡血、牛血）	乙型肝炎表面抗原	反向间接血凝法
猪血	四环素类抗生素	LC-5500高效液相色谱仪（配紫外检测器）
畜禽血液（猪血）	有机氯农药	GC-2010气相色谱仪

3. 国内畜禽血液类副产物加工与质量安全相关法规

截至2010年底，国内尚未有专门关于血液类副产物加工制品的政策法规，但有些法规涉及其内容。例如：农业部产业政策与法规司2004年8月2日颁布、2004年10月1日实施的《动物源性饲料产品安全卫生管理办法》规定：禁止将动物源性饲料回用于反刍动物，并且乳及乳制品之外的动物源性饲料产品还应当在标签上标注“本产品不得饲喂反刍动物”字样（动物源性饲料产品包括血粉、血浆粉、血细胞粉、血清粉和发酵血粉等）。该法同样规定了动物源性饲料（包括血粉）的生产加工要求。

《中华人民共和国动物防疫法》第四十二条规定：“屠宰、出售或者运输动物以及出售或者运输动物产品前，货主应当按照国务院兽医主管部门的规定向当地动物卫生监督机构申报检疫。动物卫生监督机构接到检疫申报后，应当及时指派官方兽医对动物、动物产品实施现场检疫；检疫合格的，出具检疫证明、加施检疫标志。实施现场检疫的官方兽医应当在检疫证明、检疫标志上签字或者盖章，并对检疫结论负责”。

《中华人民共和国食品安全法》中未对血液类副产物加工制品有专门描述，但其中一些条款禁止生产经营下列食品：“病死、毒死或者死因不明的禽、畜、兽、水产动物肉类及其制品；未经动物卫生监督机构检疫或者检疫不合格的肉类，或者未经检验或者检验不合格的肉类制品”。

农业部1997年9月1日颁布实施的《动物性食品中兽药最高残留限量》规定了动物性食品中的兽药最高残留限量。

三、畜禽脏器类副产物加工与质量安全控制

目前，脏器类副产物主要作为食品、生物化工和饲料行业的原辅料，其中最有经济效益的是作为生物化工产品的原料用于药品生产。

内脏占活牛体重的16%，活猪体重的7%，活羊体重的10%。脏器中有些部分不能食用，但从中提取出各种有效的生物化学成分，可作为食品添加剂或应用到医药业。例如，肺、胰、胸腺、小肠黏膜和肝脏中存在酶类、肽类、多糖类与脂类物质，这些生理活性成分是生化制药的主要原料，其药品具有毒副作用小、容易被机体吸收和疗效好等特点，而且大多数产品的经济价值远超过肉本身价值。

因此，利用畜禽副产物进行生化制药，是与现代生物科技紧密结合的一项产业，具有科技含量高、附加值大等特点，必将成为畜禽副产物开发的重要方向之一。

（一）我国畜禽脏器类副产物资源及分布

1. 我国畜禽脏器类副产物产量

2000—2008年我国畜禽脏器类副产物产量如表5-13所示。

表5-13 2000—2008年我国畜禽脏器类副产物产量（万吨）

年份	2000	2001	2002	2003	2004	2005	2006	2007	2008
牛脏器量	122.12	121.05	124.21	129.12	133.75	135.21	137.25	145.99	145.18
猪脏器量	951.84	972.41	989.54	1 017.27	1 041.84	1 093.28	1 116.11	1 029.08	1 107.6
其他脏器	369.84	350.33	382.48	349.84	410.50	436.85	448.00	472.70	491.78

（续）

年份	2000	2001	2002	2003	2004	2005	2006	2007	2008
脏器总量	1 443.34	1 443.79	1 496.23	1 546.39	1 586.09	1 665.34	1 701.36	1 647.77	1 744.56

注：牛脏器产量＝牛肉产量÷35%×8.33%，牛脏器与牛肉的比例约为 23.8：100；猪脏器产量＝猪肉产量÷50%×12.08%，猪脏器与猪肉的比例约为 24：100。已知肉的产量可推算出脏器产量。

资料来源：《中国统计年鉴　2000》，《中国统计年鉴　2001》……《中国统计年鉴　2008》。

由表 5－13 可知，从 2000 年到 2006 年，我国畜禽脏器类产量逐渐增加，2007 年出现下降，但 2008 年又开始回升。

2. 我国畜禽脏器类副产物资源分布

2000—2008 年我国畜禽脏器类副产物的区域分布情况如表 5－14 所示。

表 5－14　2000—2008 年我国畜禽脏器类副产物的区域分布（万吨）

年份	华北	东北	华东	华中	华南	西南	西北	总计
2000	166.87	138.65	399.55	280.7	148.92	248.83	59.78	1 443.3
2001	175.61	127.82	417.31	294.36	145.58	245.33	59.38	1 443.79
2002	180.02	132.24	421.7	298.75	149.98	249.74	63.79	1 496.23
2003	188.5	139.25	437.47	321.24	135.31	263.42	61.22	1 546.39
2004	200.52	152.74	439.06	330.5	127.75	271.99	63.53	1 586.09
2005	211.01	160.01	463.49	341.23	136.94	289.01	63.65	1 665.34
2006	217.06	160.42	467.98	351.77	140.11	300.02	64.03	1 701.36
2007	177.82	178.73	436.42	306.17	184.66	279.31	84.69	1 647.77
2008	191.64	192.55	450.24	319.99	198.48	293.16	98.52	1 744.56

注：区域界定同表 5－3。

资料来源：《中国统计年鉴　2000》，《中国统计年鉴　2001》……《中国统计年鉴　2008》。

由表 5－14 可知，我国畜禽脏器类副产物产量 2000—2008 年期间（2007 年除外）总体呈现缓慢增长的趋势。从区域分布看，华东、华中及西南地区的畜禽脏器类副产物产量相对较高，东北、华北和华南地区产量大致相同，西北地区最少。

(二) 畜禽脏器类副产物加工和贸易

1. 畜禽脏器类副产物加工

畜禽脏器类副产物中含有具有特殊生理功能的多糖类、肝素和类肝素、胆酸、胆红素、猪脱氧胆酸和脑磷脂等。猪、牛和羊胆汁在医药上有很大价值，可用来制造粗胆汁酸、脱氧胆酸片、胆酸钠、降血压糖衣片、人造牛黄和胆黄素等几十种药物。畜禽的胰脏和胸腺中含有多种消化酶类和肽类，可从中提取高效能消化药物，如胰酶、胰蛋白酶、糜蛋白酶、糜胰蛋白酶、弹性蛋白酶、激肽释放酶、胰岛素、胰组织多肽、胰脏镇痉多肽和胸腺肽等。

利用生物技术可从肠黏膜中提取肝素钠、硫酸皮肤素、磷酸单酯酶和冠心舒等药物，广泛地应用于降血脂、抗炎、增强免疫力、防止肿瘤转移、改善心脏功能等方面。硫酸皮肤素也属黏多糖类，主要成分为艾杜糖醛酸和半乳糖氨基酸酯，除了具有抗凝活性外，还具有出血副作用小和能增强肝素钠活性的作用，其适应证与肝素钠一致，与肝素钠合用，可起到事半功倍的疗效，是新近应用于临床的一种前景非常好的药物。

冠心舒系是来源于十二指肠的类肝素黏多糖药物，采用酶解法和淬取法制备。其对改善或消除心绞痛、心悸、胸闷和气短有显著疗效，对心脑血管疾病也具有较好作用，且副作用小，可长期服用。

2. 畜禽脏器类副产物贸易

2004—2008 年各国红肉类脏器产品进口值情况如表 5-15 所示。

表 5-15 各国红肉类脏器产品进口值（千美元）

年份	澳大利亚	日本	新西兰	法国	德国	英国	美国	中国
2004	107	271 597	477	164 510	87 575	61 415	70 780	214 755
2005	281	417 008	557	182 055	103 325	67 050	90 206	159 624
2006	94	288 277	793	184 159	75 487	62 788	100 441	143 272
2007	69	350 155	1 595	203 441	64 429	66 229	129 004	355 287
2008	115	391 222	1 565	222 877	117 967	70 384	132 304	568 047

2004—2008 年，新西兰红肉类脏器产品进口值分别为 477、557、793、

1 595、1 565 千美元，呈现逐步增长趋势，2007 年增长较快；美国红肉类脏器产品进口产值分别为 70 780、90 206、100 441、129 004、132 304 千美元，与新西兰增长趋势相似。中国红肉类脏器产品进口值分别为 214 755、159 624、143 272、355 287、568 047 千美元，2004—2006 年呈现逐渐减少的趋势，2007 年和 2008 年明显增长。澳大利亚红肉脏器类产品进口值分别为 107、281、94、69、115 千美元，总量较少。法国红肉类脏器产品进口值分别为164 510、182 055、184 159、203 441、222 877 千美元，呈不断增长的趋势。日本红肉类脏器产品进口值分别为 271 597、417 008、288 277、350 155、391 222 千美元。德国和英国红肉类脏器产品进口值表现出与日本相似的变化趋势。

2004—2008 年各国红肉类脏器产品出口贸易情况如表 5－16 所示。

表 5－16 2004—2008 年各国红肉类脏器产品出口值（千美元）

年份	澳大利亚	日本	新西兰	法国	德国	英国	美国	中国
2004	319 314	57	133 474	88 998	216 057	10 511	303 186	204
2005	430 156	19	171 286	99 137	313 559	15 309	407 389	419
2006	379 637	139	112 614	103 009	314 023	14 525	414 600	602
2007	395 594	518	114 203	126 599	316 942	22 192	463 574	325
2008	447 460	1364	130 031	179 646	603 434	38 037	831 619	477

2004—2008 年，中国红肉类脏器产品出口值有一定幅度的起伏，总值较小。澳大利亚红肉类脏器产品出口值（2005 年除外）呈缓慢增长趋势。新西兰红肉类脏器产品出口值在 2004—2005 年增长较快，2006 年下降明显，后呈现缓慢增长趋势。法国、德国、英国、美国红肉类脏器产品出口值 2004—2007 年增长较缓慢，2008 年快速增长。

（三）国内外畜禽脏器类副产物加工装备

我国畜禽脏器类副产物加工还没有专业设备，仅有少量结合肉制品生产的设备，如剥胗机和速冻设备等，或与生化分离和微生物发酵相关的设备，如发酵池、烘干机、粉碎机、空气压缩机、微滤设备、超滤膜分离设备、喷雾干燥器和真空冷冻干燥器等。

欧美一些国家及日本的畜禽脏器类副产物加工产业发展迅速，主要在于其加工设备先进。在设备质量上，主要是表现为稳定性好、寿命长、安全性高及机型完善。在设备性能上，主要表现为自动化程度高、产品质量好、能耗低、有效成分提取率高。在技术水平上，主要表现在高新技术的应用，技术装备的成套性、标准化、系列化程度高，检测设备和手段先进。最新的一些脏器类副产物加工设备简介如下：①机械冲击式粉碎机是效率较高的粉碎设备，粉碎比大，结构简单，运转稳定，适合于中、软硬度物料的粉碎。这种粉碎机不仅具有冲击和摩擦两种粉碎作用，还具有气流粉碎作用；同时其传热效果好，粉碎区域温度较低，可用于某些热敏性物料的粉碎。②普通球磨机是超微粉碎设备，其特点是粉碎比大、结构简单、机械可靠性强、磨损零件容易检查和更换、适应性强、产品粒度小。但当产品粒度过小时，其效率低，耗能大。③喷雾干燥塔是低温干燥专用设备，喷雾能力为5 000千克/小时（颗粒大小为14～15微米），相对湿度可达50%左右。

（四）国内外畜禽脏器类副产物加工与质量安全控制标准及法规

1. 国内畜禽脏器类副产物加工与质量安全控制标准及法规

目前我国专门制定的脏器类副产物加工与质量安全控制标准，主要有《无公害食品　猪肝》（NY5146—2001）、《无公害食品　鸡杂碎》（NY5145—2002）等标准。

2001年、2002年和2004年颁布了《无公害食品　鸡肉》（NY 5034—2001）、《无公害食品　鸭肉》（NY5262—2004）和《无公害食品　鹅肉》（NY5265—2004）等禽肉标准后，发现所有禽肉的技术指标基本相同，所以于2005年将这类标准进行了合并，修订为《无公害食品　禽肉及禽副产品》（NY5034—2005）。

目前国内没有专门关于脏器副产物加工及其产品的法规，仅有一些相关法规，如《动物源性饲料产品安全卫生管理办法》。

《中华人民共和国食品安全法》中未对脏器副产物加工及其产品有专门描述。

2. 国外畜禽脏器类副产物加工与质量安全控制标准及法规

（1）加工与质量安全控制标准　国外畜禽脏器类副产物加工与质量安全控

制标准如表 5 - 17 所示。

表 5 - 17　国外畜禽脏器类副产物加工与质量安全控制标准

标准号	标准名称	发布日期	发布单位
CAC/RCP13—1976， Rev. 1 (1985)	加工肉类和家禽产品国际卫生操作推荐规范	1976 年发布，1985 年修订	欧洲共同体委员会
EC14412007	欧盟微生物限量	39421	欧洲共同体委员会
CAC/RCP14—1976	家禽加工卫生操作推荐规范	1976	欧洲共同体委员会
CAC/GL52—2003	肉类卫生通则	2003	欧洲共同体委员会
CAC/RCP11—1976， Rev. 1 (1993)	鲜肉国际卫生操作推荐规范	1976 年发布，1993 年修订	欧洲共同体委员会
CAC/RCP32—1983	深加工机械分离肉和禽肉生产、贮藏及拼配操作国际推荐规范	1983 年	欧洲共同体委员会

（2）畜禽脏器食品的安全标准　欧盟对畜禽脏器中重金属镉限量的标准（EC 第 1881/2006）见表 5 - 18。

表 5 - 18　欧盟畜禽脏器食品中重金属镉限量的标准（毫克/千克）

畜禽脏器种类	镉限量
肝脏	0.5
肾脏	1

加拿大畜禽脏器食品污染物及自然毒素标准见表 5 - 19。

表 5 - 19　加拿大畜禽脏器食品污染物及自然毒素标准

污染物名称	畜禽脏器种类	限量（毫克/千克）
镉	牛、羊、猪的肾脏	2.5
	牛、羊、猪的肝脏	1.25
铅	牛、羊、猪、家禽的可食用脂肪	0.5
丙烯腈	食品	0.02

2008 年 6 月 6 日，美国环境保护局宣布了一项关于麦草畏残留许可限量的

拟订法规，规定以下脏器内麦草畏残留的现有许可限量见表 5－20。

表 5－20　麦草畏残留的现有许可限量

畜禽脏器种类	许可限量（毫克/千克）
牛肾、山羊肾、猪肾、马肾、绵羊肾	25.0
牛肉副产物（除肾外）、山羊肉副产物（除肾外）、绵羊肉副产物（除肾外）	3.0
牛肝、山羊肝、猪肝、马肝、绵羊肝	0.0

四、畜禽肠衣加工与质量安全控制

（一）我国肠衣出口状况

按照加工工艺分，肠衣包括天然肠衣（natural casing）、人造肠衣（artificial casing）。我国出口的肠衣主要为来自畜禽原肠的天然肠衣。

2008年，我国天然肠衣出口量已经占世界总量的1/3左右，为世界天然肠衣出口量第一大国。全世界近60%的天然肠衣在中国加工，全国仅在欧盟注册的天然肠衣加工出口企业就超过100家。2005—2008年我国出口天然肠衣的贸易情况见表5-21，主要出口区域为欧洲和北美洲。

表5-21　2005—2008年我国出口天然肠衣的贸易情况

出口区域分布	出口量占比（%）			
	2005年	2006年	2007年	2008年
亚洲	7	8	8	10
欧洲	54	61	54	56
非洲	7	5	7	4
南美洲	0	0	2	3
北美洲	32	26	29	27
大洋洲	0	0	0	0

资料来源：根据中国商务部和中国食品土畜进出口商会相关统计资料，整理后所得。

我国需要进一步开展对天然肠衣潜在风险的分析并加以科学管理，确保其安全性，以保证其在世界市场上的优势地位。

欧盟国家（如德国和波兰）、美国和日本是我国天然肠衣主要出口市场，出口金额占我国天然肠衣全部出口金额的70%左右，市场较为集中。我国天然肠衣出口以一般贸易方式为主，占出口总额的80%左右；其次是来料加工贸易和进料加工贸易，约占出口总额的20%。随着世界各国检验标准的不断提高，进料加工贸易呈稳步上升趋势。

我国肠衣出口的种类以猪肠衣为主，占出口总量及金额的大部分，其次是绵羊肠衣，山羊肠衣和其他动物肠衣也有一定的出口量，但数量相对很少。

我国天然肠衣出口的省份分布非常广泛，几乎遍及全国，但主要集中在江浙一带，其次是河北、山东、天津、四川、重庆和河南等传统出口省份。

外商投资企业天然肠衣出口额远超过内资企业。其中，以中外合资企业出口额较大，其次是国内私营企业，国有企业出口额相对较小。

（二）国内外肠衣加工技术和装备

1. 加工技术

目前，我国的肠衣基本是天然肠衣，人造胶原蛋白肠衣基本需要进口，而美国、日本等发达国家人造肠衣加工技术成熟。因此，我国可学习和引进肠衣的深加工技术，扩大肠衣的原料来源范围，提高质量，增加效益。

2. 加工装备

目前，我国仅有少数专门的肠衣生产设备，大多数企业肠衣生产主要依靠手工。国外则有较多专门的肠衣生产设备，且较先进，如全自动肠衣加工设备、机用PVDC肠衣膜成型机、真空填充器和卡箍模块设备等。

因此，我国应加快自主研发肠衣的加工设备，使肠衣生产由手工作坊式向全自动产业化方向发展，提高肠衣的质量，提升国际市场竞争力。

（三）国内外肠衣加工与质量安全控制标准、检测方法及法规

1. 国内肠衣加工与质量安全控制标准、检测方法及法规

（1）国内肠衣加工与质量安全控制标准与检测方法　国内肠衣加工质量安全控制标准具体见表5-22。

表 5-22 国内肠衣加工与质量安全控制标准

标准代号	名称	发布单位	实施时间	备注
GB7741—87	出口盐渍肠衣检验方法	国家标准化管理委员会（原国家标准局）	1988	现行
GB7740—87	出口肠衣	商务部（原国家对外经济贸易部）	1988	现行
GB14967—94	胶原蛋白肠衣卫生标准	卫生部	1994	现行
QB/T2606—2003	肠衣盐	国家发展和改革委员会	2004	现行
SB/T10373—2004	胶原蛋白肠衣	商务部	2005	现行
GB/T7740—2006	天然肠衣	国家质量监督检验检疫总局、国家标准化管理委员会	2006	现行
GB/T20572—2006	天然肠衣生产 HACCP 应用规范	国家质量监督检验检疫总局、国家标准化管理委员会	2007	现行

按照《出口肠衣》（GB7740—87）、《出口盐渍肠衣检验方法》（GB7741—87）有关标准的规定，对肠衣的感官特性和品质进行检验。如盐渍肠衣检验有无起靛、盐蚀、盐红、伤痕、筋络、破洞、腐败发臭等情况，出口肠衣的包装材料要符合卫生标准，不得含有有毒有害物质，不易褪色，符合输入国家和地区的要求。《天然肠衣》（GB/T7740—2006）全部覆盖《出口干制肠衣检验方法》（SN0079—92）内容，并把《出口肠衣》（GB7740—87）、《出口盐渍肠衣检验方法》（GB7741—87）两个标准进行了整合，更有利于全行业生产检验中统一检验标准方法。

《天然肠衣》（GB/T7740—2006）具有以下特点：①标准的名称《天然肠衣》，更科学地体现了产品的范围定义和本质特点，区别于胶原蛋白肠衣及其他形式的肠衣。《出口肠衣》（GB7740—1987）专指出口肠衣的标准，而《天然肠衣》（GB/T7740—2006）包括了进口肠衣、出口肠衣和国内市场销售的肠衣。②该标准根据国内外消费者日益重视饮食健康这一趋势，提高了肠衣的内在安全卫生质量要求，除传统的感官项目检验外，增加了重金属和氯霉素、硝基呋喃等药物残留限量的规定。③强调和规范了肠衣原料来源的安全性，即溯源性（如要求来自官方批准的屠宰场宰杀的健康动物）。

《天然肠衣生产 HACCP 应用规范》（GB/T20572—2006）标准是为适应我

国加入 WTO 后国际市场对天然肠衣质量安全严格要求的形势，规范我国天然肠衣加工生产企业食品安全管理体系的建立和实施而制定的，对扩大出口贸易具有重要意义。

（2）国内肠衣加工与质量安全相关法规　1999 年，我国开始实施《中华人民共和国动物及动物源食品中残留物质监控计划》，但肠衣未被列入。2000 年，首次将猪、羊肠衣增为监控对象，监测项目包括有机氯农药、多氯联苯及重金属等，但并不包括兽药残留项目。2002 年，猪肠衣残留物质监控增加了氯霉素的监测项目。2004 年，猪、羊肠衣残留物质监控增加了硝基呋喃类代谢物的监测项目，并且监测范围和取样数量逐年增大。另外，对一些检测方法和判定标准也做了改进，如 2005 年以后，考虑到国际上对氯霉素的要求，将氯霉素的最低检测限由 0.1 微克/千克调整为 0.3 微克/千克。目前，我国的监控计划在以下几方面有待完善：①应将监测范围由目前的肠衣加工厂向肠衣原料产地、动物饲养地延伸，增强监测样品的代表性，真正从源头掌握残留状况。②应不断探索新的检测方法，制定符合国际形势的判定标准。③应尽快修改、补充我国的限量标准，为残留监控计划和日常检验工作提供依据。

2. 国外肠衣加工与质量安全控制标准

国际天然肠衣协会（INSCA）于 1997 年编制了《天然肠衣加工 HACCP 手册》（第 3 版），作为国外肠衣加工与质量安全控制的标准。

五、畜禽明胶加工与质量安全控制

明胶的主要原料为动物的皮、骨、软骨、韧带和肌膜等组织，是经过酸法或碱法处理后，再用热水提炼的一种纯天然胶原蛋白质。除色氨酸外，富含人体其他所必需的氨基酸，是一些药品、保健食品等蛋白质的主要来源。明胶按其用途可分为照相用明胶、药用明胶、食用明胶和工业明胶四大类，广泛地应用于医药、纺织、化工、食品、造纸、印刷和电子等30多个行业。

明胶按照原材料可分为骨明胶和皮明胶。生产明胶的主要原材料有牛骨、猪骨、牛皮和猪皮。在国外，鱼皮和鸡皮也是生产明胶的原材料。

世界明胶产量集中在西欧、美国、日本和印度，其中，PB明胶集团公司（PB Gelatins Group）、嘉力达集团公司（Gelita Group）、罗赛洛集团公司（Rousselot Group）是规模较大的明胶生产公司。我国明胶生产企业以生产骨明胶居多，生产规模普遍偏小，区域分布较广，较为大型的企业一般分布在原料丰富、畜牧业发达的省份（如青海、甘肃、山东、河北、河南），或是运输方便、经济发达的沿海地区（如浙江、广东等）。

近几年，明胶的生产量呈现稳定增长的趋势，但不同地域的市场规模和增长率存在显著差异。传统的西欧和北美市场已经趋于饱和，增长缓慢，而亚洲和拉丁美洲，特别是亚洲地区，增长迅速。其中，中国和印度对明胶产量的增长率贡献最大。亚洲、非洲等不发达地区明胶产品的附加值远比不上发达地区。

（一）明胶销售状况

在国际市场上，明胶出口最多的是亚洲，其次是中北美洲；出口最少的是大洋洲。但是，亚洲出口的明胶平均价格较低，不及世界平均水平；欧洲和大洋洲出口的明胶平均价格则较高。

(二) 明胶加工技术

明胶制备的方法主要有碱法、酸法、盐法和酶法 4 种，但目前国内外一般都采用碱法。我国传统的碱法工艺具有生产周期长、效率低、水电资源消耗大、成本高和污染严重等缺点。酶法则具有缩短生产周期、减少环境污染、易于自动化控制及细化明胶品质等优点，有着巨大的研究前景和潜在的经济效益。

20 世纪 80 年代以来，国内报道了很多的实验室酶解制备明胶的研究方法，积累了一些制备方案。表 5－23 总结了这些重要的酶解试验参数，可为酶解制胶的进一步工业化生产研究、作用原理研究等提供参考。

表 5－23　国内酶解制备明胶生产技术

原料	酶种	酶用量	骨水比	pH	酶解温度（℃）	酶解时间（小时）
皮料	碱性蛋白酶	每千克皮料 40 万单位	1∶2～1∶1.5	11.0～12.0	40	6.0
猪皮	中性蛋白酶	每千克猪皮 11.5 万单位	1.0∶6.0	7.5	37	2.5
含水骨料	胰蛋白酶	每千克干骨 2 克	1.0∶2.5	7.0～8.0	40	1.0～5.0
皮料	胃蛋白酶	每千克生皮 0.002 8 克	1.0∶2.0	2.0～3.0	—	5.0～6.0
	中性蛋白酶	每千克生皮 0.002 克	1.0∶2.0	4.0	40	8.0～10.0
干骨	胃蛋白酶	每千克干骨 3 克	1.0∶5.0	4.0	60	3.0
	中性蛋白酶	每千克干骨 13 克	1.0∶5.0	4.0	60	3.0

在 20 世纪五六十年代，我国骨明胶（简称骨胶）生产工艺基本上是按照 20 世纪 40 年代德国和日本的工艺路线，提胶工艺周期很长，蒸汽消耗量大，设备利用率低，致使产品黏度不高，质量水平比较低，其黏度一般仅 2.8～3.0 恩氏黏度。20 世纪 60 年代以后，提胶工艺不断改进，发展了快速低压工艺，提胶周期缩短了一半，使产品质量有了新的突破，黏度达到 3.4～4.0 恩氏黏度。20 世纪 80 年代以来，尤其自中国明胶协会成立以来，在行业内开展了学术与技术交流，广大的科技人员和技术工人为提高骨胶质量，从分析研究制胶

化学与工艺学基本原理出发，大力推动有关骨胶生产影响因素与骨胶质量关系的研究，使生产水平上了一个新的台阶。

提高骨粒得率是降低原料成本的重要手段。在国外骨胶生产中曾经用过的提油溶剂有汽油、纯苯、二硫化碳和氯代烃等。我国骨胶生产中使用过的提油溶剂主要有纯苯和三氯乙烯。目前，在骨胶生产中广泛采用的是用纯苯来提油。

脱脂是骨粒加工过程中的另一项重要技术。较彻底地脱除骨粒中的油脂，有利于浸酸、浸灰、提胶和过滤，对明胶的色泽、透明度（透过率）、油脂凹点等都产生积极的影响；同时，油脂的回收可显著降低骨料的摊销成本。国内骨料脱脂方法主要有两种，分别是高温提油法和低温提油法；国外骨料脱脂方法较多，主要是干法和湿法。国内外脱脂方法对比见表 5－24。

表 5－24　国内外骨料脱脂方法对比

国内	高温提油法	间歇式操作过程；优点是提油速度快，提油后骨料较干；缺点是蒸汽消耗多，冷却水耗用量也高
	低温提油法	常采用连续式提油操作，将多个提油罐编为一组，管道线路较复杂，辅助配套设备公用，溶剂逆流循环连续萃取，经新装罐萃取后再输送至分油罐，回收被提取的油脂。优点是不破坏骨胶原，辅助设备数目少，蒸汽和冷却水消耗量少；缺点是物料要求干净，杂土少，物料含水量应低于 1%（否则出料时的提油骨块是温热的，不能直接送去磨骨）
国外	干法	利用蒸汽加热，优点是蛋白质损失少、热耗量低，缺点是脱脂骨料含油量较高
	湿法	优点是用途较广，用蒸汽、冷水、热水、温水、沸水、溶剂及酶处理；缺点是油脂、蛋白质损失和耗热量均较高，生产过程较湿，脱脂速率低，长时间的高温处理使胶原受到一定影响，设备占地面积也较大

中国的明胶规模化生产企业包括了中外合资、外商独资及私营企业等。一些国际明胶生产大企业分别在中国投资开设工厂，运用较为先进的技术和设备，如采用八道过滤工序，使用电脑程序实现工艺参数自动化控制，使用剪切式砸骨机、卧式热力脱脂机、多效板式蒸发器等先进设备，利用中国丰富的畜禽副产物（如畜禽的骨、皮等），生产出质量较好、产量较高的明胶产品，虽然销售价格较高，但占有较大的市场份额。

（三）明胶加工过程中的工业污染及控制

作为骨胶重要生产地区，欧美等国家对该行业的污染治理和控制相对较严格，一般根据各国的环境标准体系和环境法规特点，对污染物排放做了相应规定。目前，各国均有根据不同的行业分别制定行业废水排放标准的趋势。例如，德国的《污水排放标准》（2005 版）就详细规定了骨胶水污染物排放标准限值，包括化学需氧量（COD）、五日生化需氧量（BOD_5）、氨氮、总氮和总磷五项指标。美国、日本、印度、新加坡没有对骨胶工业制定单独的污染物排放标准，一般执行相关的工业类综合排放标准。

我国骨胶工业起步较晚，迄今为止，尚没有针对骨胶制定行业污染物排放标准。在废水排放方面，国内生产企业执行的仍然是国家综合类污水排放标准——《污水综合排放标准》（GB8978—1996），大多数地区的企业执行其中的其他排污单位的二级标准。在要求严格的地区，生产企业执行地方水污染物综合排放标准，大多数地方标准与《污水综合排放标准》（GB8978—1996）中的一级标准接近或略严格些。在废气排放方面，恶臭污染物执行《恶臭污染物排放标准》（GB14554—1993），选址执行《制胶厂卫生防护距离标准》（GB18079—2000），自备锅炉产生的烟尘和二氧化硫（SO_2）等执行《锅炉大气污染物排放标准》（GB13271—2001），生产过程中产生的粉尘和二氧化硫等则执行《大气污染物综合排放标准》（GB16297—1996）。固体废物执行《一般工业固体废物贮存、处置场污染控制标准》（GB18599—2001）和《危险废物贮存污染控制标准》（GB18597—2001）；工业噪声执行《工业企业厂界噪声标准》（GB12348—1990）。骨胶工业污染物，尤其是废水，排放量巨大，这主要由该行业的生产工艺特点决定的。骨胶加工过程产生的主要污染物情况见表 5 - 25。

表 5 - 25　骨胶加工过程产生的主要污染物

类型	污染物项目
废水	pH、COD、BOD_5、固体悬浮物（SS）、氨氮、磷酸盐、硫化物、铬、动植物油、石油类，以及镍、苯系物和其他有机物等
废气	粉尘、硫化氢、恶臭污染物、烟尘、二氧化硫、苯系物和其他有机物等
固体废物	石灰渣、胶渣、污泥
噪声	等效声级

由表 5 - 25　可见，骨胶加工过程排放的污染物成分十分复杂，存在多种

《污水综合排放标准》（GB8978—1996）中涉及的一、二类污染物，而固体废物可能含有危险污染物（如含铬污泥等）。《污水综合排放标准》（GB8978—1996）对每吨产品的废水排放量和污染物排放量没有规定，不适应现行的“节能减排”、污染物总量控制和清洁生产等要求。因此，对于这类废水排放量大和污染严重的行业应当制定行业排放标准，对污染物排放进行有效的控制。

六、以畜禽脂肪为主要原料的生物柴油

欧洲是生物柴油发展较快的地区，其开发和利用生物柴油已有多年历史。其中以德国生物柴油产能最高，是当前全球最大的生物柴油生产国。法国生物柴油产能发展最快，世界排名第三。美国生物柴油产能排名世界第二。除了美国生产生物柴油利用动物油脂，主要发展燃料乙醇的巴西也开始以动物油脂为原料生产生物柴油。以畜禽副产物中的动物脂肪为原料生产生物柴油这一产业模式在畜牧业发达的国家，如澳大利亚和新西兰等，已经成为主要的生物柴油生产方式，其同样适用于植物油料供给不足的中国。以动物脂肪为原料生产生物柴油在我国尚处于起步阶段，目前我国还没有生物柴油生产设备制造的专业企业。应将我国的生物柴油制备技术与发达国家先进的制造业结合起来，形成联合生产线，尽快发展我国生物柴油。

（一）国内外生物柴油加工生产技术

一般生物柴油的制备方法包括直接混合法、微乳液法、高温热解法和酯交换法（表 5－26），其中关于酯交换法的研究最多。目前，工业上普遍用碱（KOH、NaOH、$NaHCO_3$ 等）作催化剂生产生物柴油。该方法技术成熟，反应条件温和，在常温和常压下即可进行，反应速率快，在 60℃下反应 20 分钟就可以基本达到平衡，产物收率高。

在国外，许多大型生物柴油生产企业早已将动物油脂作为重要生产原料，拥有成熟的工艺路线和先进的技术手段。通过了解国外相关企业的生产状况、工艺、技术等信息，结合我国国情，指导我国以畜禽副产物为原料生产生物柴油的企业的经营。

表5-26 国内外代表性生物柴油生产工艺

工艺名称	工艺特点	原料	产品	使用公司
微气泡纯氧曝气（BIOX）	全封闭、全连续的生物柴油生产工艺	各种动植物油脂、回收煎炸废油及其他各种废油脂	生物柴油和甘油	加拿大奥克韦尔公司（Oakville）、德国莱尔公司（Leer）等
Esterfip-H工艺	采用多相催化剂，可避免采用均相催化剂工艺所需的几个中和、洗涤步骤，以及不会产生废物流，副产物丙三醇的纯度大于98%	各种动植物油脂、回收煎炸废油及其他各种废油脂	生物柴油和甘油	法国埃克森公司（Axens）、法国双酯工业公司（Diester）
连续反酯化反应器（CTER）工艺	可降低投资费用	动植物油脂	生物柴油	澳大利亚阿玛迪斯公司（Amadeus）
HAVE工艺	环保型新制造工艺，具有效率好、成本低、产品质量高等特点，原料转化率可达到95%以上	以高酸价的废油脂，如地沟油、泔水油、潲水油及油脂精制过程中产生的油脚料等为原料	高质量的脂肪酸甲酯（生物柴油）	—
气相沉积炉（VDF）工艺	全自动连续式废食用油燃料化装置，该装置能将100升废食用油转化生成82升生物柴油	废食用油	生物柴油	日本伦福德有限公司（Lonford）、日本染谷商店集团有限公司
生物酶法新工艺	操作简单，在常温常压下可将动植物油脂有效转化生成生物柴油，在中试装置上生物柴油产率达90%以上	动植物油脂	生物柴油	清华大学
新一代生物质制油（NExBTL）工艺	从可再生原材料生产柴油燃料，可灵活地使用各种植物油和动物脂肪	植物油和动物脂肪	将脂肪酸加氢转化为烷烃和异构烷烃	芬兰耐斯特石油公司（Neste）

注："—"表示未查到相关信息。

（二）国内外生物柴油加工设备

1. 国内生物柴油加工设备状况

我国对生物柴油的研究开始较晚，由于原料成本偏高，国内尚未形成稳定、充足的油脂原料供应体系，产能利用率只有10%。目前，我国生物柴油生产原料主要为废弃油脂（包括煎炸废油、烤制食品过程中产生的动物性油脂、动物制品下脚料经处理得到的动物性油脂、泔水油、地沟油、厨房凝析油和酸化油脚）和野生树木种子两大类。

我国以畜禽及其副产物为原料加工生物柴油的生产设备制造企业中，大多数还只是中小型企业，集中在河南和湖北一带，年产值不高。企业所生产的设备主要是以中小型为主，每台设备的日产量为20吨左右。

就生产工艺而言，老式酸碱酯化法所生产的生物柴油成本偏高。因此，对传统生产工艺的改造迫在眉睫，如催裂法等较为先进的生产工艺可以提高产品质量，降低生产成本。

2. 国外生物柴油加工设备状况

（1）亚洲　日本是发展生物柴油最早的国家，也是目前亚洲第一生物柴油生产大国，1999年开始了生物柴油的生产试验与商业开发。其他国家，如马来西亚和韩国等也正大力发展生物柴油，但这些国家的生物柴油生产设备制造企业较少，多引进美国和德国等的先进技术和设备，结合本国原料进行开发研究。

（2）欧洲和美洲　欧洲和美洲是全球生物柴油发展较快的地区，生物柴油生产设备制造企业也集中在这两个区域。

①欧洲生物柴油生产状况　欧洲具有较大规模的生物柴油生产设备制造企业。生物柴油处理器、生物柴油生产设备、离心机、抽滤设备、生物柴油纯化等设备技术先进，原料适用性较强。德国、意大利和奥地利制造的生物柴油生产设备年产能可达到万吨以上，规模较大，自动化程度较高，技术成熟。瑞典和英国制造的生物柴油生产设备属于中等规模，而荷兰制造的生产设备规模较小。

②美洲生物柴油生产状况　美国研究生物柴油也较早，尽管生物柴油在美国的应用不如欧洲广泛，但凭借其坚实的工业基础和先进的科学技术，在生物柴油生产设备研制方面却拥有全球顶尖技术和成熟稳定的生产工艺，拥有众多

生产规模较大的生物柴油生产设备制造企业。

3. 欧洲和美洲国家重视生物柴油加工设备开发对我国的启示

生物柴油生产中原料成本占了很大部分，生产设备投资次之。选择合适的生产设备，不仅关系生产技术的先进性和生产工艺的成熟性，直接影响产品品质和产能，而且还影响生产过程中高附加值副产物的回收，直接影响企业的收入，其中尤以产能（生产规模）为首要考虑因素。

根据我国发展生物柴油的迫切性，尽快发展大规模集成化生产，能提高资源利用程度，降低成本。同时，我国生物柴油生产企业的布局比较分散，因此，工厂的规模不宜太大，宜将年生产能力控制在1万～5万吨。但综合考虑原料与生产规模的匹配，可建立一些年产万吨左右的中小型工厂，既有利缓解石油供应紧张，又可规模化处理废弃油脂。

如果我国发展以种植油料作物为主要原料，辅以畜禽副产物生产生物柴油，则可采取大规模生产。但这又将受到我国耕地面积少和食用油供给紧张等国情限制，在短期内较难实现。现阶段，我国发展以畜禽副产物为原料的生物柴油产业，采用中小生产规模更有利于将我国的原料系统与国外先进技术结合，符合我国国情。随着我国生物柴油生产技术的发展、原料瓶颈的解决，可考虑发展大规模生物柴油生产，除可引进国外先进大规模设备外，也可以发展本国设备制造技术。

我国也可借鉴奥地利农场合作型生物柴油加工企业模式，生产规模相对较小，产能在1 800吨/年左右，主要为农民提供燃料和家畜饲料，有明确而直接的生产原料来源和产品使用对象，减少了与原料收集和产品销售相关的中间环节，降低了生物柴油的生产成本。

利用畜禽副产物如废弃动物脂肪生产生物柴油，其资源量较有限，大规模搜集利用较难，单纯以畜禽副产物为原料生产生物柴油也很有可能遭遇原料瓶颈的问题。因此，发展以畜禽副产物为原料的生物柴油产业，应综合多种原料，尤其与餐饮废油和油脚等结合生产，不仅可以促进我国生物柴油的研究发展，而且可以解决畜禽副产物综合利用和餐饮废油处理等问题，有利于减小环保压力。

（三）国内外生物柴油质量安全标准

国内外生物柴油质量安全标准各有特点，存在差异。相比之下，欧美国家发展速度快，质量标准要求高，产品质量较为稳定。

七、国外畜禽副产物加工业发展模式的启示

（一）美国畜禽副产物的“资源化”利用与提炼业发展模式

20 世纪初期，美国普渡大学 Plumb 教授的研究表明，饲喂玉米同时添加动物蛋白渣滓的猪生长状况大大优于只饲喂玉米的猪。由于富含营养和各种氨基酸，动物蛋白开始被用于饲料。为此，美国成立了动物蛋白及油脂提炼协会，开展了畜禽副产物加工利用安全、产品、技术和装备等方面的系统研究，涉及整个产业链，主要包括：提炼工业在饲料和食品安全中的作用、提炼工业的生物安全性对民众和动物健康的贡献、人类可食的提炼产品、提炼产品在反刍动物营养中的应用、提炼产品在家禽营养中的应用、提炼产品在猪营养中的应用、提炼产品在宠物食品中的应用、提炼产品在渔业饲料中的应用、提炼产品在虾养殖饲料中的应用、提炼产品的全球市场、动物副产物工业化与能量应用的过去与将来和提炼工业的环境问题等，形成了近百亿美元的动物蛋白及油脂产品加工业。

根据《动物蛋白及油脂产品加工与使用》的定义，“提炼”是把来自食用动物未加工的动物组织及来自各种饮食机构的废弃酥油和食用油变成各种不同的增值产品的一个循环过程。

畜禽屠宰后有 1/3～1/2 的副产物人类不可利用，但其中含有 15%～20%的粗蛋白质和 15%～20%的脂肪，这些副产物经过“提炼”就可以加工出可食用和不可食用的牛油、猪油及合成油脂、饲用油脂（混合油和禽类脂）、动物蛋白粉、骨胶、肉骨粉、肉粉、禽粉、水解羽毛粉、血粉和鱼粉和动物脂肪等有用的产品，并被用于畜禽、水产和有关动物的饲料原料；还可以提炼出一些工业产品的基本成分，如脂肪酸、润滑剂、塑料产品、印刷油墨和炸药等；或一些消费品的成分，如肥皂、化妆品、刮胡泡沫、除臭剂、香水、上光剂、清

洗剂、油漆、蜡烛和嵌缝剂等。

现代高效的动物蛋白及油脂提炼产业主要集中在北美地区，也逐渐扩展到欧盟、拉丁美洲和亚洲。

目前，畜禽副产物的“提炼制品”正逐渐向下列领域拓展。①塑料用蛋白。蛋白质可用于制作成食品、药囊和其他商业产品的可降解和可食用的包装膜，如用于肉制品包装的肠衣和包装奶酪的薄膜。但蛋白质薄膜的硬度、拉伸度、弹性和渗透性的改良和控制十分复杂，虽然通过改变横向连接或用加热、压力、剪切、酸碱化等物理和化学方法能够改变蛋白薄膜的性质，但加热过程中蛋白质热稳定性的技术问题还难以彻底解决。②羟磷灰石。羟磷灰石存在于牛、绵羊和山羊腿骨的骨密质中。合成羟磷灰石的主要用途是作为吸附剂、催化剂、牙基和骨的替代物等。但法律规定动物产品不能用于生物医疗器械的生产，至今羟磷灰石的主要应用集中于催化剂和吸附剂。应用于汽车和燃料电池的催化剂市场是一个新的热点，且有很大的发展空间。羟磷灰石作为催化剂只是其用途的一个基础部分。③黏附剂用蛋白。蛋白质源黏附剂的主要市场是代替甲醛树脂，特别是尿素甲醛树脂。尽管一些特殊用途的蛋白来源于胶原质和血蛋白，但一般的吸附剂主要源于动物血液。

综上所述，将畜禽副产物“资源化”的“美国模式”应该对我国畜禽副产物综合利用发展规划的制定和产品的研发生产具有借鉴和启发作用。

（二）英国乳清加工利用模式

乳清是干酪和酪蛋白生产过程中的液体剩余物，其主要成分是水，占90%以上，蛋白质含量达5～7克/升，乳糖含量为30～50克/升。乳清蛋白中主要的蛋白质成分为β-乳球蛋白（占48%，质量分数，下同）、α-乳白蛋白（占19%），蛋白酶—胨（占20%）、牛血清白蛋白和免疫球蛋白（占8%），还有少量其他组分，如乳铁蛋白和乳过氧化物酶等。乳清蛋白具有调节免疫、抗氧化、抗菌、抗病毒、降低血脂等作用，可以用于运动营养食品、婴幼儿食品和老年人食品。

传统回收乳清蛋白的方法是直接将乳清喷雾干燥制成乳清粉，但此方法耗能高。多年以来，乳清一直被当做猪饲料或废弃物，有时会用作农田肥料，这不仅使得其附加值低，而且容易造成环境污染。因此，利用高新技术综合利用乳清显得非常必要。

为了增加原料乳的经济收益，并建立一个长效、可靠的乳清处理流程，英国Joseph Heler公司安装了一套完整的基于膜分离工艺的乳清回收系统。

该系统分为三个阶段，分别采用了超滤、纳滤和反渗透技术。利用该系统，乳清蛋白和乳糖得到回收，作为有价值的产品出售，脱盐水最后也回收用于清洗膜分离组件或作为锅炉给水。引进乳清回收系统后，每年乳清产品的销售为公司带来 920 000 英镑的收入，而以前直接销售乳清的收入仅为 18 600 英镑；公司还可以继续扩大生产能力，而不必担心过多的乳清无法处理而制约生产；公司通过自身调节乳清的处理能力，使奶酪的生产能力最大化；公司所属的农田也不必专门空出用来倾倒乳清，用途更加灵活，还消除了环境污染的风险；公司不再需要额外的水源供应，加工乳清产生的脱盐水足够满足工厂全部需求。

这种利用高新技术促进畜禽副产物加工业发展的“英国模式”对我国制定高新技术促进畜禽副产物综合利用发展规划有很好的借鉴和启发作用。

（三）产学研结合，促进畜禽副产物高新技术产品的研发和生产模式

美国蛋白质公司（American Protein Corporation，APC）自 1981 年成立以来，投入大量的研发经费与人力，并通过与爱达荷州立大学、堪萨斯州立大学等美国著名大学合作，致力发展绿色的、具高科技含量的副产物加工工程。近 10 年来，该公司在乳猪保健、营养方面的研究成果，为美国成功地实施早期断奶作出了卓越贡献，也因此得到“乳猪营养、保健的领导者”的美誉。

该公司生产并获得美国唯一血浆蛋白制品生产专利的“爱不停（APPETEIN）”，已广泛地被美国饲料业及养猪业应用于早期断奶乳猪饲粮，销售区域遍布美洲、欧洲和亚洲。目前在亚洲设置的办事处，分别位于日本东京及中国多个城市。近年来，APC 亦开始在中国养猪业全力推广早期断奶技术。

APC 是全球最大且最先进的血浆蛋白生产企业，主要生产血浆蛋白制品、血球蛋白制品、幼小动物营养保健品、保健食品用免疫球蛋白、食品级乳糖、食品级乳蛋白和食品级动物蛋白等。APC 致力于提供安全的产品，非常系统地研究各种处理效果，以杜绝潜在的污染，并利用多项安全管制措施来保证产品的安全性。

（四）欧美“骨肉粉”饲喂导致“疯牛病”对中国畜禽副产物加工与质量安全控制的启示

2003 年 12 月，疯牛病（又称牛海绵状脑病，BSE）首次在美国报道，美

国肉骨粉出口市场被迫关闭。此前，美国国内的肉骨粉用作饲料的消费总量达到了60亿～80亿美元。2004年，在北美洲其他地区也发现疯牛病后，世界动物卫生组织规定动物油脂的不溶杂质不超过0.15%，因此，动物蛋白也面临更加严格的审查。美国的所有主要进口商严禁进口反刍动物蛋白，但不含反刍动物蛋白的肉骨粉不受疯牛病的影响。

在《关于禁止某些成分用于动物食品或饲料的建议》（美国食品和药品管理局摘要No.2002N－0273）中，美国食品药品管理局建议，禁止脑和脊索用于30月龄或更老牛的日粮，包括非食用动物日粮；禁止所有死亡或服用镇静剂动物（定义为未检查和未通过人类食用检验标准的牛）用于任何饲料，除非摘除脑和脊索。

总之，做饲料有安全隐患，做食品更有安全隐患。我国应该制定相关法律法规，并开展配套的技术和装备研究开发，促进该产业走向安全健康和可持续发展之路。

八、我国畜禽副产物加工与质量安全控制可持续发展战略

（一）战略地位

2010年，我国原料肉总产量为7 925.8万吨，原料乳总产量3 748.0万吨，原料蛋总产量2 762.7万吨，而畜禽副产物的总量近5 000万吨。畜禽副产物中蛋白质占比为15%～20%，脂肪占比为15%～20%，是丰富的蛋白质和油脂资源。欧美已经形成了动物蛋白及油脂产品加工的新兴产业。

同时，畜禽副产物极易腐性变质和受寄生虫及微生物感染；如果没有科学合理的“资源化”利用，不仅造成极大浪费，更为严重的是会成为环境污染或成为生物危害的最大潜在源，增加公共卫生（疾病防控）的压力。因此，寻求保证生物安全的方式来处理畜禽副产物是全球面临的极大挑战。

“垃圾是放错地方的资源”，因此，畜禽副产物科学合理的“资源化”利用，不仅能够提供丰富的蛋白质和油脂资源，提高畜禽产品的附加值，而且有助于微生物、寄生虫和疯牛病等安全隐患的控制，促进畜禽养殖业的可持续发展，具有重要的经济战略地位和食品安全控制战略地位。

（二）战略目标

通过对比研究国内外畜禽副产物生产、消费、贸易以及加工与质量安全控制技术及装备的变化，在分析代表性发达国家畜禽副产物产业发展的成功经验基础上，结合我国特点，提出我国近期及今后20年畜禽副产物加工与质量安全控制的战略目标及发展思路。具体就是：在保护环境、确保安全的科学发展思路下，达到充分、高效利用畜禽副产物资源的目标。

（三）战略重点

针对影响我国畜禽副产物深加工利用的专用设备、技术和质量安全控制及检测技术等瓶颈问题，开展研究和产业化应用，减少畜禽副产物对环境污染的压力，增强我国畜牧业和农业的国际竞争力和抗击市场风险的能力。

（四）需要突破的关键科学与工程技术问题

1. 畜禽血液利用新技术(表 5 - 27)

表 5 - 27　畜禽血液利用新技术

近期急需解决的瓶颈技术	中长期发展需要解决的瓶颈技术
畜禽血液的预处理技术	
血红细胞中血红素与血红蛋白的非有机溶剂提取加工技术	血红素提取新技术及装备
高品质血浆蛋白粉和血细胞蛋白粉的制备	血粉制备新技术和装备研究
传统畜禽血液制品的改良技术	传统畜禽血液制品的质量标准
畜禽血液中生物活性物质的提取制备（超氧化物歧化酶、凝血酶、血红素）技术	血液水解蛋白及其降解产物的制备技术
血液腌肉色素及亚硝酸盐的替代技术	
血液脱色技术	
血浆高活性免疫球蛋白的提取纯化技术	

2. 畜禽骨利用新技术(表 5 - 28)

表 5 - 28　畜禽骨利用新技术

近期急需解决的瓶颈技术	中长期发展需要解决的瓶颈技术
骨废料的收集、分类技术	骨废料的收集、分类管理办法（反刍动物要标示）
骨粉制作加工过程的灭菌技术	畜禽副产物饲料中同源性动物源性蛋白鉴别和区分（特别是肉骨粉）

（续）

近期急需解决的瓶颈技术	中长期发展需要解决的瓶颈技术
肉骨分离技术及装备的研究	磷酸氢钙加工新技术及其装备
鲜骨超微粒粉碎技术和设备	超细骨粉
明胶生产用的骨和动物皮质量安全控制技术	明胶产品质量标准；骨胶工业的污染处理
骨类调味料的生产技术与设备开发	骨类调味料的质量标准的制定；骨产品作为食品添加剂或调味品等的计量限定技术与标准
有药用价值的骨类产品，如硫酸软骨素等物质的提取技术	
高档明胶产品制备新技术（酶法）及设备的研发	

3. 畜禽内脏利用新技术(表 5－29)

表 5－29　畜禽内脏利用新技术

近期急需解决的瓶颈技术	中长期发展需要解决的瓶颈技术
肠衣加工新技术和装备	胶原肠衣生产技术及设备的开发
以肠为原料的生化制药技术（肝素、类肝素）	有效提高畜禽副产物生产的生化药品的效价的技术和装备
以胰腺为原料的生化制药集成技术（胰酶、胰岛素、弹性蛋白酶）	以心脏为原料的生化制药技术集成（细胞色素 C、复合辅酶 A）
以动物肝脏为原料的生化制药技术（超氧化物歧化酶、谷胱甘肽）	
以胆汁为原料的生化制药技术集成（胆红素、胆酸）	
以其他脏器为原料的生化制药技术（胸腺肽、胰蛋白酶抑制剂、酰化酶Ⅰ）	相关产品的质量标准的制定

4. 畜禽副产物综合利用专用装备研发(表 5－30)

表 5－30　畜禽副产物综合利用专用装备研发

近期急需解决的瓶颈技术	中长期发展需要解决的瓶颈技术
（超）低温超微粉碎技术与设备	酶工程技术和高效分离提取技术与设备（硫酸软骨素、透明质酸）
（超）低温萃取技术与设备（用于生物活性物质的提取、生化制药）	采用传统技术、现代生物技术和现代高新技术及相关集成技术的污水处理设备
膜分离技术在畜禽血液中的应用研究	以动物油脂为原料的大型生物柴油处理设备
分子蒸馏技术及其在动物副产物（骨、皮等）功能成分提取中的应用和产业化	

（五）对策与建议

1. 观念的转变

转变简单地认为畜禽副产物是无关大局的“废物”的观念，借鉴“美国畜禽副产物的‘资源化’利用与提炼业发展模式”、“英国乳清加工利用模式”的经验，吸取“欧美‘骨肉粉’饲喂导致‘疯牛病’”的教训，坚持我国已经开展的产学研结合，促进畜禽副产物高新技术产品的研发和生产模式，树立“畜禽副产物资源化”的理念。同时，重视具有中国特色的畜禽副产物加工技术和装备的知识产权保护。因为我国有食用畜禽副产物的传统和独特的加工方法，其加工制品不仅受到国人喜爱，也越来越受到海外华侨和外国人的青睐，具有越来越广泛的市场。

因此，应该强化“知识产权”保护意识，通过鼓励申请国际专利和制定国家产品标准，保护具有中华民族特色的“畜禽副产物加工利用技术”。

2. 安全保障体系的完善

针对我国近 5 000 万吨的畜禽副产物，首要解决的是安全问题。

我国还没有明确的针对食用畜禽副产物及其制品的安全性相关法规，只在一系列的食品法规中涉及与之相关的内容。建议尽快完善国家相关标准（表 5－

31），提供政策支持（表 5－32）。

表 5－31　需完善的国家标准、法规及检测方法

近期急需解决的瓶颈技术	中长期发展需要解决的瓶颈技术
食用、生化制药和饲料用畜禽副产物原料卫生和质量安全国家标准	在线快速检测方法
以畜禽为原料生产血浆蛋白粉、血红素、超氧化物歧化酶等生化制剂的卫生和质量安全标准	在线快速检测设备仪器
以畜禽为原料生产的调味料和血产品等食用畜禽副产物加工制品卫生和质量安全国家标准	以畜禽及其副产物为原料的功能性食品配料的功能性机理
以畜禽及其副产物为原料，利用“酶解”等生物技术生产的食品添加剂和功能性食品配料的卫生和质量安全国家标准	畜禽副产物原料和加工制品安全性标准的制定
原料生产和收集过程中的安全性检测控制技术	传统畜禽副产物的加工制品安全性标准的制定和规范
畜禽副产物原料及产品质量检测方法	畜禽副产物原料收集及产品加工方面的法律、法规的制定
加工贮藏过程中的安全性检测和控制技术	
建立畜禽副产物加工过程中的 HACCP 体系	
传统畜禽副产物的工艺改造	

3. 政策支持

表 5－32　需提供的政策支持

近期急需提供的政策	中长期发展需要提供的政策
新产品、新技术开发的扶持政策	绿色加工技术奖励政策
国际专利申报扶持政策	以动物油脂为原料的生物柴油技术和装备研发产业化
以动物油脂为原料的生物柴油技术和装备研发科技投入政策	

4. 国家级重大技术和装备专项设置

缺乏畜禽副产物综合利用的专用装备和技术，是导致产业落后和产品质量

不高的主要原因，建议在国家层面上设立以下重大专项。

（1）“畜禽副产物综合利用技术”专项　整合全国科研和产业力量，解决畜禽副产物中有效成分的分离提取技术，产品的纯化及回收技术，产品精制、发酵、酶解、高效干燥设备，全自动连续反应釜，多成分香气回收与分离和微量混合系统等共性技术和装备。

（2）以畜禽副产物为原料的中式调味料加工专用设备和技术研发及产业化示范专项　制定以畜禽副产物为原料的中式调味料原料和产品卫生国家标准，研究开发加工关键技术和专用装备，并进行产业化示范。

（3）以畜禽脂肪为原料的生物柴油加工专用设备和技术研发及产业化示范专项　结合我国资源特点和中型加工规模的需求，研究开发以畜禽脂肪为原料的生物柴油加工技术和专用设备并进行产业化，评价生物柴油加工过程对环境的影响并研究相应的控制关键技术。

（4）胶原肠衣加工装备和技术　虽然中国天然肠衣在世界肠衣市场上具有较强的竞争力，但胶原肠衣是发展趋势。“巩固天然肠衣的优势地位，顺迎人造肠衣的发展趋势”，是我国肠衣加工业未来几年的核心战略。另外，利用畜禽副产物中富含的蛋白质研发塑料用蛋白，用于制作成食品、药囊和商业产品的可降解和可食用的薄膜是另外一个发展方向。因此，急需针对胶原肠衣和胶原薄膜，开展原料品质检测、原料预处理与标准化调配和胶原肠衣品质控制技术及专用装备研发。

参考文献

朝明汉，陈和，王金福，等．2006. 生物柴油制备技术的研究进展［J］．石油化工，35（12）：1119－1124.

褚庆环．2005. 动物性食品副产品加工技术［M］．青岛：青岛出版社．

丁灵，王延臻，刘晨光．2007. 鸡油制备生物柴油的研究［J］．中国粮油学报，22（4）：111－136.

高宁国，程秀兰，杨敬，等．1999. 肝素钠结构与功能的研究进展［J］．生物工程进展，19（5）：4－13.

黄瑛，高欢，郑海，等．2008. 脂肪酶协同催化猪油合成生物柴油工艺研究［J］．中国生物工程杂志，28（1）：30－35.

黄瑛，郑海，闫云君．2007. 叔丁醇体系中动物油脂制备生物柴油［J］．北京化工大学学报，34（5）：549－552.

贾虎森，许亦农．2006. 生物柴油利用概况及其在中国的发展思路［J］．植物生态学报，30（2）：221－230.

金青哲，刘晔明，王兴国，等．2006. 我国生物柴油的原料选择及产品方案［J］．产经透析（4）：33－36.

李新．2009. 美国家禽产品的质量安全控制［J］．中国家禽，31（6）：26－32.

闵恩泽，唐忠，杜泽学，等．2005. 发展我国生物柴油产业的探讨［J］．中国工程科学，7（4）：1－4.

缪进康．2000. 1998 年明胶及有关产品进出口情况报道［J］．明胶科学与技术，20（2）：103.

祈耀年．2008. 生物柴油在德国和欧洲的发展现状［J］．中国油脂，33（4）：6.

邱开宏，汪海波．1995. 德国那图林肠衣介绍［J］．食品科技（1）：20－21.

谭德福．1997. 脏器疗法发展简史［J］．时珍国药研究（8）：5－6.

王兴国．2006. 国外生物柴油产业化发展现状及对我国的启示［J］．粮食与食品工业，13（4）：41－45.

王璇，翼星．2006. 国内外生物柴油技术进展［J］．国际化工信息（6）：13－17.

王志成，胡芳，韦富香，等．2009. 猪板油直接萃取制备生物柴油的研究［J］．应用化工，38（3）：345－348.

吴立芳，马美湖．2005. 我国畜禽骨骼综合利用的研究进展［J］．中国禽业导刊（20）：138－143.

徐桂转，宋华民，陈萍，等．2008. 利用动物脂肪酯交换反应制备生物柴油的试验研究

[J]．农业工程学报，24（6）：230－233.
翼星，李黑虎，张小豹，等．2006. 中国生物柴油产业发展战略思考［J］．中国能源，28（5）：36－41.
张传慧，刘春云，魏荷英．1999. 猪胆汁、鸡胆汁研制鹅脱氧胆酸比较［J］．安徽大学学报（自然科学版），3（23）：109－112.
张丽萍．2007. 畜禽内脏综合利用技术分析［J］．农产食品科技，1（3）：12－14.
张迁，彭彦孟，彭家和，等．2007. 鹅脱氧胆酸（CDCA）在巨噬细胞中增加细胞间黏附分子-1的表达［J］．中国现代药物应用（1）：21－22.
赵宗保，华艳艳，刘波．2005. 中国如何突破生物柴油产业的原料瓶颈［J］．中国生物工程杂志，25（11）：1－6.
中国奶业年鉴编辑部．2009. 中国奶业统计资料2009［M］．北京：中国农业出版社．
中国肉类协会．2011. 中国肉类年鉴2009—2010［M］．北京：中国商业出版社．
中国食品工业协会．2006－05－19. 2006—2016年食品行业科技发展纲要［EB/OL］. http：//news. aweb. com. cn/2006/5/19/8581463. htm.
中国食品工业协会．2011. 中国食品工业年鉴2010［M］．北京：中华书局．
中华人民共和国国家发展和改革委员会，科学技术部，农业部．2006－10－19. 全国食品工业“十一五”发展纲要［EB/OL］. http：//www. fdi. gov. cn/pub/FDI/zcfg/tzxd/cyxd/t2006－111766238. jsp.
中华人民共和国国家发展和改革委员会．2008－11－13. 国家粮食安全中长期规划纲要（2008—2020年）［EB/OL］. http：//www. gov. cn/jrzg/2008－11/13/content _ 1148414. htm.
中华人民共和国国家统计局．2000. 中国统计年鉴2000［M］．北京：中国统计出版社．
中华人民共和国国家统计局．2001. 中国统计年鉴2001［M］．北京：中国统计出版社．
中华人民共和国国家统计局．2002. 中国统计年鉴2002［M］．北京：中国统计出版社．
中华人民共和国国家统计局．2003. 中国统计年鉴2003［M］．北京：中国统计出版社．
中华人民共和国国家统计局．2004. 中国统计年鉴2004［M］．北京：中国统计出版社．
中华人民共和国国家统计局．2005. 中国统计年鉴2005［M］．北京：中国统计出版社．
中华人民共和国国家统计局．2006. 中国统计年鉴2006［M］．北京：中国统计出版社．
中华人民共和国国家统计局．2007. 中国统计年鉴2007［M］．北京：中国统计出版社．
中华人民共和国国家统计局．2008. 中国统计年鉴2008［M］．北京：中国统计出版社．
中华人民共和国国务院．2006－02－09. 国家中长期科学和技术发展规划纲要（2006—2020年）［EB/OL］. http：//www. gov. cn/jrzg/2006－02/09/content _ 183787. htm.
中华人民共和国国务院．2006－03－16. 中华人民共和国国民经济和社会发展第十一个五年（2006—2010年）规划纲要［EB/OL］. http：//news. xinhuanet. com/misc/2006－

03/16/- content 4309517. htm.

中华人民共和国农业部 . 2006 - 06 - 26. 全国农业和农村经济发展第十一个五年规划 .

钟耀广，南庆贤 . 2003. 国内外畜禽血液研究动态［J］. 中国农业科技导报，5 (3)：26 - 29.

Bacon R T，Belk K E，Sofos J N，et al. 2000. Microbial populations on animal hides and beef carcasses at different stages of slaughter in plants employing multiple-sequential interventions for decontamination [J] . Journal of Food Protection，63：1080 - 1086.

Brinkous K M，Smith H P，Warner E D，et a1. 1939. The inhibition of blood clotting：an unidentified sub-stance which acts in conjunction with heparin to prevent the conversion of prothrombin into throm-bin [J] . American Journal of Physiology，125：683 - 687.

Dubsl Z B，Paturkar A M，Waskar V S，et al. 2004. Effect of food grade organic acids on inoculated *S. aureus* , *L. monocytogenes* , *E. coli* and *S. Typhimurium* in sheep/goat meat Stored at refrigeration temperature [J] . Meat Science，66：817 - 821.

Editorial committee of the Pharmacopoeia of the People's Republic of China. 1995. The Pharmacopoeia of the People's Republic of China，No. 2 [S]. Beijing：Chemical Industry Press.

Kelly C A，Dempster J F，Mcloughlin A J. 1981. The effects of temperature，pressure，and chlorine concentration of spray washing water on numbers of bacteria on lamb carcasses [J] . Journal of Applied Microbiology，51：415 - 424.

专题组成员

蒋爱民　教授　华南农业大学
郭善广　副教授　华南农业大学
孔保华　教授　东北农业大学
刘安军　教授　天津科技大学
罗永康　教授　中国农业大学
张春晖　研究员　中国农业科学院
张德权　研究员　中国农业科学院
向　红　教授　华南农业大学
李国章　研究员　华南农业大学
栗俊广　讲师　华南农业大学
肖　南　讲师　华南农业大学
周文化　教授　中南林业科技大学
李志成　副教授　西北农林科技大学
刘晓艳　副教授　仲恺农业工程学院
连喜军　教授　天津商业大学
王志江　讲师　广东药学院
万　俊　讲师　广东农工商职业技术学院
姚　莉　讲师　广东科贸职业学院
周　佺　讲师　华南农业大学
曲　直　讲师　华南农业大学
张献伟　助教　华南农业大学
吴兰芳　助教　华南农业大学

专 题 六

ZHUANTI LIU

动物源食品安全管理与共性技术

一、动物源食品产业链安全风险分析

(一) 产业链

目前我国动物源食品产业链存在两种模式。以肉品为例，一是传统产业链模式（图 6－1），这种模式规模小、效益低、卫生条件相对较差，但是环节少、链条短、涉及的产业部门少、安全容易控制、安全事故发生少、安全事故发生后的影响小。我国县级以下城镇和乡村尤其是边远农村和西部欠发达地区普遍采用这种模式。

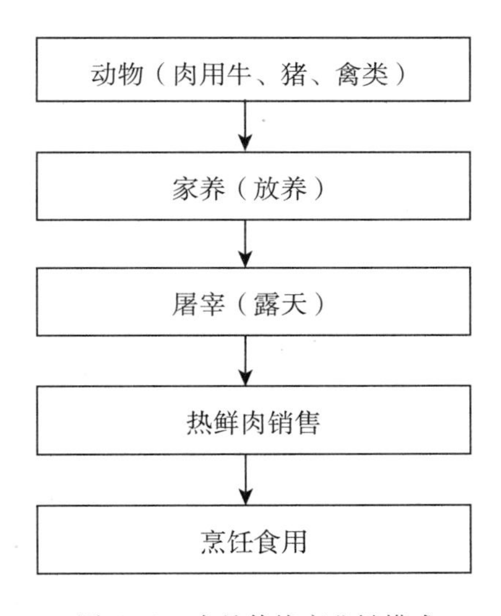

图 6－1　肉品传统产业链模式

第二种模式是工业化产业链模式（图 6－2），这种模式规模大，产量高、分工精细、生产效率高，但是产业链长，涉及行业多，有动物良种繁育业、肉用动物饲养业、饲料加工业（饲料主食、饲料添加剂）、动物防疫（兽医兽药）

业、牲畜屠宰业、肉品加工业、仓储物流运输业、超市零售业、餐饮制作业、家庭烹饪业等，这种模式涉及的管理部门也相应增多。我国城市居民消费的动物源食品和出口食品主要来自这种模式。

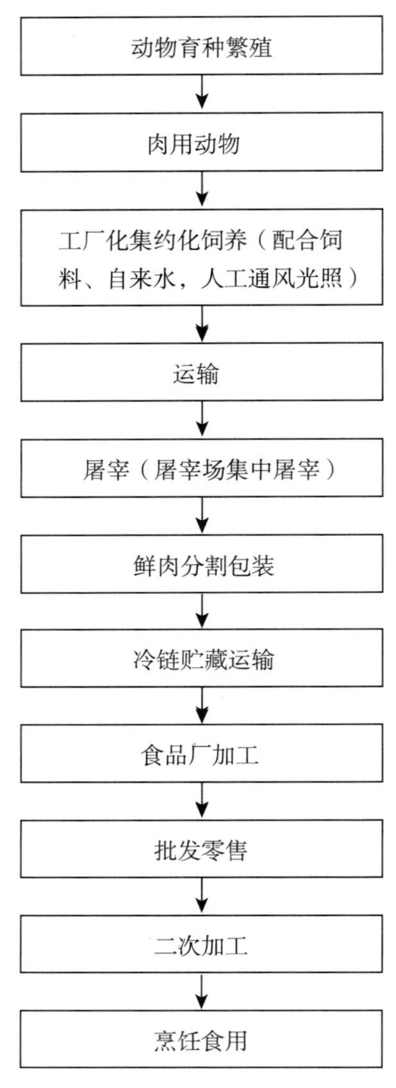

图 6-2 肉品工业化产业链模式

乳品产业链也有类似的两种模式。传统产业链模式即奶牛→饲养→人工挤奶→销售。工业化产业链模式即奶牛育种繁殖 → 奶牛 → 工厂化集约化饲养（配合饲料、自来水，人工通风光照）→ 机械化挤奶 → 冷藏 → 运输 →加工→批发零售 → 二次加工 → 乳和乳制品。涉及行业包括动物良种繁育业、乳用动物饲养业、饲料加工业（饲料主食、饲料添加剂）、动物防疫（兽医兽药）业、挤奶业、乳品加工业、仓储物流运输业、超市零售业等。

产业链的延伸是社会经济发展、专业化规模化生产、降低劳动力成本、提高生产效益的必然体现，从理论上说，工业化产业链模式因为技术先进，统一管理，食品的安全性可以得到更有效的保证。但同时必须看到，链条的延长给有毒有害物质的侵入增加了更多的环节，给食品安全增加了更多的风险，因而给食品安全监控增加了新的挑战。目前，普通消费者和专业人员对动物源食品产业链安全风险的判断不完全一致（表 6－1 和表 6－2）。

表 6－1　普通消费者对动物源食品产业链安全风险的判断（%）

风险等级	良种繁育	饲养	饲料	加工	贮藏	运输	零售	餐饮
高	2	80	80	70	2	2	10	12
中	2	10	10	20	8	10	20	20
低	96	10	10	10	90	88	70	68

注：高：容易被有害物污染或混入；低：有害物污染或混入的概率很小；中：风险介于高、低之间。

表 6－2　专业人员对动物源食品产业链安全风险的判断（%）

风险等级	良种繁育	饲养	饲料	加工	贮藏	运输	零售	餐饮
高	40	80	90	10	30	20	32	36
中	40	10	10	20	30	20	20	24
低	20	10	0	70	40	60	48	40

注：高：容易被有害物污染或混入；低：有害物污染或混入的概率很小；中：风险介于高、低之间。

普通消费者对产业链各主要环节安全风险的判断排序是饲养、饲料＞加工＞餐饮＞零售＞贮藏＞运输。专业人员的判断排序是饲料＞饲养＞繁育＞餐饮＞零售＞贮藏＞运输＞加工。两者都认为，饲料、饲养是动物源食品安全的主要风险。专业人员认为良种繁育（即品种）同样具有潜在的安全风险，如不安全基因或致病性基因的导入或者是正常外来基因的导入所带来的异常突变等，都有可能导致潜在的和长远的安全风险。餐饮和零售业也是专业人员所关注的环节。

课题组调查（图 6－3 至图 6－7）显示，饲料及饲料添加剂溯源管理、优质育种技术和奶牛品种以及疫病预防技术与监测网络的构建是影响乳及乳制品安全的最重要环节。

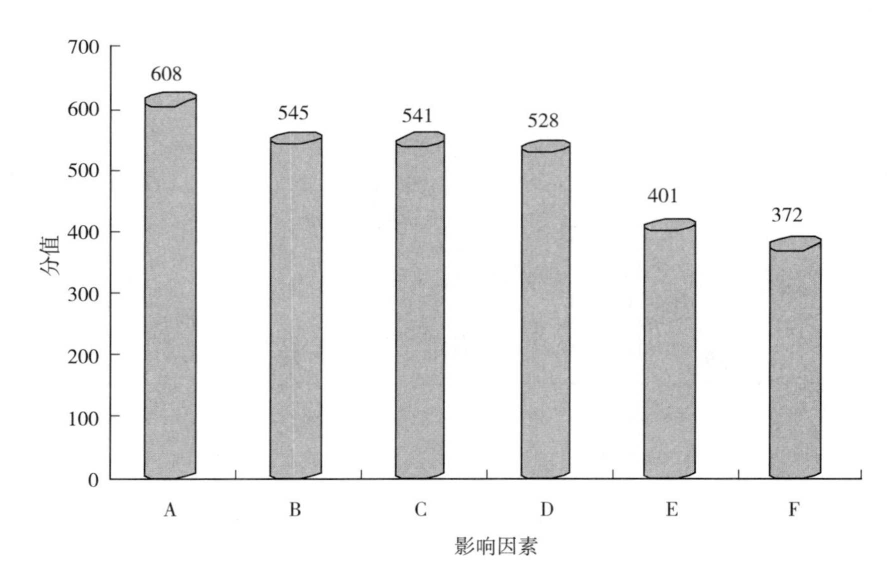

图 6-3 奶牛养殖环节质量安全影响因素排序

A. 饲料及饲料添加剂溯源管理 B. 优质育种技术和奶牛品种 C. 疫病预防技术与监测网络的构建 D. 饲料质量安全检测技术 E. 产地环境认证与 GAP 认证管理 F. 奶牛性能测试

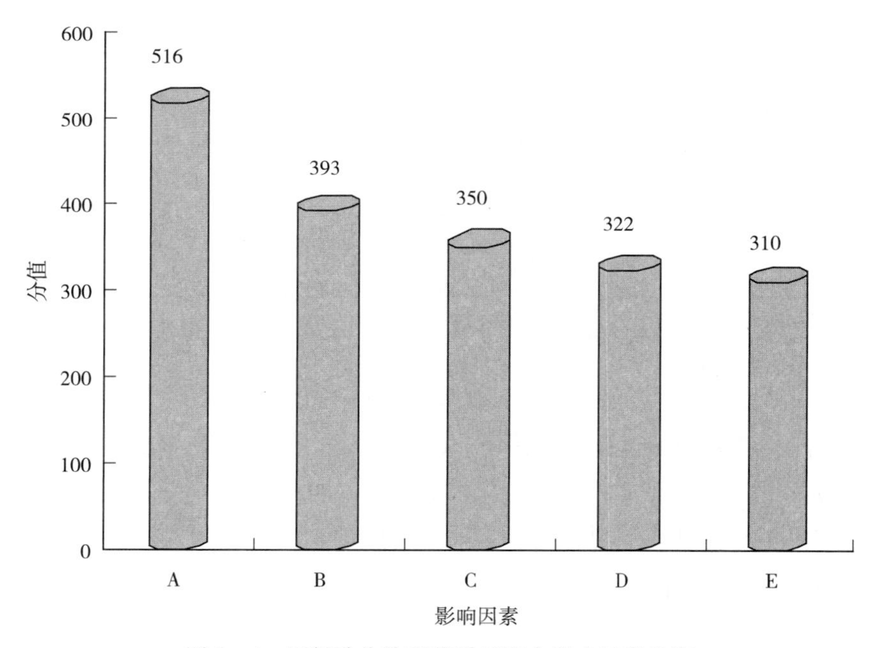

图 6-4 原料乳收购环节质量安全影响因素排序

A. 挤奶过程控制（消毒、防止掺假、防止病牛牛奶混入） B. 原料乳质量安全检测与评价技术 C. 原料乳收购、储存、运输管理规定、规程及标准化 D. 原料乳储存、运输中存在的问题 E. 原料乳收购人员素质（了解法律法规情况、专业知识掌握）

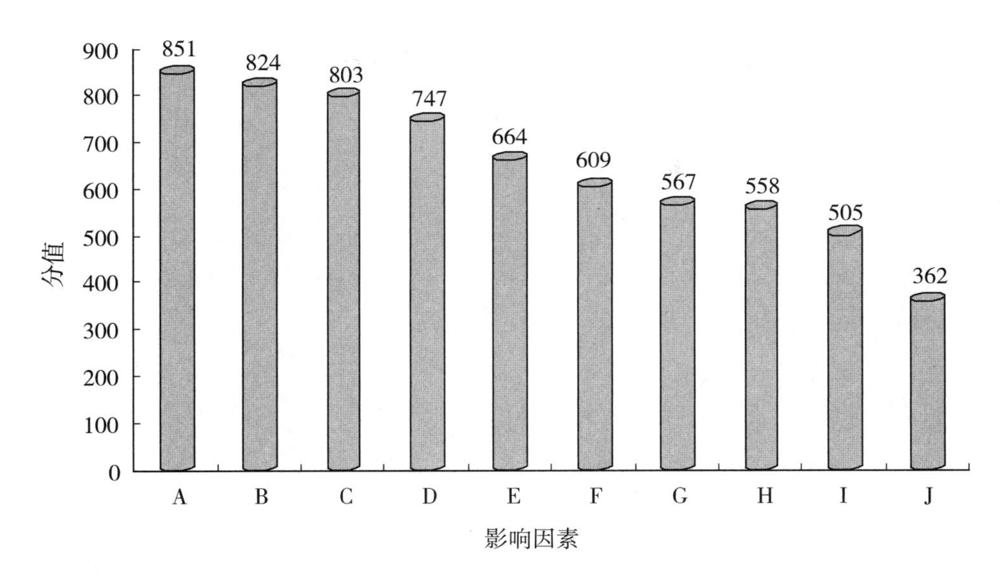

图6－5　乳品加工环节质量安全影响因素排序

A. 原料乳与添加剂等质量安全检测技术　B. 原料乳及添加剂等进货检验程序溯源
C. 乳品加工设备与技术（含灭菌等各类有害物在线控制）D. 乳品生产标准
E. 乳品加工人员素质（技术培训）　F. 质量安全管理体系认证（GMP、HACCP等）
G. 乳品包装迁移物检测技术　H. 乳品出厂合格评定检测技术与设备
I. 乳品溯源、标签管理与召回管理　J. 突发性事件应急

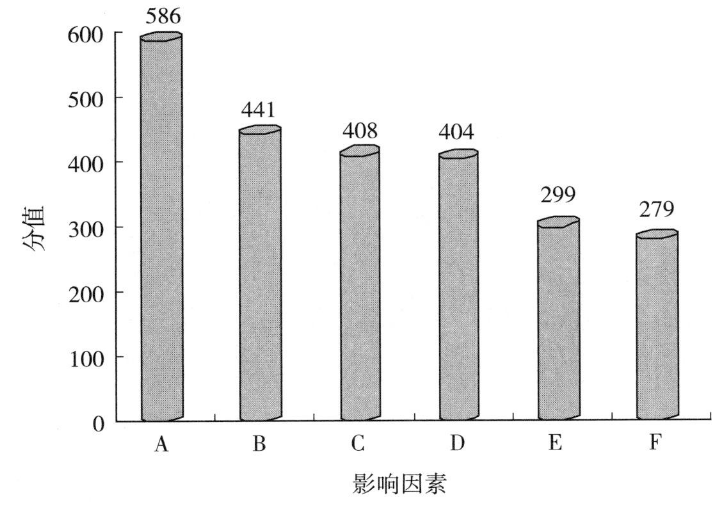

图6－6　乳品流通环节质量安全影响因素排序

A. 乳品储存技术与储运管理及标准化　B. 冷链控制技术　C. 储运人员素质（技术能力）
D. 乳品原产地识别与评价技术　E. 乳品销售记录制度　F. 突发性事件应急预案

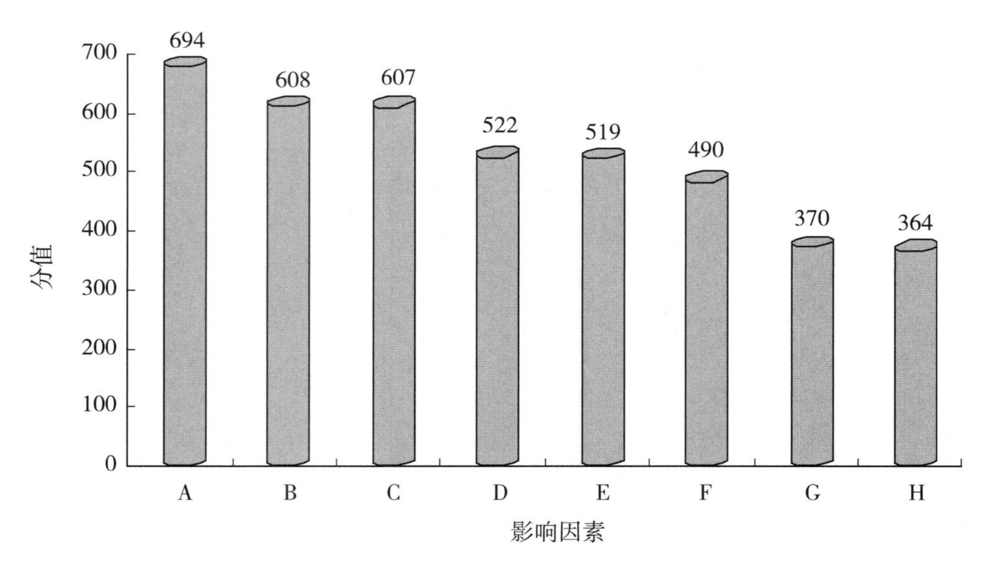

图 6－7　乳品全程质量安全影响因素排序

A. 涉及乳品供应链的危害物预防与控制技术　B. 乳品技术标准
C. 涉及乳品供应链的检测监测技术　D. 涉及乳品供应链的法律法规
E. 乳品追踪与溯源技术　F. 涉及乳品供应链的质量评价技术
G. 涉及乳品供应链的应急预案　H. 涉及乳品供应链的认证认可

（二）饲养环节

动物的出生、生长、发育即动物的生命过程是动物源食品的基础。动物品种遗传特性和在母体的发育状况，对于动物在生长过程中对疾病尤其是人兽共患病的易感度起重要作用。流行病易感动物需要使用更多的兽药，从而容易导致体内更多的药物残留而引起化学性安全问题，通过转基因等现代生物技术手段可能会改善动物的某一方面特性，但同样面临基因漂移、基因互作导致的潜在生物性安全隐患。动物品种与食品安全的潜在关联目前还没有引起足够的关注，科学评价动物品种与食品安全潜在风险是未来动物源食品安全需要攻关的战略课题之一。

饲养是动物生长的关键。饲养过程是动物源食品生产产业链中时间最长的一个环节。主要涉及动物饲料和动物疾病防疫两大产业。目前动物源食品安全问题发生最多的也是这两个环节，前者主要是饲料添加剂的滥用，后者主要是抗生素等药物的过度使用，两者都会导致动物源食品药物残留过量。兽药残留包括原药、药物在动物体内的代谢产物，以及药物或其代谢产物与内源大分子结合的产物。

为了控制药物残留，确保动物源食品安全，国务院于2001年11月颁布实施了《饲料和饲料添加剂管理条例》，2004年11月颁布实施了《兽药管理条例》，国家于2005年12月29日颁布了《中华人民共和国畜牧法》，2006年4月29日颁布了《中华人民共和国农产品质量安全法》。目前存在的主要问题是有法不依，知法犯法，惩处过轻。未来的任务是强化监控，严格执法，加大处罚，预防和控制饲料加工和动物养殖过程中的安全隐患。

（三）加工环节

尽管专业人员认为加工环节导致食品安全高风险的比例较低，但是消费者认为加工导致食品安全高风险的比例超过了70%。主要原因是最近几年发生的重大食品安全事件都与加工环节有关。除了动物组织本身或动物产品以外，加工过程中的配料选用与采购、添加剂的选用、质量安全控制体系、出厂检验、产品包装、标签标识都存在着一定的安全风险，其中最为关键的是食品添加剂的滥用和非食品添加剂的违法使用。因此，严格执行食品添加剂的国家标准和国际标准是减少动物源食品安全加工环节安全风险的关键。未来的重点是严格监管添加剂的违法使用和对食品添加剂的滥用。

（四）流通、消费环节

运输贮存环境和消费方式导致的动物源食品安全风险最容易被消费者所忽视，但是流行病学调查结果显示，绝大多数食源性疾病的发生都是因为消费的食品在贮藏、流通和消费环节受到了病原菌的二次污染。未来应该加大流通和消费环节安全隐患源研究与培训，制定流通、消费简易操作规程，加强安全消费宣传。

二、动物源食品安全事件原因分析

（一）中国

1979—2011 年我国公开报道了 27 起典型食品安全事件。食品安全事件发生次数最多的是 2006 年，为 7 次，此后的 2007、2008、2009、2010、2011 年分别为 3、3、2、3、2 次。对社会、经济、人民健康和食品产业造成重大影响的事件有 2008 年的三鹿婴幼儿乳粉事件和 2011 年的“瘦肉精”火腿肠事件。

典型食品安全事件中，属于人为有意添加化学物的 17 起（63%），餐饮卫生的（主要是病原微生物和生物毒素）6 起（22%），农药残留的 4 起（15%），动物源食品安全事件的 10 起，其中肉类 4 起，鱼贝类 4 起，乳类和蛋类分别 1 起。

调研结果显示，近年来，食品安全事件并没有因为经济快速发展而减少，相反，还发生了重大食品安全事件，消费者健康受到威胁，国家形象受到重大损害。动物源食品安全事件主要发生在肉类、鱼贝类和乳品类。因此，严防食品中非法添加有毒有害化学物是预防重大动物源食品安全事件发生的关键。

（二）全球

1956—2011 年公开报道的发生在全球的典型食品安全事件有 73 起。事件发生时间分布见表 6－3，地区分布见表 6－4，动物源食品种类分布见表 6－5。发生起数最多的年份是 2006 年（11 起），其次是 2009 年和 2008 年，分别是 9 起和 8 起。发生起数最多的国家/地区是中国（27 起），其次是美国和加拿大。属于动物源食品安全事件的 24 起，占 33%，其中肉、乳、蛋安全事件分别为 9、4、3 起。

表 6－3　1956—2011 年全球典型食品安全事件发生时间分布（73 起）

年份	2011	2010	2009	2008	2007	2006	2005	2004	2003	2002
起数	5	4	9	8	3	11	4	5	1	1
年份	2001	2000	1999	1998	1997	1996	1953—1995	1993	1989	1987
起数	1	1	2	1	2	1	11	1	2	1
年份	1986	1984	1983	1979	1976	1972	1968	1956		
起数	1	1	1	1	1	1	1	1		

表 6－4　1956—2011 年全球典型食品安全事件发生地区分布（73 起）

国家/地区	中国	美国	加拿大	日本	英国	其他*	合计
起数	27	14	8	4	3	17	73
占比（%）	37	19	11	5	4	23	100

注：* 包括德国、俄罗斯、乌克兰、比利时、意大利、土耳其、巴西、韩国、印度尼西亚、印度、泰国、越南、蒙古、非洲。

表 6－5　1956—2011 年全球典型动物源食品安全事件起数分布（24 起）

食品种类	肉	鱼	乳	蛋	合计
起数	9	8	4	3	24
占比（%）	38	33	16	13	100
危害物	病原微生物、瘦肉精	重金属、杀虫剂	病原微生物、三聚氰胺	二噁英、苏丹红	

结果表明，无论是发达国家还是发展中国家，食品安全事件在全球一直都有发生，但分布不均，性质不同。发达国家出现的食品安全事件以自然污染的病原微生物为主，发展中国家或地区以化学性危害物为主，主要是人为添加或投毒导致。因此，发展中国家在食品安全领域，不仅面临危害物的自然污染，更面临着人为有意添加化学性致病物的挑战。

（三）教训与反思

1. 社会发展

食品安全事件没有因为社会进步、经济发展而减少，反而增加，表明社会、经济环境中错综复杂的利益驱动对食品安全的保障带来严峻挑战。中国处于经济飞速发展、社会全面进步时期，但利益不均、贫富差别现象没有消除。保持社会稳定，增加社会福利，促使公平分配，建立和谐社会将为食品安全提供一个良好的社会保障环境。

2. 动物福利

在食品安全事件中，动物源食品是最主要的食品安全隐患源，也是最危险的食品安全隐患源。因此，建立动物福利制度，严禁滥用饲料添加剂，完善科学的动物防疫体系是确保动物源食品安全的关键。

3. 食品安保

人为有意添加有毒有害化学物导致的食品安全事件属于食品安保事件。食品安保事件近年来有增加趋势。原因之一可能是少数人认为社会分配不公与福利保障制度不全导致新的贫穷，为报复对手和社会，在食品生产加工过程中添加有毒有害物；二是对人为有意添加有毒有害物质惩处力度不大，违法成本过低。因此，健全社会福利保障制度，加大对人为有意添加或滥用非法添加剂打击力度，将可大大减少食品安保事件。

三、动物源食品安全面临的挑战

（一）生产加工方式变化

传统生产模式向工业化生产模式转变已成为趋势，在人们享受经济利益的同时，食品安全的风险也大大增加，产业链的大大延长，链条之间的不安全缝隙必将增多。建立无缝链接的产业链食品安全监管体系是解决产业链之间不安全缝隙的基础。

（二）新技术带来的挑战

新的育种技术和转基因技术很可能培育出高产（肉、蛋、奶）品种。但是高产与优质是一对自然矛盾。矛盾对立将带来动物对疾病的易感性或者是新的人兽共患病，从而威胁人类健康。辐射技术应用于动物源食品加工业可以避免二次污染，但是对辐射安全的恐惧短期内难以消除。人工合成添加剂技术的飞速发展为新型添加剂品种和数量的增加提供了条件，但是对于这些添加剂的安全性风险评估远远落后甚至停滞不前，从而导致添加剂的安全威胁不减反增。

为解决3F（finance，fuel，food）问题所采取的高端技术，对食品安全同样带来影响和变革，如为了解决粮食（food）问题实施的超级高产农作物技术，基本上都采用了基因改良、超级施肥、超级农药技术，这些措施很可能会增加食品潜在安全风险。

（三）贸易自由化

经济全球化所带来的贸易自由化是必然趋势，这给各国人民的消费多样化提供了前所未有的便利，但是这种自由化给食品安全也带来了巨大的潜在风险。边境口岸贸易的自由进出意味着有毒有害物质或者说安全隐患源的阻止变得更加困难。西方发达国家可以利用其先进技术给中国的食品设立技术性贸易壁垒，同时又可以使其有潜在风险的食品轻而易举地进入，如中国目前暂时还没有发生疯牛病，是否会随着国外动物下脚料如骨头、内脏的输入而暴发，值得警觉。

四、国内外动物源食品安全管理的对比分析

（一）法律法规

1. 国外法律法规现状及特征

（1）美国

①现状　美国是一个十分重视动物源食品安全的国家，制定了许多涉及动物源食品安全的法律法规。《美国联邦法典》是一部综合性的法规汇编，其中第九篇第二卷是关于美国食品安全检验局职责范围内涉及肉类、禽肉、禽蛋产品的检验法规。在这部法律的基础上，还制定了相关规章，包括各种规程、标准、手册、指令。

1906 年，美国国会通过了《食品药品法》和《肉类制品监督法》，使食品卫生安全监管开始走上法制化的轨道。经过不断修改完善，美国在动物源食品安全方面已经形成一套完整的法律、法规体系。主要法律包括：《联邦食品、药品和化妆品管理法》、《联邦肉类检验法》、《禽肉产品检验法》、《蛋制品检验法》、《食品质量保护法》和《公众健康服务法》。这些法律法规覆盖了所有动物源食品和相关产品，并且为动物源食品安全制定了非常具体的标准和监管程序。

②特征　首先，美国的动物源食品安全法律法规适时完善，时效性强。食品安全法规是一个动态的过程，应该根据经济发展和科学技术的发展水平进行不断的调整，美国的动物源食品安全法规正是体现了适时修正完善，时效性强的特点。以乳品食品安全法规为例，美国于 1924 年颁布了《标准乳品条例》，1983 年以来，乳品的法律法规一直在不断升级，2007 年发布了第 26 次升级版。被授权的食品安全机构依据法令发布特定的法规，进行特定的指导，采取特定的措施。这样一来，当强调新的技术、产品和健康风险时，执法机构有充分的

灵活性对法规进行修改和补充，而不需要制定新的法令。

其次，动物源食品安全法律法规可操作性强。1906年出台《联邦肉类检验法》，包括加工、包装、设备和设施的检验。现行的法律主要是1967年的《健康肉类法》和1986年的《健康禽产品法》，这两个法案检验范围扩大到州内交易和所有畜禽产品，要求对屠宰厂、肉禽加工厂、蛋类包装和加工厂实施检验。1996年颁布的《美国肉禽食品检验新法规》，1997年实施的《水产品管理条例》，1998年实施的《肉类和家禽管理条例》，都强调生产全程监控。2006年实施的《食品过敏源标识和消费者保护法规》，规定除肉、禽和蛋制品外，所有包装食品必须符合食品过敏源标注要求。

最后，美国动物源食品安全法律法规预防性强。将预防和以科学为基础的风险分析作为美国动物源食品安全法律法规制定的重要基础。长期以来，预防和以科学为基础的风险分析，是美国食品安全方针和决策的重要基础。通过政府机构内专家的合作及向其他学科专家咨询，为法规制定者提供技术和科学方面的推荐方案，通过与国际食品法典委员会（CAC）、世界卫生组织（WHO）、联合国粮农组织（FAO）等国际组织合作解决技术和食品安全事件等问题，强调食品中病原菌的早期预警体系，授权制定法规的机构根据技术发展、知识更新和保护消费者的需要修改法规和指南。

（2）欧盟

①现状

A. 综合性法律法规。20世纪末欧洲发生的一系列食品和饲料安全危机促使欧盟提高农产品和食品安全立法的水平，积极制定和执行食品安全计划。欧盟在食品安全方面的综合性法律主要有《欧盟食品安全白皮书》，《欧盟食品基本法》（178/2002/EC），经2003、2004、2006年修订的《欧盟食品卫生条例》（852/2004/EC），以及新生效的《食品中污染物限量》（1881/2006/EC）等。

《欧盟食品安全白皮书》确立了“从农田到餐桌”全过程控制的食品安全监控理念，同时，对于食品安全法规和标准也提出了原则性要求。178/2002/EC法规制定了食品法的基本原则和要求，以及有关食品安全方面的各种程序，如对可追溯性、风险分析和成立欧洲食品安全局的要求等。852/2004/EC法规是关于食品卫生的通用规章，适用范围包括初级农产品生产、加工、销售直至最终消费者的生产加工全过程的食品安全。1881/2006/EC法规对硝酸盐、真菌毒素、重金属等6大类食品污染物作出了最高限量要求。2006年1月，欧盟又颁布实施了新的《欧盟食品及饲料安全管理法规》。新法规涵盖了“从农场到餐桌”的整个食物链，实现了从初级原料、生产加工、终端上市产品到售后质量反馈的无缝隙衔接，对食品添加剂、动物饲料、植物卫生、食品链污染和动物卫生等薄弱环节要求重点监督。新的法规还强化了召回制度和市场准入资格。

B. 畜产品安全法律法规。畜产品安全一直是欧盟食品质量安全立法重点关注的内容。欧盟的《动物源食品特定卫生要求》(853/2004/EC)是针对动物源食品的专门规章，该规章整合了旧的针对特定产品的指令，规定了肉、禽、奶、蛋、水产等动物源产品的食品卫生要求，突出了危害分析与关键控制点(HACCP)技术体系建设内容，为欧盟先进的动物身份识别和产品可追溯系统奠定了法律基础。《动物源食品的官方控制特定要求》(854/2004/EC)是对动物源食品的政府监管手段、职权划分和操作程序进行规范的法律文件，也是有关机构和人员规范自身工作的指南。2002/99/EC 指令是关于动物源产品生产、加工、分销及引进方面的法规。

C. 动物健康法律法规。欧盟制定了加强人兽共患病及其病原和耐药性检测的 2003/99/EC 指令。为了防控疯牛病，制定了 999/2001/EC 法规；针对口蹄疫，制定了 2003/85/EC 指令；针对蓝舌病，制定了 2000/75/EC 指令。欧盟还专门针对沙门氏菌和其他特定食源性病原菌，制定了 2160/2003/EC 法规，以及关于动物传染病通报的 82/894/EEC 指令。

D. 饲料安全法律法规。欧盟认识到饲料安全对畜产品安全的直接影响，制定了针对饲料卫生安全的 183/2005/EC 法规，饲料中有害物质控制的 2002/32/EC 指令，饲料流通的 96/25/EC 指令，动物营养添加剂的 1831/2003/EC 法规等。《欧盟食品安全与动植物健康监管条例》(882/2004/EC)是一部侧重食品与饲料，动物健康与福利等法律实施监管的条例。它提出了官方监控的基本任务，即预防，消除或减少通过直接方式或通过环境渠道等间接方式对人类与动物造成的安全风险，严格食品和饲料标识管理，保证食品与饲料贸易的公正，保护消费者利益。官方监管的核心工作是检查成员国或第三国是否正确履行了欧盟食品与饲料、动物健康与福利法律法规所要求的职责。

E. 兽药安全法律法规。欧盟理事会 2001 年通过了 2001/82/EC 指令，规范已核准使用的兽药。相关的法律文件还有规范动物用药残留最高标准的 90/2377/EEC 法规、凡自第三国输入产品需通过动物检验检测的 97/78/EC 指令等。鉴于 90/2377/EEC 法规并非规范所有在欧盟境内禁止使用的物质，欧盟于 2002 年又颁布了实施检测最低门坎限制(MRPLs)的 2002/657/EC 指令，其附件 2 中规定的各类残留物最低限量值，作为欧盟判断药物残留是否符合标准的依据，对于残留物检出值等于或高于最低限量标准的进口产品，欧盟将进行销毁或退运，对于虽然检出禁用物质残留但低于最低限量的产品，可允许其进入欧盟市场，但将被记录在案。一旦在 6 个月内同一来源同一禁用物质出现 4

次或以上记录时，欧盟委员会将向输出国进行通报并采取相应的措施。此外，欧盟还于 2005 年发布了对来自第三国的动物源性产品中的某些残留物质制定统一检测标准的 2005/34/EC 指令。

②特征　在统一的战略框架下制定食品安全法律法规，实际上是欧盟在构建食品安全的战略性框架，并通过四个方面促成这个框架的完成：制定食品与饲料安全法规，提供统一管理标准；建立独立的科学咨询体系，加强风险分析力度；加强法律监管措施，保证法律实施效果；增加食品与饲料质量安全信息的透明度，保护消费者权益。

欧盟食品安全管理运作机制主要是通过立法制定各种管理措施、方法和标准，并进行严格的控制与监督，使法律得以执行，从而达到实现食品安全、保护人类健康与环境的目的。到目前为止，欧盟已经制定了 13 类 173 个有关食品安全的法规标准，其中包括 31 个条例、128 个指令和 14 个决定，其法律法规的数量和内容还在不断增加和完善中。

基于动物源食品产业链制定食品安全法律法规。目前，欧盟已形成了食品安全、动物健康、动物福利和植物健康等方面的法律体系，涉及食品、兽医、植物检疫及动物营养。欧盟的动物源食品安全法律法规涵盖了“从养殖场（农场）到餐桌”的整个食物链，实现了从初级原料、生产加工、终端上市产品到售后质量反馈的无缝隙衔接，对食品添加剂、动物饲料、植物卫生、食品链污染和动物卫生等易发生食品安全问题的薄弱环节进行了重点监督。

注重动物源食品安全法律法规的修订与配套。2002 年 1 月 28 日，欧洲议会与理事会 178/2002 法规正式生效，并在 2003 年作出修订。2004 年，欧盟食品与动物健康委员会通过了食品基本法实施方法指南。2004 年 4 月，欧盟又公布了 4 个食品卫生系列措施，包括欧洲议会和理事会第 852/2004 号法规《欧盟食品卫生条例》、第 853/2004 号法规《动物源食品的特定卫生要求》、第 854/2004 号法规《动物源食品的官方控制特定要求》、第 882/2004 号法规《欧盟食品安全与动植物健康监管条例》。2005 年 3 月，欧盟委员会提出新的《欧盟食品及饲料安全管理法规》，获得欧洲议会审议批准，并于 2006 年 1 月 1 日实施。除了这些基础性的规定，欧盟分别在食品卫生、人兽共患病、动物副产品、残留和污染物、对公共卫生有影响的动物疫病的控制和根除、食品标签、农药残留、食品添加剂、食品接触材料、转基因食品等方面制订了具体的要求。

（3）日本和韩国

①现状　日本保障食品安全的法律法规体系由基本法律和一系列专门法律法规组成。《食品卫生法》和《食品安全基本法》是两大基本法律。《食品卫生

法》是于1948年颁布，后经过多次修订。为了进一步强调食品安全，日本在2003年颁布了《食品安全基本法》。该法确立了“消费者至上”、“科学的风险评估”和“从农场到餐桌全程监控”的食品安全理念，要求国内和从国外进口的食品的供应链的每一环节确保食品安全并允许预防性进口禁运。根据新的食品卫生法修正案，日本于2006年5月起正式实施《食品残留农业化学品肯定列表制度》，即禁止含有未设定最大残留限量标准的农业化学品且其含量超过统一标准的食品流通。这样，日本政府虽然无法要求出口国遵循和日本国内相同的强制性检验程序，但可根据该法对进口产品进行更严格的审查。

在日本，涉及动物源食品安全的专门法律法规很多，包括食品质量卫生、投入品（农药、兽药、饲料添加剂等）质量、动物防疫等几个方面。主要有《家禽传染病预防法》、《牧场法》、《水道法》、《土壤污染防止法》、《家畜传染病防治法》、《持续农业法》和《饲料添加剂安全管理法》等一系列与动物源食品质量安全密切相关的法律法规。

韩国主要的食品安全技术法规有50余部，包括《农水产物品质管理法》、《粮谷管理法》、《家畜传染病预防法》、《畜产法》、《种畜生产能力、规格标准》、《畜产品加工处理法》、《饲料管理法》、《肥料管理法》、《植物防疫法》、《水产品的生产、加工设施及海域卫生管理标准》、《水产品法》、《水产品检验法》、《食品卫生法》、《酒税法》、《食品公典》、《食品添加剂分析法》等。近几年韩国加强了在法律制定、修订方面的力度，修订了《食品卫生法》、《畜产品加工处理法》、《农产物品质管理法》、《水产物品质管理法》、《农药管理法》、《畜禽传染病预防法》、《饲料法》、《植物防疫法》等法律。

②特征　日本、韩国涉及动物源食品安全的法律法规日趋严格。日本、韩国在注重动物源食品安全法律法规的完备性和配套性的同时，更加注重动物源食品安全指标的严格性。例如，日本在新修订的《食品残留农业化学品肯定列表制度》中，参照了CAC标准，美国、加拿大、澳大利亚、新西兰等国标准，以及毒理学试验、风险评估数据，对135种农产品中714种农药、兽药、饲料添加剂设定了1万多个最大允许残留限量标准，即“暂定标准”，对尚不能确定具体“暂定标准”的农药、兽药及饲料添加剂，将设定0.000 001%的“一律标准”。一旦食品中残留物含量超过此标准，将被禁止进口或流通。

动物源食品安全法律法规更新加快，并注重与国际接轨。由于日本、韩国大部分食品依靠进口，近年来频频出现的进口食品农兽药残留超标事件，促使了食品安全主管当局加快食品安全法律法规的制（修）订力度。1995年以来，日本先后对《食品卫生法》进行了10多次修订。2003年颁布的《食品安全基本法》推行了“科学的风险评估”、“全程监控”、“政策协调”和“地方政府和消费者参与”等一系列与国际接轨的现代化食品安全理念。

（4）澳大利亚和新西兰

①现状　澳大利亚、新西兰食品安全法律法规体系包括5部分：由联邦议会通过的法律，联邦区颁布的法律，各州议会颁布的法律，在澳大利亚仍然生效的英联邦成文法，由英国习惯法发展而来的澳大利亚习惯法。1991年，澳大利亚和新西兰联合颁布了《澳大利亚、新西兰新食品标准法》作为食品安全管理的法律基础。为了配合《澳大利亚、新西兰食品标准法》的实施，1994年，澳大利亚、新西兰制定了《澳大利亚、新西兰食品标准法规》作为法令的实施细则。为了在全国范围内保护消费者健康，做到控制整个食物链的食品安全，加强各食品主管部门间的协调，2002年，澳大利亚联邦政府和各联邦区、州达成了《食品法规协议》，并根据该协议成立了澳新食品法规部级委员会。

②特征　注重法规的原则性与灵活性。如澳大利亚和新西兰各州或联邦区可以在《澳大利亚、新西兰食品标准法》基础上，根据本区域内的实际情况制定本区域内有针对性的食品法。

注重法规内容及其执行的协调性。两国联合制定了统一的食品安全法律法规，既便于两国农业畜牧业本身的发展，也为保证消费者健康奠定了坚实的基础。澳大利亚、新西兰食品法规部级委员会由卫生部长担任主席，各州的卫生部长或初级工业部长参加，与农业部、消费者事务部等其他部门联合组成。委员会负责制定国内食品法规、政策及食品标准，有权采纳、修订或废止食品标准，确保了法律法规内容之间的协调与贯彻执行。

2. 中国法律法规现状、问题与改革

（1）现状　新中国成立以来，特别是改革开放以来，中国食品安全法律法规先后出台920部。这些法律法规构成了中国食品安全基本法律框架，在保障国家食品安全方面发挥了重要作用。但总体来看，中国食品安全方面的立法仍然滞后，“食品安全”尚未成为立法的整体性目标，立法内容没有根据食品安全面临的新形势和新挑战进行及时调整。随着对动物源食品安全问题重视程度的提高，国家立法机关制定并实施了一系列旨在保证动物源食品安全或与之相关的法律，为动物源食品质量安全的监管工作奠定了法律基础。经过长期的建设，中国动物源食品安全法规体系日趋完善，取得了很大成绩。目前形成了以《中华人民共和国食品安全法》、《中华人民共和国农产品质量安全法》、《中华人民共和国产品质量法》、《中华人民共和国农业法》、《中华人民共和国标准化法》、《中华人民共和国进出口商品检验法》、《中华人民共和国进出境动植物检

疫法》、《中华人民共和国动物防疫法》、《农药管理条例》和《兽药管理条例》等法律为基础，以涉及动物源食品安全要求的大量技术标准等法规为主体，以各省及地方政府关于动物源食品安全的规章为补充的食品安全法规体系。

为了规范动物源食品卫生行政处罚行为和监督卫生行政部门有效实施行政管理，卫生部于1997年3月15日发布了《食品卫生监督程序》和《食品卫生行政处罚办法》，2002年制定了《食品安全行动计划》，提出了动物源食品安全保障目标和行动策略。

（2）问题

①动物源食品安全法律的系统性与协调性不够。由于中国在食品安全管理中，没有把食品安全建立在全部食品产业链基础上，食品安全法律体系的广度不够，具体标准和法规制定不够系统。诸如体系不完整，调整范围狭窄，监管存在盲区，缺乏保障食品安全的有效制度，执法主体与职责模糊与交叉，法律责任规定不严，与相关法律不衔接等。总体上，食品安全管理方面政出多门，导致有的方面管理依据相互矛盾或者监管职能交叉，而另外一些方面却是监管真空。法律法规的不配套是食品安全执法的首要障碍，部门职能交叉、职责不清会削弱执法力度。对于一些效益好的食品企业，多个监管部门重复管理，增加了企业负担，而对群众反映的食品安全难点问题，很多部门又互相推诿。

例如，对市场上发现没有经过检疫的猪肉，按照《中华人民共和国食品安全法》第四十二条规定，已出售的应立即召回，已召回和未出售的猪肉应销毁。而《中华人民共和国动物防疫法》第四十九条规定，经营依法应当检疫而没有检疫证明的动物和动物产品，由动物防疫监督机构责令停止经营，没收违法所得，对未出售的动物和动物产品应依法补检。可见，两种法律文本，两种不同规定，必然给执法带来困难。此外，像《中华人民共和国农业法》、《中华人民共和国产品质量法》等本身就是由部门规章上升为国家法律，部门之间的协调和沟通不够必然影响监管。

②缺乏动物源食品安全的专门性法律。由于动物源食品的特殊性和重要性，美国、欧盟等发达国家都制定了相应的法律法规。在美国，针对牛、猪、羊、马、骡、鸡、鸭、鹅等动物及其产品和其他水产品、海产品等制定了专门的安全法律法规。欧盟则制定了专门针对动物源食品的卫生管理条例。在中国，动物源食品安全管理的法律依据主要套用《中华人民共和国食品安全法》、《中华人民共和国动物防疫法》、《中华人民共和国产品质量法》和《中华人民共和国农业法》，缺乏针对性强的动物源食品安全法律。

③动物源食品安全法规过于笼统，操作性不强。现行关于食品卫生和质量

的法律法规都是作一些概要性规定，条文过于笼统，内容不够翔实，加上法律或法规程序性规定和实施细则制定进展缓慢，致使法律法规难以操作。而美国，即使是某一类动物源食品的安全监管法律也都十分具体。例如，要求检查的内容包括动物屠宰前检查、患病动物的分离、胴体检查、屠宰的方法、胴体和产品的标记和标签、合格认证强制不合格产品销毁、屠宰和包装企业的卫生检查与管理、进出口动物疾病和胴体的相关检查、豁免检查的要求等，联邦机构还会根据要求制定更加具体的补充规定。与这些内容相比，中国的动物源食品安全方面的法律法规可操作性还相差甚远。

（3）改革

①从紧迫处入手，完善动物源食品安全法律法规体系。一是围绕动物源食品产业链，以保障最终动物源食品安全为目标，尽快清理和修订不协调、不统一甚至矛盾的相关法律条文，针对产业链各环节中存在的监管法律真空问题，及时制定相关安全法律法规，确保“从农田到餐桌”全过程食品质量安全监控。二是将无公害农产品、绿色食品、有机食品认证工作纳入法制化轨道，明确各类认证的法律地位，理顺相互之间的关系，逐步建立统一的食品认证体系。三是建立专门的动物源食品市场准入制度，如良好加工规范（GMP）制度、HACCP制度、产品可追溯制度、劣质产品召回制度，为查处和销毁不安全食品提供法律依据。

②强化法律法规的惩罚力度，赋予动物源食品监管部门更充分的权力。坚持贯彻“从源头抓安全”的方针，对食品生产加工及相关企业（包括食品添加剂、食品包装材料等）实行强制性管理，是提高食品安全水平的基础。为此，应扩大执法部门的检查权，加大对违反食品质量安全法律法规的惩处力度，强化对食品生产加工企业的日常监督管理，确保食品安全法律法规的执行力和可操作性，做到令行禁止、政令畅通。目前普遍存在着执法不严、违法不究或处罚过轻等问题，对食品安全获证企业未能实行连续持久的监管，许多中小食品企业生产质量管理制度名存实亡，产品出厂基本上不检验，检验设备常年不使用。食品安全监管需要连续的、强制性的、严厉性的管理，对于那些生产、制造、销售有毒有害食品的企业和经销商，无论其生产或销售数量的大小，都要移送司法机关追究刑事责任。

③倡导以法律手段促进畜牧业生产模式的转变。当前，在经济全球化、新科技革命、环境保护和食品安全等大背景下，通过建立和完善相关法律法规体系，加快畜牧业从以追求高产量、高耗能、高污染为基本特征的发展方式向以可持续发展为核心的新的畜牧业生产模式转变，大力发展具有中国特色的畜牧业发展模式，是解决动物源食品安全问题的治本之策。

（二）监管体系

1. 国外监管体系现状及特征

（1）美国

①现状　美国负责动物产品检验检疫和食品安全的组织机构非常健全，部门各司其职、积极合作。涉及的部门主要有农业部、卫生部、环境保护局、商务部和司法部。各部属下设立了负责检验检疫或食品安全卫生的机构，如农业部属下动植物卫生检疫局和食品安全检验局、卫生部属下的食品药品管理局，依照美国联邦法典分别实施检验检疫。农业部动植物卫生检疫局负责动物疫病的诊断、防治、控制及对新发生疫病的监测，保护和改善美国动物和动物产品的健康、质量和市场能力状况。其中兽医服务处负责对进口动物及动物产品的管理，保护国内动物及禽肉的健康，消灭外来疫病，并实施国内动物疫病消灭计划。负责出口动物和动物产品的检疫证书，对生物制品及其生产厂家进行检查，并签发许可证。农业部食品安全检验局依照美国《联邦肉类检验法》、《禽肉产品检验法》和《蛋制品检验法》对国内及进出口的肉类、禽和蛋产品实施检验，保证食品的安全卫生和适当标记、标签及包装。卫生部食品药品管理局主要负责除肉类、禽蛋产品以外的所有食品和药品、化妆品、医疗器械、动物饲料和兽药的安全、卫生检验。商业部下属的国家渔业局负责海产品和鱼类安全检验与出证。

1998年美国政府成立了总统食品安全管理委员会，负责建立国家食品安全计划和战略，指导政府部门优先投资重要食品安全领域和食品安全研究所的工作，协调全国食品安全检查措施。该委员会的成员由农业部、商业部、卫生部、管理与预算办公室、环境保护局、科学与技术政策办公室等有关职能部门的负责人组成。委员会主席由农业部部长、卫生部部长、科学与技术政策办公室主任共同担任，形成监督食品安全的三驾马车。在总统食品安全管理委员会的统一协调下，美国实现对食品安全工作的一体化管理。

②特征　美国是世界上食品安全保障体系最完善、监管措施最严厉的国家之一。美国食品安全监管体系主要由多个政府部门和其他民间机构组成，各部门分工明确、相互协调，并形成联邦、州、地方三级监管网络，对食品安全实行“从农场到餐桌”的全程监管。美国食品安全管理的实践证明，集中、高效、针对性强的食品安全监管体系是保障食品安全的关键 。

“六位一体”、统一管理。目前，美国的食品安全监管主要涉及6个部门：

隶属卫生部的食品药品管理局、隶属农业部的食品安全检验局和动植物卫生检疫局、环境保护局、隶属商业部的国家渔业局、隶属卫生部的疾病预防和控制中心。其中，食品安全检验局主管肉、禽、蛋制品的安全；食品药品管理局负责食品安全检验局职责之外的食品掺假、安全隐患、标签夸大宣传等检验工作；动植物卫生检疫局主要是保护动植物免受害虫和疾病的威胁；环境保护局主要维护公众及环境健康，避免农药对人体造成危害，加强对宠物的管理；国家渔业局执行海产品检测及定级程序等；疾病预防和控制中心负责研究、监管与食品消费相关的疾病。

动态调整动物源食品安全管理机制。1999 年，国家科学院提出，现有体制已经不能符合新时期管理的需要，建议政府整合机构，组建一个独立的食品安全局。2001 年，参议院、众议院提案要求将食品监督检查及相关工作整合到一个独立的食品安全局。2003 年，国家公共事务委员会建议政府将相似职能整合到一个更大的部门里。同年，第 107 届国会立法提案，要求将农业部、食品药品管理局及国家商务部海洋渔业局的部分食品监督职能合并。2004 年，第 108 届国会再度审议美国食品安全体制转型问题，提出在缺少全面大法以及更协调、统一的政策机制的情况下，不可避免地造成“分割性”。2005 年，审计总署向国会提交数份报告，主要内容：详细介绍加拿大、丹麦、英国、爱尔兰、澳大利亚等七国如何将原本属于“分割性”或“分散型”的食品体制整合为“集中型”，通过总结其改革经验与成效为美国食品体制转型提供借鉴资料。针对重复检查问题，建议授权农业部在农业部和食品药品管理局共同实施检查的食品加工企业中，也对食品药品管理局管辖的食品进行监督检查。2006 年 11 月，第 110 届国会议程将食品安全体制设定为“高风险议题”。2007 年 1 月，美国国会将“联邦食品安全体制的转型”作为新增专题，首次列入国会的“高风险”政策名录。随后的几份《高风险政策报告》再次强调了联邦食品立法、监管制度的“分割性”弊端及食品召回存在缺陷等问题，呼吁国会对联邦食品安全体制进行“深层次转型”。

风险管理、预防为主。美国十分重视食品安全管理方面的预防措施，并以实施风险管理和科学性的风险评估作为制定食品安全系统政策的基础。风险管理的首要目标是通过选择和实施适当的措施，尽可能控制食品风险，保障公众健康。风险管理的程序包括风险评估、风险管理措施的评估、管理决策的实施、监控和评价等内容。美国《总统食品安全计划》强调了风险评估在实现食品安全目标过程中的重要性。这项计划要求对食品安全负有风险管理责任的所有联邦政府机构成立机构间风险评估协会，该协会通过鼓励研究开发预测性模型和其他工具的方法，促进微生物风险评估工作的进展。其中一个重要举措是推行 HACCP 体系作为新的风险管理工具。

（2）欧盟

①现状　2002 年，欧盟委员会成立了欧盟食品安全局（EFSA），统一管理欧盟所有与食品安全有关的事务，负责与消费者就食品安全问题直接对话，建立成员国食品卫生和科研机构的合作网络。这一机构下属若干专家委员会，由管理委员会、八个专门学科小组和学科委员会等部门组成，直接就食品安全问题对欧盟委员会提出决策性咨询意见。欧盟食品安全局不具备制定规章制度的权限，只负责监督整个食物链，根据科学家的研究成果作出风险评估，为制定法规、标准及其他的管理政策提供信息依据。

在欧盟食品安全局督导下，一些欧盟成员国也对原有的监管体制进行了调整，将食品安全监管职能集中到一个部门。德国于 2001 年将原食品、农业和林业部改组为消费者保护、食品和农业部，接管了卫生部的消费者保护和经济技术部的消费者政策制定职能，对全国的食品安全统一监管，并于 2002 年设立了联邦风险评估研究所和联邦消费者保护和食品安全局两个机构。丹麦通过改革，将原来担负食品安全管理职能的农业部、渔业部、食品部合并为食品和农业渔业部，形成了全国范围内食品安全的统一管理机构。法国设立了食品安全评价中心。荷兰成立了国家食品局。

欧盟在动物源食品安全管理方面重点抓了以下四方面问题：

畜产品产地环境管理。欧盟在共同农业政策中充分体现了对环境保护的要求，对于在农业中采取有利于环境保护发展方式的生产者，给予一定的补贴进行激励，从而使生产者减少农药、兽药、化肥等的使用量，保护产地环境。在水体污染方面，欧盟对畜禽饲养等用水的水质提出了具体要求，以防止水体污染对食品安全的潜在影响。

畜牧业投入品管理。欧盟制定了各种指令，对畜牧业投入品进行严格管理。例如，在兽药方面，为预防和治疗畜禽疾病而大量投入的抗生素、磺胺类等化学药物，往往使药物残留于动物组织中，伴随而来的是对公众健康和环境的潜在危害。为此，欧盟在 90/2377/EEC、92/675/EEC 等指令中，具体规定了畜产品中兽药的最高残留限量。同时，欧盟还致力于禁止将抗生素作为促进增长的活性剂。

畜产品生产中的质量安全管理。对于畜禽等动物性产品生产中的质量安全管理，欧盟实施的管理要求是：农民对畜禽饲养场地、容器、设备、运输工具等要进行清洁和适当的消毒处理，要正确使用兽药产品、饲料和饲料添加剂，要正确处理畜禽尸体、废物和垃圾，对患病的畜禽进行隔离处理，引进新品种时采取防范措施，以防止传染病的入侵或将畜禽疾病传染给人类。

畜产品加工中的质量安全管理。欧盟及其成员国对动物源产品加工都有明确的管理要求。以德国的肉制品为例：首先制定有关牲畜养殖的法律，如《牲畜传染病法》、《牲畜饲养法》等。在此基础上，根据实际情况颁布很多具体的执行条例、法令，将各项法律具体化、可操作化。在实践中，根据所制定的法律法规条例，对食品加工质量进行监督和管理。例如，屠宰前，官方的兽医要对所宰杀的动物进行严格检查，饲料及是否用过违禁药品都在检查之列，检查合格后才发放屠宰许可证。屠宰后，要检查肉内是否有寄生虫、传染性病毒等。进入生产车间检查更加严格，如哪一部分肉适合制作普通香肠，哪一部分肉适合制作火腿肠，香肠中加入食用香料和添加剂的含量，以及肥肉和瘦肉的比例等都要认真检查。无论是屠宰厂还是食品加工厂，无论是商店还是在运输过程中，食品必须处在冷冻状态，不新鲜的肉绝对不允许上市出售。

②特征

A. 源头抓起，全程监管。为了切实保证食品卫生安全，欧盟提出了“从农场到餐桌”全过程监管的理念。2000 年，欧盟公布了《欧盟食品安全白皮书》，提出了一项根本改革，即对“从农场到餐桌”的全过程进行食品卫生安全监管，要求从食品生产的初始阶段就必须符合食品卫生安全标准。从 2006 年 1 月 1 日起，欧盟又实施了新的《欧盟食品及饲料安全管理法规》。新法规突出了食品“从农场到餐桌”的全过程管控，强调了食品生产者在保证食品卫生安全中的重要职责，对食品从原料到成品贮存、运输及销售等环节提出了具体明确的要求，以杜绝食品生产过程中可能产生的任何污染。

B. 质量认证，追根溯源。欧盟通过实行认证制度、食品溯源管理制度和食品标签管理制度保证食品的卫生安全。食品溯源制度是利用现代化信息管理技术给商品标上号码，保存相关的管理记录，从而进行追踪溯源。一旦在市场上发现危害消费者健康的食品，就可以根据标记将其撤出。此项制度由于在控制食品卫生安全风险方面卓有成效，受到许多国家的重视。目前，欧盟国家正大力推广。

C. 加强检测，市场召回。欧盟非常重视食品卫生安全检测体系建设，并通过检测体系进行食品质量与卫生安全的监管。欧盟成员国由农业行政主管部门按行政区划和动物源食品种类设立全国性、综合性和专业性检测机构来负责执行监督检验，仅丹麦就有食品质检机构 38 个，承担农业部下达的市场准入和市场监督执法检验任务及每个地区的质量与安全监督检测。

（3）日本和韩国

①现状

A. 日本。日本负责食品安全的监管部门主要有日本食品安全委员会、农林水产省和厚生劳动省。日本的食品安全委员会于2003年7月设立，承担食品安全风险评估和职能协调。主要职能包括实施食品安全风险评估、对风险管理部门（厚生劳动省、农林水产省等）进行政策指导与监督，以及风险信息沟通与公开。该委员会的最高决策机构由7名委员组成，他们都是民间专家，由国会批准并由首相任命。委员会下辖“专门委员会”，分为三个评估专家组：一是化学物质评估组，负责对食品添加剂、农药、动物用医药品、器具及容器包装、化学物质、污染物质等的风险评估。二是生物评估组，负责对微生物、病毒、霉菌及自然毒素等的风险评估。三是新食品评估组，负责对转基因食品、新开发食品等的风险评估。此外，委员会还设立“事务局”，负责日常工作，其雇员多数来自农林水产省和厚生劳动省等部门。农林水产省和厚生劳动省在职能上既有分工，也有合作，各有侧重。农林水产省主要负责生鲜农产品及其粗加工产品的安全性，侧重这些农产品的生产和加工阶段。厚生劳动省负责其他食品及进口食品的安全性，侧重这些食品的进口和流通阶段。农药、兽药残留限量标准则由两个部门共同制定。

B. 韩国。韩国的食品安全管理以保护消费者安全为核心，重在提高食品品质和市场竞争。从监管对象看，对进口食品的安全管理明显严于本国。从监管措施看，对进口产品以强制性检验检疫和市场检查为重点，对国内产品则以技术服务和认证为重点。

在管理体制方面，韩国成立了由国务总理主持的国家食品安全政策委员会，负责制定食品安全管理的方针政策、部门间的组织协调、食品卫生事故的组织处理。食品质量安全管理涉及农林部、海洋渔业部和食品药品安全厅三大部门。农林部负责农产品（即种植业产品）生产、贮藏和批发市场中的质量安全管理，畜产品“从牧场到餐桌”全过程的质量安全管理和农畜产品的品质认证、地理标识管理、原产地管理和转基因生物（GMO）标识管理，以及进口农畜产品及其加工品的病虫害检疫和畜产品（包括加工品）的质量安全管理工作。在韩国，农林部对农产品质量安全管理实施的是垂直管理。农林部内设的农产品质量管理局、畜产品质量管理局和粮食管理局，负责农产品质量安全方面对策拟定、法律法规制定等。海洋渔业部负责水产品的质量安全管理和病虫害检疫工作。食品药品安全厅负责农产品加工品（经加工已不能辨认其原有形态的产品）和流通领域农产品的安全（有毒有害物质）管理工作。

韩国政府强化食品安全管理的主要措施：

第一，加强政府内部协调，减少行政管理扯皮现象。以前，韩国与食品安全相关的部门有8个，其中包括健康福利部、食品药品安全厅，还有农林部、海洋渔业部等。2009年3月，韩国政府正式成立了国家食品安全政策委员会。

这个委员会由总理直接领导，相关内阁部门的长官都是该委员会成员，委员会负责协调各部门的业务，也负责处理紧急重大的食品安全事件。

第二，加重对违法厂商的处罚力度，让其不敢轻易犯罪。韩国政府决定将制售有害食品行为定为“保健犯罪”，并且在《食品安全法》中规定，故意制造、销售劣质食品的人员将被处以一年以上有期徒刑，对国民健康产生严重影响的有关责任人将被处以三年以上有期徒刑，一旦因制造或销售有害食品被判刑者，五年内将被禁止在《食品卫生法》所管辖的领域从事经营活动。

第三，卫生监管人员在完成验收过程后要明确记录本人的姓名，一旦其所验收的食品发生安全问题就要问责。负责食品安全的地方政府部门要求按照统一标准，对食物中的农药残留量等一系列安全指标进行量化评分，以杜绝各地在食品安全标准上的宽严不一现象。

第四，设立举报电话1399。任何人拨打这个号码都可以向政府举报食品安全问题，一旦被证实，举报人可以获得高额奖励。

②特征

A. 分工明确。韩国食品安全技术协调体系分为技术法规和标准两类，两者分工明确，属性不同。韩国食品安全技术协调体系当中的技术法规有关食品的安全质量要求，是强制性执行的政府法规，内容涉及粮谷、农药、兽药、种子、肥料、饲料、饲料添加剂、植物生长调节剂、水产品、畜产品等。韩国食品安全标准是食品加工和生产的指南，涵盖了食品加工生产方法、包装标示或标签要求，是由公认机构批准的非强制性遵守的标准。

B. 监督体系完善，保障监督和规范畜产品的生产。日本农林水产省和厚生劳动省都有专门机构负责农产品质量安全工作，从上到下自成体系。农林水产省由综合食料局主管农产品安全政策的制定和产品质量标识管理，生产局负责动植物检疫、防疫及农业生产资料管理。日本高度重视法律在保障农产品安全中的作用，已颁布了14项农业标准法（JAS法）。主要内容包括农林产品的正确标识及有机农产品、加工食品、易腐食品、转基因食品的质量分类标准。

（4）澳大利亚和新西兰

①现状　澳大利亚联邦政府负责对进出口食品进行管理，保证进口食品的安全和检疫状况，确保出口食品符合进口国的要求。国内食品由各州和地区政府负责管理，各州和地区制定自己的食品法，由地方政府负责执行。联邦政府中负责食品的部门主要有两个：卫生部下属的澳大利亚、新西兰食品管理局（ANZFA）和农业、渔业、林业部下属的澳大利亚检疫检验局（AQIS）。在食品安全体系改革之前，新西兰农业林业部负责农业产品、肉类和乳制品加工、出口食品、农业投入品和兽药登记。卫生部负责处理与人健康相关的国内和进

口食品安全问题。为了解决两个部门在食品安全项目方面可能出现的矛盾，新西兰政府将两个部的食品安全责任合并，于2002年7月成立了新西兰食品安全局（NZFSA）。该局拥有新西兰国内食品安全、食品进出口和食品相关产品的监管权，其管理职责覆盖国内市场食品销售、动物产品初加工、农产品出口、食品进口、兽药管理、行政管理规定制定。新西兰食品安全局的财政年度预算大约是7 800万新西兰元（约5 300万美元）。新西兰食品安全局开支的一部分来自为工业企业评估的用户费，包括出口认证、出口检查、市场准入等。

②特征　澳大利亚和新西兰畜牧业均较发达，畜产品以牛肉、羊肉、奶类制品为主。在畜产品质量安全管理方面，有一些共同的做法。

一是注重通过品系选育和改良来提高畜产品质量。澳大利亚建立起了完善的肉牛良种繁育体系，包括选定优良肉牛品种（40多个）、肉牛繁育及生产体系（选育原种、扩繁良种、推广利用杂优种）、肉牛遗传评定体系和跟踪记录体系。

二是建立了完善的饲草饲料生产体系（人工草地、饲养营养平衡及矿物质补充体系）、饲养管理体系、牛肉分级及监测体系、疫病防治体系和技术推广与市场调控体系，从根本上对畜产品的质量安全进行全方位控制和监测。

三是澳大利亚、新西兰两国对所有的畜产品均采取严格的按质论价，这对于打击和防范假冒伪劣产品具有积极意义。

2. 中国监管体系现状、问题与改革

（1）现状　在中国，食品安全监管责任由中央、省级及地方政府共同承担。在中央一级，负责食品安全监管的主要机构包括卫生部、国家质量监督检验检疫总局、农业部、国家工商行政管理总局、商务部等。大多数省、地区和县设有食品安全监管机构。当地的食品安全监管机构直接向当地政府负责，并接受中央监管机构的监管与技术方面的指导。但在有些情况下，当地的食品安全监管机构直接向中央监管机构负责，如各省的出入境检验检疫局直接向质检总局负责。

2008年7月，国务院批准设立国家食品药品监督管理局，由卫生部负责管理，并将其原有的综合协调食品安全、组织查处食品安全重大事故的职责划入卫生部。随后，国务院批准将食品药品监督管理机构省级以下垂直管理改为由地方政府分级管理，业务接受上级主管部门和同级卫生部门的组织指导和监督，进一步加强了地方人民政府的食品安全监管工作。同年，经国务院批准，卫生部成立了食品安全综合协调与卫生监督局，农业部成立了农产品质量安全监管局，国家食品药品监督管理局成立了食品安全监管司，工商总局成立了食品流通监督管理司，质检总局成立了食品生产监管司。

（2）问题

①动物源食品安全多头管理，职能交叉。新的《中华人民共和国食品安全法》尽管进一步调整和明确了食品安全政府管理部门的监管职责，将食品安全综合监督职责划归卫生部统一管理，成立了食品安全委员会，对全国食品安全监管工作进行总协调，实施“地方政府负总责，行业部门各负其责”的综合食品安全监管体制，然而，“分段监管为主，分类监管为辅”的食品安全监管主流模式没有根本性的改变，这就不可避免在分段监管接口上存在监管真空、监管交叉等职责不清的现象，这对各食品安全监管部门之间的协调和配合提出了很高的要求。由于体制机制原因，食品安全主管部门之间的协调与配合存在一些困难，导致监管交叉和监管真空现象时有出现，“三鹿婴幼儿乳粉事件”暴露出类似问题。中国食品安全监管体制的“多部门监管”应趋向于集中，监管部门数量应逐步减少，遵循统一监管原则，逐步建立起职能清晰明确、监管分工协作一致、政策标准统一、部门行动协调的食品安全综合监管体制。

②动物源食品安全的过程监督不力。在动物饲养过程中对造成动物源食品安全问题相关因素的可控手段不到位，监督力度不够。从兽药所致的安全问题分析，主要环节在药品质量是否可靠、饲料中药物添加是否合理、兽药使用行为由谁控制三方面。对兽药质量管理，目前还没有从终产品的监督抽检过渡到实施 GMP 的过程控制，对兽药的使用，尚未实行兽药的处方与非处方药划分，对涉及加药的饲料，在药物加入的一些环节上监控手段还不到位，对行使处方权的兽医师尚未实行兽医师行医注册制度。

（3）改革　现行的关于动物源食品安全管理的体制机制和监管理念不符合国际食品安全管理的主流趋势，有必要进行改革。应整合执法力量，合并现有食品监管的相关部门，将商检、质检、卫生、工商、农业等执法部门承担的食品卫生监督管理部门合并，避免政出多门、各自为战，在此基础上，建立统一的中国食品（包括农产品）安全监督管理部门，由这一部门对食品生产全过程进行监管，并赋予更高的权威。

①采用“分类监管为主，分段监管为辅”的监管模式。目前，需要在国家食品安全委员会的统一协调下，进一步细化落实各个主管部门在动物源食品安全领域的监管范围和监管责任，特别是要明确各个监管接口的有效衔接，避免监管真空和监管交叉。从长远发展来看，需要将目前的“分段监管为主，分类监管为辅”的食品安全监管模式改变为以“分类监管为主，分段监管为辅”的监管模式。从动物源食品安全监管体系看，发达国家都无一例外将动物源食品产业链的主体放在一个或两个部门进行统一监管，如美国动物源食品主要由农业部统一监管。因此，将动物及其产品养殖、屠宰、加工、流通和消费环节集

中在一个大部门进行统一监管，能够从体制上杜绝分段监管接口处的职责不清、监管失效的缺陷。

②建立“从养殖场到餐桌”的全程监控制度。优良安全的食品不是检出来的，而是生产出来的。确保动物源食品安全，就必须树立全程监管的理念。一是完善源头管理制度，抓好动物及其饲料的源头管理。通过制订系列技术措施、标准和指南，规范源头的兽药管理和饲料安全管理。二是完善并严格执行食品质量安全认证制度。在产业链各环节积极推广甚至强制实施GAP、GVP、GMP、HACCP等体系认证，规范监督好认证机构，提高认证的有效性。三是建立和完善动物源食品安全流通领域管理制度。建立健全食品的市场准入制度，完善动物源食品标识标签制度和追溯体系，规范实施冷链管理，提倡连锁和超市经营食品，逐步减少个体摊点。

③建立和完善动物源食品安全风险管理和预警制度。食品安全风险管理就是依据食品安全风险评估结果，综合考虑历史、文化、经济、政治等因素，选择、实施和评估食品安全监管措施的过程。目前，食品安全风险管理已经在发达国家拥有一套完整的理论和应用模式，并且基于风险的食品安全监管理念已经融入到食品安全日常监管当中。动物源食品产业链涉及面广，安全影响因素复杂，再加上我国国土辽阔，产业庞大，监管人力、物力和财力有限，急需建立一套以风险评估为决策依据的动物源食品安全风险管理制度和预警制度，以实现对动物源食品产业链中存在的食品安全薄弱环节进行重点监管与预警。

④建立和完善动物源食品安全信用体系。实行食品质量安全的信息追溯制度和缺陷食品召回制度是发达国家建立食品安全信用体系的基本制度。食品信息追溯制度是指通过记录的标记，对某个事物或某项活动的历史情况、应用情况或事物所处的位置进行追溯的能力。如在欧盟和日本建立的食品身份编码识别制度，即建立食品安全信用档案，要求生产全过程建立档案，记录产地、生产者、化肥及农药使用等详细信息，可让消费者通过互联网或零售店查询。从生产到销售的每一个环节可相互追查，实现质量安全的可追溯性。应借鉴发达国家经验，建立适合我国国情的动物源食品召回制度，完善动物源食品召回的法律制度建设，确保召回有法可依。

⑤加强动物源食品残留监控体系建设。与发达国家和地区的残留监控体系相比，我国还存在较大的差距。针对这些差距，我国应加强残留监控体系建设，转换观念，真正从国情出发制订残留物质监控计划，改变以纯粹满足出口的需要而实施的残留监控计划，为广大人民群众谋利益。应扩大残留监控范围，完善年度残留监控计划，实施残留检测实验室尤其是国家残留基准实验室资格认证，研发高灵敏度的快速筛选方法和实验室确证方法，加大检测结果的准确性，完善残留

监控检测结果的信息发布机制，增加残留监控的透明度，加强阳性样品的后续追溯调查力度，加大违法案件的处罚力度，积极推进兽药处方药与非处方药管理制度建设，加大违禁药物查处力度，从源头上控制残留超标。

（三）标准体系

1. 国外标准体系现状及特征

（1）美国

①现状　美国推行的是民间标准优先的标准化政策，鼓励政府部门参与民间团体的标准化活动。自愿性和分散性是美国标准体系的两大特点，也是美国食品安全标准的特点。美国的食品安全标准主要包括推荐性检验检测方法标准和肉类、水果、乳制品等产品的质量等级标准两大类。这些标准的制定机构主要是经过美国国家标准学会（ANSI）认可的有关行业协会、标准化技术委员会和政府部门三类。

行业协会制定标准。美国官方分析化学师协会（AOAC）的主要工作是各种标准分析方法的制定。标准内容涵盖肥料、食品、饲料、农药、药材、化妆品、危险物质和其他与农业及公共卫生有关的材料等。美国饲料官方管理协会（AAFCO）下有 14 个标准制定委员会，涉及产品 35 个，制定各种动物饲料术语、官方管理及饲料生产的法规及标准。美国乳制品学会（ADPI）主要进行奶制品的研究和标准化工作，制定产品定义、产品规格、产品分类等标准。美国饲料工业协会（AFIA）具体负责制定与动物饲料相关的联邦与州级法规和标准，包括饲料原料专用术语和饲料原料筛选等。在美国，食品行业标准的 80％以上是国际通用标准。科学的行业标准和法规为食品安全打下了坚实的基础，违反这些标准和法律会受到严惩。在美国，从事食品生产、销售的企业一般都是实力雄厚的大企业，企业行为非常规范。食品企业一旦被发现违反法律，会面临严厉的处罚和数目惊人的巨额罚款。

推行 HACCP 质量标准体系。美国农业部要求所有的畜产品和禽类产品生产企业必须制定 HACCP 来监督和控制生产操作过程。这些企业必须根据各自生产和加工的具体情况，确定影响食品安全的关键环节控制点，在关键环节控制点采取控制措施，可预防和降低危害食品安全的因素，使之达到可以接受的水平或者彻底消灭某些危害因素。HACCP 的引入，反映了美国在食品安全控制上的重大变化，即从强调最终产品的检验和测试阶段转换到对食品生产的全过程实施危害预防性控制的新阶段。

②特征

A. 内容重点突出。美国食品安全技术法规的制定体现了科学依据、风险分析、预防为主、“从农田到餐桌”全程监管的原则。从层次上看，美国的食品安全专项技术法规最多，主要涉及单个产品，通用技术法规主要涉及管理技术法规。从产品类别上看，法规基本涉及国内产品类别，每一类别中的产品又有细分。从过程要素来看，法规体系中主要以产品法规和加工原料质量方面的法规为主，可见联邦法规法典重点抓住了食品加工流程的两头，即加工原料质量与终端产品。

B. 范围明确。美国制定的食品安全标准主要是推荐性检验检测方法标准和肉类、水果、乳制品等产品的质量等级标准。技术法规主要是微生物限量、农药残留限量等与人体健康有关的食品安全要求和规定。这些技术法规的内容非常详细，涉及食品安全的各个环节、各种危害因素等。因此，美国的食品安全技术法规无论从数量上还是具体技术内容的规定上，都远远多于食品安全标准。技术法规与标准紧密结合，相互配合。通常，政府相关机构在制定法规时，引用已经制定的标准作为对技术法规要求的具体规定，这些被参照的标准就被联邦政府、州或地方法律赋予强制性执行的属性。标准是在技术法规框架要求指导下制定，必须符合相应技术法规的规定和要求。

C. 高度重视研究与制定工作。食品行业标准的研究与制定依赖先进的科研水平与巨额的经费投入。目前，美国掌握了最先进的食品检测关键技术，使建立严格的食品安全标准成为可能，现行的国际通用标准中超过 80%的食品行业标准是美国制定的。与此同时，美国还拥有大量先进的检测设备，如在农药残留检测方面，可以一次同时检测食品中 360 多种农药残留，在世界上处于领先地位。

(2) 欧盟

①现状　《欧盟食品安全协调标准》是指在 1985 年实施《新方法指令》后由欧盟标准化委员会（CEN）制定的标准。截至 2002 年底，欧盟共制定了 264 项食品安全方面的协调标准，其中，术语标准 1 项，检测方法标准 247 项，厂房及设备卫生要求方面的标准 16 项。欧盟制定的食品安全标准目前主要以食品中各种有毒有害物质的测定方法为主。

目前，欧盟针对各种进口产品制定的详细技术标准达 10 多万个，以保证在不同层面执行严格的技术标准。除对食品材料、产地、成分和药物残留等内容有极为“苛刻”的要求外，对食品的包装，甚至包装材料等也有非常高的要求。欧盟既执行国际标准化组织制定的标准，又执行欧盟标准组织和各成员国自己制定的有关标准。此外，欧盟在 1996 年启动了 ISO14001 环境管理体系认证，要求进入欧盟市场的产品从生产前到制造、使用及最后处理阶段都要达到规定的技术标准。欧盟和一些成员国还推行“CE”强制认证标志。

②特征

A. 强调预防为主、风险分析、全程控制。欧盟食品安全技术法规体系的建设是基于以预防为主的指导思想，建立在风险评估基础上的食品安全控制技术法规和标准体系，强调对食品安全的控制不在于最终产品检测即“事后检测”，必须从源头开始，强调以预防为主的“事先控制”和对食品生产全过程进行控制。欧盟委员会根据食品法的基本目标，强化整个食品链法规管理，既确保了保护消费者和公众健康安全的需要，又促使食品生产商和供应商对食品安全承担主要责任。以科学为依据的风险分析是欧盟食品安全决策的基础。

B. 食品安全技术法规与标准分工明确，相互协调配合。欧盟的食品安全指令是协调标准的指导性文件，协调标准是对指令的细化，两者相互配合，分工明确。在食品安全领域，欧盟理事会负责制定框架指令，欧盟理事会批准框架指令后由欧盟委员会制定相关的具体实施指令。在1985年《新方法指令》实施后，欧盟的食品安全指令主要规定食品安全方面的基本要求和应达到的主要目标，不再包括具体技术细节的规定。欧盟标准化委员会下属的技术委员会负责制定协调标准，协调标准规定满足欧盟食品安全指令基本要求的具体技术细节，这些协调标准不具有强制性属性。但凡是符合协调标准的食品可视为符合欧盟《新方法指令》规定的基本要求，可以在欧盟市场内自由流通。企业自愿采用欧洲“协调标准”的驱动力主要是市场需求。企业也可以不采用“协调标准”，但必须证实其产品符合《新方法指令》规定的基本要求。这种做法在一定程度上避免了强制性标准对技术进步的阻碍作用，为企业留有自由选择的余地。

C. 食品安全技术法规和标准体系严密，具体技术法规详细。欧盟的食品安全技术法规体系一般是先对食品安全某一方面的问题制定一般性指导性法规和要求，然后根据实际需要制定具体产品或者环节的详细实施指令和更为详细的协调标准。如关于食品卫生官方控制的89/397/EEC框架指令及实施89/397/EEC框架指令的94/43/EEC，对各成员国在食品加工、生产、包装、贮存、分发、处理、销售和供应等各环节都作了规定。该指令要求食品业必须实施HACCP。在此通用性的法规框架下，欧盟对具体的产品如海产品等制定了具体的指令。

（3）日本和韩国

①现状　日本食品质量安全标准分食品质量标准和安全卫生标准两大类。安全卫生标准涉及动植物疫病和有毒有害物质残留。日本厚生劳动省颁布了

2 000多个农产品质量标准和1 000多个农药残留限量标准。农林水产省颁布了351种农产品品质规格。在日本，食品质量安全认证和HACCP认证已成为对食品质量安全管理的重要手段，并普遍为消费者所接受。日本对进口食品实行进口食品企业注册和进口食品检验检疫制度。

韩国食品质量安全标准主要分两类：一类是安全卫生标准，涉及动植物疫病、有毒有害物质残留等，该类标准由卫生部门制定。另一类是质量标准和包装规格标准，由农林部下属的农产物品质研究院负责制定。目前安全卫生标准已达1 000多个，质量标准和包装规格标准达到750多个。

韩国建立食品标准的程序：从产地到销售地点调查产品的质量和包装条件后，再从生产者、销售者、科研部门及相关机构征求各种意见，通过仔细讨论，由国家食品安全政策委员会确定产品标准。依据食品的质量因子如风味、色泽和大小，对它们进行分级，并采用标准的包装材料对其进行包装，对同种产品贴上相同的标签，这一系列过程统称为食品标准化。食品的标准化提高了消费者的信任度。

②特征　经过多年的不断修改和完善，日本、韩国食品安全标准已经形成了一种比较系统、特点鲜明的体系。

A. 食品标准涉及面广。日本的肯定列表制度几乎囊括了食品农产品中所有的农兽药残留限量标准。韩国善于在技术法规、标准、检验等方面采取有效的保护措施，把进口商品对国内市场和产业的冲击减至最低程度，特别是在限制农产品、水产品进口方面发挥了重要作用。韩国表面上已基本取消了进口产品的硬性管制，但在实际操作上，却利用技术法规、标准、检验等多种技术性措施进行严格控制。根据韩国《2002年HS进出口通关便览》，韩国几乎把所有食品都置于各种质量安全和检疫法规的保护之下，其主要制度包括转基因加工食品标识制度，水果、蔬菜、花卉病虫害检疫制度，口蹄疫及疯牛病疫区产品紧急进口限制制度，家禽肉检疫制度，水产品安全检疫检验制度，177种进口食品原产地强制标识制度，农药和有害物质成分标准规定等。

B. 大众参与。食品质量安全关系到每一个人的健康，因此，大众的参与极为重要。一方面是舆论宣传，使大众及时了解到有关情况，另一方面，韩国设有举报违法销售农畜产品的专用电话，在国内任何地方都可以拨打，对于举报犯罪行为的人员，依据举报内容给予适当奖励（最高奖金达100万韩元）。

C. 严格贯彻执行食品标准。韩国在食品标准执行监管上采取政府监管、行业约束、企业自律并举的办法。韩国各级政府都设有食品安全监管机构，发现问题除责令企业收回产品并立即通报全国外，还要重罚，监督该产品完全达标后才能恢复生产。该国食品工业协会负责检查食品及包装物的卫生、安全，协助官方制定标准、发布信息、向政府反映情况等。韩国食品企业从选料、加工到包装都要严格按标准进行。

（4）澳大利亚和新西兰

①现状　澳大利亚、新西兰设有专门的机构——澳大利亚、新西兰食品标准局（FSANZ），负责制定食品标准。该机构的主要目的是通过保证安全的食品供应，保护澳大利亚、新西兰国民的食品安全与健康。FSANZ 是澳大利亚、新西兰两国的一个独立的、非政府部门的机构，主要是制定食品标准、食品构成、标签和成分，包括各种物质成分的含量。这些标准适用于所有在澳大利亚、新西兰境内生产、加工、出售及进口的食品。在澳大利亚，FSANZ 制定的食品标准涉及食品供应的各个环节，从产品的加工、包装直到餐桌。在制定食品标准方面，FSANZ 有一套复杂的操作程序。决策过程基于《澳大利亚、新西兰食品标准法规》的要求，同时也考虑到国际标准和政府政策，以及对两国社会、经济的影响，参考国际食品法典委员会所作的风险分析和澳大利亚、新西兰风险管理标准（ASANZ 436 ，1965）的实行情况。

②特征

A. 专门机构，三环互动。澳大利亚、新西兰成立了专门的澳大利亚、新西兰食品标准局制定食品标准。首先，食品安全标准、动植物检疫、风险评估三个环节相互联系、相互补充，形成一个有机整体，即动植物检疫的实施要依据食品安全标准，而食品安全标准的制定和新的动植物产品进口又需要依据风险评估结果。其次，由各州和领地政府针对本区域农牧业生产和环境的实际情况而制定各种保护措施。在完善的双重保护措施下，澳大利亚、新西兰能够极大地降低贸易风险，有效保护本国动植物、环境、人类的健康和安全。

B. 食品安全标准易于操作，为出口服务。澳大利亚、新西兰为适应乌拉圭回合的变化，在重建动植物卫生检疫和食品安全体系方面取得了良好的经验。在 WTO 框架下，严格遵守协议条款，认真履行承诺。动植物卫生检疫系统和食品安全标准简单、易于操作，有效保护了国内动植物、人类生命和健康，保护了自然环境，并最大限度地拓展了出口市场。

2. 中国标准体系现状、 问题与改革

（1）现状　中国食品相关标准由国家、行业、地方、企业四级标准构成，各标准相互配套，基本满足食品安全控制与管理的要求。在《中华人民共和国食品安全法》颁布之前，国家标准化管理委员会统一管理中国食品标准化工作，国务院有关行政主管部门分工管理本部门、本行业的食品标准化工作。食品安全国家标准由各相关部门负责草拟，国家标准化管理委员会统一立项、统

一审查、统一编号、统一批准发布。《中华人民共和国食品安全法》颁布以后，食品安全国家标准由国务院卫生行政部门负责制定公布，国务院标准化行政部门提供国家标准编号。食品中农药残留、兽药残留的限量规定及其检验方法与规程由国务院卫生行政部门、国务院农业行政部门制定。屠宰畜、禽的检验规程由国务院有关主管部门会同国务院卫生行政部门制定。食品安全标准属于强制执行的标准。除食品安全标准外，不得制定其他强制性标准。食品安全国家标准应当经食品安全国家标准审评委员会审查通过。该委员会由医学、农业、食品、营养等方面的专家及国务院有关部门的代表组成。

目前，中国已初步形成了门类齐全、结构相对合理、具有一定配套性和完整性的食品质量安全标准体系。食品安全标准包括了农产品产地环境标准，灌溉水质标准，农业投入品合理使用准则，动植物检疫规程，良好农业操作规范，食品中农药、兽药、污染物、有害微生物等限量标准，食品添加剂及使用标准，食品包装材料卫生标准，特殊膳食食品标准，食品标签标识标准，食品安全生产过程管理和控制标准，以及食品检测方法标准等，涉及粮食、油料、水果蔬菜及制品、乳与乳制品、肉禽蛋及制品、水产品、饮料酒、调味品、婴幼儿食品等可食用农产品和加工食品，基本涵盖了从食品生产、加工、流通到最终消费的各个环节。

截至 2011 年，我国现行食品国家标准共 2 095 项。其中，2009 年 6 月 1 日《中华人民共和国食品安全法》实施后，卫生部发布的食品安全国家标准 269 项。备案的行业标准 772 项。根据《中华人民共和国食品安全法》确定的食品安全标准范围，现行食品标准分为食品安全类国家标准和非食品安全类国家标准两大类。其中：食品安全类国家标准包括食品安全限量标准 6 项，食品及相关产品卫生标准 71 项，食品添加剂标准 107 项，特定人群食品标准 1 项，食品标签标准 2 项，食品生产经营过程的卫生要求 23 项，食品检测方法和规程 936 项；非食品安全类国家标准包括基础标准 44 项，食品产品标准 443 项，食品接触材料及制品产品标准 62 项，生产过程管理与控制标准 90 项。

（2）问题

①食品标准总量少、覆盖范围小。食品标准是政府食品质量监管的重要依据。众多食品因没有相应的国家标准或行业标准，给执法工作带来尴尬。在已经制定的食品标准中，大多集中于生产和加工领域，在动物养殖、食品流通领域保障食品质量安全的标准严重不足。发达国家一般都制定比较完善的农兽药残留限量标准和检验方法标准。目前中国各类食品安全标准大都仅仅是行业标准，指标相对较少。现行的食品卫生标准仅对 104 种农药在粮食、水果、蔬菜、食用油、肉、蛋、水产品等 45 种食品中规定了允许残留量，共 291 个指标。而

日本，仅蔬菜类的农药残留限量指标就有 3 728 个。国际食品法典委员会对 176 种农药在 375 种食品中规定了 2 439 个最高残留量指标。

②食品标准矛盾、交叉问题突出，部门之间标准不统一，企业难以适从。1986 年国家正式发布的《生鲜牛乳收购标准》是国家强制性一级标准，但没有明确规定抗生素指标。2004 年 10 月开始实施的农业部行业标准《无公害食品 生鲜牛乳》规定鲜乳中抗生素不得检出。

③食品标准技术指标不高，国际标准采标率较低。过去，从保护生产者的角度出发，食品标准中的各项具体指标大都比较低，远低于国际标准和国外先进标准，随着食品行业的发展和人民生活水平的提高，已明显不适应消费者需要。目前，虽然在食品安全方面制定了大量标准，但是标准不细化，分类欠科学，指标偏少。在采用国际标准方面，早在 20 世纪 80 年代初，英国、法国、德国等国家采用国际标准已达 80%，日本国家标准有 90%以上采用国际标准。发达国家目前采用国际标准的面更广，某些标准甚至高于现行的 CAC 标准水平。据统计，截至 2003 年年底，中国加工食品采用 CAC 标准只有 12%，采用国际标准化组织食品技术委员会标准只有 40%，采用国际乳品联合会的标准只有 5%。

④食品标准执行不到位。例如，食品添加剂成分含量不符合要求，包装类食品标签不规范等现象经常发生。2005 年 5 月发生的“雀巢奶粉碘含量超标事件”则是婴儿配方乳粉强制性标准执行不到位的典型案例。

⑤食品安全标准所需的基础性资料欠缺。食品中的许多污染情况“家底不清”，食品中农药和兽药残留以及生物毒素等污染状况缺乏系统监测资料，一些对健康危害大而贸易中又十分敏感的污染物，如二噁英及其类似物的污染状况及对健康的影响资料缺乏。近 20 年来，美国保存了大量动物源食品中农药（如 DDT 等）残留量资料，但中国在一些重要污染物（农兽药、重金属、真菌毒素等）方面仅开展了一些零星工作，系统监测数据严重缺乏。

（3）改革

①创新动物源食品安全标准制（修）订管理机制。《中华人民共和国食品安全法》颁布以后，食品安全国家标准由国务院卫生行政部门负责制定公布，国务院标准化行政部门提供国家标准编号。在动物源食品安全标准立项、制定、审批、发布、实施、宣传贯彻、复审等各环节建立科学有效的质量保障制度，确保动物源食品安全标准质量。

②以风险评估为基础，加强标准制定的科学性。前期工作要加强标准的基础性研究和危险性评估等科学方法研究，提高标准的科学性和合理性。大力开展危险性评估等科学方法在标准制（修）订过程中应用的研究，加快构建食品

安全风险分析体系。

③制定覆盖整个供应链的标准。完整的食品安全标准体系应当包括重要的食品安全限量标准、食品检验检疫与检测方法标准、食品安全通用基础标准与综合管理标准、重要的食品安全控制标准、食品市场流通安全标准等。除了继续完善限量标准和检测方法标准外，应加强动物源食品产品标准、管理标准和控制标准的制定力度，使标准覆盖动物源食品产业链的各个环节，确保动物源食品标准的完备性。

五、国内外动物源食品安全共性技术对比研究

（一）共性技术的重要地位

食品安全管理体系中所涉及的食品安全风险评估技术、食品安全监测与检测技术和食品安全溯源与跟踪技术都是在各类农产品食品中广泛使用的共性技术。近年来，世界卫生组织（WHO）、联合国粮农组织（FAO）、国际经济合作与发展组织（OECD）、世界贸易组织（WTO）等有关国际组织十分重视并特别强调各国应加强食品安全管理体系的建立和完善。2001 年 6 月，在 FAO 和 WHO 共同召开的保证食品安全和质量，强化国家食品控制体系会议上，强调各国需建立国家食品安全体系，其框架包括立法（法规体系和食品卫生标准）、管理（安全风险评价与管理）、监测（食品污染与食源性疾病）与实验室建设等内容。其中无论是制定食品卫生标准、开展食品安全风险评价与管理，还是监测食品污染物和食源性疾病都离不开共性技术的支撑。

美国在加强部门之间食品安全协调的基础上，建立并动态补充和更新食品、药品和化妆品法，建立了食品安全检测和控制系统、风险评价程序和体系、认证认可体系、食品安全预警体系、进口自动扣留机制和公众教育体系。美国国会立法，最近几年每年投资 30 多亿美元用于建立食品安全网络、反生物恐怖及动植物防疫等既相对独立又相互联系的预警和快速反应体系。

欧盟针对动物和植物产品、食品、饲料和相关药物本身及其生产、加工、贮藏、运输和销售等过程，检验方法性能指标，整体残留控制体系等建立了一系列的法规和指令，包括 2000 年发表的《欧盟食品安全白皮书》。特别是在动物源产品监控、农产品检测、动物疾病预防和控制、动物福利、风险评估和预警、事故处理等方面已经建立了非常完整的体系。有关食品安全研究的投入有增无减，在 2002—2006 年的科技框架计划（FP6）中将食品质量和安全列入其

7个优先研究主题，仅FP6在该优先主题方面的投入就达6.85亿欧元。

共性技术在食品安全管理体系中的重要地位主要体现在以下六个方面：

1. 风险分析技术成为食品安全控制的科学基础

风险分析，或称危险性分析（risk analysis，RA），首先用于环境科学的危害控制，20世纪80年代末用于食品安全领域，特别是CAC标准的制定。1995、1997和1999年，FAO和WHO召开了三个专家咨询会议：风险分析在食品标准中的应用、风险管理与食品安全及风险信息交流在食品标准和安全问题上的作用。目前，RA已经纳入《CAC程序手册》，包括与食品安全有关的风险分析术语及CAC一般决策中有关食品安全风险评估的原则声明等。正是由于各国政府和消费者对食品安全的高度重视，与食品安全管理相关的技术性法规和标准越来越多地成为食品国际贸易过程中必须考虑的重要方面。

但为了避免在食品国际贸易过程中，过度或滥用食品安全技术性法规和标准产生贸易壁垒，WTO在《实施卫生与植物卫生措施协定》中明确规定：各成员可以在RA的基础上制定本国的食品安全标准与管理措施，但不得违背WTO的有关规定，并且应与CAC的标准相协调。

风险评估要求对相关资料进行评价，并选用适合的模型对资料作出判断，同时，要明确认识其中的不确定性，并在某些情况下承认现有资料可以推导出科学上合理的不同结论。由于各国的膳食结构和产品结构不同，发展中国家与发达国家的差别更加明显，发展中国家必须重视开展暴露评估研究，以保护自己的利益。

2. 食源性危害物检测技术水平体现一个国家的食品安全管理能力

在化学性危害的检测方面，发达国家都有从中央到地方（政府）和从学术机构到行业协会与企业的检测体系。为了追求灵敏度和效率，检测方法的更新和提高十分迅速。农药残留的检测已从单个化合物的检测发展到可以同时检测数百个化合物的多残留系统分析，兽药残留的检测也向多组分方向发展。色质联机结合稳定性同位素稀释技术不仅在检测二噁英和多氯联苯中得到应用，而且由于具有灵敏、特异、可靠的特点，在酱油氯丙醇的检测中作为欧盟唯一认可的方法，并从奥运会兴奋剂检测领域向食品禁用兽药（如激素和盐酸克仑特罗等）监控的确证技术领域发展。而传统的原子吸收分光光度方法检测食品中的矿物质和元素，也开始在一些发达国家被更加灵敏和快速的电感耦合等离子体质谱（ICP－MS）取代。

在生物性危害方面，一些发达国家建立了以致病菌遗传物质的分子结构为基础的DNA指纹图谱鉴定技术，为可靠地确定食源性疾病患者排泄物中所分离的细菌与可疑中毒食品中分离的细菌的同源性提供了重要的手段。而且，这些检测技术也为开展食源性致病菌的定量危险性评价，提供了必不可少的技术支撑。美国已在全国范围内建立了细菌分子分型国家电子网络（pulsenet），并将其成功应用于沙门氏菌食物中毒暴发原因食品的溯源及控制。该技术已成为当前各国食源性疾病监控领域技术发展的方向。

3. 食源性疾病与危害的监测数据是制定食源性疾病控制对策的重要依据

利用所设置的哨点（sentinel point）对食源性疾病开展主动监测，在发生食源性疾病后，对病原菌的摄入量与健康效应进行剂量—反应关系的分析与危险性评估是一些发达国家掌握食源性疾病的变化趋势和制定食源性疾病控制对策的重要依据。目前，美国疾病预防控制中心（CDC）的主动监测网络在改善食源性疾病的漏报率方面，已取得显著成绩。一些西方发达国家已开展了禽、肉制品中沙门氏菌及乳制品中李斯特氏菌的定量危险性评价。中国缺乏定点监测网络，还没有开展食品中致病菌的定量危险性评价工作。然而，由于膳食模式、体质等因素的不同，中国必须有自己的评价资料，不能简单地搬用西方的评价结果。

食品中化学污染物的监测不但是摸清家底的重要环节，而且是确定优先控制问题和追踪变化趋势的关键技术。早在20世纪70年代，世界卫生组织就与联合国环境保护署和联合国粮农组织联合发起了全球环境监测规划/食品污染监测与评估计划（GEMS/FOOD），并与相关国际组织制订了庞大的污染物监测项目与分析质量保证体系（AQA），其主要目的是监测全球食品中主要污染物的污染水平及其变化趋势。

4. 食源性危害人群暴露评估结果是制定食品安全标准和仲裁贸易纠纷的重要依据

建立检测方法和开展监测研究的目的是为了对各种消费者人群进行暴露评估，以得出危险性评价的最终结果。国际上成熟的经验是首先要知道平均每人每天某些危害（如食品中的铅）的膳食摄入量，即所谓“外暴露”，接着要知道在机体内的负荷（如血、尿中铅的浓度），即所谓的“内暴露”。在此基础上，开展生物学标志物（包括接触性和效应性）的研究。接触性标志物可以反映出某些危害的摄入水平（如尿中黄曲霉毒素与DNA的结合物，氯丙醇的代谢产物巯基尿酸和氯乳酸等），效应性标志物可以反映出机体生理功能的损伤

(如镉导致尿中微球蛋白的出现，伏马菌素引起神经鞘氨醇的改变，二噁英和氯丙醇引起男性精子动力学的变化)。这些数据可为评价食源性危害的危险性提供客观依据。如果外暴露指标不超过FAO/WHO提出的安全摄入量水平(每日允许摄入量，即ADI；或暂定每周允许摄入量，即PTWI)，内暴露不超过正常值，生物学标志物没有变化(不显著高于非暴露人群)，则可以相当有把握地认为此摄入量是安全的，反之，则是不安全的，需要采取控制措施。这套评估技术是一些发达国家近二十年来工作经验的总结，并已纳入FAO/WHO和WTO/CAC的诸多文件，这也是制定食品安全标准和仲裁贸易纠纷的重要手段和依据。

5. 食品安全控制技术体现了食品安全管理的效率

目前，国际上公认的食品安全的最佳控制模式是在“良好农业规范”、“良好加工规范”或“良好卫生规范”实施的基础上，推行HACCP。这些技术可以明显节省食品安全管理中的人力和经费开支，又能最大限度地保证食品卫生安全。在国际上，美国于1972年首先成功地应用HACCP对低酸罐头的微生物污染进行了控制。美国食品药品管理局和农业部等有关机构分别先后对HACCP的推广应用作出了一系列规定，并要求建立一个以HACCP为基础的食品安全监督体系。1995年，美国食品药品管理局颁布了《水产品HACCP法规》。1996年，美国农业部食品安全检验局颁布了《致病性微生物的控制与HACCP法规》，要求国内和进口肉类食品加工企业必须实施HACCP管理。1998年，美国食品药品管理局提出了《应用HACCP对果蔬汁饮料进行监督管理法规(草案)》。1997年6月，CAC大会通过了《HACCP应用系统及其应用准则》，并号召各国应积极推广应用。实际上，在国际食品贸易中，许多进口国已将HACCP作为对出口国的一项必须要求。FAO于1994年起草的《水产品质量保证》文件中规定：应将HACCP作为水产品企业进行卫生管理的主要要求，并使用HACCP原则对企业进行评估。

6. 食品安全共性技术是做好进出口食品监管工作的科学基础

在进出口食品的监督检验和食品安全质量保证工作中，需要有强大的技术支撑。其中，包括三个优先方面：一是要分析和掌握哪些食品的安全风险最大或问题最严重，并且要掌握其变化趋势；二是要确定出口贸易预警系统中的阈值，一旦超过此阈值，就可以自动报警；三是要对进口食品按类别进行危险性评价，并按危险性大小进行分级。有了这些技术支撑，政府部门就可以掌握进出口食品中的主要不安全因素，并制订符合本国利益的进出口食品监督检验策略和措施。尽管世界各国对进口食品监督管理的策略和具体措施不尽相同，但都是基于大量历史资料的分析和运用 RA 作为制定策略和措施的科学基础。特别是一些发达国家在资料收集、统计方法、危险性评价数学模型的应用等方面已积累了丰富的经验。而且，这些工作需要在一定时间后重复进行，以发现事物的不断变化。

（二）风险评估技术

随着社会经济快速发展、社会价值多元化及新技术的广泛应用，为了应对人类面临的越来越多的不确定性危害及健康风险，国际上提出了风险分析的系统方法。风险分析由风险评估（risk assessment）、风险管理（risk management）、风险交流（risk communication）三部分内容构成，用来评估和控制人体健康安全的风险并采取适当干预和交流措施。风险分析在国际上被广泛作为加强食品安全管理、预防食源性疾病的系统方法。风险分析的技术基础是风险评估。

风险评估目的是提供一种基于科学证据的、与食品/危害相关联的健康风险描述。其原则是有效性、透明性、统一性、独立性。风险评估程序包括危害鉴定、危害特征描述、暴露评估和风险特征描述四个步骤。风险评估包括化学性风险评估、生物性风险评估、营养成分风险评估和完整食品安全性评价。

1. 发达国家风险评估技术现状及特征

1991 年，FAO、WHO 和 WTO 在食品标准、食品中的化学物质与食品贸易会议上建议 CAC 在制定国际标准时采用风险评估的原则。WTO 成立后，《实施卫生与植物卫生措施协定》(SPS 协定）和《技术性贸易壁垒协定》（TBT 协定）被赋予新的内涵，规定 CAC 成为促进国际贸易和解决争端的依据。SPS 协定要求，各成员应保证其卫生与植物卫生措施的制定，是以对人类、动物或植物的生命或健康所进行的，以适当的风险评估为基础，从而达到减少贸易争端和协调一致的目的。各国可以制定食品标准，但必须出于对本国国民的健康保护目的，以风险评估结果为依据。否则，将被视作食品国际贸易的技术壁垒。

目前，许多发达国家为了充分发挥风险评估的作用，分别以独立的风险评估机构或专门的风险评估委员会方式承担食品安全风险评估。部分国家承担风险评估的机构如下：①日本的食品安全委员会。由科学家和专家组成，于 2003 年 7 月成立。其主要职责是实施食品安全风险评估，对风险管理部门进行政策指导与监督，建立风险性信息沟通机制，开展风险性信息沟通和公开。它有权对厚生劳动省和农林水产省的食品卫生监督情况进行评价和监督，但没有直接采取奖惩措施的权力。②欧盟食品安全局（EFSA）。为统一监控食品安全，恢复消费者对欧洲食品的信心，欧盟委员会于2002年初通过欧盟立法正式成立了欧盟食品安全局，职责是对直接或间接影响食品安全的因素提供独立的科学咨询，工作范围包括“从农田到餐桌”的全过程，建立成员国食品卫生和科研机构的合作网络，负责收集全球有关的食品安全信息，与消费者就食品安全问题进行直接对话和交流。欧盟食品安全局不具备制定规章制度的权限，只是根据科学家的研究成果作出风险评估，为制定法规、标准及其他的管理政策提供信息依据。欧盟食品安全局由管理委员会、咨询论坛、10个专家委员会等部门组成，每个专家委员会成员不超过21个，每届任期3年。③德国联邦风险评估研究所。其职能涉及消费者健康保护和食品卫生方面（除动物疾病外），为联邦政府制定法律和政策提供公正和科学的意见和支持，主要工作是开展风险评估，并将评估结果告知公众，但不参与政策制定，以避免政治干涉，增强公众对风险评估的信心。④加拿大卫生部。负责公众卫生政策和标准制定，其职责包括食品安全研究、风险评估，制定食品中允许物质的限量等。加拿大食品监督局（CFIA）负责管理联邦级别的食品监督及相关活动，如注册产品跨省或在国际市场销售的食品企业，对有关法规和标准执行情况进行监督，实施相关法规和标准，提供实验室和判定结果的技术支撑，行使危机管理和产品召回，负责食品质量保证的检查及动物健康和植物疾病控制，从而将监督检查的职责与风险评估分开，使风险评估工作能独立进行。⑤美国风险评估机构。与欧盟建立的独立风险评估机构不同，美国不强调风险评估机构的独立，联邦政府相关机构既承担风险评估也进行风险管理决策，如美国联邦环境保护局（EPA）、食品药品管理局（FDA）、劳工部职业安全卫生局（OSHA）等。联邦政府大量录用科技人员以提高政府风险管理水平，共有206 000余名各学科科学家和工程师就职于联邦各政府机构（其中工程师85 358人、生命科学家32 405人、社会科学家25 345人）。美国虽不强调风险评估机构的独立，但在机构内部风险评估与风险管理人员必须分离，以确保提供科学证据的客观性。此外，按照三权分立原则，联邦政府行政部门的决策还需受到立法和司法的制衡。因此，在制度设计上，美国的风险评估和风险管理仍然是分离的。

2. 中国风险评估技术现状、问题及发展方向

（1）现状　我国在食品安全风险评估方面已经迈出步伐。1994年，中国《食品安全性评价程序和方法》及《食品毒理学实验操作规范》以国家标准形

式颁布，为我国食品安全性评价工作规范化、标准化、与国际接轨提供了基本条件。2009年新颁布的《中华人民共和国食品安全法》和《中华人民共和国食品安全法实施条例》规定："国家建立食品安全风险评估制度，对食品、食品添加剂中生物性、化学性和物理性危害进行风险评估。国务院卫生行政部门负责组织食品安全风险评估工作，成立由医学、农业、食品、营养等方面的专家组成的食品安全风险评估专家委员会进行食品安全风险评估。对农药、肥料、生长调节剂、兽药、饲料和饲料添加剂等的安全性评估，应当有食品安全风险评估专家委员会的专家参加。食品安全风险评估应当运用科学方法，根据食品安全风险监测信息、科学数据以及其他有关信息进行"。这为食品安全风险评估工作的制度化、规范化和科学化提供了法律保障。

近几年，根据食品安全工作需要，卫生部委托中国疾病预防控制中心营养与食品安全所对部分食品安全热点问题开展了风险评估，其中包括食品中非法添加苏丹红、油炸食品中丙烯酰胺残留等，为政府食品安全管理和消费者了解食品安全状况发挥了一定作用。在2008年三鹿婴幼儿奶粉事件中，提供的风险评估结果为政府出台乳品中三聚氰胺临时管理限量值提供了重要依据，说明中国已经能够按照国际通用的原则和方法开展食品安全风险评估工作。

（2）问题　风险评估尚处于被动应付阶段，主动进行风险评估的水平较低。

①还没有采用与国际接轨的风险评估程序。近年来，新的食品种类（主要是方便食品和保健食品）大量增加，很多新型食品在没有经过风险评估程序的前提下，就已经在市场上大量销售，大大增加了食品安全风险。转基因技术的应用给食品行业的发展带来了非常好的机遇，但其安全性并不确定。判断转基因食品是否安全必须以风险分析为基础。目前，受管理、商业、社会、政治、学术等诸多方面的限制，科学的统计数据很难获得，对转基因食品进行风险分析非常困难。这给食品安全带来了前所未有的挑战。

目前大量使用的农药尚未进行内分泌干扰活性筛选，对生产中广泛应用的植物生长调节剂也未进行安全性研究与评估，对兽药的代谢机理研究不够，对传统食品发酵工艺中大量使用的菌种，缺少安全性科学评价程序和数据。

②还没有搭建起与国际接轨的食品安全风险评估技术平台。

A. 人才方面。风险评估需要具备专门知识的专业人员和科学信息作为支撑。随着社会发展和科学技术水平提高，食品和食品添加剂中的食品安全风险不断变化，人们对健康风险的认知水平也在不断提高，这都要求针对不同的风险必须有掌握相应专业知识、科学信息和评估经验的人员参与。除了法定的医学、农业、食品、营养等方面的技术专家外，还应根据评估对象的不同吸收相关学科专家参加，如卫生、兽医、微生物检验、化学分析、营养、统计等专业人员。因此，急需成立高水平的食品安全风险评估专家委员会，同时建立食品安全风险评估人才库。

B. 规划和计划方面。国家食品安全风险评估工作还没有长远的规划和计划，对相关部门提出的食品安全评估建议，食品安全风险评估专家委员会应拟定优先开展评估的项目，指导和评价风险评估实验室工作，为政府监管部门科学利用风险评估结果制定食品安全政策、食品安全标准、开展健康教育等提供科学建议，并协助应对食品安全事故。

C. 资料数据信息方面。风险评估的结果很可能因所采用的资料数据和信息来源不同有所差别，甚至于得出完全不同的结论，这对随后采取的风险管理措施来说影响可能会很大，因此，在国家的层面上不应同时有多个风险评估委员会评估相同或相近的风险，以免形成不同的评估结果，使风险管理和风险交流无所适从。但有时候提出的风险评估建议并不一定都能纳入评估计划，原因可能有不具备风险评估的科学信息，或者该风险可以不经过评估即可科学合理地解决，或者有太多需要评估的内容而需要确定哪些应当进行优先评估，对此，应当在国家风险评估工作制度中加以明确。

国务院卫生行政部门对于来自相关监管部门的风险评估的建议都应当认真组织研究，无论是否纳入计划都应在一定的时限内给予答复并提供理由。除了来自监管部门提供的建议外，食品安全风险评估任务的来源还可以是为了制定或者修订国家食品安全标准的需要，处理食品安全事故的需要，预防和控制特定食源性疾病的需要，以及指导食品业发展模式的需要等。鉴于目前实行的是分段监管的工作机制，对同一风险评估结果所采取的风险管理措施也有必要事先协调。

D. 实验室网络方面。在实施食品安全监测计划基础上，应该建立为风险评估提供足够技术能力的实验室网络、信息采集和分析网络及流行病学调查报告网络，在对已知和潜在的有毒有害物进行系统研究的同时，提高对食品安全风险的识别和评价能力，为风险评估、风险管理及风险交流提供基础条件。

（3）发展方向

①提高对食品安全风险评估重要性和科学性的认识。对食品安全风险评估的重要性和科学性的认识应从以下三方面理解：一是风险评估方法符合国际通行原则，不是简单意义上的检测、检验或者毒理学检验评价。二是风险评估必须以科学数据为基础，有掌握足够专业知识的人员参与。三是风险评估要具有相对的独立性，要将风险评估与风险管理过程相分离，最大程度的减少风险管理机构（往往是政府监管机构和利益相关方）对风险评估过程的干预。应当认

识到，如果缺乏足够科学信息，风险评估是难以进行的。

②做好检验和风险评估工作准备。国务院卫生行政部门必须制定相关工作预案，建立强有力的实验室和技术支撑队伍，及时掌握食品安全风险信息。《中华人民共和国食品安全法》之所以规定国务院卫生行政部门应当立即对食品安全隐患依法进行检验并进行食品安全风险评估，主要是充分利用国务院卫生行政部门所掌握的食品安全监测信息和食品安全风险评估专家委员会的作用，及时确定食品安全隐患的性质、范围和严重性。在实际操作中，国务院卫生行政部门更多的是需要依靠相关环节监管部门去核对和确认食品安全隐患，如有必要，监管部门应将情况向国务院卫生行政部门通报，以便国务院卫生行政部门依法进行检验并在必要时进行食品安全风险评估。当然，如果监管部门能够很快查清食品安全隐患的性质、范围和可能的后果并能够妥善处置，就没有检验和风险评估的必要。

食品安全风险评估的任务来源最主要的是监督管理部门。这是因为，一方面，国务院农业行政、质量监督、工商行政管理和食品药品监督管理等有关部门在监督工作中容易发现存在的食品安全风险；另一方面，对于一些难以判定风险高低的有害因素也有必要交由负责风险评估的部门进行风险评估，以便根据评估结果采取相应的风险管理措施。虽然有些资料和信息可以从其他数据库和资料中检索获得，但有关实际的暴露水平变化及其他影响风险高低的因素往往也是决定评估结果的关键信息，由于承担评估的机构不了解监管部门所掌握的信息，提出建议的部门应当在提出建议的同时或者评估任务开展后，尽可能详细地提供与评估任务相关的信息和资料，如有害因素的性质、来源、污染途径、分布范围、进食摄入量的虚拟信息，以及相关食品在种植、养殖、生产加工和流通、餐饮消费环节过程中的监测和安全性评估信息等。

③大力开展食源性危害和生物因素安全风险评估技术研究。在开展安全风险评估的过程中，将以食源性疾病相关的高危因素作为分析重点，重视针对易感人群的安全风险评估。重点开展化学污染物安全风险评估技术研究。广泛使用的农药、兽药、食品添加剂及其他危害性大的化学污染物是重点评估对象。在摸清食品中危害因素污染水平的基础上，研究暴露水平及相应生物标志物的变化，并找出其致病性阈值。制定安全风险评估标准程序，确保安全风险评估结果的正确性。加强流行病学研究，通过临床和流行病学研究获得数据，并充分利用这些资料开展安全风险评估服务。加强毒理学研究，确定化学性危害对人体健康产生的不良作用。充分利用生物标志物进行安全风险评估，阐明我国主要化学污染物的作用机制、给药剂量、药物作用剂量关系、药物代谢动力学和药效学。

针对具有公共卫生意义的致病性细菌、真菌、病毒、寄生虫、原生动物及其产生的有毒物质对人体健康产生的不良作用进行科学评估。微生物污染是影响我国食品安全的最主要因素，其中致病性细菌对食品安全构成的危害是最显著的生物性危害，应当将其作为重点分析对象，确定其对不同人群和个体的致病剂量。重点进行人群暴露与健康效应的定量评估，以及涉及食品安全突发性事件的安全风险评估。

④建立国家、部、省三级化学污染物安全评价基准实验室体系。国家级基准实验室负责对新化学污染物进行安全风险分析（安全评价），制订化学污染物最高残留限量，制订有关药物休药期，开展动物源食品安全检测关键技术研究。部级基准实验室负责新化学污染物的毒理学评价，报批新化学污染物的毒理学试验，制定或完善报批新化学污染物毒理试验标准。省级基准实验室负责上市后化学污染物的安全检测，制定上市后化学污染物的安全评价体系，建立上市后化学污染物对动物源食品安全的预警系统，审批新化学污染物的部分毒理学试验。

（三）监测与检测技术

监测是指对食品安全相关危害因素的检验、监督和调查数据进行系统收集、整理和分析的过程。监测的目的：一是了解掌握特定地区特定食品类别和特定食品污染物的污染水平，掌握污染物的变化趋势，以便为制定食品安全政策、标准和工作规划提供科学依据。二是对已采取防控措施进行干预效果的评价。三是通过向社会公布监测结果和分析食品安全状况，有利于公众加强自身保护，指导食品生产经营企业做好食品安全管理，同时为政府监管部门提供技术指导。

动物源食品安全检测技术主要有农、兽药残留检测技术和微生物生物毒素检测技术。农、兽药残留的定量属于微量或痕量分析，有的甚至是超痕量分析，一般都采用高效液相色谱法、气相色谱法、气相色谱—质谱联用法、液相色谱—质谱联用法、原子荧光光谱法、原子吸收光谱法等，甚至部分实验室采用串联质谱法、高分辨率质谱法。

1. 发达国家监测与检测技术现状及特征

（1）监测技术现状及特征　在监测技术方面，美国、欧盟建立了先进、完整的监测技术体系。日本、新加坡、韩国、澳大利亚、新西兰等形成了比较完整的食品安全监测和监控体系、预警系统及进口食品预确认（注册）制度。

发达国家在食品安全卫生监测控制方面体现出安全卫生指标限量值逐步降低、监测控制品种越来越多的特征。目前，发达国家对于一些公认的主要食源性危害物的监测要求极高，如二噁英及其类似物的分析技术属于超痕量水平，盐酸克仑特罗、激素、氯丙醇的分析技术为痕量水平。如果没有相应监测技术，则无法开展污染调查的“摸清家底”工作。

（2）检测技术现状及特征　鉴于检测技术是左右食品安全工作水平的关键，各国的食品安全控制系统无不把检测机构的设置、先进检测方法的建立、分析质量保证体系的建立和专业技术人员的培养放在优先地位。

目前，食品检测技术以高科技为基础，日益呈现出速测化、系列化、精确化和标准化的特征。同时食品的基质复杂，检测对象物质多，这就需要采用高超的样品前处理技术，需要具有高选择性、高灵敏度的多残留检测技术体系来完成。

国际上对食品中包括类固醇激素、β_2-受体激动剂、1，2-二苯乙烯类似物、皮质醇激素等在内的兴奋剂残留检测的研究比较多。欧盟、日本等国家的法律禁止食品中含有这些化合物。

随着检测技术的发展，对于病原菌的快速检测方法层出不穷，目前国际上比较成熟的快速检验技术有BAX、VIDAS等。

2. 中国监测与检测技术现状、问题及发展方向

（1）现状　我国已初步构建了覆盖全国16个省份的食品污染物监测网和21个省份的食源性疾病监测网，建立了进出口食品安全监测与预警网，制（修）订国家标准、行业和地方标准200余项，牵头制定国际标准2项、已完成1项，参加制定国际标准2项，提出了595个食品安全标准限量指标的建议值和58个（套）生产、加工、流通领域的食品安全技术规范（标准），初步形成了食品安全监测体系。

改革开放后，动物源食品安全检测技术已经得到了快速发展。食品理化分析手段从简单的目视比色法发展到现在的气相色谱法、液相色谱法、色谱质谱联用法等现代分析技术。从一般定性分析发展到能对500多种物质同时进行定性、定量分析。

动物源食品安全检测技术主要有已在实验室广泛推广的国家、行业标准检测方法和以各种试纸、试剂为主的现场快速检测方法。目前，已经出现了许多针对食物中毒毒性物质的快速检测方法，如有机磷、氨基甲酸酯、鼠药（敌鼠、安妥、磷化锌、毒鼠强、氟乙酰胺）、亚硝酸盐、砷化物、汞化物、氰化物等化学性物质，桐油和大麻油等植物性物质，以及金黄色葡萄球菌等毒性物质

的快速检测方法。

在兽药残留检测方面，从重要禁用兽药（激素、β_2-受体激动剂等）残留多组分检测技术研究入手，建立了一套从筛选、定量到确证的系统分析方法，使我国在此领域的检验和监控水平与国际同步。开发了β_2-受体激动剂和氯霉素等抗生素的快速检测方法和试剂盒，并实现了产业化。建立了动物源食品中磺胺类、β-内酰胺类、氨基糖苷类、大环内酯类、依维菌素类、氟喹诺酮类等兽药残留的液相色谱法或液相色谱/质谱联用法等检测方法。研制了喹乙醇、呋喃唑酮及其残留标示物3-甲基-喹噁啉-2-羧酸等禁用兽药残留的快速检测方法、试剂盒及相关设备。

在重要有机污染物的痕量与超痕量检测技术方面，以稳定性同位素稀释质谱法为核心技术，建立了食品中某些重要持久性有机污染物（多氯联苯、灭蚁灵、六氯代苯等）和致癌物的标准化检测技术，使我国在此方面具备与国际同步的检验能力，并通过国际实验室、质量保证考核或比对研究获得国际认可。

在生物毒素检测技术方面，研制了总黄曲霉毒素、黄曲霉毒素B_1、玉米赤霉烯酮、赭曲霉毒素A、脱氧雪腐镰刀菌烯醇五种毒素免疫亲和柱，以及阿维菌素免疫亲和柱、氨基糖苷类分子印迹整体柱和固相萃取柱，采用基质分散—微波萃取技术解决了同时测定脂溶性和水溶性组分的难题。建立了微囊藻毒素、麻痹性贝类毒素（PSP）、遗忘性贝类毒素（ASP）、腹泻性贝类毒素（DSP）和岩沙海葵毒素（PTX）气相（液相）色谱—质谱联用法。

（2）问题

①缺乏食品安全系统监测与评价的背景资料。目前我国对食品中众多农药和兽药残留以及生物毒素等的污染状况缺乏长期、系统的监测和评价，对一些重要的环境污染物，特别是持久性或典型的环境污染物的污染状况不明，对有关的规律和机理缺乏研究。

②尚未全面建立覆盖所有地区、根据产品特性而建立的国家食品安全监测体系。目前监控体系主要针对大规模的出口动物产品相关企业，且水平较低。污染物监测品种只占农药、兽药使用范围和品种中的一小部分。

③对食源性疾病的调查没有发挥医疗服务框架作用，报告系统存在缺陷。

（3）发展方向

①重视食品安全检测体系建设。借鉴国外经验，按照统筹规划、合理布局的原则，建立起一个相互协调、分工合理、职能明确、技术先进、功能齐备、人员匹配、运行高效的食品安全检测体系。在检测范围上，能够满足对产地环境、生产及加工过程、流通全过程实施安全检测的需要，并重点强调生产源头检测手段的建设。在检测能力上，能够满足国家标准、行业标准和相关国际标

准对食品安全参数的检测要求。在技术水平上，国家级食品安全质检机构应符合国际良好实验室规范，达到国际同类质检机构先进水平，部级质检机构应达国际同类质检机构的中上等水平。

②整合现有检测监测机构。针对目前多部门分割的实际情况，作为负责中国食品安全体系协调管理工作的国家卫生管理部门，应该组织有关部门就监测体系的分工进行协调，借此明确各部门、各地方的监测环节分工与职责，充分利用已经建立的各种网络，实现优势互补，形成统一、高效的食品安全监测体系。根据现有监测体系的实际，考虑今后的发展，进行机构整合，明确卫生部门负责组织食品安全监测体系的协调工作，就各部门在实际监测中遇到的新问题和必须通过协商解决的问题进行沟通，商定解决办法，建立食品监测体系协调机制，定期补充完善。农业部负责产地环境监测、农业投入品监测、初级农产品生产过程监测、国内动植物检验检疫工作。卫生部负责餐饮业食品的监测，并负责食品污染物监测及食源性疾病与危害监测。国家质检总局负责加工的各类食品、动植物进出境检验检疫和进出境食品安全检验监测。国家工商总局负责食品流通环节的检验监测。应根据“提高效率、避免重复、节约资源、提高水平”的原则，首先从国家层面对不同部门的检测机构进行整合，然后根据实际情况整合地方检测监测机构。

③加强检测监测机构的能力建设。

第一，跟踪国际食品检测技术发展，积极引进国际先进检测技术与设备。

第二，建立监测信息管理网络，实现监督管理快速反应。利用信息技术，建立全国食品安全监测系统，构建中国食品安全监测数据资源共享平台，形成多部门有机配合和共享的监测网络体系，及时记录、监控中国食品安全状况，排除食品安全监管工作受地方和部门经济利益的影响，发挥监测体系的技术性支持功能，保护消费者的合法权益。

第三，建立一支高素质的食品检测监测队伍。通过培养、引进、交流等方式，形成专业能力强、结构合理的食品安全检测监测管理队伍。

④加强食品企业的自我检测监测意识和力度。只有被动抽检而没有主动自检，食品安全隐患将随时存在。因此，一个高效的食品安全监测体系应该做到政府监测、中介组织监测和企业监测相结合。发达国家食品安全监测体系发展的一个重要趋势就是充分发挥食品从业者自主监测的积极性。中国现有的监测体系以政府机构为主，今后应注意加强企业监测和中介组织监测。以行业监测为代表的中介组织监测，既可以对食品企业进行监督，也可以对政府监测机构进行监督。

⑤发展可靠、快速、便携、精确的食品安全检测技术。根据实施“从农田

到餐桌”全程控制的要求，针对影响我国食品安全的主要因素，依据中国国情，在近期应重点发展更加可靠、快速、便携、精确的食品安全检测技术。同时，有选择地研究与研制部分高、精、尖检测方法，开发部分先进仪器设备，加快研制检测所需要的消耗品。

重点开发有关安全限量标准中对应的农药、兽药、重要有机污染物、食品添加剂、饲料添加剂与违禁化学品、生物毒素的检测技术和相关设备。

发展食品中重要病原体检测技术。要重点开发对人民健康威胁较大的病原体检测技术。要高度关注人兽共患病检测技术，提高对食源性致病菌的检测能力。

（四）溯源与跟踪技术

早在19世纪，溯源技术就被应用于动物产品的生产。随着经济全球化，食品跨国界和跨地区流通越来越频繁，各种食品安全事故和隐患呈迅速扩展和蔓延之势，尤其是疯牛病、口蹄疫、禽流感等对食品安全和人类健康构成了极大的威胁，并且造成了严重的经济损失和社会恐慌。

目前，世界上已有20多个国家和地区采用国际物品编码协会推出的EAN·UCC系统，对食品原料的生产、加工、贮藏及零售等各个环节上的管理对象进行标识，通过条码和人工可识读方式使其相互连接，实现对食品供应过程的跟踪与追溯。

溯源体系包括动物标签标识溯源、同位素指纹溯源、虹膜识别溯源和DNA溯源。

1. 发达国家溯源与跟踪技术现状

一些发达国家已经建立了较完整的动物产品溯源体系并且开发了不少溯源检测技术。1986年英国发生疯牛病以后，欧盟率先进行了肉牛和犊牛的可追溯性研究，欧盟各国均建立了牛及牛肉标识追溯系统。1998—2001年法国、德国、意大利、荷兰、葡萄牙和西班牙联合实施欧盟家畜电子标识（IDEA）项目，涉及约100万头家畜。

加拿大、美国和日本在本国发生疯牛病后，纷纷引入了肉牛全程标识追溯系统。加拿大将实施畜禽标识管理作为“品牌加拿大”农业发展战略的重要内容。2001年加拿大肉牛采用一维条形码塑料耳标，来提高养殖阶段牛标识号的自动识别水平。次年又出台《强制性实施牛标识制度》，要求所有的牛佩戴经过认证的条形码、塑料悬挂耳标或两个电子纽扣耳标，以标识初始牛群。

2005—2006 年又逐步过渡到使用电子耳标。2008 年实现了对全国 80%畜禽及畜禽产品的可追溯管理。美国在 2003 年发生第一例疯牛病以后，开始建立全国牛的标识溯源系统，要求牛、羊等家畜从出生之日起戴上耳标，并建立其出生、饲养和屠宰加工信息档案，来提高“从农场到餐桌”的溯源与跟踪能力。这项管理措施于 2009 年在全国强制实施，确保一旦发生疫情，能在 48 小时内追踪到相关动物。

日本国会于 2006 年 6 月制定了《牛肉生产履历法》，确定建立国家动物溯源信息系统，规定在日本国内生产的牛只出生后，必须设定识别码，由家畜改良中心集中管理每一头牛的识别码、出生年月日、品种、移动记录等信息，销售的牛肉上贴有封条，消费者可以通过互联网确认牛的产地、品种、饲养、屠宰及流通信息。后来，又将此溯源体系推广到猪、鸡、水产养殖等产业。

澳大利亚和新西兰等国尽管没有发生疯牛病，但出于本国动物疫病控制及出口贸易需要，也建立了动物个体标识追溯体系。2002 年 7 月，澳大利亚全国 1.15 亿头羊采用塑料耳标方式打上产地标签。

在溯源技术方面，一些发达国家已经开始将虹膜识别技术应用于大型动物标识鉴别体系中。目前，国内外学者主要围绕虹膜定位、虹膜表示、虹膜特征提取、虹膜编码和虹膜识别等关键环节开展研究。另外，一些国家已经开始采用 DNA 溯源技术进行肉制品溯源。如欧盟正积极发展 DNA 溯源技术，建立了牛肉制品的溯源系统。加拿大枫叶公司在电子标签的基础上，借鉴 DNA 溯源技术，增强系统的追踪能力，建立了猪肉追踪系统。法国的 PAYS 公司通过系统取样与 DNA 溯源技术完成了对 14 000 头奶牛的追踪试验研究，正在启动在产业界的应用。

2. 中国溯源与跟踪技术现状、问题及发展方向

（1）现状　动物标识及疫病可追溯体系建设工作已有一定基础。自 2001 年开始实行动物免疫标识制度，农业部发布了《动物免疫标识管理办法》，规定动物免疫标识包括免疫标识和免疫档案，并对猪、牛、羊佩带免疫耳标。2004 年以来，农业部组织有关单位开展了动物防疫标识溯源信息系统建设。

目前，动物标识及追溯体系建设正在全国范围内开展，并在动物及动物产品追溯管理和重大动物疫病防控工作中发挥作用。如 2005 年上海市发布了《动物电子标识通用技术规范》，为上海市采用国际先进的“牲畜识别追溯系统”，严密监控每头牲畜的饲养、用药、防疫、交易等信息提供了统一的技术基础保障。2005 年 12 月起在四川、重庆、北京和上海 4 省（直辖市）启动的动物防疫标识溯源试点工作，推广以畜禽标识二维码为数据轴心的动物标识及疫病可

追溯体系。将牲畜从出生到屠宰历经的防疫、检疫、监督工作贯穿起来，利用计算机网络把生产管理和执法监督数据汇总到数据中心，建立畜禽从出生到产品销售各环节一体化全程监管的可追踪体系。2009年11月20日起，四川省成都市在双流县和高新区成功试点的基础上，在成都市中心城区实施生猪产品质量安全可追溯体系。成都市将分三个阶段在五城区和高新区的165家农贸市场和各类猪肉生产经营企业（个人）全面建立实施生猪追溯体系。届时，成都市民在中心城区任何一家农贸市场、市场外生鲜猪肉门店、直销门店和加盟店购买的猪肉，都能实现源头追溯。

国家定期组织有关单位专家，系统研究有关国际组织、美国、加拿大、日本等的追溯体系，并组织开展畜禽标识、移动智能识读、无线网络数据传输、海量数据存储及相关应用软件的技术攻关，探索出以畜禽二维码标识为基础，利用移动智能识读设备，通过无线网络传输数据，中央数据库存储数据，记录动物从出生到屠宰的饲养、防疫、检疫等管理和监督工作信息的追溯体系。

动物源食品溯源技术研究取得了一些成果。由中国农业科学院农产品加工研究所主持完成的食用农产品及污染物溯源技术项目，通过分析4大产地60份样品牛的组织同位素、矿物元素、特征因子之间的关系及特征因子的变化，进行聚类和判别分析，建立和验证了肉牛溯源模型，确证牛尾毛可作为建立肉牛同位素溯源数据库的材料。以7大肉牛产区208份牛尾毛样品为基础，建立了肉牛同位素溯源判别模型及技术系统。建立了以5大产区羊尾毛（100份）为材料的肉羊同位素溯源判别模型及技术系统。

通过产业链调查、需求分析，集成了食品分类技术、食品代码技术、条码技术、计算机技术、电子标签技术及网络技术，建立了食品全程电子标签溯源技术体系。通过学科集成、技术集成和系统集成，建立了集原产地溯源模块、大型动物个体溯源模块和电子标签溯源模块为一体的食用农产品及污染物溯源系统和查询平台。

（2）问题　动物的饲养生产模式制约了国家动物源食品溯源体系的全面实施。中国传统的畜禽养殖模式以个体散养为主。散养畜禽养殖条件落后，动物卫生水平低，饲养人员和基层兽医工作人员普遍存在教育程度偏低、畜牧兽医知识缺乏和网络信息处理能力差等问题，大多不具备履行溯源系统工作要求的能力。另外，对猪、牛、羊、鸡等产品进行跟踪与追溯，会增加农民的经济负担；开展这项工作要涉及众多行业的管理部门，并且需要建立相应的法律法规。因此，全面开展动物及动物源食品的跟踪与追溯还有一定的难度。

现有的溯源体系为分段式体系。分段式溯源体系与动物产品生产过程涉及多部门的分段管理模式有关，即动物饲养运输由农业部门监管，屠宰由商务部门监管，加工由质检部门监管，动物产品进入市场由工商部门监管，进入餐饮环节由卫生部门监管，动物产品进出口由出入境检验检疫部门负责，从而造成了动物饲养到屠宰阶段溯源体系由农业部门建立、动物产品加工溯源体系由企业建立、动物及动物产品出口溯源体系由出入境检验检疫部门建立的局面。分段建立的可追溯管理系统，很难有效对接，无法实现对饲养场→屠宰厂→加工厂→销售→餐桌的全程质量安全溯源管理。

区域间可追溯体系尚未建立。可追溯体系建设的主要目标是应对动物大流通造成的疫病和食品安全隐患，如果仅在相互隔离的地区建立点状分布的可追溯系统，那么动物流入或者流出该区域，都无法实现有效的追溯，因此，急需扩大实施区域，建成国家级和省级的可追溯体系。从动物种类看，现有的政策和技术主要针对猪、牛、羊等家畜，对于家禽的可追溯体系严重欠缺，不能适应高致病性禽流感等疫病防控和家禽产品安全追溯的需要。

（3）发展方向　动物及动物产品追溯时，牛按个体标识追溯，猪和羊按个体标识或批次追溯，肉鸡按批次追溯，鸡蛋和牛奶等动物产品采用喷码的方法按批次追溯。追溯的规模，以规模化养殖场和养殖小区为主。对于农户散养的畜禽，由于饲喂方法多种多样，信息采集、录入计算机比较困难，国家应给予适当的支持。建议在适当时期，在有条件的大城市近郊结合部及养殖业比较发达、饲养水平较高的区域，可由地方政府给散养畜禽的农户适当补贴。对于动物产品流通销售过程的溯源，根据中国动物流动数据，建立动物流动监控数学模型，建立动物品种和来源地附加参数、动物及动物产品加工质量保证体系附加参数，通过这些参数确保动物及动物产品在跨省大流通格局下的可溯源性，即可对重大食品安全和重大动物疫病突发事件进行区域性有效控制。通过可追溯管理系统，实现对饲养—屠宰加工—销售或出口的全程质量安全溯源管理。

在溯源体系建设方面需重点开展以下工作：①逐步完善法律制度建设。要进一步完善追溯体系建设各项法律制度和技术规范，由国家颁布统一规程，做到追溯体系建设工作有法可依，有制度可循。明确进入超市或出口的动物必须佩戴耳标，同时附有电子文档追溯信息记录，否则动物监管机构不得出具检疫合格证明。②建立和完善追溯体系数据中心。要尽快建立完善中央和省级追溯体系数据中心及软件系统。追溯体系数据中心建设要与追溯体系建设开展规模相适应，并根据工作需要逐步扩大追溯体系数据库容量。对数据中心要做到规范管理，确保数据中心正常运转和安全，要采取有效措施确保采集数据准确无误，做到数据分析及时有效，能够适应追溯工作需要。③做好耳标佩戴和信息采集传输工作。各级主管部门要组织和指导养殖场（户）为养殖的动物及时佩戴耳标，逐步提高耳标佩戴率。加强对数据采集的管理，保证采集的数据真实可靠。要加强与电讯部门的沟通协调，采取有效措施确保数据及时传输到中央数据库。④加强追溯体系档案管理。建立养殖档案和防疫档案是实现动物及动物产品质量安全和疫病可追溯管理的基本手段。畜禽养殖场要严格按照《畜禽标识和养殖档案管理办法》需要，建立畜禽养殖和畜禽防疫档案，要确保防疫档案、养殖档案和牲畜耳标信息的有效衔接，提高养殖生产过程的透明度，实现全程监管，从源头上确保动物产品质量安全。⑤加强相应的追溯技术支撑。要组织有关单位积极开展追溯体系相关技术的研发工作。跟踪研究有关国际组织和发达国家追溯体系建设的动态和做法，继续提高现有追溯技术，积极研究追溯技术在实际工作中的应用模式和方法，开展追溯新技术、新方法研究与开发，加强技术储备，探索新技术在追溯体系建设中的应用。⑥积极开展可追溯管理。出现动物产品质量安全事件时，要及时通过中央数据库查明动物饲养场（户）、运输路线、屠宰场（点）等移动轨迹及强制免疫信息，结合养殖、运输、屠宰等环节的养殖档案、检疫记录和屠宰记录等，从源头查找问题，实现动物产品质量安全有效追溯。

综上所述，要建立既适合中国国情又与国际通行做法接轨的动物及动物产品可追溯系统，必须考虑符合国情的合理实施可行性、技术的可获得性、国际兼容性及经济可承受性。应制定和颁布相应的动物和动物产品溯源管理法律法规，建立动物及其产品质量安全可追溯制度，保障动物产品质量安全，促进畜牧业持续健康发展。

六、中国动物源食品安全战略

（一）战略目标

至2020年，食品安全水平总体达到中等发达国家水平，满足全面建设小康社会的要求。政府机构监督管理能力进一步增强，“从农田到餐桌”的全程监管体系得到全面实施。动物源食品安全标准体系和监测体系进一步完善。动物源食品安全科技水平进一步提高，基本建立风险评估体系、污染物残留控制体系、检测监测体系和跟踪溯源体系。兽药和饲料等投入品使用制度进一步完善，并严格执行。在生产、加工、运输、销售等动物源食品产业链各环节建立较完备的具有中国特色的质量认证体系。

（二）战略重点

强化动物源食品安全风险评估技术研究，增强监督管理的科学性。加强动物源食品安全控制技术研究，切断危害途径。增强动物源食品安全检测监测技术研究，提高监督执法水平。加大动物源食品跟踪溯源技术研究，提高食品安全事件应急处置能力。

1. 强化动物源食品安全风险评估技术研究，增强监督管理的科学性

（1）动物源食品风险评估模型研究。

（2）动物源食品危害人群暴露评估和健康效益研究。

（3）进出口动物源食品风险评估与分类管理研究。

（4）动物源食品多种危害物复合效应风险评估研究。

（5）动物源食品风险评估指南与标准研究。

（6）动物源食品风险评估用相关数据库的构建。

2. 加强动物源食品安全控制技术研究，切断危害途径

（1）动物源食品加工企业 HACCP 应用模式研究。
（2）具有中国特色的动物源食品 HACCP 质量安全控制体系研究。
（3）风险分析在动物源食品 HACCP 控制体系中的应用研究。
（4）具有食品防护功能的动物源食品 HACCP 控制体系研究。
（5）动物源食品 HACCP 指导原则和评价准则的建立。
（6）HACCP 体系在中小型动物源食品企业中的应用模式研究。
（7）动物源食品养殖环节 GAP 和 HACCP 控制体系研究。

3. 增强动物源食品安全检测监测技术研究，提高监督执法水平

（1）动物源食品和饲料中受控农兽药高通量筛查、检测与确证技术研究。
（2）动物源食品和饲料中禁用农兽药超痕量检测技术研究。
（3）动物源食品中内源性危害物（如生物毒素）毒性和浓度检测技术研究。
（4）动物及动物源食品中致病微生物快速筛查、检测与确证技术研究。
（5）动物源食品中危害物代谢机理研究。
（6）动物源食品中危害物现场快速检测技术及其设备研究。
（7）动物源食品监测抽样技术研究。
（8）动物源食品危害物监测体系研究。
（9）动物源食品危害物预警与快速反应体系研究。
（10）动物源食品危害物评估预测数学模型研究。

4. 加大动物源食品跟踪溯源技术研究，提高食品安全事件应急处置能力

（1）动物源食品安全跟踪溯源新技术研究。
（2）动物源食品安全跟踪溯源新材料研究。
（3）动物源食品安全跟踪溯源新设备研究。
（4）动物源食品安全跟踪溯源体系研究。
（5）动物源食品安全跟踪溯源管理机制研究。
（6）动物源食品安全跟踪溯源信息记录系统研究。
（7）动物源食品安全跟踪溯源构建指南与评价准则研究。

（三）保障措施

1. 建立分工明确、协调一致的动物源食品安全管理体系

建立分工明确、协调一致的动物源食品安全管理体系是确保动物源食品安全监管有效性的关键。我国已颁布实施的《中华人民共和国食品安全法》明确规定了地方政府负总责，行业部门各负其责，以分段监管为主、分类监管为辅的监管模式。目前，需要在国家食品安全委员会的统一协调下，进一步细化落实各个主管部门在动物源食品安全领域的监管范围和监管责任，特别要明确各个监管接口的有效衔接，避免监管真空和监管交叉。进一步完善农兽药和饲料管理制度，动物防疫制度，动物源食品残留监控预警制度，动物标识及动物源食品召回追溯制度。考虑到国际食品安全监管体制的发展态势，应该树立现代食品安全管理理念，强调动物源食品的全程管理、风险管理、社会管理、责任管理和效能管理的现代食品安全监管理念，遵循食品风险评估与风险管理相分离、安全监管与产业促进相分离、检测管理与检测使用相分离、行政许可和行政监管相统一的原则，加大动物源食品安全监管体制改革力度，最终实现动物源食品生产、加工、流通与消费监管环节整体整合与合并到一个部门进行综合监管，从体制机制上杜绝动物源食品监管工作多头执法、政出多门、效率低下等问题，建立符合现代食品监管理念和监管原则的新型高效动物源食品安全监管体系。

2. 进一步完善动物源食品安全法律法规及标准体系

动物源食品安全法律法规是确保动物源食品安全的根基。完善动物源食品安全法律法规应当坚持四个追求：追求理念现代、追求价值和谐、追求体系顺畅和追求制度完善。在进一步完善动物源食品安全法律法规方面，一是依据《中华人民共和国食品安全法》积极清理和修订现有涉及动物源食品的法律法规。二是加大力度制定涉及动物源食品安全的专门法律法规及其实施条例，如《水产品安全法》、《肉品安全法》、《蛋品安全法》、《乳制品安全法》等。三是加大执法力度，确保法律的尊严和权威。四是提高违法成本，加大责任追究力度和惩罚力度。

动物源食品安全标准是保障动物源食品安全的法律基础。鉴于动物源食品的高营养与高风险，进一步完善动物源食品安全标准体系显得尤为紧迫。在完善动物源食品安全标准体系方面，一是创新动物源食品安全标准制（修）订管

理机制，在标准立项、制定、审批、发布、实施、宣传贯彻、复审等各环节制定科学有效的质量保障制度，确保动物源食品安全标准的科学性。二是加快清理和修订已有的动物源食品标准，消除各类标准之间指标不统一、不协调甚至矛盾的现象，确保动物源食品标准的统一性。三是加快动物源食品安全标准的制（修）订步伐，除了继续完善限量标准和检测方法标准外，应加强动物源食品产品标准、管理标准和控制标准的制定力度，使标准覆盖动物源食品产业链的各个环节，确保动物源食品标准的完备性。四是依据“立足国情、确保安全、促进发展、国际接轨”的原则，提升动物源食品安全标准质量和安全保障水平，在标准指标设定和标准操作程序方面尽量与国际接轨，加大国际标准和发达国家标准的采标力度，提升动物源食品安全标准的国际性。

3. 完善动物源食品产业链全程认证管理

动物源食品产业链全程认证管理是确保动物源食品安全最有效的食品监管模式。在国际上，动物源食品产业链既是认证体系最先应用推广的行业，也是目前认证发展最为完备的行业。进一步完善动物源食品产业链全程认证管理，一是在质量安全控制体系方面积极开展“4P”认证，即GAP认证、GVP认证、GMP认证和HACCP认证。二是在产品认证方面积极推进动物源食品领域的无公害食品、绿色食品和有机食品认证。三是在法律法规中明确提出鼓励或强制实施相关认证制度，给予认证明确的法律地位。四是加强动物源食品产业链认证和咨询管理工作，加大认证机构的监管力度，强化认证机构的责任，增强认证工作的有效性和权威性。五是加强动物源食品产业链认证体系的教育、培训、宣传和国际交流进程，提高政府部门、企业、消费者、中介组织和学术团体等对认证体系的认知认可，及时得到国际相关组织的技术援助和双边、多边的等效认可。

4. 加大动物源食品安全技术研发经费的投入力度

各级政府食品安全主管部门应增加对动物源食品安全研究和科技成果转化的投入，重点放在提高动物源食品安全技术、完善基础设施、引进先进设备及加强人员培训与教育等方面。各级科技管理部门要切实把动物源食品安全技术研发放在更加突出的位置，在项目、经费、人才等方面给予扶持。与此同时，要积极探索新的运行机制，调动企业、个人等社会力量投入动物源食品安全科技领域，从根本上改变动物源食品安全科技投入不足的状况。

参考文献

陈四益.2008. 食品安全风险的信息交流. 中国食品安全——挑战、问题、认识和办法［M］. 北京：中国协和医科大学出版社.

金连梅，李群.2009.2004—2007 年全国食物中毒事件分析［J］. 疾病监测，24（6）：459-461.

李援，宋森，汪建荣，等.2009. 中华人民共和国食品安全法释解与应用［M］. 北京：人民出版社出版.

唐书泽.2011. 食品安全应急管理［M］. 广州：暨南大学出版社.

杨明亮，赵亢.2006. 发达国家和地区食品召回制度概要及思考［J］. 中国卫生监督，13（5）：326-332.

Lawley R，Curtis L and Davis J. 2008. The food safety hazard guidebook［M］. Cambridge，England：Royal Society of Chemistry.

Lees M. 2003. Food authenticity and traceability［M］. Cambridge，England：Woodhead Publishing limited.

Matthews G A. 2006. Pesticides：health，safety and the environment［M］. Ames，Iowa：Blackwell Publishing Limited.

Mcswane D，Rue N R and Linton R. 2005. Essentials of food safety and sanitation［M］. Upper Saddle River，New Jersey：Pearson Prentice Hall.

National Center for Immunization and Respiratory Diseases. 2005. Foodborne infections［M］. Washington D. C.：FDA.

Rasco B A and Bledsoe G E. 2004. Bioterrorism and food safety［M］. Boca Raton，Florida：CRC Press.

Riviere J. 2002. Chemical food safety：a scientist's perspective［M］. Ames，Iowa：Iowa State Press.

Shafer D A. 2006. Hazardous materials characterization：evaluation methods，procedures，and considerations［M］. Hoboken，New Jersey：John Wiley & Sons.

Van DER Heijden K. 1999. International food safety handbook：science，international regulation，and control［M］. New York：Marcel Dekker.

专题组成员

庞国芳　中国工程院院士　中国检验检疫科学研究院
唐书泽　教授　暨南大学
范春林　研究员　中国检验检疫科学研究院
陈志锋　副研究员　国家质量监督检验检疫总局
吴希阳　教授　暨南大学
毕水莲　副教授　广东药学院
张永慧　主任医师　广东省疾病预防控制中心
王　超　副教授　暨南大学
段翰英　讲师　暨南大学

图书在版编目（CIP）数据

中国养殖业可持续发展战略研究：中国工程院重大咨询项目．养殖产品加工与食品安全卷/中国养殖业可持续发展战略研究项目组编．—北京：中国农业出版社，2013.4

ISBN 978-7-109-17552-5

Ⅰ．①中…　Ⅱ．①中…　Ⅲ．①畜产品-食品加工-研究报告-中国②动物源性食品-食品安全-研究报告-中国
Ⅳ．①TS251②TS201.6

中国版本图书馆 CIP 数据核字（2013）第 003572 号

中国农业出版社出版
（北京市朝阳区农展馆北路 2 号）
（邮政编码 100125）
责任编辑　刘　玮　颜景辰

北京通州皇家印刷厂印刷　　新华书店北京发行所发行
2013 年 4 月第 1 版　　2013 年 4 月北京第 1 次印刷

开本：787mm×1092mm　1/16　　印张：25
字数：438 千字
定价：210.00 元
（凡本版图书出现印刷、装订错误，请向出版社发行部调换）